普通高等教育电气工程与自动化（应用型）系列教材

可编程序控制器应用技术

第 2 版

主　编　李建兴
参　编　陈　炜　马　莹

机械工业出版社

本书以国内广泛使用的 FX 系列、S7 系列和 CP1E 系列小型 PLC 为背景，介绍了 PLC 的工作原理、特点、硬件结构、编程元件与指令系统，并从工程应用出发详细介绍了梯形图程序的设计方法，PLC 系统设计与调试方法，PLC 在实际应用中应注意的问题。本书不仅介绍了 PLC 在开关量、模拟量控制系统中的应用，同时还突出了 PLC 网络通信及应用、现场总线技术及应用等。为了便于学习，本书增加了电器控制的基础知识和 PLC 实验实践训练的内容，且各章配有适量的习题。

本书可作为高等学校本科自动化、电气工程及其自动化、电子信息工程等相关专业的教材，也可供工程技术人员自学或作为培训教材使用。

图书在版编目（CIP）数据

可编程序控制器应用技术/李建兴主编. —2 版. —北京：机械工业出版社，2016.10（2024.2 重印）
普通高等教育电气工程与自动化（应用型）系列教材
ISBN 978-7-111-55647-3

Ⅰ. ①可… Ⅱ. ①李… Ⅲ. ①电气控制-教材②可编程序控制器-教材 Ⅳ. ①TM921.5②TP332.3

中国版本图书馆 CIP 数据核字（2016）第 302718 号

机械工业出版社（北京市百万庄大街 22 号　邮政编码 100037）
策划编辑：王雅新　　责任编辑：王雅新　徐　凡
责任印制：邓　博　　责任校对：刘秀丽　任秀丽
北京盛通数码印刷有限公司印刷
2024 年 2 月第 2 版·第 7 次印刷
184mm×260mm·19.25 印张·476 千字
标准书号：ISBN 978-7-111-55647-3
定价：49.80 元

电话服务	网络服务
客服电话：010-88361066	机 工 官 网：www.cmpbook.com
010-88379833	机 工 官 博：weibo.com/cmp1952
010-68326294	金 书 网：www.golden-book.com
封底无防伪标均为盗版	机工教育服务网：www.cmpedu.com

第 2 版前言

本书第 1 版出版至今已经 12 年了，感谢兄弟院校一直在关注和使用本书。为了更好地适应技术发展的需要，作者结合 20 多年从事 PLC 教学与应用实践的体会，参考国内外相关文献，在保留第 1 版教材风格的基础上，主要针对可编程序控制器（PLC）的技术发展和产品更新换代，对第 1 版进行了修订。

本书以 PLC 应用为主线，编写中力求由浅入深，通俗易懂，理论联系实际，以使用广泛的三菱公司 FX 系列、欧姆龙公司 CP1E 系列和西门子公司 S7-200 系列 PLC 为背景，详细介绍了其指令系统及应用，PLC 程序设计方法，PLC 控制系统设计和 PLC 应用实践等。为适应工业互联网时代的需要，本书还介绍了 PLC 网络通信及应用，现场总线技术及应用等技术。为了便于学习，本书还有电气控制基础知识的介绍和供读者进行实验实践训练的指导书。

本书可作为高等学校本科自动化、电气工程及其自动化、电子信息工程等相关专业的教材，也可供工程技术人员自学或作为培训教材使用。

本书由福建工程学院李建兴教授主编、陈炜和马莹老师参编。

感谢福州大学邱公伟教授、上海大学陈伯时教授、上海海事大学汤天浩教授、扬州大学李新兵教授、上海工程技术大学戎志强教授以及北华航天工业学院孙东辉教授对本书编写的大力支持。

限于本书的篇幅和作者的学识，书中疏漏和不妥之处，恳请读者批评指正。

本书配有免费电子课件，欢迎选用本书作教材的教师登录 www.cmpedu.com 注册下载或发邮件到 ljx@fjut.edu.cn 索取。

编　者

第1版前言

可编程序控制器（PLC），是以微处理器为核心的通用自动控制装置。它具有控制功能强、可靠性高、使用灵活方便、易于扩展、通用性强等一系列优点，不仅可以取代继电器控制系统，还可以进行复杂的生产过程控制和应用于工厂自动化网络，被誉为现代工业生产自动化的三大支柱之一。

本书编写时力求由浅入深、通俗易懂、理论联系实际和注重应用。以在国内使用较广泛的日本三菱公司 FX 系列、欧姆龙公司 CPM1A 系列和西门子公司 S7-200 系列 PLC 为背景，详细介绍了其指令系统及应用，PLC 程序设计的方法与技巧以及 PLC 控制系统设计中应注意的问题。为了适应新的发展需要，本书还介绍了 PLC 在模拟量过程控制系统中的应用，同时还突出了 PLC 网络通信、现场总线等新技术。为了便于学习，本书增加了电气控制的基础知识，加强了实践训练部分的内容，且各章配有适量的习题。

本书可作为高等学校自动化、电气工程、电子信息、机电一体化等相关专业的教材，也可供工程技术人员自学或作为培训教材使用。

本书由福建工程学院李建兴主编。参加编写的有扬州大学李新兵（第一章、第四章）、上海工程技术大学戎自强（第三章）、华北航天工业学院孙东辉（第五章）、湖南工程学院刘美俊（第八章）、福建工程学院陈炜（附录）、福建工程学院李建兴（第二章、第六章、第七章等），全书由李建兴统稿。

本书由福州大学邱公伟教授主审。邱公伟教授对全书进行了认真的审阅，并提出了许多宝贵的意见，在此致以衷心的感谢。感谢上海大学陈伯时教授和上海海运学院汤天浩教授以及各校参加审稿的老师对本书编写的大力支持。

由于编者水平有限，书中难免有错误和不妥之处，恳请读者批评指正。

本书配有电子教案，欢迎选用本书作教材的教师索取，索取邮箱：wbj@mail. machineinfo. gov. cn。

编 者

目　录

第 2 版前言
第 1 版前言
第一章　电气控制基础 ………………………… 1
　第一节　常用低压电器元件 …………………… 1
　第二节　基本电器控制线路 …………………… 22
　第三节　典型电器控制系统 …………………… 29
　习题 ……………………………………………… 34
第二章　可编程序控制器基础知识 …………… 36
　第一节　概述 …………………………………… 36
　第二节　PLC 控制系统与电器控制系统的
　　　　　比较 …………………………………… 40
　第三节　PLC 的基本组成 ……………………… 42
　第四节　PLC 的工作原理 ……………………… 49
　第五节　PLC 的性能指标与发展趋势 ………… 51
　第六节　国内外 PLC 产品简介 ………………… 53
　习题 ……………………………………………… 57
第三章　FX 系列可编程序控制器及
　　　　　指令系统 ……………………………… 58
　第一节　FX 系列 PLC 硬件配置及性能
　　　　　指标 …………………………………… 58
　第二节　FX 系列 PLC 的编程元件 …………… 67
　第三节　FX 系列 PLC 的基本指令 …………… 76
　第四节　FX 系列 PLC 的功能指令 …………… 82
　习题 ……………………………………………… 105
第四章　其他常用 PLC 及指令系统 …………… 108
　第一节　CP1E 系列 PLC 概述 ………………… 108
　第二节　CP1E 系列 PLC 指令系统 …………… 118
　第三节　S7 系列 PLC 概述 …………………… 127
　第四节　S7-200CN 系列 PLC 指令系统 ……… 136
　习题 ……………………………………………… 151
第五章　可编程序控制器的程序设计
　　　　　方法 …………………………………… 152
　第一节　梯形图的编程规则 …………………… 152
　第二节　典型梯形图程序 ……………………… 154
　第三节　PLC 程序的经验设计法 ……………… 160
　第四节　PLC 程序的顺序控制设计法 ………… 162
　第五节　PLC 程序的逻辑设计法 ……………… 177
　第六节　PLC 程序的移植设计法 ……………… 181
　第七节　PLC 程序及调试说明 ………………… 184
　习题 ……………………………………………… 186
第六章　可编程序控制器控制系统的
　　　　　设计 …………………………………… 187
　第一节　PLC 控制系统设计的基本原则与
　　　　　内容 …………………………………… 187
　第二节　PLC 的选择 …………………………… 189
　第三节　PLC 与输入输出设备的连接 ………… 193
　第四节　减少 I/O 点数的措施 ………………… 197
　第五节　PLC 在开关量控制系统中的
　　　　　应用 …………………………………… 200
　第六节　PLC 在模拟量闭环控制中的
　　　　　应用 …………………………………… 205
　第七节　提高 PLC 控制系统可靠性的
　　　　　措施 …………………………………… 215
　第八节　PLC 控制系统的维护和故障
　　　　　诊断 …………………………………… 219
　习题 ……………………………………………… 221
第七章　可编程序控制器通信与
　　　　　网络技术 ……………………………… 223
　第一节　PLC 通信基础 ………………………… 223
　第二节　PC 与 PLC 通信的实现 ……………… 233
　第三节　PLC 网络 ……………………………… 243
　第四节　现场总线技术 ………………………… 250
　第五节　PLC 网络应用实例——三菱 PLC 网络
　　　　　在汽车总装线上的应用 ……………… 264
　习题 ……………………………………………… 266
第八章　可编程序控制器应用实践 …………… 267
　第一节　PLC 编程软件的使用 ………………… 267
　第二节　PLC 基本实验 ………………………… 275
　第三节　PLC 综合实践 ………………………… 282
　第四节　PLC 控制系统的施工设计 …………… 286
附录 ………………………………………………… 290
　附录 A　FX 系列 PLC 功能指令一览表 ……… 290
　附录 B　FX 系列 PLC 错误代码一览表 ……… 296
参考文献 …………………………………………… 302

第一章　电气控制基础

本章主要通过介绍电气控制领域中常用低压电器元件的原理、用途、型号、规格及符号等基本知识，了解和熟悉由低压电器构成的简单电器控制线路，并通过对典型设备电器控制系统的分析，学会正确选择和合理使用常用电器元件，学会分析和设计电气控制线路的基本方法，为后继章节的学习打下基础。

第一节　常用低压电器元件

一、电器的基本知识

（一）电器的分类

电器是接通和断开电路或调节、控制和保护电路及电气设备用的电工器具。由控制电器组成的自动控制系统，称为继电器—接触器控制系统，简称电器控制系统。

电器的用途广泛，功能多样，种类繁多，结构各异。下面是几种常用的电器分类。

1. 按工作电压等级分类

（1）高压电器　用于交流电压1200V及以上、直流电压1500V及以上电路中的电器。例如高压断路器、高压隔离开关及高压熔断器等。

（2）低压电器　用于交流50Hz（或60Hz），额定电压为1200V以下，直流额定电压1500V以下的电路中的电器。例如接触器、继电器等。

2. 按动作原理分类

（1）手动电器　用手或依靠机械力进行操作的电器，如刀开关、按钮及行程开关等主令电器。

（2）自动电器　借助于电磁力或某个物理量的变化自动进行操作的电器，如接触器、各种类型的继电器和电磁阀等。

3. 按用途分类

（1）控制电器　用于各种控制电路和控制系统的电器，例如接触器、继电器和电动机起动器等。

（2）主令电器　用于自动控制系统中发送动作指令的电器，例如按钮、行程开关和万能转换开关等。

（3）保护电器　用于保护电路及用电设备的电器，如熔断器、热继电器、各种保护继电器和避雷器等。

（4）执行电器　用于完成某种动作或传动功能的电器，如电磁铁、电磁离合器等。

（5）配电电器　用于电能的输送和分配的电器，例如断路器、隔离开关和刀开关等。

4. 按工作原理分类

（1）电磁式电器　依据电磁感应原理来工作的电器，如接触器、各种类型的电磁式继电器等。

(2) 非电量控制电器　依靠外力或某种非电物理量的变化而动作的电器，如刀开关、行程开关、按钮、速度继电器及温度继电器等。

(二) 低压电器的作用

低压电器能够依据操作信号或外界现场信号的变化，自动或手动地改变电路的状态、参数，实现对电路或被控对象的控制、保护、测量、指示和调节。低压电器的作用有：

(1) 控制作用　如控制电梯的上下移动、自动停层等。

(2) 保护作用　能根据设备的特点，对设备、环境以及人身实行自动保护，如电机的过载保护、电网的短路保护和漏电保护等。

(3) 测量作用　利用仪表及与之相适应的电器，对设备、电网或其他非电参数进行测量，如电流、电压、功率、转速、温度和湿度等。

(4) 调节作用　低压电器可对一些电量和非电量进行调整，以满足用户的要求，如柴油机油门的调整，房间温湿度的调节，照度的自动调节等。

(5) 指示作用　利用低压电器的控制、保护等功能，检测出设备运行状况与电气电路工作情况，如绝缘监测、保护指示等。

(6) 转换作用　在用电设备之间转换或对低压电器、控制电路分时投入运行，以实现功能切换，如励磁装置手动与自动的转换，供电的市电与自备电的切换等。

当然，低压电器的作用远不止这些，随着科学技术的发展，新功能、新设备会不断出现。常用低压电器的主要种类及用途如表 1-1 所示。

表 1-1　常见的低压电器的主要种类及用途

序　号	类　别	主要品种	用　途
1	断路器	塑料外壳式断路器	主要用于电路的过负荷保护、短路、欠电压及漏电保护，也可用于不频繁接通和断开电路
		框架式断路器	
		限流式断路器	
		漏电保护式断路器	
		直流快速断路器	
2	刀开关	开关板用刀开关	主要用于电路的隔离，有时也能分断负荷
		负荷开关	
		熔断器式刀开关	
3	转换开关	组合开关	主要用于电源切换，也可用于负荷通断或电路的切换
		换向开关	
4	主令电器	按钮	主要用于发布命令或程序控制
		行程开关	
		光电开关	
		接近开关	
		万能转换开关	

(续)

序 号	类 别	主要品种	用 途
5	接触器	交流接触器	主要用于远距离频繁控制负荷,切断带负荷电路
		直流接触器	
6	起动器	磁力起动器	主要用于电动机的起动
		Y/△起动器	
		自耦减压起动器	
7	控制器	凸轮控制器	主要用于控制回路的切换
		主令控制器	
8	继电器	电流继电器	主要用于控制电路中,将被控量转换成控制电路所需电量或开关信号
		电压继电器	
		时间继电器	
		中间继电器	
		温度继电器	
		热继电器	
9	熔断器	有填料熔断器	主要用于电路短路保护,也用于电路的过载保护
		无填料熔断器	
		半封闭插入式熔断器	
		快速熔断器	
		自复熔断器	
10	电磁铁	制动电磁铁	主要用于起重、牵引及制动等
		起重电磁铁	
		牵引电磁铁	

对低压配电电器要求是灭弧能力强、分断能力好、热稳定性能好及限流准确等。对低压控制电器,则要求其动作可靠、操作频率高、寿命长,并具有一定的负载能力。

二、接触器

接触器是一种用来接通或断开负载主电路的自动电器。它可以频繁地接通或分断交直流电路,并可实现远距离控制。其主要控制对象是电动机,也可用于电热设备、电焊机和电容器组等其他负载。它还具有低电压释放保护功能。接触器具有控制容量大、过载能力强、寿命长、结构简单经济等特点,是电力拖动自动控制线路中使用最广泛的电器元件。

按照所控制电路的种类,接触器可分为交流接触器和直流接触器两大类。

(一)交流接触器

1. 交流接触器结构与工作原理

图1-1所示为交流接触器的外形与结构示意图。交流接触器由以下四部分组成。

(1)电磁机构　电磁机构由线圈、动铁心(衔铁)和静铁心组成,其作用是将电磁能转换成机械能,产生电磁吸力带动触点动作。

（2）触点系统　包括主触点和辅助触点。主触点用于通断主电路，通常为三对常开触点。辅助触点用于控制电路，起电气联锁作用，故又称联锁触点，一般常开、常闭各两对。

（3）灭弧装置　容量在10A以上的接触器都有灭弧装置，对于小容量的接触器，常采用双断口触点灭弧、电动力灭弧、相间弧板隔弧及陶土灭弧罩灭弧。对于大容量的接触器，采用纵缝灭弧罩及栅片灭弧。

（4）其他部件　包括反作用弹簧、缓冲弹簧、触点压力弹簧、传动机构及外壳等。

电磁式接触器的工作原理如下：线圈通电后，在铁心中产生磁通及电磁吸力。此电磁吸力克服弹簧反力使得衔铁吸合，带动触点机构动作，常闭触点打开，常开触点闭合。线圈失电或线圈两端电压显著降低时，电磁吸力小于弹簧反力，使得衔铁释放，触点机构复位。

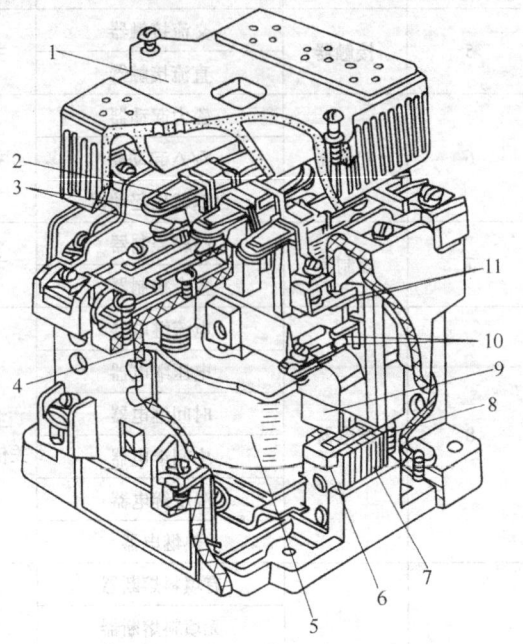

图1-1　交流接触器结构示意图
1—灭弧罩　2—触点压力弹簧片　3—主触点
4—反作用弹簧　5—线圈　6—短路环
7—静铁心　8—弹簧　9—动铁心
10—辅助常开触点　11—辅助常闭触点

2. 交流接触器的分类

交流接触器的种类很多，其分类方法也不尽相同。按照一般的分类方法，大致有以下几种。

（1）按主触点极数分　可分为单极、双极、三极、四极和五极接触器。单极接触器主要用于单相负荷，如照明负荷、焊机等，在电动机能耗制动中也可采用；双极接触器用于绕线转子异步电动机的转子回路中，起动时用于短接起动绕组；三极接触器用于三相负荷，例如在三相电动机的控制及其他场合，使用最为广泛；四极接触器主要用于三相四线制的照明线路，也可用来控制双回路电动机负载；五极交流接触器用来组成自耦补偿起动器或控制双笼型电动机，以变换绕组接法。

（2）按灭弧介质分　可分为空气式接触器、真空式接触器等。依靠空气绝缘的接触器用于一般负载，而采用真空绝缘的接触器常用在煤矿、石油、化工企业及电压在660V和1140V等一些特殊的场合。

（3）按有无触点分　可分为有触点接触器和无触点接触器。常见的接触器多为有触点接触器，而无触点接触器属于电子技术应用的产物，一般采用晶闸管作为通断元件。由于晶闸管导通时所需的触发电压很小，而且通断时无火花产生，因而可用于高操作频率的设备和易燃、易爆和无噪声的场合。

3. 交流接触器的基本参数

（1）额定电压　指主触点额定工作电压，应大于等于负载的额定电压。接触器常规定几种额定电压，同时列出相应的额定电流或控制功率。通常，最大工作电压即为额定电压。常用的额定电压值为220V、380V和660V等。

（2）额定电流　指主触点在额定工作条件下的电流值。常用额定电流等级为5A、10A、

20A、40A、60A（63A）、100A、150A、250A、400A 和 600A（630A）等。

（3）通断能力 可分为最大接通电流和最大分断电流。最大接通电流是指触点闭合时不会造成触点熔焊时的最大电流值；最大分断电流是指触点断开时能可靠灭弧的最大电流。一般通断能力是额定电流的 5~10 倍。当然，这一数值与开断电路的电压等级有关，电压越高，通断能力越小。

（4）动作值 可分为吸合电压和释放电压。吸合电压是指接触器吸合前，缓慢增加吸合线圈两端的电压，接触器可以吸合时的最小电压。释放电压是指接触器吸合后，缓慢降低吸合线圈的电压，接触器释放时的最大电压。一般吸合电压不低于线圈额定电压的 85%，释放电压不高于线圈额定电压的 70%。

（5）吸引线圈额定电压 接触器正常工作时，吸引线圈上所加的电压值。一般该电压数值以及线圈的匝数、线径等数据均标于线包上，而不是标在接触器外壳铭牌上，使用时应加以注意。

（6）操作频率 接触器在吸合瞬间，吸引线圈需消耗比吸合状态大 5~7 倍的电流，如果操作频率过高，则会使线圈严重发热，直接影响接触器的正常使用。为此，规定了接触器的允许操作频率，一般为每小时允许操作次数的最大值。

（7）寿命 包括电寿命和机械寿命。目前接触器的机械寿命已达一千万次以上，电气寿命约是机械寿命的 5%~20%。

（二）直流接触器

直流接触器的结构和工作原理基本上与交流接触器相同。在结构上也是由电磁机构、触点系统和灭弧装置等部分组成。由于直流电弧比交流电弧难以熄灭，直流接触器常采用磁吹式灭弧装置。

（三）接触器的符号与型号说明

1. 接触器的符号

接触器的图形符号如图 1-2 所示，文字符号为 KM。

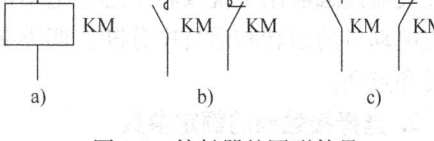

图 1-2 接触器的图形符号
a) 线圈 b) 主触点 c) 辅助触点

2. 接触器的型号说明

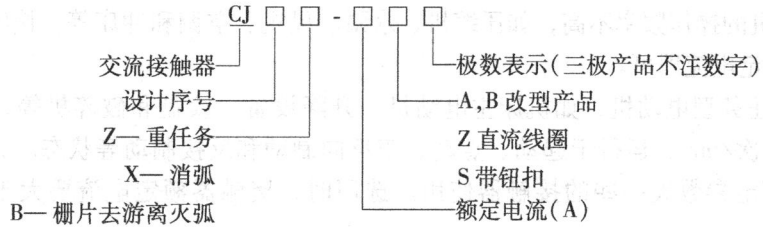

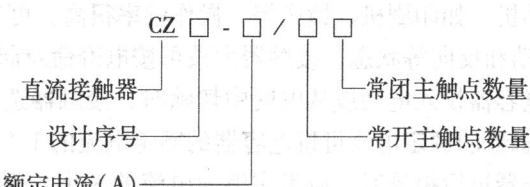

例如：CJ10Z-40/3 为交流接触器，设计序号 10，重任务型，额定电流 40A，主触点为 3 极。CJ12T-250/3 为改型后的交流接触器，设计序号 12，额定电流 250A，3 对主触点。

我国生产的交流接触器常用的有 CJ20、CJ12、CJX 及 NC 等系列及其派生系列产品，CJ0、CJ10 系列及其改型产品已逐步被 CJ20、CJX 和 NC 系列产品取代。上述系列产品一般具有三对常开主触点，常开、常闭辅助触点各两对。直流接触器常用的有 CZ0 系列，分单极和双极两大类，常开、常闭辅助触点各不超过两对。

除以上常用系列外，我国近年来还引进生产了一些满足 IEC 标准的交流接触器。例如，CJ12B-S 系列锁扣接触器用于交流 50Hz，电压 380V 及以下、电流 600A 及以下的配电电路中，供远距离接通和分断电路用，并适用于不频繁地起动和停止交流电动机。具有正常工作时吸引线圈不通电，无噪声等特点。其锁扣机构位于电磁系统的下方。锁扣机构靠吸引线圈通电，吸引线圈断电后靠锁扣机构保持在锁住位置。由于线圈不通电，不仅无电力损耗，而且消除了电磁噪声。引进的 3TB 系列、B 系列等交流接触器符合 IEC947、VDE0660 和 GB14048 等标准。主要供远距离接通和分断电路，并适用于频繁地起动及停止交流电动机。3TB 系列产品具有结构紧凑、机械寿命和电气寿命长、安装方便、可靠性高等特点。额定电压为 220~660V，额定电流为 9~630A。

（四）接触器的选用

交流接触器的选用，应根据负荷的类型和工作参数合理确定。具体分为以下步骤。

1. 选择接触器的类型

交流接触器按负荷种类一般分为一类、二类、三类和四类，分别记为 AC-1、AC-2、AC-3 和 AC-4。一类交流接触器对应的控制对象是无感或微感负荷，如白炽灯、电阻炉等；二类交流接触器用于绕线转子感应电动机的起动和停止；三类交流接触器的典型用途是笼型感应电动机的运转和运行中分断；四类交流接触器用于笼型感应电动机的起动、反接制动、反转和点动。

2. 选择接触器的额定参数

根据被控对象和工作参数，如电压、电流、功率、频率及工作制等确定接触器的额定参数。

1) 接触器的线圈电压，一般应低一些为好，这样对接触器的绝缘要求可以降低，使用时也较安全。但为了方便和减少设备，常按实际电网电压选取。

2) 电动机的操作频率不高，如压缩机、水泵、风机、空调和冲床等，接触器额定电流不小于负载额定电流即可。

3) 对重任务型电动机，如机床主电动机、升降设备、绞盘和破碎机等，其平均操作频率超过 100 次/min，运行于起动、点动、正反向制动和反接制动等状态。为了保证电寿命，可选择额定参数大一些的接触器使用。选用时，接触器额定电流要大于电动机额定电流。

4) 对特重任务电动机，如印刷机、镗床等，操作频率很高，可达 600~12000 次/h，经常运行于起动、反接制动和反向等状态，接触器大致可按电寿命及起动电流选用等。

5) 交流回路中的电容器投入电网或从电网中切除时，接触器选择应考虑电容器的合闸冲击电流。一般地，接触器的额定电流可按电容器的额定电流的 1.5 倍选取。

6) 用接触器对变压器进行控制时，应考虑浪涌电流的大小。例如交流电弧焊机、电阻焊机等，一般可按变压器额定电流的 2 倍选取接触器。

7) 对于电热设备，如电阻炉、电热器等，负载的冷态电阻较小，因此起动电流相应要大一些。选用接触器时可不用考虑起动电流，直接按负载额定电流选取。

8) 由于气体放电灯起动电流大，起动时间长，对于照明设备的控制，可按额定电流 1.1～1.4 倍选取交流接触器。

9) 接触器额定电流是指接触器在长期工作下的最大允许电流，持续时间≤8h，且安装于敞开的控制板上，如果冷却条件较差，选用接触器时，接触器的额定电流按负载额定电流的 110%～120% 选取。对于长时间工作的电动机，由于接触器触点的氧化膜没有机会得到清除，使接触电阻增大，导致触点发热超过允许温升。实际选用时，可将接触器的额定电流降低 30% 使用。

三、继电器

继电器是根据某种输入信号的变化，接通或断开控制电路，实现自动控制和保护作用的自动电器。

继电器的种类很多，按输入信号的性质分为电压继电器、电流继电器、时间继电器、温度继电器、速度继电器和压力继电器等。

按工作原理可分为电磁式继电器、感应式继电器、电动式继电器、热继电器和电子式继电器等。

按输出形式可分为有触点和无触点两类。

按用途可分为控制用与保护用继电器等。

（一）电磁式继电器

1. 电磁式继电器的结构与工作原理

电磁式继电器是应用得最早、最多的一种型式，其结构及工作原理与接触器大体相同，由电磁系统、触点系统和释放弹簧等组成，电磁式继电器原理如图 1-3 所示。由于继电器用于控制电路，流过触点的电流比较小（一般 5A 以下），故不需要灭弧装置。

常用的电磁式继电器有电压继电器、中间继电器和电流继电器。电磁式继电器的图形、文字符号如图 1-4 所示。

2. 电磁式继电器的特性

继电器的主要特性是输入-输出特性，又称继电特性，继电特性曲线如图 1-5 所示。当继电器输入量 x 由零增至 x_2 以前，继电器输出量 y 为零。当输入量 x 增加到 x_2 时，继电器吸合，输出量为 y_1；若 x 继续增大，y 保持不变。当 x 减小到 x_1 时，继电器释放，输出量由 y_1 变为零，若 x 继续减小，y 值均为零。

图 1-5 中，x_2 称为继电器吸合值，欲使继电器吸合，输入量必须等于或大于 x_2；x_1 称为继电器释放值，欲使继电器释放，输入量必须等于或小于 x_1。

$K_f = x_1/x_2$ 称为继电器的返回系数，它是继电器重要

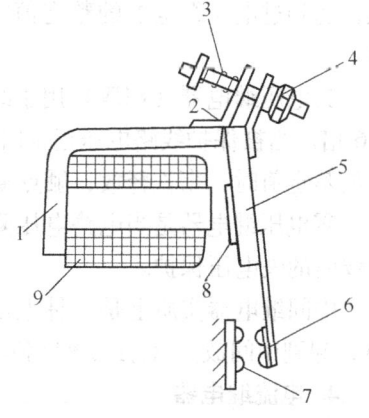

图 1-3 电磁式继电器原理图
1—铁心 2—旋转棱角 3—释放弹簧
4—调节螺母 5—衔铁 6—动触点
7—静触点 8—非磁性垫片 9—线圈

参数之一。K_f 值是可以调节的。

例如一般继电器要求低的返回系数，K_f 值应在 0.1~0.4 之间，这样当继电器吸合后，输入量波动较大时不致引起误动作；欠电压继电器则要求高的返回系数，K_f 值在 0.6 以上。设某继电器 K_f = 0.66，吸合电压为额定电压的 90%，则电压低于额定电压的 50% 时，继电器释放，起到欠电压保护作用。

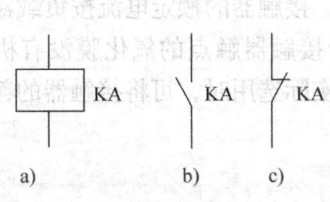

图 1-4　电磁式继电器图形、文字符号
a) 线圈　b) 常开触点　c) 常闭触点

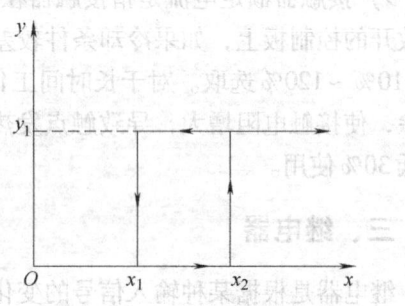

图 1-5　继电特性曲线

另一个重要参数是吸合时间和释放时间。吸合时间是指从线圈接受电信号到衔铁完全吸合所需的时间；释放时间是指从线圈失电到衔铁完全释放所需的时间。一般继电器的吸合时间与释放时间为 0.05~0.15s，快速继电器为 0.005~0.05s，它的大小影响继电器的操作频率。

3. 电压继电器

电压继电器用于电力拖动系统的电压保护和控制，其线圈并联接入主电路，感测主电路的线路电压；触点接于控制电路。

电压继电器可分为过电压继电器、欠电压继电器、零电压继电器和中间继电器。

过电压继电器（KOV）用于线路的过电压保护，其吸合整定值为被保护线路额定电压的 1.05~1.2 倍。当被保护的线路电压正常时，衔铁不动作；当被保护线路的电压高于额定值，达到过电压继电器的整定值时，衔铁吸合，触点动作，控制接触器及时分断被保护电路。

欠电压继电器（KUV）用于线路的欠电压保护，其释放整定值为线路额定电压的 0.1~0.6 倍。当被保护线路电压正常时，衔铁可靠吸合；当被保护线路电压降至欠电压继电器的释放整定值时，衔铁释放，触点复位，控制接触器及时分断被保护电路。

零电压继电器是当电路电压降低到 5%~25% U_N 时释放，对电路实现零电压保护，用于线路的失电压保护。

中间继电器实质上是一种电压继电器。它的特点是触点数目较多，触点额定电流可达 5A，起到中间放大（触点数目和电流容量）的作用。

4. 电流继电器

电流继电器用于电力拖动系统的电流保护和控制，其线圈串联接入主电路，用来感测主电路的线路电流；触点接于控制电路。常用的电流继电器有欠电流继电器和过电流继电器两种。

欠电流继电器（KUC）用于电路的欠电流保护，吸合电流为线圈额定电流 30%~65%，释放电流为额定电流10%~20%，因此，在电路正常工作时，衔铁是吸合的，只有当电流降低到整定的释放值时，衔铁释放，触点动作，从而控制接触器及时分断电路。

过电流继电器（KOC）在电路正常工作时不动作，吸合电流整定范围通常为额定电流1.1~4倍，当被保护线路的电流高于额定值，达到过电流继电器的整定的吸合值时，衔铁吸合，触点动作，从而控制接触器及时分断电路，对电路起过电流保护作用。

通用电磁式继电器有：JT3系列直流电磁式和JT4系列交流电磁式继电器，均为老产品。新产品有：JT9、JT10、JL12、JL14和JZ7等系列，其中JL14系列为交直流电流继电器，JZ7系列为交流中间继电器。

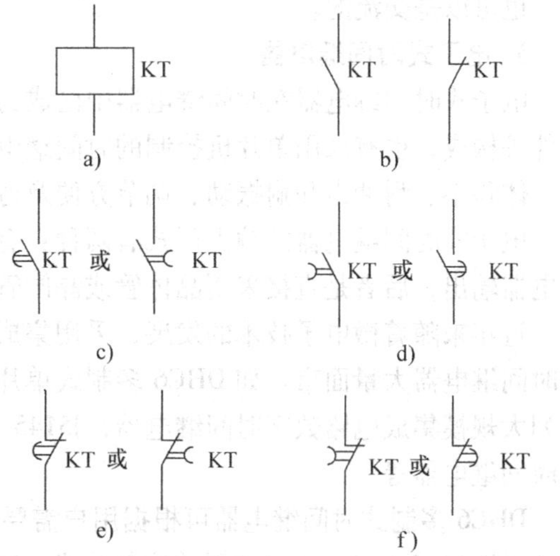

图1-6 时间继电器图形符号及文字符号
a) 线圈　b) 瞬时动作触点　c) 延时闭合的常开触点
d) 延时断开的常开触点　e) 延时断开的常闭触点
f) 延时闭合的常闭触点

（二）时间继电器

时间继电器是一种利用机械、电磁或电子等原理实现触点延时接通或断开的自动控制电器，其种类很多，常用的有电磁式、空气阻尼式、电动式和电子式等。

时间继电器图形符号及文字符号如图1-6所示。

1. 直流电磁式时间继电器

在直流电磁式电压继电器的铁心上增加一个阻尼铜套，即可构成时间继电器，其结构示意图如图1-7所示。它是利用电磁阻尼原理产生延时的，由电磁感应定律可知，在继电器线圈通断电过程中铜套内将产生感应电势，并流过感应电流，此电流产生的磁通总是反对原磁通变化。

电器通电时，由于衔铁处于释放位置，气隙大，磁阻大，磁通小，铜套阻尼作用相对也小，因此衔铁吸合时延时不显著（一般忽略不计）。

而当继电器断电时，磁通变化量大，铜套阻尼作用也大，使衔铁延时释放而起到延时作用。因此，这种继电器仅用作断电延时。

这种时间继电器延时较短，JT3系列最长不超过5s，而且准确度较低，一般只用于要求不高的场合。

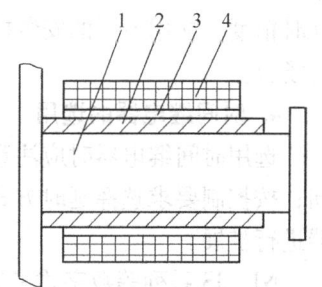

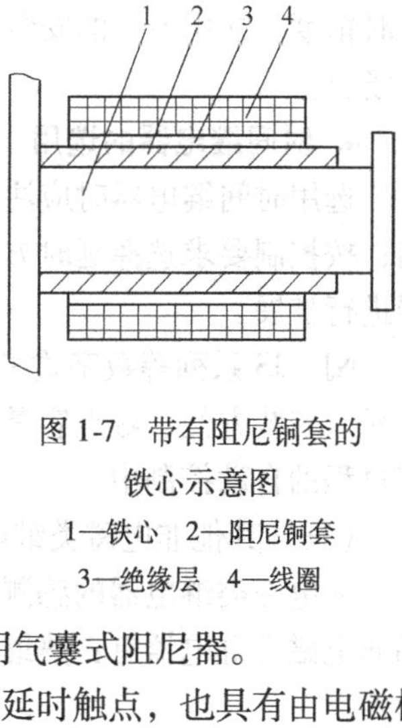

图1-7 带有阻尼铜套的铁心示意图
1—铁心　2—阻尼铜套
3—绝缘层　4—线圈

2. 空气式时间继电器

空气阻尼式时间继电器，是利用空气阻尼原理获得延时的。它由电磁系统、延时机构和触点三部分组成，电磁机构为直动式双E型，触点系统是借用LX5型微动开关，延时机构采用气囊式阻尼器。

空气阻尼式时间继电器既具有由空气室中的气动机构带动的延时触点，也具有由电磁机构直接带动的瞬动触点,可以做成通电延时型,也可做成断电延时型。电磁机构可以是直流的,也可以是交流的。

3. 电子式时间继电器

电子式时间继电器在时间继电器中已成为主流产品,它是采用晶体管或集成电路和电子元件等构成,也有采用单片机控制的时间继电器。电子式时间继电器具有延时范围广、精度高、体积小、耐冲击和耐振动、调节方便及寿命长等优点,所以发展很快,应用广泛。

电子式时间继电器的输出形式有两种:有触点式和无触点式,前者是用晶体管驱动小型继电器输出,后者是直接采用晶体管或晶闸管输出。

近年来随着微电子技术的发展,采用集成电路、功率电路和单片机等电子元件构成的新型时间继电器大量面市。如 DHC6 多制式单片机控制时间继电器、J5S17、J3320 和 JSZ13 等系列大规模集成电路数字时间继电器,J5145 等系列电子式数显时间继电器,J5G1 等系列固态时间继电器等。

DHC6 多制式时间继电器可根据用户需要选择最合适的制式,使用简便的方法就能达到以往需要较复杂接线才能达到的控制功能。这样既节省了中间控制环节,又大大提高了电气控制的可靠性。

DHC6 多种制式时间继电器采用单片机控制,LCD 显示,具有 9 种工作制式、正计时、倒计时任意设定、8 种延时时段、延时范围从 0.01s~999.9h 任意设定,设定完成之后可以锁定按键,防止误操作。其外观如图 1-8 所示。

J5S17 系列时间继电器由大规模集成电路、稳压电源、拨动开关、四位 LED 数码显示器、执行继电器及塑料外壳等几部分组成。采用 32kHz 石英晶体振荡器,安装方式有面板式和装置式两种。装置式插座可用 M4 螺钉固定在安装板上,也可以安装在标准 35mm 安装卡轨上。

J5S20 系列时间继电器是四位数字显示的小型时间继电器,它采用晶体振荡作为时基基准,采用大规模集成电路技术,不但可以实现长达 9999h 的长延时,还可保证其

图 1-8　DHC6 多种制式时间继电器

延时精度。配用不同的安装插座及附件可应用在面板安装、35mm 标准安装导执及螺钉安装的场合。

4. 时间继电器的选用

选用时间继电器时应注意:其线圈(或电源)的电流种类和电压等级应与控制电路相同;按控制要求选择延时方式和触点型式;校核触点数量和容量,若不够时,可用中间继电器进行扩展。

NJ、JS 系列等数字式半导体时间继电器具有体积小、延时精度高、寿命长、工作稳定可靠、安装方便、触点容量大和产品规格全等优点,广泛用于电力拖动、顺序控制及各种生产过程的自动控制中。

(三) 其他非电磁类继电器

非电磁类继电器的感测元件接受非电量信号(如温度、转速、位移及机械力等)。常用的非电磁类继电器有:热继电器、速度继电器、干簧继电器和永磁感应继电器等。

1. 热继电器

热继电器主要用于电力拖动系统中电动机负载的过载保护。

电动机在实际运行中，常会遇到过载情况，但只要过载不严重、时间短，绕组不超过允许的温升，这种过载是允许的。但如果过载情况严重、时间长，则会加速电动机绝缘的老化，缩短电动机的使用年限，甚至烧毁电动机，因此必须对电动机进行过载保护。

（1）**热继电器结构与工作原理** 热继电器主要由热元件、双金属片和触点组成，如图 1-9 所示，热元件由发热电阻丝做成。双金属片由两种热膨胀系数不同的金属辗压而成，当双金属片受热时，会出现弯曲变形。使用时，把热元件串接于电动机的主电路中，而常闭触点串接于电动机的控制电路中。

当电动机正常运行时，热元件产生的热量虽能使双金属片弯曲，但还不足以使热继电器的触点动作。当电动机过载时，双金属片弯曲位移增大，推动导板使常闭触点断开，从而切断电动机控制电路以起到保护作用。热继电器动作后一般不能马上自动复位，要等双金属片冷却后按下复位按钮复位。热继电器动作电流的调节可以借助旋转凸轮于不同位置来实现。

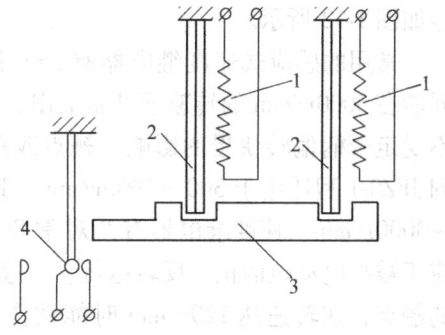

图 1-9 热继电器原理示意图
1—热元件 2—双金属片 3—导板
4—动触点（复位）

（2）**热继电器的型号及选用** 我国目前生产的热继电器主要有 JR、NR 等系列，JR 系列热继电器采用间接受热方式，其主要缺点是双金属片靠发热元件间接加热，热偶合较差；双金属片的弯曲程度受环境温度影响较大，不能正确反映负载的过电流情况。JR36 等系列热继电器采用复合加热方式并采用了温度补偿元件，因此较能正确反映负载的工作情况。NR 系列多为与接触器接插安装形式。

JR 系列中部分型号的热继电器为两相结构，是双热元件的热继电器，可以用作三相异步电动机的均衡过载保护和 Y 联结定子绕组的三相异步电动机的断相保护，但不能用作定子绕组为△联结的三相异步电动机的断相保护。

JR16、JR20、JR36 和 NR 系列热继电器均带有断相保护功能，具有三相差动式断相保护机构。在三相异步电动机电路中，对 Y 联结的电动机可选两相或三相结构的热继电器，一般采用两相结构的热继电器，即在两相主电路中串接热元件。对于三相异步电动机，定子绕组为△联结的电动机必须采用带断相保护的热继电器。热继电器的图形及文字符号如图 1-10 所示。

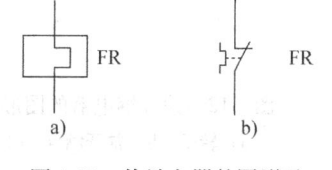

图 1-10 热继电器的图形及文字符号
a) 热元件 b) 常闭触点

2. 速度继电器

速度继电器是通过感测电动机转速，依靠电磁感应原理实现触点动作的。感应式速度继电器的原理如图 1-11 所示。

从结构上看，速度继电器与交流电机相类似，速度继电器主要由定子、转子和触点三部分组成。定子的结构与笼型异步电动机相似，是一个笼型空心圆环，由硅钢片冲压而成，并装有笼型绕组。转子是一个圆柱形永久磁铁。

速度继电器的轴与电动机的轴相连接。转子固定在轴上，定子与轴同心。当电动机转动时，速度继电器的转子随之转动，绕组切割磁场产生感应电动势和电流，此电流和永久磁铁的磁场作用产生转矩，使定子向轴的转动方向偏摆，通过定子柄拨动触点，使常闭触点断开，常开触点闭合。当电动机转速下降到接近零时，转矩减小，定子柄在弹簧力的作用下恢复原位，触点也复原。速度继电器根据电动机的额定转速进行选择。其图形及文字符号如图 1-12 所示。

常用的感应式速度继电器有 JY1 和 JFZ0 系列。JY1 系列能在 3000r/min 的转速下可靠工作。JFZ0 型触点动作速度不受定子柄偏转快慢的影响，触点改用微动开关。JFZ0 系列 JFZ0-1 型适用于 300～1000r/min，JFZ0-2 型适用于 1000～3000r/min。速度继电器有两对常开、常闭触点，分别对应于被控电动机的正、反转运行。一般情况下，速度继电器的触点，在转速达 120r/min 时能动作，100r/min 左右时能恢复初始位置。

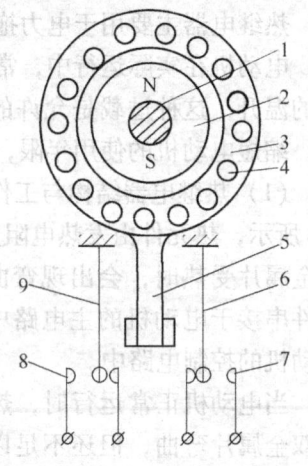

图 1-11　速度继电器结构原理图
1—转轴　2—转子　3—定子
4—绕组　5—定子柄　6、9—簧片
7、8—静触点

3. 干簧继电器

干簧继电器是一种具有密封触点的电磁式继电器。干簧继电器可以反映电压、电流、功率以及电流极性等信号，在检测、自动控制和计算机控制技术等领域中应用广泛。干簧继电器主要由干式舌簧片与励磁线圈组成。干式舌簧片（触点）是密封的，由铁镍合金做成，舌片的接触部分通常镀有贵重金属（如金、铑和钯等），接触良好，具有优良的导电性能。触点密封在充有氮气等惰性气体的玻璃管中，因而有效地防止了尘埃的污染，减少了触点的腐蚀，提高了工作可靠性。其结构如图 1-13 所示。

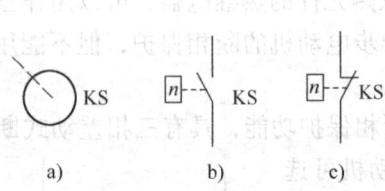

图 1-12　速度继电器的图形、文字符号
a) 转子　b) 常开触点　c) 常闭触点

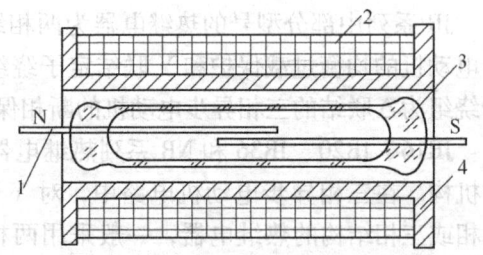

图 1-13　干簧继电器结构原理图
1—舌簧片　2—线圈　3—玻璃管　4—骨架

当线圈通电后，管中两舌簧片的自由端分别被磁化成 N 极和 S 极而相互吸引，因而接通被控电路。线圈断电后，干簧片在自身的弹力作用下分开，将线路切断。

干簧继电器具有结构简单、体积小、吸合功率小、灵敏度高（一般吸合与释放时间均在 0.5～2ms 以内）、触点密封（不受尘埃、潮气及有害气体污染）、动片质量小、动程小、触点电寿命长（一般可达 10^7 次左右）等优点。

干簧继电器还可以用永磁体来驱动，反映非电信号，用作限位及行程控制以及非电量检测等。主要部件为干簧继电器的干簧水位信号器，适用于工业与民用建筑中的水箱、水塔及水池等开口容器的水位控制和水位报警。

4. 可编程通用逻辑控制继电器

可编程通用逻辑控制继电器是一种新型通用逻辑控制继电器，亦称通用逻辑控制模块，它将控制程序预先存储在内部存储器中，用户程序采用梯形图或功能图语言编程，形象直观，简单易懂，由按钮、开关等输入开关量信号。通过执行程序对输入信号进行逻辑运算、模拟量比较、计时和计数等，另外还有显示参数、通信和仿真运行等功能，其内部软件功能可替代传统逻辑控制器件及继电器电路，并具有很强的抗干扰能力。另外，其硬件是标准化的，要改变控制功能只需改变程序即可。因此，在继电逻辑控制系统中，可以"以软代硬"替代其中的时间继电器、中间继电器和计数器等，以简化线路设计，并能完成较复杂的逻辑控制，甚至可以完成传统继电逻辑控制方式无法实现的功能。因此，在工业自动化控制系统、小型机械和装置以及建筑电器等领域广泛应用，在智能建筑中适用于照明系统、取暖通风系统、门、窗、栅栏和出入口等的控制。

常用产品主要有德国金钟-默勒公司的 Easy，西门子公司的 LOGO 和日本松下公司的可选模式控制器—控制存储式继电器等。

四、刀开关与低压断路器

开关是最普通、使用最早的电器。其作用是分合电路、通断电流。常用的有刀开关、隔离开关、负荷开关、转换开关（组合开关）和自动空气开关（断路器）等。

开关有有载运行操作、无载运行操作和选择性运行操作之分；又有正面操作、侧面操作和背面操作几种；还有不带灭弧装置和带灭弧装置之分。刀口接触有面接触和线接触两种，线接触形式，刀片容易插入，接触电阻小，制造方便。开关常采用弹簧片以保证接触良好。

（一）低压刀开关

刀开关的结构示意图如图 1-14 所示。刀开关的图形和文字符号如图 1-15 所示。

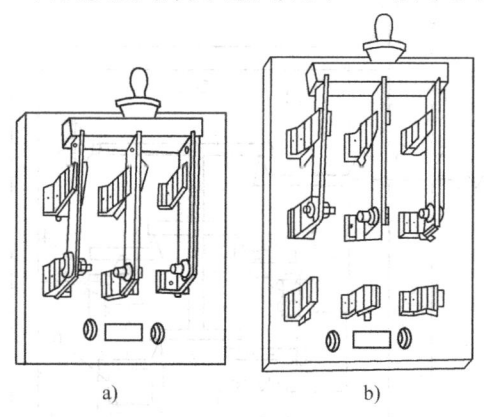

图 1-14 刀开关结构示意图
a) HD 系列刀开关 b) HS 系列刀开关

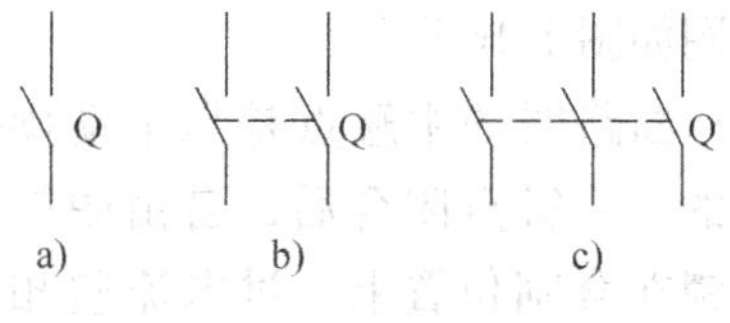

图 1-15 刀开关的图形、文字符号
a) 单极 b) 双极 c) 三极

刀开关是手动电器中结构最简单的一种，主要用作电源隔离开关，也可用来非频繁地接通和分断容量较小的低压配电线路。接线时应将电源线接在上端，负载接在下端，这样拉闸后刀片与电源隔离，可防止意外事故发生。

刀开关的主要类型有大电流刀开关、负荷开关和熔断器式刀开关。常用的产品有 HD11~HD14 和 HS11~HS13 系列刀开关。

QA 系列、QF 系列、QSA 系列隔离开关用在低压配电中，HY122 带有明显断口的数模化隔离开关，广泛用于楼层配电、计量箱、终端组电器中。

HR3 熔断器式刀开关，具有刀开关和熔断器的双重功能，采用这种组合式开关电器可以简化配电装置结构，经济实用，越来越广泛地用在低压配电屏上。

HK1、HK2 系列开启式负荷开关（胶壳刀开关），用作电源开关和小容量电动机非频繁起动的操作开关。

HH3、HH4 系列封闭式负荷开关（铁壳开关），操作机构具有速断弹簧与机械联锁，用于非频繁起动 28kW 以下的三相异步电动机。

刀开关选择时应考虑以下两个方面：

（1）刀开关结构形式的选择　应根据刀开关的作用和装置的安装形式来选择。若用于分断较大负载电流，应选择带灭弧装置的刀开关。根据装置的安装形式来选择正面、背面或侧面操作形式，是直接操作还是杠杆传动，是板前接线还是板后接线的结构形式。

（2）刀开关的额定电流的选择　一般应等于或大于所分断电路中各个负载额定电流的总和。对于电动机负载，应考虑其起动电流，所以应选用额定电流大一级的刀开关。若再考虑电路出现的短路电流，还应选用额定电流更大一级的刀开关。

（二）低压断路器

低压断路器也称为自动空气开关，可用来接通和分断负载电路，也可用来控制不频繁起动的电动机。它的功能相当于闸刀开关、过电流继电器、失压继电器、热继电器及漏电保护器等电器部分或全部的功能总和，是低压配电网中一种重要的保护电器。

低压断路器具有多种保护功能，动作值可调，分断能力高，操作方便，安全等优点，所以目前被广泛应用。

1. 结构和工作原理

低压断路器由操作机构、触点、保护装置（各种脱扣器）和灭弧系统等组成，其工作原理图如图 1-16 所示。

低压断路器的主触点是靠手动操作或电动合闸的。主触点闭合后，自由脱扣机构将主触点锁在合闸位置上。过电流脱扣器的线圈和热脱扣器的热元件与主电路串联，欠电压脱扣器的线圈和电源并联。当电路发生短路或严重过载时，过电流脱扣器的衔铁吸合，使自由脱扣机构动作，主触点断开主电路；当电路过载时，热脱扣器的热元件发热使双金属片向上弯曲，推动自由脱扣机构动作；当电路欠电压时，欠电压脱扣器的衔铁释放，也使自由脱扣机构动作；分励脱扣器则作为远距离控制用，在正常工作时，其线圈是断

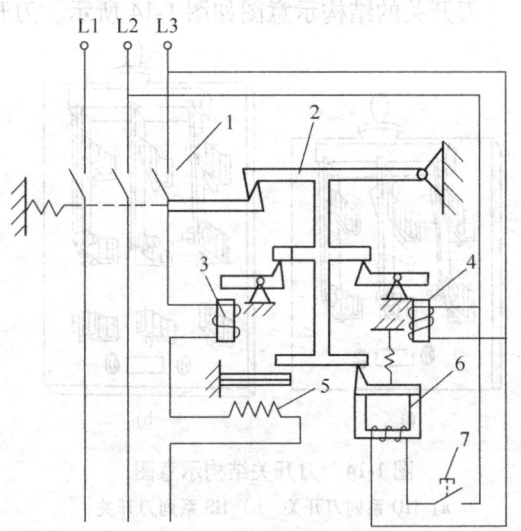

图 1-16　低压断路器工作原理图
1—主触点　2—自由脱扣机构　3—过电流脱扣器
4—分励脱扣器　5—热脱扣器　6—欠电压脱扣器　7—停止按钮

电的，在需要远距离控制时，按下停止按钮，使线圈通电，衔铁带动自由脱扣机构动作，使主触点断开。

2. 低压断路器典型产品

低压断路器主要分类方法是以结构形式分类，即开启式和装置式两种。开启式又称为框架式或万能式，装置式又称为塑料外壳式。此外还有一种内部采用微处理器做为核心部件的新型断路器，被称为智能化断路器。

（1）装置式断路器　装置式断路器有绝缘塑料外壳，内装触点系统、灭弧室及脱扣器等，可手动或电动（对大容量断路器而言）合闸。有较高的分断能力和动稳定性，有较完善的选择性保护功能，广泛用于配电线路。

目前常用的有 DZ15、DZ20、DZX19、DW、NA、NM、NB 和 C45N（目前已升级为 C65N）等系列产品。其中 C45N（C65N）断路器具有体积小、分断能力高、限流性能好、操作轻便、型号规格齐全的优点，可以方便地在单极结构基础上组合成二极、三极和四极断路器，广泛使用在 60A 及以下的民用照明支干线及支路中（多用于住宅用户的进线开关及商场照明支路开关）。

（2）框架式低压断路器　框架式断路器一般容量较大，具有较高的短路分断能力和较好的动稳定性。适用于交流 50Hz，额定电压 380V 的配电网络中作为配电干线的主保护。

框架式断路器主要由触点系统、操作机构、过电流脱扣器、分励脱扣器及欠电压脱扣器、附件及框架等部分组成，全部组件进行绝缘后装于框架结构底座中。

目前我国常用的有 DW15、NA、NM、NB、ME、AE 和 AH 等系列的框架式低压断路器。DW15 系列断路器是我国自行研制生产的，全系列具有 1000、1500、2500 和 4000A 等几个型号。

ME、AE、AH 等系列断路器是利用引进技术生产的。它们的规格型号较为齐全（ME 开关电流等级从 630～5000A 共 13 个等级），额定分断能力较 DW15 更强，常用于低压配电干线的主保护。

（3）智能化断路器　目前国内生产的智能化断路器有框架式和塑料外壳式两种。框架式智能化断路器主要用于智能化自动配电系统中的主断路器，塑料外壳式智能化断路器主要用在配电网络中分配电能和作为线路及电源设备的控制与保护，亦可用作三相笼型感应电动机的控制。智能化断路器的特征是采用了以微处理器或单片机为核心的智能控制器（智能脱扣器），它不仅具备普通断路器的各种保护功能，同时还具备实时显示电路中的各种电气参数（电流、电压、功率和功率因数等），对电路进行在线监视、自行调节、测量、试验、自诊断和可通信等功能，能够对各种保护功能的动作参数进行显示、设定和修改，保护电路动作时的故障参数能够存储在非易失存储器中以便查询。国内 DW45、DW40、DW914（AH）、DW18（AE-S）、DW48、DW19（3WE）和 DW17（ME）等智能化框架断路器和智能化塑壳断路器，都配有 ST 系列智能控制器及配套附件，ST 系列智能控制器是机械工业部"八五""九五"期间的重点项目。产品性能指标达到国际 20 世纪 90 年代先进水平。它采用积木式配套方案，可直接安装于断路器本体中，无需重复二次接线，并可多种方案任意组合。

3. 低压断路器的选用原则

1）根据线路对保护的要求确定断路器的类型和保护形式，确定选用框架式、装置式或限流式等。

2) 断路器的额定电压 U_N 应等于或大于被保护线路的额定电压。

3) 断路器欠电压脱扣器额定电压应等于被保护线路的额定电压。

4) 断路器的额定电流及过电流脱扣器的额定电流应大于或等于被保护线路的计算电流。

5) 断路器的极限分断能力应大于线路的最大短路电流的有效值。

6) 配电线路中的上、下级断路器的保护特性应协调配合,下级的保护特性应位于上级保护特性的下方且不相交。

7) 断路器的长延时脱扣电流应小于导线允许的持续电流。

五、熔断器

熔断器是一种简单而有效的保护电器,在电路中主要起短路保护作用。

熔断器主要由熔体和安装熔体的绝缘管(绝缘座)组成。使用时,熔体串接于被保护的电路中,当电路发生短路故障时,熔体被瞬时熔断而分断电路,起到保护作用。

1. 常用的熔断器

(1) 插入式熔断器　如图 1-17 所示,它常用于 380V 及以下电压等级的线路末端,作为配电支线或电气设备的短路保护用。

(2) 螺旋式熔断器　如图 1-18 所示。熔体上的上端盖有一熔断指示器,一旦熔体熔断,指示器马上弹出,可透过瓷帽上的玻璃孔观察到。它常用于机床电气控制设备中。螺旋式熔断器分断电流较大,可用于电压等级 500V 及其以下、电流等级 200A 以下的电路中,作短路保护。

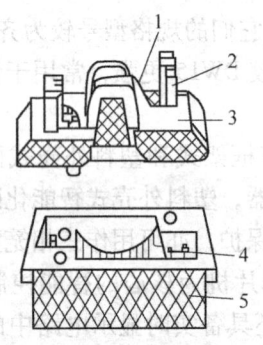

图 1-17　插入式熔断器
1—熔体(熔丝)　2—动触点　3—瓷插件
4—静触点　5—瓷座

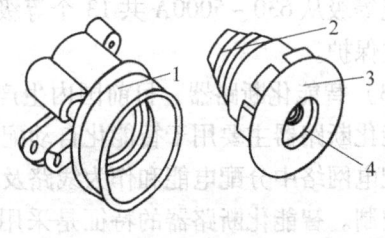

图 1-18　螺旋式熔断器
1—底座　2—熔体　3—瓷帽
4—熔断指示器

(3) 封闭式熔断器　封闭式熔断器分有填料熔断器和无填料熔断器两种,如图 1-19 和图 1-20 所示。有填料熔断器一般用方形瓷管,内装石英砂及熔体,分断能力强,用于电压等级 500V 以下、电流等级 1kA 以下的电路中。无填料密闭式熔断器将熔体装入密闭式圆筒中,分断能力稍小,用于 500V 以下,600A 以下电力网或配电设备中。

(4) 快速熔断器　它主要用于半导体整流元件或整流装置的短路保护。由于半导体元件的过载能力很低。只能在极短时间内承受较大的过载电流,因此要求短路保护具有快速熔断的能力。快速熔断器的结构和有填料封闭式熔断器基本相同，但熔体材料和形状不同，它是以银片冲制的有 V 形深槽的变截面熔体。

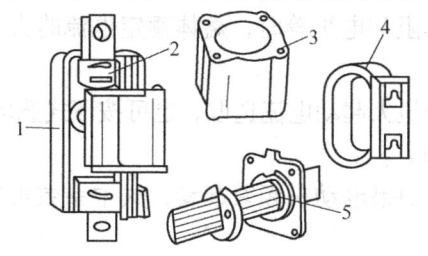

图 1-19　有填料封闭管式熔断器
1—瓷底座　2—弹簧片　3—管体
4—绝缘手柄　5—熔体

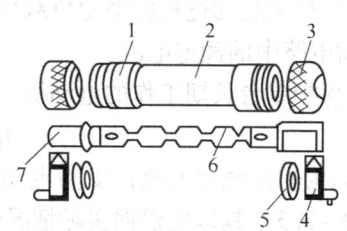

图 1-20　无填料密闭管式熔断器
1—铜圈　2—熔断管　3—管帽　4—插座
5—特殊垫圈　6—熔体　7—熔片

（5）自复熔断器　采用金属钠作熔体，在常温下具有高电导率。当电路发生短路故障时，短路电流产生高温使钠迅速汽化，汽态钠呈现高阻态，从而限制了短路电流。当短路电流消失后，温度下降，金属钠恢复原来的良好导电性能。自复熔断器只能限制短路电流，不能真正分断电路。其优点是不必更换熔体，能重复使用。

2. 熔断器的选择

（1）熔断器的安秒特性　熔断器的动作是靠熔体的熔断来实现的。通过熔体的电流越大，熔体熔断所需的时间就越短。而电流较小时，熔体熔断所需用的时间就较长，甚至不会熔断。因此对熔体来说，其动作电流和动作时间特性即熔断器的安秒特性，为反时限特性，如图 1-21 所示，图中 I_{RN} 是熔体的额定电流。

每一熔体都有最小熔化电流。对应于不同的温度，最小熔化电流也不同。虽然该电流受外界环境的影响，但在实际应用中可以不加考虑。一般定义熔体的最小熔断电流与熔体的额定电流之比为最小熔化系数，常用熔体的熔化系数大于 1.25，

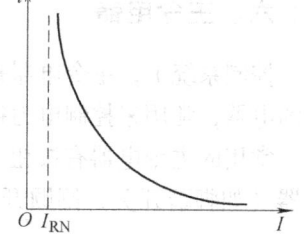

图 1-21　熔断器的安秒特性

也就是说额定电流为 10A 的熔体在电流 12.5A 以下时不会熔断。熔断电流与熔断时间之间的关系如表 1-2 所示，表中 I_N 为额定电流。

表 1-2　熔断电流与熔断时间之间的关系

熔断电流	1.25～1.3I_N	1.6I_N	2I_N	2.5I_N	3I_N	4I_N
熔断时间	∞	1h	40s	8s	4.5s	2.5s

从这里可以看出，熔断器只能起到短路保护作用，不能起过载保护作用。如确需在过载保护中使用，必须降低其使用的额定电流，如 8A 的熔体用于 10A 的电路中，作短路保护兼作过载保护用，但此时的过载保护特性并不理想。

（2）熔断器的选择　主要依据负载的保护特性和短路电流的大小选择熔断器的类型。对于容量小的电动机和照明支线，常采用熔断器作为过载及短路保护，因而希望熔体的熔化系数适当小些。通常选用铅锡合金熔体的 RQA 系列熔断器。对于较大容量的电动机和照明干线，则应着重考虑短路保护和分断能力。通常选用具有较高分断能力的 RM10 和 RL1 系

列的熔断器；当短路电流很大时，宜采用具有限流作用的 RT29 和 RT36 系列的熔断器。

熔体的额定电流可按以下方法选择：

1）保护无起动过程的平稳负载如照明线路、电阻和电炉等时，熔体额定电流略大于或等于负荷电路中的额定电流。

2）保护单台长期工作的电动机，熔体电流可按最大起动电流选取，也可按下式选取

$$I_{RN} \geq (1.5 \sim 2.5) I_N$$

式中，I_{RN} 为熔体额定电流；I_N 为电动机额定电流。如果电动机频繁起动，式中系数可适当加大至 3~3.5，具体应根据实际情况而定。

3）保护多台长期工作的电动机（供电干线）

$$I_{RN} \geq (1.5 \sim 2.5) I_{Nmax} + \Sigma I_N$$

式中，I_{Nmax} 为容量最大单台电动机的额定电流，ΣI_N 为其余电动机额定电流之和。

(3) 熔断器的级间配合　为防止发生越级熔断，扩大事故范围，上、下级（即供电干、支线）线路的熔断器间应有良好配合。选用时，应使上级（供电干线）熔断器的熔体额定电流比下级（供电支线）的大 1~2 个级差。

常用的熔断器有管式熔断器 R1 系列、螺旋式熔断器 RL1 系列、填料封闭式熔断器 RT0 系列及快速熔断器 RS0、RS3 系列等。

熔断器的图形符号和文字符号为 FU。

六、主令电器

控制系统中，主令电器是一种专门发布命令，直接或通过电磁式电器间接作用于控制电路的电器，常用来控制电力拖动系统中电动机的起动、停车、调速及制动等。

常用的主令电器有按钮、行程开关、接近开关、万能转换开关、主令控制器及其他主令电器（如脚踏开关、倒顺开关、紧急开关、钮子开关等）。本节仅介绍几种常用的主令电器。

1. 按钮

按钮是一种结构简单、使用广泛的手动主令电器，它可以与接触器或继电器配合，对用电设备实现远距离的自动控制。

如图 1-22 所示，按钮由按钮帽、复位弹簧、桥式触点和外壳等组成，通常做成复合式，即具有常闭触点和常开触点。按下按钮时，先断开常闭触点，后接通常开触点；按钮释放后，在复位弹簧的作用下，按钮触点自动复位的先后顺序与按下时相反。通常，在无特殊说明的情况下，常闭和常开复合触点的动作顺序均为"先断后合"。

在电器控制线路中，常开按钮常用来起动电动机，也称起动按钮。常闭按钮常用于控制电动机停车，也称停车按钮。复合按钮用于联锁控制电路中。

铵钮的种类很多，在结构上有揿钮式、紧急式、钥匙式、旋钮式、带灯式和打碎玻璃式等。

常用的按钮有 NP、LA18、LA19、LAY39、LAY3 和

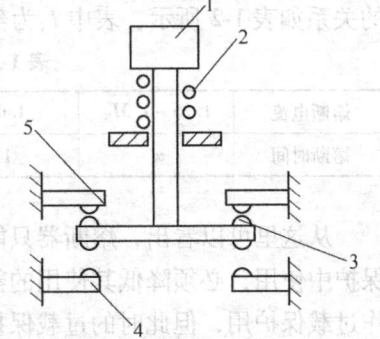

图 1-22　按钮开关结构示意图
1—按钮帽　2—复位弹簧　3—常闭和常开复合触点　4—常开静触点
5—常闭静触点

SFAN-1 型。其中 SFAN-1 型为消防打碎玻璃按钮，LA18、LA19 系列采用积木式结构，触点数目可按需要拼装至六常开六常闭，一般装成二常开二常闭。多数系列按钮均有带指示灯和不带指示灯两种，按钮帽分为塑料和金属两种材质制成，部分可兼作指示灯罩。

按钮选择的主要依据是使用场所、所需要的触点数量、种类及颜色。

按钮的图形符号及文字符号见图 1-23。

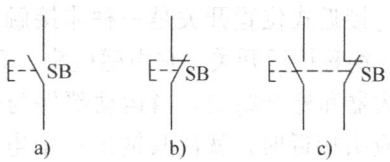

图 1-23　按钮的图形和文字符号
a）常开触点　b）常闭触点　c）复合触点

2. 行程开关

行程开关又称限位开关，用于检测机械设备的行程位置及限位保护。在实际生产中，将行程开关安装在预先安排的位置，当装于生产机械运动部件上的挡块撞击行程开关时，行程开关的触点动作，实现电路的切换。因此，行程开关是一种根据运动部件的行程位置而切换电路的电器，它的工作原理与按钮类似。行程开关广泛用于各类机床和起重机械，用以控制其行程，或进行终端限位保护。在电梯的控制电路中，还利用行程开关来控制开关轿门的速度，自动开关门的限位，轿厢的上、下限位保护。

行程开关按其结构可分为直动式、滚轮式、微动式和组合式。

（1）直动式行程开关　其结构原理如图 1-24 所示，其动作原理与按钮相同，但触点的分合速度取决于生产机械的运行速度，不宜用于速度低于 0.4m/min 的场所。

（2）滚轮式行程开关　其结构原理如图 1-25 所示，当被控机械上的撞块撞击带有滚轮的撞杆时，撞杆转向右边，带动凸轮转动，顶下推杆，使微动开关中的触点迅速动作。当运动机械返回时，在复位弹簧的作用下，各部分动作部件复位。

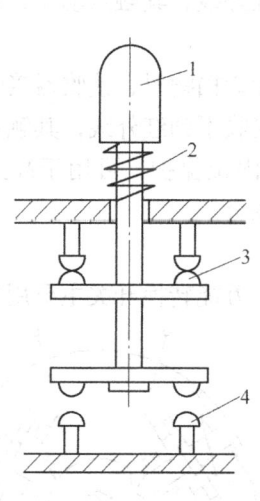

图 1-24　直动式行程开关
1—推杆　2—弹簧　3—常闭触点　4—常开触点

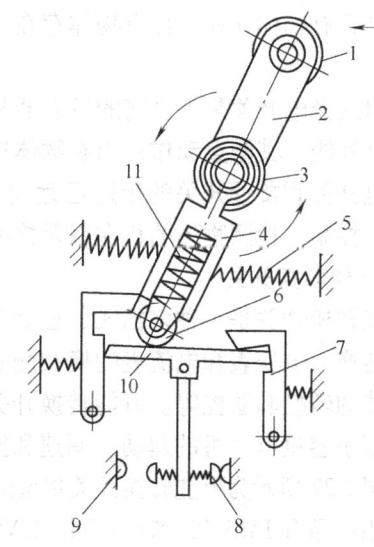

图 1-25　滚轮式行程开关
1—滚轮　2—上转臂　3、5、11—弹簧　4—套架
6—滑轮　7—压板　8、9—触点　10—横板

滚轮式行程开关又分为单滚轮自动复位和双滚轮（羊角式）非自动复位式，双滚轮行程开关具有两个稳态位置，有"记忆"作用，在某些情况下可以简化线路。

(3) 微动开关式行程开关　其结构如图 1-26 所示。常用的有 YB、LXW-11 系列产品。

3. 接近开关

接近式位置开关是一种非接触式的位置开关，简称接近开关。它由感应头、高频振荡器、放大器和外壳组成。当运动部件与接近开关的感应头接近时，就使其输出一个电信号。接近开关分为电感式和电容式两种。

电感式接近开关的感应头是一个具有铁氧体磁心的电感线圈，只能用于检测金属体。振荡器在感应头表面产生一个交变磁场，当金属块接近感应头时，金属中产生的涡流吸收了振

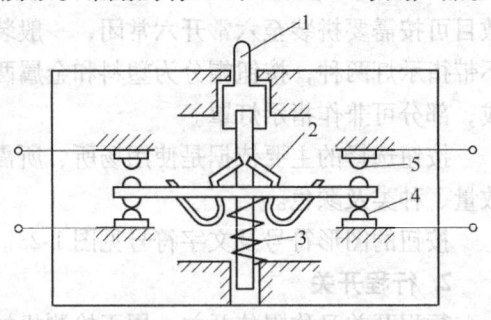

图 1-26　微动式行程开关
1—推杆　2—弹簧　3—压缩弹簧
4—动断触点　5—动合触点

荡的能量，使振荡减弱以至停振，因而产生振荡和停振两种信号，经整形放大器转换成二进制的开关信号，从而起到"开""关"的控制作用。

电容式接近开关的感应头是一个圆形平板电极，与振荡电路的地线形成一个分布电容，当有导体或其他介质接近感应头时，电容量增大而使振荡器停振，经整形放大器输出电信号。电容式接近开关既能检测金属，又能检测非金属及液体。

常用的电感式接近开关型号有 LJ1、LJ2 等系列，电容式接近开关型号有 LXJ15、TC 等系列产品。

4. 红外线光电开关

红外线光电开关分为反射式和对射式两种。

反射式光电开关是利用物体将光电开关发射出的红外线反射回去，由光电开关接收，从而判断是否有物体存在。如有物体存在，光电开关接收到红外线，其触点动作，否则其触点复位。

对射式光电开关是由分离的发射器和接收器组成。当无遮挡物时，接收器接收到发射器发出的红外线，其触点动作；当有物体挡住时，接收器便接收不到红外线，其触点复位。

光电开关和接近开关的用途已远超出一般行程控制和限位保护，可用于高速计数、测速、液面控制、检测物体的存在以及检测零件尺寸等许多场合。

5. 万能转换开关

万能转换开关是一种多档式、控制多回路的主令电器。万能转换开关主要用于各种控制线路的转换、电压表和电流表的换相测量控制、配电装置线路的转换和遥控等。万能转换开关还可以用于直接控制小容量电动机的起动、调速和换向。

如图 1-27 所示为万能转换开关单层的结构示意图。

常用产品有 LW5 和 LW6 系列。LW5 系列可控制 5.5kW 及以下的小容量电动机；LW6 系列只能控制 2.2kW 及以下的小容量电动机。用于可逆运行控制时，只有在电动机停车后才允许反向起动。LW5 系列万能转换开关按手柄的操作方式可分为自复式和自定位式两种。所谓自复式是指用手拨动手柄于某一档

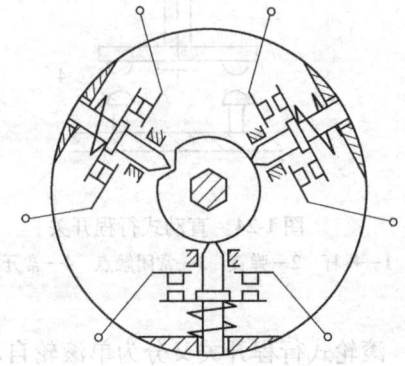

图 1-27　万能转换开关单层结构示意图

位时,手松开后,手柄自动返回原位;定位式则是指手柄被置于某档位时,不能自动返回原位而停在该档位。

万能转换开关的手柄操作位置是以角度表示的。不同型号的万能转换开关的手柄有不同数量的操作位置,且不同操作位置对应的触点通断情况也不同。

万能转换开关的图形符号示例如图1-28所示。由于其触点的分合状态与操作手柄的位置有关,所以,除在电路图中画出触点图形符号外,还应画出操作手柄与触点分合状态的关系。图中当万能转换开关打向左45°时,触点1-2、3-4、5-6闭合,触点7-8打开;打向0°时,只有触点5-6闭合;右45°时,触点7-8闭合,其余打开。

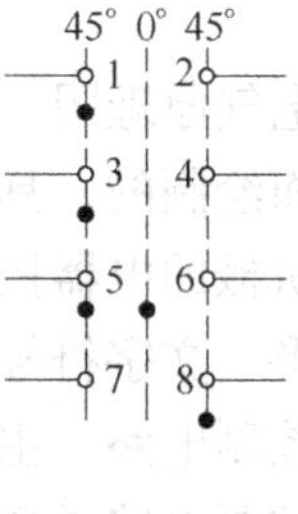

LW5-15D0403/2			
触头编号	45°	0°	45°
1-2	×		
3-4	×		
5-6	×	×	
7-8			×

图1-28 万能转换开关的图形符号示例
a) 图形符号 b) 触点闭合表

6. 主令控制器

主令控制器是一种用于频繁对电路进行接通和切断的电器。通过它的操作,可以对控制电路发布命令,与其他电路联锁或切换。常配合磁力起动器对绕线转子异步电动机的起动、制动、调速及换向实行远距离控制,广泛用于各类起重机械的拖动电动机的控制系统中。

主令控制器一般由外壳、触点、凸轮和转轴等组成,与万能转换开关相比,它的触点容量大些,操纵档位也较多。主令控制器的动作过程与万能转换开关相类似,也是由一块可转动的凸轮带动触点动作。

常用的主令控制器有LK5和LK6系列,其中LK5系列有直接手动操作、带减速器的机械操作与电动机驱动等三种型式的产品。LK6系列是由同步电动机和齿轮减速器组成定时元件,由此元件按规定的时间顺序,周期性地分合电路。

控制电路中,主令控制器触点的图形符号及操作手柄在不同位置时的触点分合状态表示方法与万能转换开关相似。

从结构上讲,主令控制器分为两类:一类是凸轮可调式主令控制器;一类是凸轮固定式主令控制器。如图1-29所示为凸轮可调式主令控制器。

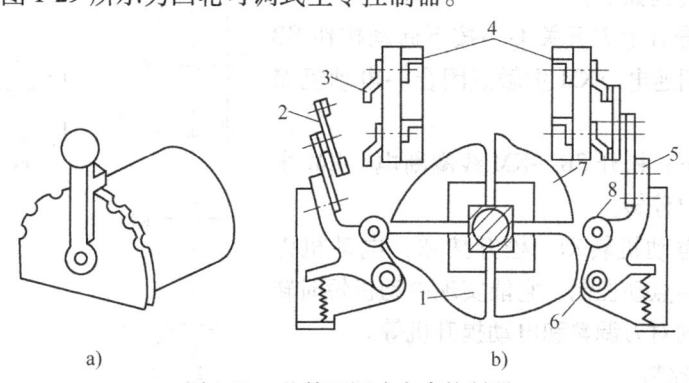

图1-29 凸轮可调式主令控制器
a) 外形图 b) 结构原理图
1—凸轮块 2—动触点 3—静触点 4—接线端子 5—支杆 6—转动轴 7—凸轮块 8—小轮

第二节 基本电器控制线路

任何复杂的电器控制线路都是按照一定的控制原则，由基本的控制线路组成的。基本控制线路是学习电器控制的基础，特别是对生产机械整个电气控制线路工作原理的分析与设计有很大的帮助。

电器控制线路的表示方法有电气原理图、电气接线图和电器布置图。

电气原理图是根据工作原理而绘制的，具有结构简单、层次分明、便于研究和分析电路的工作原理等优点。在各种生产机械的电器控制中，无论在设计部门或生产现场都得到广泛的应用。电器控制线路常用的图形、文字符号必须符合最新的国家标准。

电气原理图可分为主电路和控制电路。主电路包括从电源到电动机的电路，是强电流通过的部分，画在原理图的左边。控制电路是通过弱电流的电路，一般由按钮、电器元件的线圈、接触器的辅助触点和继电器的触点等组成，画在原理图的右边。

电气原理图采用电器元件展开图的画法，同一电器元件的各部件可以不画在一起，但需用同一文字符号标出。若有多个同类电器，可在文字符号后加上数字序号，如 KM1、KM2 等。

电气原理图中所有按钮、触点均按没有外力作用和没有通电时的原始状态画出。控制电路的分支线路，原则上按照动作先后顺序排列，两线交叉连接时的电气连接点须用黑点标出。

本节主要介绍典型的电器控制线路。

一、三相笼型电动机直接起动控制线路

在电源容量足够大时，小容量笼型电动机可直接起动。直接起动的优点是电气设备少，线路简单。缺点是起动电流大，引起供电系统电压波动，干扰其他用电设备的正常工作。

1. 点动控制

如图 1-30 所示，主电路由刀开关 Q、熔断器 FU、交流接触器 KM 的主触点和笼型电动机 M 组成；控制电路由起动按钮 SB 和交流接触器线圈 KM 组成。

线路的工作过程如下：

起动过程：先合上刀开关 Q→按下起动按钮 SB→接触器 KM 线圈通电→KM 主触点闭合→电动机 M 通电直接起动。

停机过程如下：松开 SB→KM 线圈断电→KM 主触点断开→M 断电停转。

按下按钮，电动机转动，松开按钮，电动机停转，这种控制就叫点动控制，它能实现电动机短时转动，常用于机床的对刀调整和电动提升机等。

2. 连续运行控制

在实际生产中往往要求电动机实现长时间连续转动，即所谓长动控制。如图 1-31 所示，主电路由刀

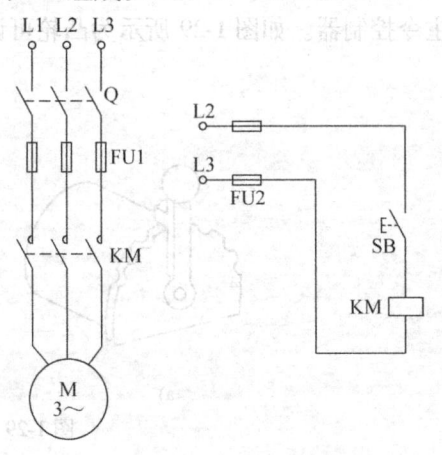

图 1-30 点动控制线路

开关 Q、熔断器 FU、接触器 KM 的主触点、热继电器 FR 的发热元件和电动机 M 组成，控制电路由停止按钮 SB2、起动按钮 SB1、接触器 KM 的常开辅助触点和线圈、热继电器 FR 的常闭触点组成。

工作过程如下：

起动：合上刀开关 Q→按下起动按钮 SB1→接触器 KM 线圈通电→KM 主触点闭合和常开辅助触点闭合→电动机 M 接通电源运转；松开 SB1，利用接通的 KM 常开辅助触点自锁、电动机 M 连续运转。

停机：按下停止按钮 SB2→KM 线圈断电→KM 主触点和辅助常开触点断开→电动机 M 断电停转。

在电动机连续运行的控制电路中，当起动按钮 SB1 松开后，接触器 KM 的线圈通过其辅助常开触点的闭合仍继续保持通电，从而保证

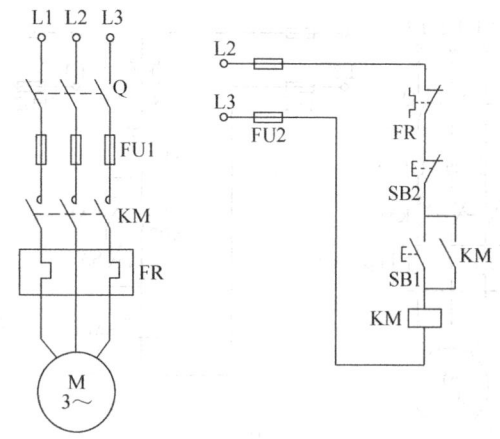

图 1-31　连续运行控制线路

电动机的连续运行。这种依靠接触器自身辅助常开触点的闭合而使线圈保持通电的控制方式，称自锁或自保。起到自锁作用的辅助常开触点称为自锁触点。

线路设有以下保护环节：

短路保护：短路时熔断器 FU 的熔体熔断而切断电路起保护作用。

电动机长期过载保护：采用热继电器 FR。由于热继电器的热惯性较大，即使发热元件流过几倍于额定值的电流，热继电器也不会立即动作。因此在电动机起动时间不太长的情况下，热继电器不会动作，只有在电动机长期过载时，热继电器才会动作，其常闭触点断开使控制电路断电，从而使 KM 主触点断开，起到保护电动机的作用。

欠电压、失电压保护：通过接触器 KM 的自锁环节来实现。当电源电压由于某种原因而严重欠电压或失电压（如停电）时，接触器 KM 的电磁铁因吸力不足或无吸力而释放，电路断开，电动机停止转动，防止电源电压严重下降时电动机欠电压运行。当电源电压恢复正常时，接触器线圈不会自行通电，电动机也不会自行起动，只有在操作人员重新按下起动按钮后，电动机才能起动，防止电源电压恢复时，电动机自行起动而造成设备和人身事故。

3. 点动和长动结合的控制

在生产实践中，机床调整完毕后，需要连续进行切削加工，则要求电动机既能实现点动又能实现长动。控制线路如图 1-32 所示。

图 1-32a 的线路比较简单，采用钮子开关 SA 实现控制。点动控制时，先把 SA 打开，断开自锁电路→按动 SB2→KM 线圈通电→电动机 M 点动；长动控制时，把 SA 合上→按动 SB2→KM 线圈通电，自锁触点起作用→电动机 M 实现长动。

图 1-32b 的线路采用复合按钮 SB3 实现控制。点动控制时，按动复合按钮 SB3，断开自锁回路→KM 线圈通电→电动机 M 点动；长动控制时，按动起动按钮 SB2→KM 线圈通电，自锁触点起作用→电动机 M 长动运行。此线路在点动控制时，若接触器 KM 的释放时间大于复合按钮的复位时间时，SB3 松开时，SB3 常闭触点已闭合但接触器 KM 的自锁触点尚未打开，会使自锁电路继续通电，则线路不能实现正常的点动控制。

图1-32c 的线路采用中间继电器 KA 实现控制。点动控制时,按动起动按钮 SB3→KM 线圈通电→电动机 M 点动。长动控制时,按下起动按钮 SB2→中间继电器 KA 线圈通电并自锁→KM 线圈通电→M 实现长动。此线路多用了一个中间继电器,但工作可靠性却提高了。

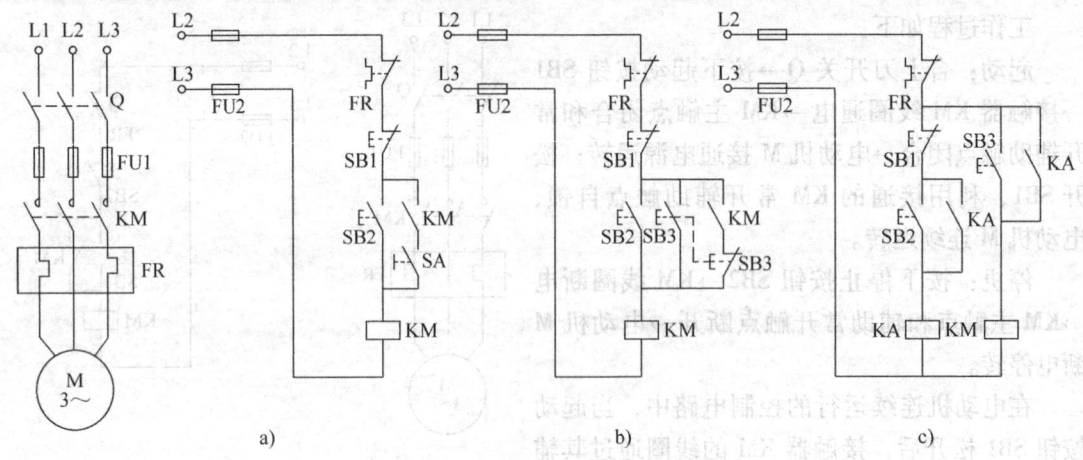

图 1-32 点动和长动结合的控制线路
a) 采用开关 SA b) 采用按钮 SB3 复合触点 c) 采用中间继电器 KA

二、顺序连锁控制线路

1. 多台电动机先后顺序工作的控制

在生产实践中,有时要求一个拖动系统中多台电动机实现先后顺序工作。例如机床中要求润滑电动机起动后,主轴电动机才能起动。图 1-33 为两台电动机顺序起动控制线路。

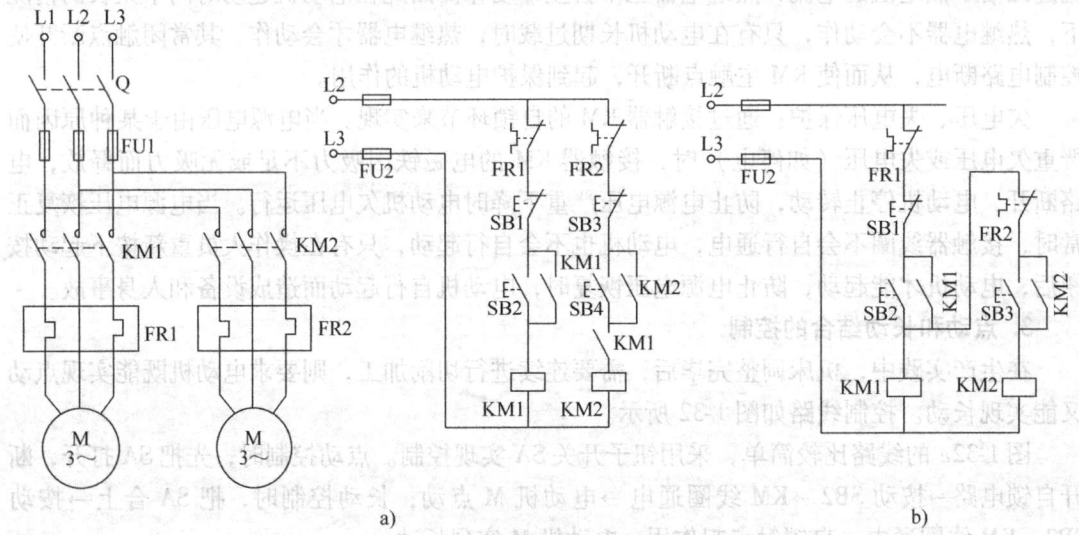

图 1-33 两台电动机顺序起动控制线路
a) M2 可单独先停止 b) M2 与 M1 只能同时停止

在图 1-33a 中,接触器 KM1 控制电动机 M1 的起动、停止;接触器 KM2 控制电动机 M2 的起动、停止。现要求电动机 M1 起动后,电动机 M2 才能起动。

工作过程如下:合上开关 Q→按下起动按钮 SB2→接触器 KM1 通电→电动机 M1 起动→

KM1 常开辅助触点闭合→按下起动按钮 SB4→接触器 KM2 通电→电动机 M2 起动。

按下停止按钮 SB1，两台电动机同时停止。如改用图 1-33b 线路的接法，可以省去接触器 KM1 的常开触点，使线路得到简化。

电动机顺序控制的接线规律是：

1) 要求接触器 KM1 动作后接触器 KM2 才能动作，故将接触器 KM1 的常开触点串接于接触器 KM2 的线圈电路中。

2) 要求接触器 KM1 动作后接触器 KM2 不能动作，故将接触器 KM1 的常闭辅助触点串接于接触器 KM2 的线圈电路中。

2. 利用时间继电器顺序起动控制线路

图 1-34 是采用时间继电器，按时间原则顺序起动的控制线路。

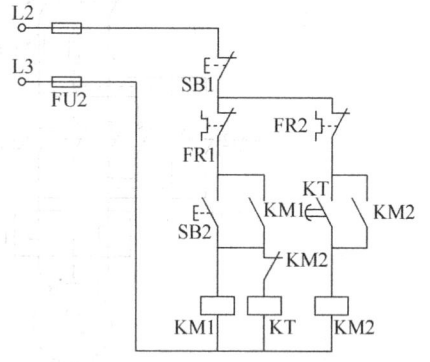

图 1-34　采用时间继电器的顺序起动的控制线路

线路要求电动机 M1 起动 $t(s)$ 后，电动机 M2 自动起动。可利用时间继电器的延时闭合常开触点来实现。

三、互锁控制线路

在实际应用中，往往要求生产机械改变运动方向，如工作台前进、后退；电梯的上升、下降等，这就要求电动机能实现正、反转。对于三相异步电动机来说，可通过两个接触器来改变电动机定子绕组的电源相序来实现。电动机正、反转控制线路如图 1-35 所示，接触器 KM1 为正向接触器，控制电动机 M 正转；接触器 KM2 为反向接触器，控制电动机 M 反转。

如图 1-35a 所示为无互锁控制线路，其工作过程如下：

正转控制：合上刀开关 Q→按下正向起动按钮 SB2→正向接触器 KM1 通电→KM1 主触点和自锁触点闭合→电动机 M 正转。

反转控制：合上刀开关 Q→按下反向起动按钮 SB3→反向接触器 KM2 通电→KM2 主触点和自锁触点闭合→电动机 M 反转。

停机：按停止按钮 SB1→KM1（或 KM2）断电→M 停转。

该控制线路缺点是若误操作会使 KM1 与 KM2 都通电，从而引起主电路电源短路，为此要求线路设置必要的联锁环节。

如图 1-35b 所示，将任何一个接触器的辅助常闭触点串入另一个接触器线圈电路中，则其中任何一个接触器通电后，就切断了另一个接触器的控制回路，即使按下相反方向的起动按钮，另一个接触器也无法通电，这种利用两个接触器的辅助常闭触点互相制约的方式，叫电气互锁，或叫电气联锁。起互锁作用的常闭触点叫互锁触点。另外，该线路只能实现"正→停→反"或者"反→停→正"控制，即必须按下停止按钮后，再反向或正向起动。这对需要频繁改变电动机运转方向的设备来说，是很不方便的。

为了提高生产效率，直接正、反向操作，利用复合按钮组成"正→反→停"或"反→正→停"的互锁控制。如图 1-35c 所示，复合按钮的常闭触点同样起到互锁的作用，这样的互锁叫机械互锁。该线路既有接触器常闭触点的电气互锁，也有复合按钮常闭触点的机械互锁，即具有双重互锁。该线路操作方便，安全可靠，故应用广泛。

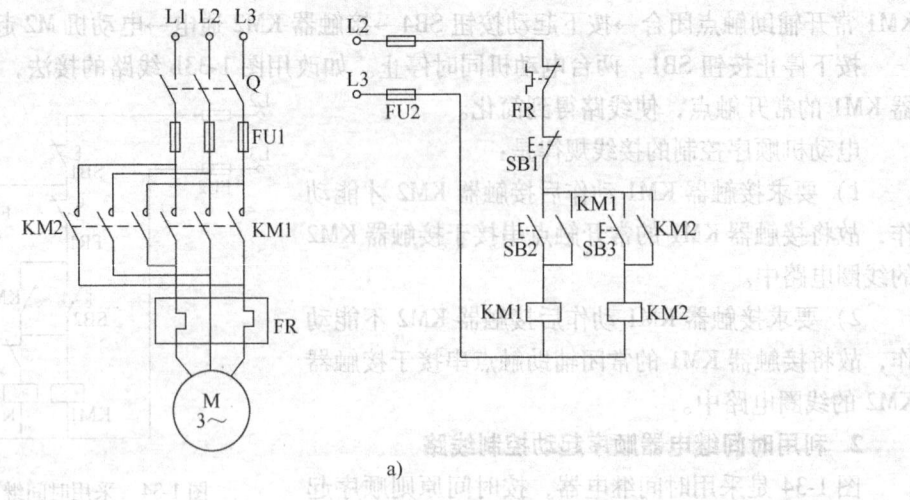

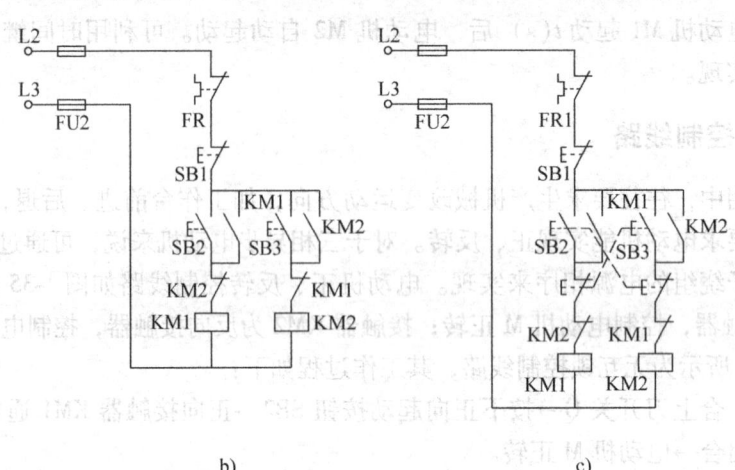

图 1-35 电动机正、反转控制线路
a) 无互锁控制电路 b) 具有电气互锁的控制电路 c) 具有复合互锁的控制电路

四、位置原则的控制线路

在机床电气设备中,有些是通过工作台自动往复循环工作的,例如龙门刨床的工作台前进、后退。电动机的正、反转是实现工作台自动往复循环的基本环节。自动循环控制线路如图 1-36 所示。控制线路按照行程控制原则,利用生产机械运动的行程位置实现控制。

其工作过程如下:合上电源开关 Q→按下起动按钮 SB2→接触器 KM1 通电→电动机 M 正转,工作台向前→工作台前进到一定位置,撞块压动限位开关 SQ2→SQ2 常闭触点断开→KM1 断电→M 停止向前。SQ2 常开触点闭合→KM2 通电→电动机 M 改变电源相序而反转,工作台向后→工作台后退到一定位置,撞块压动限位开关 SQ1→SQ1 常闭触点断开→KM2 断电→M 停止后退。SQ1 常开触点闭合→KM1 通电→电动机 M 又正转,工作台又前进,如此往复循环工作,直至按下停止按钮 SB1→KM1(或 KM2)断电→电动机停止转动。

另外,SQ3、SQ4 分别为反、正向终端保护限位开关,防止限位开关 SQ1、SQ2 失灵时造成工作台从机床上冲出的事故。

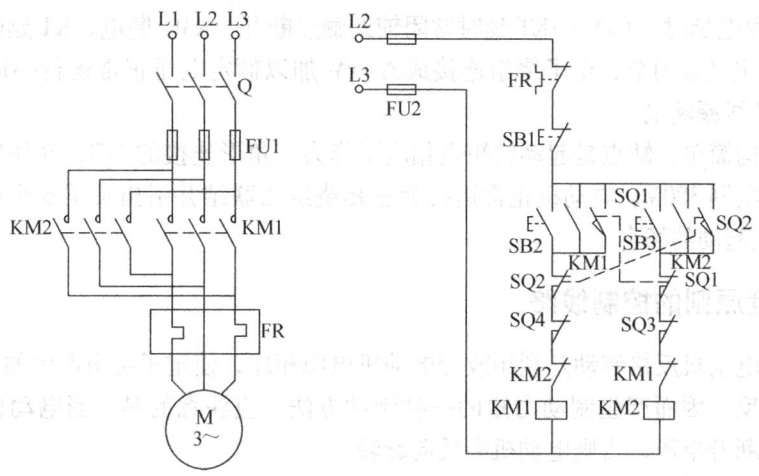

图 1-36 自动循环控制线路

五、时间原则的控制线路

星形-三角形减压起动控制线路是按时间原则实现控制。起动时将电动机定子绕组连接成星形，加在电动机每相绕组上的电压为额定电压的 $\sqrt{3}/3$，从而减小了起动电流。起动后按预先整定的时间把电动机换成三角形联结，使电动机在额定电压下运行。控制线路如图 1-37 所示。

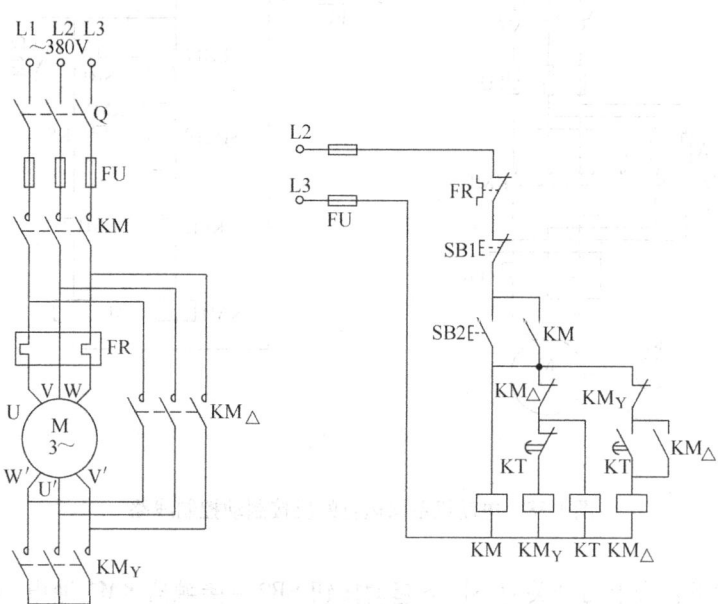

图 1-37 星形-三角形减压起动控制线路

起动过程如下：合上刀开关 Q→按下起动按钮 SB2→接触器 KM 通电→KM 主触点闭合，M 接通电源、接触器 KM_Y 通电→KM_Y 主触点闭合，定子绕组连接成星形，M 减压起动；时间继电器 KT 通电延时 t（s）→KT 延时常闭辅助触点断开→KM_Y 断电、KT 延时闭合常开触点闭合→$KM_△$ 主触点闭合，定子绕组连接成 △→M 加以额定电压正常运行→$KM_△$ 常闭辅助触点断开→KT 线圈断电。

该线路结构简单，缺点是起动转矩也相应下降为三角形连接的 1/3，转矩特性差。因而本线路适用于电网 380V，电动机正常运行为三相绕组 △ 联结并引出头尾 6 个端子，额定电压 380V，轻载起动的场合。

六、速度原则的控制线路

三相异步电动机反接制动是利用改变电动机电源相序，使定子绕组产生的旋转磁场与转子旋转方向相反，因而产生制动力矩的一种制动方法。应注意的是，当电动机转速接近零时，必须立即断开电源，否则电动机会反向旋转。

由于反接制动电流较大，制动时需在定子回路中串入电阻以限制制动电流。反接制动电阻的接法有两种：对称电阻接法和不对称电阻接法。

单向运行的三相异步电动机反接制动控制线路如图 1-38 所示。控制线路按速度原则实现控制，通常采用速度继电器。速度继电器与电动机同轴相连，在 120～3000r/min 范围内速度继电器触点动作，当转速低于 100r/min 时，其触点复位。

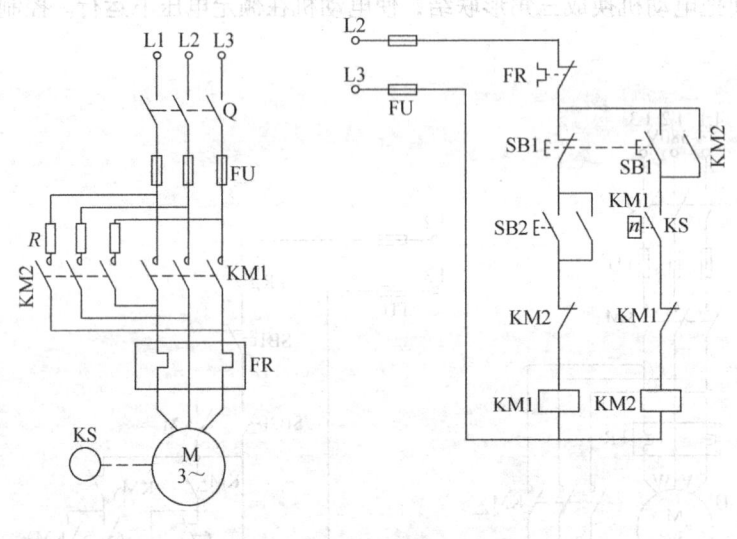

图 1-38　电动机单向运行的反接制动控制线路

工作过程如下：合上刀开关 Q→按下起动按钮 SB2→接触器 KM1 通电→电动机 M 起动运行→速度继电器 KS 常开触点闭合，为制动作准备。制动时按下停止按钮 SB1→KM1 断电→KM2 通电（KS 常开触点尚未打开）→KM2 主触点闭合，定子绕组串入限流电阻 R 进行反接制动→$n≈0$ 时，KS 常开触点断开→KM2 断电，电动机制动结束。

图 1-39 为电动机可逆运行的反接制动控制线路。图中 KSF 和 KSR 是速度继电器 KS 的两组常开触点，正转时 KSF 闭合，反转时 KSR 闭合，工作过程请读者自行分析。

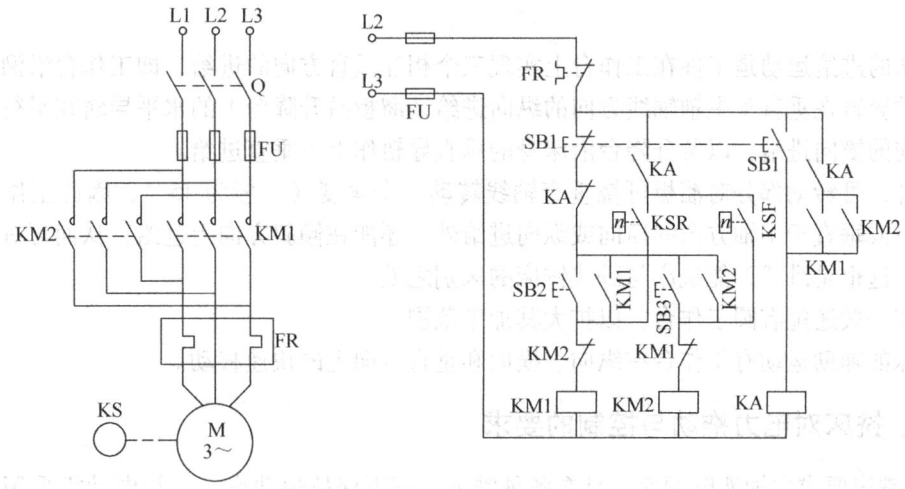

图 1-39 电动机可逆运行的反接制动控制线路

第三节 典型电器控制系统

生产机械种类繁多，其拖动方式和电气控制线路各不相同。本节以 X62W 卧式升降台铣床为例，对其控制线路进行分析，为电气控制线路的设计、安装、调试和维护打下基础。

一、铣床主要结构及运动情况

1. 主要结构

铣床主要由底座、床身、悬梁、刀杆支架、升降台、工作台和溜板等部分组成，如图 1-40 所示。

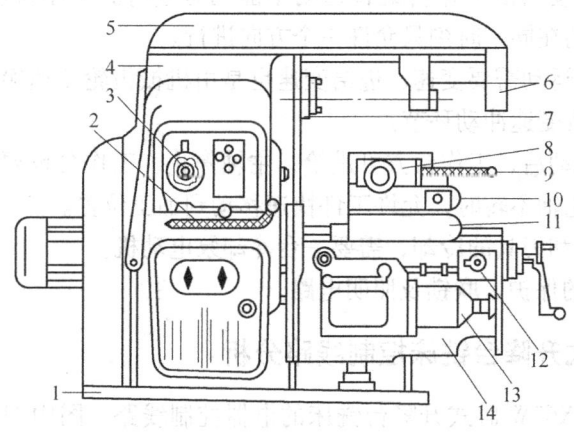

图 1-40 铣床结构示意图主轴电动机

1—底座 2—主轴变速手柄 3—主轴变速盘 4—床身 5—悬梁 6—刀杆支架
7—主轴 8—工作台 9—工作台纵向进给操作手柄 10—回转工作台 11—溜板
12—工作台垂直及横向进给操作手柄 13—进给变速变速盘 14—升降工作台

2. 运动情况

铣床的主运动是主轴带动铣刀的旋转运动。主运动分顺铣和逆铣两种形式，加工时固定为一种。

铣床的进给运动是工件在工作台上实现三个相互垂直方向的进给,即工作台沿溜板上部回转台的导轨在垂直于主轴轴线方向的纵向进给,溜板沿升降台上的水平导轨在平行于主轴轴线方向的横向进给,以及升降台沿床身的垂直导轨作上下垂直进给。

另外,可转动部分对溜板可绕垂直轴线转动一个角度(一般为45°),因此工作台除能实现平行或垂直于主轴方向的横向或纵向进给外,还能在倾斜方向上进给,从而可进行螺纹的加工。这也是卧式万能铣床与卧式铣床的区别之处。

铣床一般还配有圆工作台,以扩大其加工范围。

铣床的辅助运动有工作台在纵向、横向和垂直方向上的快速移动。

二、铣床对电力拖动与控制的要求

1)铣床要求主轴能够调速,且在各种铣削速度下保持恒功率。主轴电动机采用笼形异步电动机,经齿轮变速箱拖动主轴。

2)为实现顺铣和逆铣加工,要求主轴正反转,但在铣削加工过程中旋转方向不需变换,而是加工前预选主轴转动的方向。

3)铣刀是一种多刃刀具,其切削过程是断续的,为了减小负载波动的影响,往往在主轴上装有飞轮增加惯性,这样主轴电动机由于惯性大使停车时间变长。为了能快速停车,提高生产效率,主轴采用制动停车方式。铣床中常用反接制动或电磁离合器制动。

4)为使主轴变速箱内齿轮易于啮合,要求主轴电动机在主轴变速时能产生变速冲动。

5)工作台的进给运动、快速移动以及圆工作台工作由同一台进给电动机拖动。由于进给运动和快速移动在三个方向上都是往复式的,因此要求进给电动机正反转。进给运动和快速移动是通过牵引电磁铁来换接传动链得以实现。

6)工作台进给运动与圆工作台旋转运动不能同时进行。工作台左、右、上、下、前、后六个方向的进给运动在同一时刻只允许一个方向进行。

7)工作台的进给运动需要变速,进给变速也是由机械齿轮变速箱来实现,变速时为了便于齿轮啮合,也要有变速冲动环节。

8)应保证主轴起动后,工作台方可进给;主轴停止,工作台也要停止进给,以免造成刀具和工件损坏。但主轴不转时,允许工件快速移动到加工位置。

9)为了实现工件和刀具的冷却,需要一台冷却泵电动机。

10)应具有必要的保护、联锁及照明电路。

三、X62W 卧式升降台铣床控制线路分析

如图 1-41 所示为 X62W 卧式升降台铣床的电器控制线路。图中 M1 为主轴电动机,M2 为进给电动机,M3 为冷却泵电动机。

(一)主轴的控制

1. 主轴电动机起动与停止

主轴电动机 M1 由接触器 KM1 控制,其旋转方向(顺铣或逆铣)由转换开关 SA5 预先选择。KM2 为反接制动用接触器,R 为反接制动电阻。

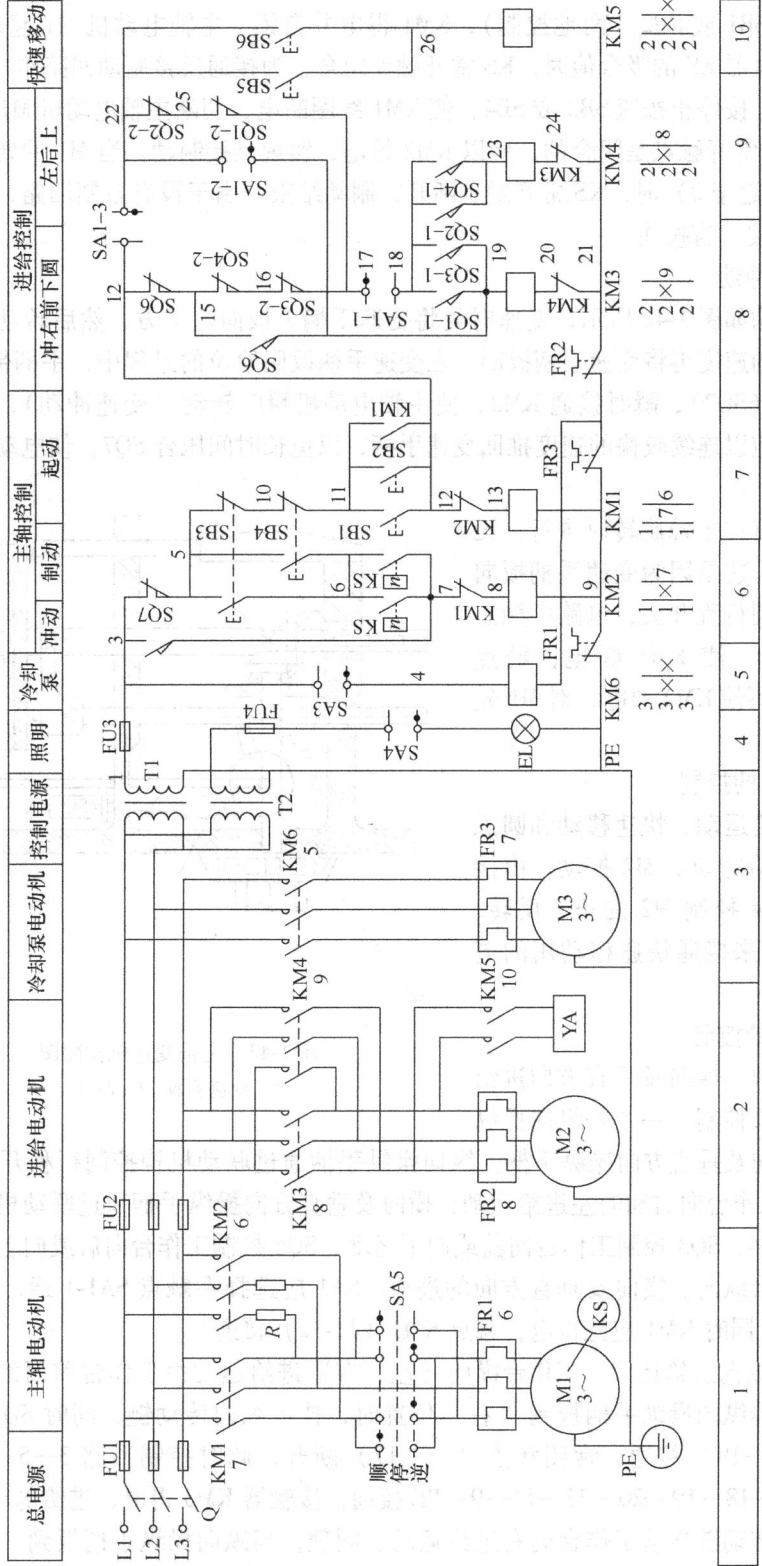

图 1-41 X62W 卧式升降台铣床电器控制线路

起动主轴时，先将电源开关 Q 合上，再将转换开关 SA5 转到主轴所需的旋转方向，然后按下起动按钮 SB1 或 SB2（两地控制），KM1 得电并自锁，主轴电动机 M1 起动。当 M1 转速大于速度继电器 KS 的吸合值时，KS 常开触点闭合，为接通反接制动回路作准备。

停止主轴时，按停止按钮 SB3 或 SB4，使 KM1 线圈断电，切断主轴电动机 M1 的三相电源，由于此时 KS 常开触点是闭合的，所以 KM2 得电，实现反接制动。当 M1 的转速下降到 KS 的释放值（接近于 0）时，KS 常开触点断开，制动结束。由于没有自锁回路，在制动过程中 SB3 或 SB4 要一直按住。

2. 主轴变速冲动

主轴变速机构如图 1-42 所示，变速时先将变速手柄 1 扳向左下方，然后转动蘑菇形变速盘，选好合适的速度再将变速手柄扳回。在变速手柄扳回原位的过程中，手柄带动凸轮 2 会压合行程开关（SQ7），瞬时接通 KM2，使主轴电动机瞬时转动（变速冲动），以便于齿轮啮合。注意，应以连续较快的速度推回变速手柄，以免长时间压合 SQ7，使电动机转速过高而打坏齿轮。

主轴变速也可在主轴旋转时进行，无需再按停止按钮。这是因为变速手柄扳向左下方时也会压到行程开关，电路中触点 SQ7（3-5）断开，使 KM1 断电，触点 SQ7（3-7）闭合再使 KM2 通电，对 M1 先进行反接制动。

（二）工作台的控制

工作台的进给运动、快速移动和圆工作台工作都由进给电动机 M2 拖动，由接触器 KM3 和 KM4 控制 M2 的正、反转。接触器 KM5 是用来接通快速移动用的电磁铁 YA。

1. 进给运动的控制

工作台的纵向、横向及垂直方向进给由两个操纵手柄来控制，一个是纵向操纵

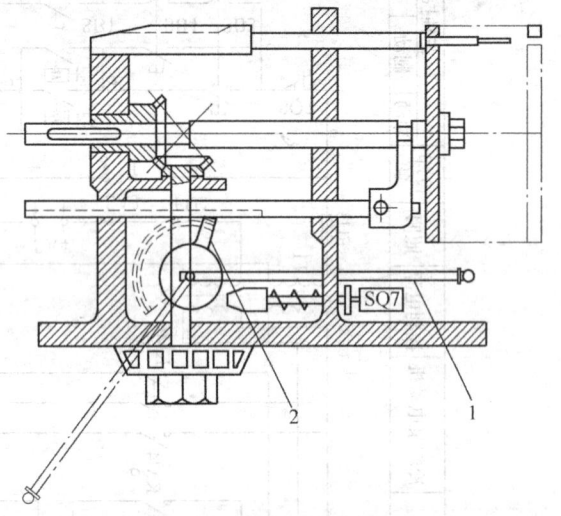

图 1-42 主轴变速机构简图
1—变速手柄 2—凸轮

手柄，一个是横向及垂直方向操纵手柄。纵向操纵手柄通过联动机构控制行程开关 SQ1 和 SQ2，分别控制工作台向右和向左进给运动；横向及垂直方向操纵手柄通过联动机构控制行程开关 SQ3 和 SQ4，SQ3 控制工作台向前或向下运动，SQ4 控制工作台向后或向上运动。

要进行工作台纵向、横向及垂直方向的进给，SA1 应选择在触点 SA1-1 通，SA1-2 断，SA1-3 通的位置，同时 KM1 应先得电，触点 KM1（11-12）接通。

（1）工作台纵向进给运动 工作台纵向（左、右）进给运动由工作台前面的纵向操纵手柄进行控制。当纵向操纵手柄扳到"右"位置时，挂上纵向传动链，同时 SQ1 被压合，其常开触点（18—19）接通、常闭触点（25—17）断开，此时控制回路 3—5—10—11—12—15—16—17—18—19—20—21—14—9—PE 接通，接触器 KM3 得电，进给电动机 M2 的正转，通过纵向传动链拖动工作台向右进给运动。同理，当纵向操纵手柄扳到"左"位置时，行程开关 SQ2 压合，接触器 KM4 得电，M2 反转，工作台向左进给。其工作电路读者自

行分析。

若将操纵手柄扳到"中间"位置，SQ1、SQ2复位，KM3、KM4都不得电，工作台停止右或左方向的进给运动。

应注意，当纵向操纵手柄扳到"右"或"左"时，横向及垂直方向操纵手柄应处于"中间"位置（即SQ3、SQ4复位）。

（2）工作台横向进给运动和垂直进给运动　工作台的前、后及上、下进给运动由一套横向及垂直操纵手柄控制。当手柄扳到"前"或"后"时，连接的是横向进给传动链；当手柄扳到"上"或"下"时，连接的是垂直传动链。

当横向及垂直操纵手柄扳到"后"或"上"位置时，压合的行程开关都是SQ4，因此工作台向后和向上进给运动的工作电路相同，即控制电源经3—5—10—11—12—22—25—17—18—23—24—21—14—9—PE接通KM4，进给电动机M2反转，通过横向进给传动链或垂直进给传动链，使工作台向后或向上进给。

工作台向前和向下的工作电路也相同。当手柄扳到"后"或"上"位置时，压合行程开关SQ3，KM3得电，进给电动机正转使工作台向前或向下进给。工作电路读者自行分析。

同理，要实现横向或垂直方向进给时，纵向操纵手柄必须处于"中间"位置（即SQ1、SQ2复位）。

2. 工作台快速移动的控制

铣床工作台除能实现进给运动外，还可以实现六个方向上的快速移动。工作台的快速移动是通过进给操纵手柄配合快速移动按钮SB5或SB6进行操作。

将进给操纵手柄扳到快速移动方向对应的进给位置上，工作台开始进给，然后按下快速移动按钮SB5或SB6，KM5得电，接通快速电磁铁YA，工作台按选定的方向作快速移动。放开SB5（SB6）时，快速移动停止，工作台仍在选定的方向上进给。

3. 圆工作台的控制

圆工作台是铣床的一个附件。它可以手动回转，也可通过工作台的光杆由进给电动机M2经传动机构驱动。使用时先将圆工作台转换开关SA1扳到接通位置（即SA1-1断，SA1-2通，SA1-3断），然后按下起动按钮SB1（或SB2），KM1、KM3得电，接通主轴和进给电动机，圆工作台开始工作。KM3线圈得电的工作电路是：由控制电源经3—5—10—11—12—15—16—17—25—22—19—20—21—14—9—PE。在使用圆工作台时，不能进行其他进给运动。

4. 进给变速冲动

需要改变进给速度，先将蘑菇形进给变速手柄拉出并转动变速盘至需要的速度档，在推回变速手柄时，先将手柄向后拉一下，使行程开关SQ6瞬时压合，接通KM3，则进给电动机作瞬时转动（即变速冲动），便于齿轮啮合。KM3得电的工作电路是：由控制电源经3—5—10—11—12—22—25—17—16—15—19—20—21—14—9—PE。进给变速时不允许工作台作任何方向的进给。

（三）冷却泵的控制及照明电路

冷却泵电动机M3由转换开关SA3控制。当转换开关SA3扳到"接通"位置时，SA3（3—4）通，KM6得电，M3起动旋转，拖动冷却泵开始工作。

机床照明由变压器T2供电，电压为24V。由开关SA4控制照明灯EL的通断。

（四）电路的联锁与保护

1. 联锁环节

（1）主运动与进给运动的顺序联锁　进给运动的电气控制线路接在主轴电动机起动接触器 KM1 触点（11—12）之后。这就保证了在主轴电动机起动后，方可进行进给运动，主轴电动机停止，进给运动立即停止。

（2）工作台六个方向进给的互锁。工作台左、右、前、后、上、下六个方向进给运动由两套操纵手柄控制，使左和右不能同时进给，前、后、上、下也不能同进给，但纵向（左、右）和横向及垂直方向（前、后、上、下）还可能同时操作。为保证加工时只允许一个方向的进给，因此又在电路上采用了互锁，即工作台实现左或右进给的工作电路经过控制前、后、上、下进给的行程开关 SQ3、SQ4 的常闭触点；而工作台实现前、后、上、下方向进给的工作电路经过控制右、左的行程开关 SQ1、SQ2 的常闭触点。

（3）圆工作台与六个方向进给的互锁　圆工作台工作时，不允许作六个中的任一方向进给。电路中除了用 SA1 开关联锁外，还使圆工作台的工作电路经过 SQ1、SQ2、SQ3 和 SQ4 的常闭触点来实现互锁。

（4）进给变速与工作台工作的互锁　进给变速冲动的工作电路经过 SA1-3（12—22）触点（即圆工作台不工作）和 SQ1、SQ2、SQ3 及 SQ4 四个常闭触点（即工作台六个方向均无进给），从而保证了进给变速时不允许工作台作任一方向进给，也不允许圆工作台工作。

2. 保护环节

（1）短路保护　主电路、控制电路和照明电路都有熔断器起短路保护。

（2）过载保护　主轴电动机、进给电动机和冷却泵电动机分别由热继电器 FR1、FR2 和 FR3 实现过载保护。为了确保刀具与工件的安全，要求主轴电动机、冷却泵电动机过载时，除本电动机停止外，进给电动机也应停止，因此 FR1、FR3 的触点串在 PE—14 之间；当进给电动机过载时，只要进给电动机停止，因此 FR2 的触点（14—21）只串接在进给支路中。

（3）限位保护　工作台六个方向进给运动的终端限位保护是由各自的限位挡铁来碰撞对应的操纵手柄，使手柄返回中间位置，以停止进给运动。

习　题

1-1　交流接触器在衔铁吸合前的瞬间，为什么在线圈中产生很大的冲击电流？直流接触器会不会出现这种现象？为什么？

1-2　交流电磁线圈误接入直流电，直流电磁线圈误接入交流电，会发生什么现象？为什么？

1-3　如何选用接触器？

1-4　交流接触器在运行中有时在线圈断电后，衔铁仍掉不下来，电动机不能停止，这时应如何处理？故障原因在哪里？应如何排除？

1-5　继电器和接触器有何区别？

1-6　电压、电流继电器在电路中各起什么作用？它们的线圈如何接入电路？

1-7　时间继电器和中间继电器在控制电路中各起什么作用？如何选用时间继电器和中间继电器？

1-8　电动机的起动电流很大，当电动机起动时，热继电器会不会动作？为什么？

1-9　既然在电动机的主电路中装有熔断器，为什么还要装热继电器？装有热继电器是否就可以不装熔断器？为什么？

1-10 分析感应式速度继电器的工作原理，它在线路中起何作用？

1-11 低压断路器在电路中的作用如何？如何选择低压断路器？

1-12 某机床的电动机为 YE3-132S-4 型，额定功率 5.5kW，电压为 380V，电流为 11.3A，起动电流为额定电流的 7 倍，现用按钮进行起停控制，要有短路保护和过载保护，试选用哪种型号的接触器、按钮、熔断器、热继电器和开关？

1-13 试采用按钮、刀开关、接触器和中间继电器，画出三相异步电动机点动、连续运行的混合控制线路。

1-14 电动机正反转控制线路中为什么有了机械互锁还要有电气互锁？

1-15 电器控制线路常用的保护环节有哪些？各采用什么电器元件？

1-16 试分析 X62W 卧式升降台铣床的快速向前移动的电路工作过程。

第二章 可编程序控制器基础知识

第一节 概　述

一、什么是PLC

可编程序控制器（Programmble Controller）简称PC或PLC（为与个人计算机区分，本书均称为PLC）。它是在电器控制技术和计算机技术的基础上开发出来的，并逐渐发展成为以微处理器为核心，把自动化技术、计算机技术和通信技术融为一体的新型工业控制装置。目前，PLC已被广泛应用于各种生产机械和生产过程的自动控制中，成为一种最重要、最普及和应用场合最多的工业控制装置，被公认为是现代工业自动化的三大支柱（PLC、机器人、CAD/CAM）之一。

国际电工委员会（IEC）于1987年颁布了可编程序控制器标准草案第三稿。在草案中对可编程序控制器定义如下："可编程序控制器是一种数字运算操作的电子系统，专为在工业环境下应用而设计。它采用可编程序的存储器，用来在其内部存储执行逻辑运算、顺序控制、定时、计数和算术运算等操作的指令，并通过数字式和模拟式的输入和输出，控制各种类型的机械或生产过程。可编程序控制器及其有关外围设备，都应按易于与工业系统联成一个整体，易于扩充其功能的原则设计"。

定义强调了PLC应直接应用于工业环境，必须具有很强的抗干扰能力、广泛的适应能力和广阔的应用范围，这是区别于一般微机控制系统的重要特征。同时，也强调了PLC用软件方式实现的"可编程"与传统控制装置中通过硬件或硬接线的变更来改变程序的本质区别。

近年来，可编程序控制器发展很快，几乎每年都推出不少新系列产品，其功能已远远超出了上述定义的范围。

二、PLC的产生与发展

在可编程序控制器出现前，在工业电气控制领域中，继电器控制占主导地位，应用广泛。但是电器控制系统存在体积大、可靠性低、查找和排除故障困难等缺点，特别是其接线复杂、不易更改，对生产工艺变化的适应性差。

1968年，美国通用汽车公司（G.M）为了适应汽车型号的不断更新和生产工艺不断变化的需要，实现小批量、多品种生产，希望能有一种新型工业控制器，它能做到尽可能减少重新设计和更换电器控制系统及接线，以降低成本，缩短周期。于是就设想将计算机功能强大、灵活和通用性好等优点与电器控制系统简单易懂、价格便宜等优点结合起来，制成一种通用控制装置，而且这种装置采用面向控制过程、面向问题的"自然语言"进行编程，使不熟悉计算机的人也能很快掌握使用。

1969年，美国数字设备公司（DEC）根据美国通用汽车公司的这种要求，研制成功了世界上第一台可编程序控制器，并在通用汽车公司的自动装配线上试用，取得了很好的效果。从此这项技术迅速发展起来。

早期的可编程序控制器仅有逻辑运算、定时和计数等顺序控制功能，只是用来取代传统的继电器控制，通常称为可编程序逻辑控制器（Programmable Logic Controller）。随着微电子技术和计算机技术的发展，20世纪70年代中期，微处理器技术应用到PLC中，使PLC不仅具有逻辑控制功能，还增加了算术运算、数据传送和数据处理等功能。

20世纪80年代以后，随着大规模、超大规模集成电路等微电子技术的迅速发展，16位和32位微处理器应用于PLC中，使PLC得到迅速发展。PLC不仅控制功能增强，同时可靠性提高，功耗、体积减小，成本降低，编程和故障检测更加灵活方便，而且具有通信和联网、数据处理和图象显示等功能，使PLC真正成为具有逻辑控制、过程控制、运动控制、数据处理和联网通信等功能的名符其实的多功能控制器。

自从第一台PLC出现以后，日本、德国和法国等也相继开始研制PLC，并得到了迅速的发展。目前，世界上有200多家PLC厂商，400多个品种的PLC产品，按地域可分成美国、欧洲和日本等三个流派产品，各流派PLC产品都各具特色，如日本主要发展中小型PLC，其小型PLC性能先进、结构紧凑、价格便宜，在世界市场上占据重要地位。著名的PLC生产厂家主要有美国的A-B（Allen-Bradly）公司、GE（General Electric）公司，日本的三菱电机（Mitsubishi Electric）公司、欧姆龙（OMRON）公司，德国的西门子（Siemens）公司，法国的施耐德电气（Schneider Electric）公司等。

我国的PLC研制、生产和应用也发展很快，尤其在应用方面更为突出。在20世纪70年代末和80年代初，我国随国外成套设备、专用设备引进了不少国外的PLC。此后，在传统设备改造和新设备设计中，PLC的应用逐年增多，并取得了显著的经济效益，PLC在我国的应用越来越广泛，对提高我国工业自动化水平起到了巨大的作用。从90年代初开始，国内掀起自主研制开发PLC的高潮。目前，国内主要的PLC品牌有台湾的台达、永宏和大陆的和利时、信捷、海为等，虽然多为中小型PLC，市场销量不大，但功能、质量和可靠性显著提高。

从近年的统计数据看，在世界范围内PLC产品的产量、销量和用量高居工业控制装置榜首，而且市场需求量一直以每年15%的比率上升。PLC已成为工业自动化控制领域中占主导地位的通用工业控制装置。

三、PLC的特点与应用领域

（一）PLC的特点

PLC技术之所以高速发展，除了工业自动化的客观需要外，主要是因为它具有许多独特的优点。它较好地解决了工业领域中普遍关心的可靠、安全、灵活、方便和经济等问题。主要有以下特点：

1. 可靠性高、抗干扰能力强

可靠性高、抗干扰能力强是PLC最重要的特点之一。PLC的平均无故障时间可达几十万个小时，之所以有这么高的可靠性，是由于它采用了一系列的硬件和软件的抗干扰措施。

（1）硬件方面　I/O通道采用光电隔离，有效地抑制了外部干扰源对PLC的影响；对供电电源及线路采用多种形式的滤波，从而消除或抑制了高频干扰；对 CPU 等重要部件采用良好的导电、导磁材料进行屏蔽，以减少空间电磁干扰；对有些模块设置了联锁保护、自诊断电路等。

（2）软件方面　PLC 采用扫描工作方式，减少了由于外界环境干扰引起的故障；在 PLC 系统程序中设有故障检测和自诊断程序，能对系统硬件电路等故障实现检测和判断；当由外界干扰引起故障时，能立即将当前重要信息加以封存，禁止任何不稳定的读写操作，一旦外界环境正常后，便可恢复到故障发生前的状态，继续原来的工作。

2. 编程简单、使用方便

目前，大多数 PLC 采用的编程语言是梯形图语言，它是一种面向生产、面向用户的编程语言。梯形图与电器控制线路图相似，形象、直观，不需要掌握计算机知识，很容易让广大工程技术人员掌握。当生产流程需要改变时，可以现场改变程序，使用方便、灵活。同时，PLC 编程器的操作和使用很简单。这也是 PLC 获得普及和推广的主要原因之一。

许多 PLC 还针对具体问题，设计了各种专用编程指令及编程方法，进一步简化了编程。

3. 功能完善、通用性强

现代 PLC 不仅具有逻辑运算、定时、计数和顺序控制等功能，而且还具有 A/D 和 D/A 转换、数值运算、数据处理、PID 控制和通信联网等许多功能。同时，由于 PLC 产品的系列化、模块化，有品种齐全的各种硬件装置供用户选用，可以组成满足各种要求的控制系统。

4. 设计安装简单、维护方便

由于 PLC 用软件代替了传统电气控制系统的硬件，控制柜的设计、安装接线工作量大为减少。PLC 的用户程序大部分可在实验室进行模拟调试，缩短了应用设计和调试周期。在维修方面，由于 PLC 的故障率极低，维修工作量很小；而且 PLC 具有很强的自诊断功能，如果出现故障，可根据 PLC 上指示或编程器上提供的故障信息，迅速查明原因，维修极为方便。

5. 体积小、重量轻、能耗低

由于 PLC 采用了集成电路，其结构紧凑、体积小、能耗低，因而是实现机电一体化的理想控制设备。

（二）PLC 的应用领域

目前，在国内外 PLC 已广泛应用冶金、石油、化工、建材、机械制造、电力、汽车、轻工、环保及文化娱乐等各行各业，随着 PLC 性能价格比的不断提高，其应用领域不断扩大。从应用类型看，PLC 的应用大致可归纳为以下几个方面。

1. 开关量逻辑控制

利用 PLC 最基本的逻辑运算、定时和计数等功能实现逻辑控制，可以取代传统的继电器控制，用于单机控制、多机群控制和生产自动线控制等，例如：机床、注塑机、印刷机械、装配生产线、电镀流水线及电梯的控制等。这是 PLC 最基本的应用，也是 PLC 最广泛的应用领域。

2. 运动控制

大多数 PLC 都有拖动步进电动机或伺服电动机的单轴或多轴位置控制模块。这一功能广泛用于各种机械设备，如对各种机床、装配机械和机器人等进行运动控制。

3. 过程控制

大、中型 PLC 都具有多路模拟量 I/O 模块和 PID 控制功能，有的小型 PLC 也具有模拟量输入输出。所以 PLC 可实现模拟量控制，而且具有 PID 控制功能的 PLC 可构成闭环控制，用于过程控制。这一功能已广泛用于锅炉、反应堆、水处理、酿酒以及闭环位置控制和速度控制等方面。

4. 数据处理

现代的 PLC 都具有数学运算、数据传送、转换、排序和查表等功能，可进行数据的采集、分析和处理，同时可通过通信接口将这些数据传送给其他智能装置，如计算机数值控制（CNC）设备，进行处理。

5. 通信联网

PLC 的通信包括 PLC 与 PLC、PLC 与上位计算机、PLC 与其他智能设备之间的通信，PLC 系统与通用计算机可直接或通过通信处理单元、通信转换单元相连构成网络，以实现信息的交换，并可构成"集中管理、分散控制"的多级分布式控制系统，满足工厂自动化（FA）系统发展的需要。

四、PLC 的分类

PLC 产品种类繁多，其规格和性能也各不相同。对 PLC 的分类，通常根据其结构形式的不同、功能的差异和 I/O 点数的多少等进行大致分类。

1. 按结构形式分类

根据 PLC 的结构形式，可将 PLC 分为整体式和模块式两类。

（1）整体式 PLC 整体式 PLC 是将电源、CPU 和 I/O 接口等部件都集中装在一个机箱内，具有结构紧凑、体积小、价格低的特点。小型 PLC 一般采用这种整体式结构。整体式 PLC 由不同 I/O 点数的基本单元（又称主机）和扩展单元组成。基本单元内有 CPU、I/O 接口、与 I/O 扩展单元相连的扩展口，以及与编程器或 EPROM 写入器相连的接口等。扩展单元内只有 I/O 和电源等没有 CPU。基本单元和扩展单元之间一般用扁平电缆连接。整体式 PLC 一般还可配备特殊功能单元，如模拟量单元、位置控制单元等，使其功能得以扩展。

（2）模块式 PLC 模块式 PLC 是将 PLC 各组成部分，分别作成若干个单独的模块，如 CPU 模块、I/O 模块、电源模块（有的含在 CPU 模块中）以及各种功能模块。模块式 PLC 由框架或基板和各种模块组成。模块装在框架或基板的插座上。这种模块式 PLC 的特点是配置灵活，可根据需要选配不同规模的系统，而且装配方便，便于扩展和维修。大、中型 PLC 一般采用模块式结构。

还有一些 PLC 将整体式和模块式的特点结合起来，构成所谓叠装式 PLC。叠装式 PLC 其 CPU、电源、I/O 接口等也是各自独立的模块，但它们之间是靠电缆进行联接，并且各模块等高等宽可以一层层地叠装。这样，不但系统可以灵活配置，还可做得体积小巧。

2. 按功能分类

根据 PLC 所具有的功能不同，可将 PLC 分为低档、中档和高档三类。

（1）低档 PLC 具有逻辑运算、定时、计数、移位以及自诊断、监控等基本功能，还可有少量模拟输入/输出、算术运算、数据传送和比较、通信等功能。主要用于逻辑控制、顺序控制或少量模拟量控制的单机控制系统。

(2) 中档 PLC 除具有低档 PLC 的功能外，还具有较强的模拟量输入/输出、算术运算、数据传送和比较、数制转换、远程 I/O、子程序和通信联网等功能。有些还可增设中断控制、PID 控制等功能，适用于复杂控制系统。

(3) 高档 PLC 除具有中档机的功能外，还增加了带符号算术运算、矩阵运算、位逻辑运算、平方根运算及其他特殊功能函数的运算、制表及表格传送功能等。高档 PLC 具有更强的通信联网功能，可用于大规模过程控制或构成分布式网络控制系统，实现工厂自动化。

3. 按 I/O 点数分类

根据 PLC 的 I/O 点数的多少，可将 PLC 分为小型、中型和大型三类。

(1) 小型 PLC I/O 点数为 256 点以下的为小型 PLC。其中，I/O 点数小于 64 点的为超小型或微型 PLC。

(2) 中型 PLC I/O 点数为 256 点～2048 点的为中型 PLC。

(3) 大型 PLC I/O 点数为 2048 以上的为大型 PLC。其中，I/O 点数超过 8192 点的为超大型 PLC。

在实际中，一般 PLC 功能的强弱与其 I/O 点数的多少是相互关联的，即 PLC 的功能越强，其可配置的 I/O 点数越多。因此，通常我们所说的小型、中型、大型 PLC，除指其 I/O 点数不同外，同时也表示其对应功能为低档、中档、高档。

第二节 PLC 控制系统与电器控制系统的比较

一、电器控制系统与 PLC 控制系统

1. 电器控制系统的组成

通过第一章的学习可知，任何一个电器控制系统，都是由输入部分、输出部分和控制部分组成，如图 2-1 所示。

其中输入部分是由各种输入设备，如按钮、行程开关及传感器等组成；控制部分是按照控制要求设计的，由若干继电器及触点构成的具有一定逻辑功能的控制电路；输出部分是由各种输出设备，如接触器、电磁阀和指示灯等执行元件组成。电器控制系统是根据操作指令及被控对象发

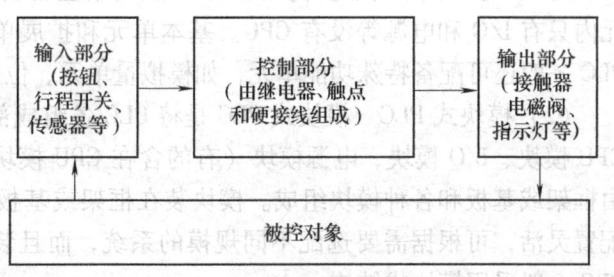

图 2-1 电器控制系统的组成

出的信号，由控制电路按规定的动作要求决定执行什么动作或动作的顺序，然后驱动输出设备去实现各种操作。由于控制电路是采用硬接线将各种继电器及触点按一定的要求连接而成，所以接线复杂且故障点多，同时不易灵活改变。

2. PLC 控制系统的组成

由 PLC 构成的控制系统也是由输入、输出和控制三部分组成，如图 2-2 所示。

从图中可以看出，PLC 控制系统的输入、输出部分和电器控制系统的输入、输出部分基本相同，但控制部分是采用"可编程序"的 PLC，而不是实际的继电器线路。因此，PLC

控制系统可以方便地通过改变用户程序，以实现各种控制功能，从根本上解决了电器控制系统控制电路难以改变的问题。同时，PLC 控制系统不仅能实现逻辑运算，还具有数值运算及过程控制等复杂的控制功能。

二、PLC 的等效电路

从上述比较可知，PLC 的用户程序（软件）代替了继电器控制电路（硬件）。因此，对于使用者来说，可以将 PLC 等效成是许许多多各种各样的"软继电器"和"软接线"的集合，而用户程序就是用"软接线"将"软继电器"及其"触点"按一定要求连接起来的"控制电路"。

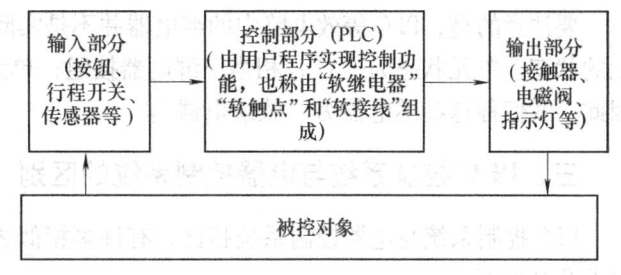

图 2-2 PLC 控制系统的组成

为了更好的理解这种等效关系，下面通过一个例子来说明。如图 2-3 所示为三相异步电动机单向起动运行的电器控制系统。其中，由输入设备 SB1、SB2 和 FR 的触点构成系统的输入部分，由输出设备 KM 构成系统的输出部分。

如果用 PLC 来控制这台三相异步电动机，组成一个 PLC 控制系统，根据上述分析可知，系统主电路不变，只要将输入设备 SB1、SB2 和 FR 的触点与 PLC 的输入端连接，输出设备 KM 线圈与 PLC 的输出端连接，就构成 PLC 控制系统的输入、输出硬件线路。而控制部分的功能则由 PLC 的用户程序来实现，其等效电路如图 2-4 所示。

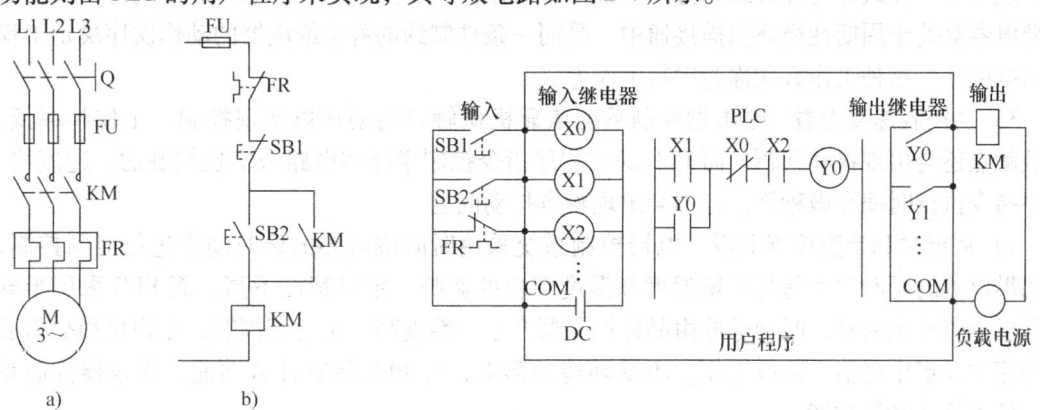

图 2-3 三相异步电动机单向
　　　运行电器控制系统
　a) 主电路　b) 控制电路

图 2-4 PLC 的等效电路

图中，输入设备 SB1、SB2、FR 与 PLC 内部的"软继电器"X0、X1 和 X2 的"线圈"对应，由输入设备控制相对应的"软继电器"的状态，即通过这些"软继电器"将外部输入设备状态变成 PLC 内部的状态，这类"软继电器"称为输入继电器；同理，输出设备 KM 与 PLC 内部的"软继电器"Y0 对应，由"软继电器"Y0 状态控制对应的输出设备 KM 的状态，即通过这些"软继电器"将 PLC 内部状态输出，以控制外部输出设备，这类"软继电器"称为输出继电器。

因此，PLC 用户程序要实现的是：如何用输入继电器 X0、X1 和 X2 来控制输出继电器

Y0。当控制要求复杂时，程序中还要采用 PLC 内部的其他类型的"软继电器"，如辅助继电器、定时器和计数器等，以达到控制要求。

要注意的是，PLC 等效电路中的继电器并不是实际的物理继电器，它实质上是存储器单元的状态。单元状态为"1"，相当于继电器接通；单元状态为"0"，则相当于继电器断开。因此，我们称这些继电器为"软继电器"。

三、PLC 控制系统与电器控制系统的区别

PLC 控制系统与电器控制系统相比，有许多相似之处，也有许多不同。不同之处主要在以下几个方面：

1) 从控制方法上看。电器控制系统控制逻辑采用硬件接线，利用继电器机械触点的串联或并联等组合成控制逻辑，其连线多且复杂、体积大、功耗大，系统构成后，想再改变或增加功能较为困难。另外，继电器的触点数量有限，所以电器控制系统的灵活性和可扩展性受到很大限制。而 PLC 采用了计算机技术，其控制逻辑是以程序的方式存放在存储器中，要改变控制逻辑只需改变程序，因而很容易改变或增加系统功能。系统连线少、体积小、功耗小。而且 PLC 所谓"软继电器"实质上是存储器单元的状态，所以"软继电器"的触点数量是无限的，PLC 系统的灵活性和可扩展性好。

2) 从工作方式上看。在继电器控制电路中，当电源接通时，电路中所有继电器都处于受制约状态，即该吸合的继电器都同时吸合，不该吸合的继电器受某种条件限制而不能吸合，这种工作方式称为并行工作方式。而 PLC 的用户程序是按一定顺序循环执行，所以各软继电器都处于周期性循环扫描接通中，受同一条件制约的各个继电器的动作次序决定于程序扫描顺序，这种工作方式称为串行工作方式。

3) 从控制速度上看。继电器控制系统依靠机械触点的动作以实现控制，工作频率低，机械触点还会出现抖动问题。而 PLC 通过程序指令控制半导体电路来实现控制的，速度快，程序指令执行时间在微秒级，且不会出现触点抖动问题。

4) 从定时和计数控制上看。电器控制系统采用时间继电器的延时动作进行时间控制，时间继电器的延时时间易受环境温度和湿度变化的影响，定时精度不高。而 PLC 采用半导体集成电路作定时器，时钟脉冲由晶体振荡器产生，精度高，定时范围宽，用户可根据需要在程序中设定定时值，修改方便，不受环境的影响，且 PLC 具有计数功能，而电器控制系统一般不具备计数功能。

5) 从可靠性和可维护性上看。由于电器控制系统使用了大量的机械触点，存在机械磨损、电弧烧伤等问题，寿命短，系统的连线多，所以可靠性和可维护性较差。而 PLC 大量的开关动作由无触点的半导体电路来完成，寿命长，可靠性高。PLC 还具有自诊断功能，能查出自身的故障，随时显示给操作人员，并能动态地监视控制程序的执行情况，为现场调试和维护提供了方便。

第三节 PLC 的基本组成

PLC 是微机技术和控制技术相结合的产物，是一种以微处理器为核心的用于控制的特殊计算机，因此 PLC 的基本组成与一般的微机系统类似。

一、PLC 的硬件组成

PLC 的硬件主要由中央处理器（CPU）、存储器、输入单元、输出单元、通信接口、扩展接口和电源等部分组成。其中，CPU 是 PLC 的核心，输入单元与输出单元是连接现场输入/输出设备与 CPU 之间的接口电路，通信接口用于与编程器、上位计算机等外设连接。

对于整体式 PLC，所有部件都装在同一机壳内，其组成框图如图 2-5 所示；对于模块式 PLC，各部件独立封装成模块，各模块通过总线连接，安装在机架或导轨上，其组成框图如图 2-6 所示。无论是哪种结构类型的 PLC，都可根据用户需要进行配置与组合。

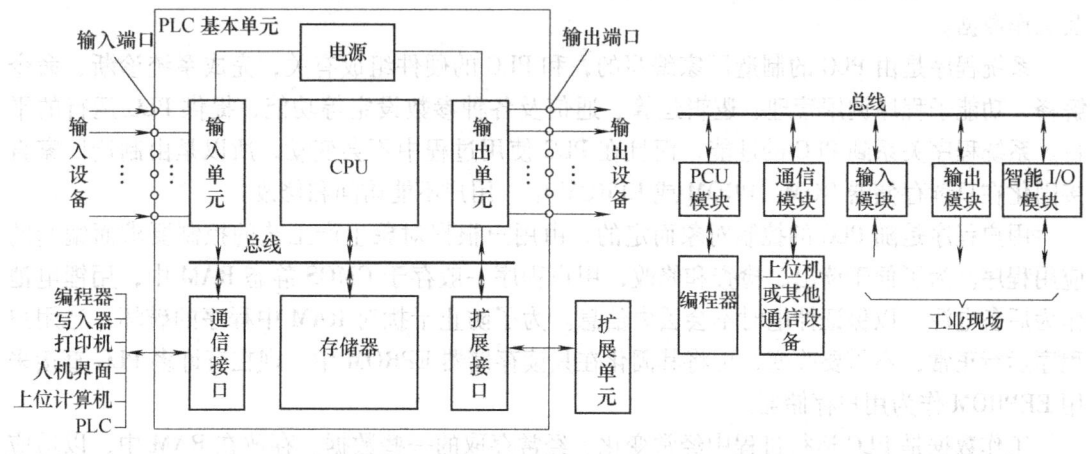

图 2-5　整体式 PLC 组成框图　　　　图 2-6　模块式 PLC 组成框图

尽管整体式与模块式 PLC 的结构不太一样，但各部分的功能作用是相同的，下面对 PLC 主要组成各部分进行简单介绍。

1. 中央处理单元（CPU）

同一般的微机一样，CPU 是 PLC 的核心。PLC 中所配置的 CPU 随机型不同而不同，常用有三类：通用微处理器（如 8086 和 80286 等）、单片微处理器（如 8031、8096 等）和位片式微处理器（如 AMD29W 等）。小型 PLC 大多采用 8 位通用微处理器和单片微处理器；中型 PLC 大多采用 16 位通用微处理器或单片微处理器；大型 PLC 大多采用高速位片式微处理器。

目前，小型 PLC 为单 CPU 系统，而中、大型 PLC 则大多为双 CPU 系统，甚至有些 PLC 中多达 8 个 CPU。对于双 CPU 系统，一般一片为字处理器，一般采用 8 位或 16 位处理器；另一片为位处理器，采用由各厂家设计制造的专用芯片。字处理器为主处理器，用于执行编程器接口功能，监视内部定时器，监视扫描时间，处理字节指令以及对系统总线和位处理器进行控制等。位处理器为从处理器，主要用于处理位操作指令和实现 PLC 编程语言向机器语言的转换。位处理器的采用，提高了 PLC 的速度，使 PLC 更好地满足实时控制要求。

在 PLC 中，CPU 按系统程序赋予的功能指挥 PLC 有条不紊地进行工作，归纳起来主要有以下几个方面：

1）接收从编程器输入的用户程序和数据。

2）诊断电源、PLC 内部电路的工作故障和编程中的语法错误等。

3）通过输入接口接收现场的状态或数据，并存入输入映象寄存器或数据寄存器中。

4）从存储器逐条读取用户程序，经过解释后执行。

5）根据执行的结果，更新有关标志位的状态和输出映象寄存器的内容，通过输出单元实现输出控制。有些 PLC 还具有制表打印或数据通信等功能。

2. 存储器

存储器主要有两种：一种是可读/写操作的随机存储器 RAM，另一种是只读存储器 ROM、PROM、EPROM 和 EEPROM。在 PLC 中，存储器主要用于存放系统程序、用户程序及工作数据。

系统程序是由 PLC 的制造厂家编写的，和 PLC 的硬件组成有关，完成系统诊断、命令解释、功能子程序调用管理、逻辑运算、通信及各种参数设定等功能，提供 PLC 运行的平台。系统程序关系到 PLC 的性能，而且在 PLC 使用过程中不会变动，所以是由制造厂家直接固化在只读存储器 ROM、PROM 或 EPROM 中，用户不能访问和修改。

用户程序是随 PLC 的控制对象而定的，由用户根据对象生产工艺的控制要求而编制的应用程序。为了便于读出、检查和修改，用户程序一般存于 CMOS 静态 RAM 中，用锂电池作为后备电源，以保证掉电时不会丢失信息。为了防止干扰对 RAM 中程序的破坏，当用户程序运行正常，不需要改变，可将其固化在只读存储器 EPROM 中。现在有许多 PLC 直接采用 EEPROM 作为用户存储器。

工作数据是 PLC 运行过程中经常变化、经常存取的一些数据。存放在 RAM 中，以适应随机存取的要求。在 PLC 的工作数据存储器中，设有存放输入输出继电器、辅助继电器、定时器和计数器等逻辑器件的存储区，这些器件的状态都是由用户程序的初始设置和运行情况而确定的。根据需要，部分数据在掉电时用后备电池维持其现有的状态，这部分在掉电时可保存数据的存储区域称为保持数据区。

由于系统程序及工作数据与用户无直接联系，所以在 PLC 产品样本或使用手册中所列存储器的形式及容量是指用户程序存储器。当 PLC 提供的用户存储器容量不够用，许多 PLC 还提供有存储器扩展功能。

3. 输入/输出单元

输入/输出单元通常也称 I/O 单元或 I/O 模块，是 PLC 与工业生产现场之间的连接部件。PLC 通过输入接口可以检测被控对象的各种数据，以这些数据作为 PLC 对被控制对象进行控制的依据；同时 PLC 又通过输出接口将处理结果送给被控制对象，以实现控制目的。

由于外部输入设备和输出设备所需的信号电平是多种多样的，而 PLC 内部 CPU 的处理的信息只能是标准电平，所以 I/O 接口要实现这种转换。I/O 接口一般都具有光电隔离和滤波功能，以提高 PLC 的抗干扰能力。另外，I/O 接口上通常还有状态指示，工作状况直观，便于维护。

PLC 提供了多种操作电平和驱动能力的 I/O 接口，有各种各样功能的 I/O 接口供用户选用。I/O 接口的主要类型有：数字量（开关量）输入、数字量（开关量）输出、模拟量输入和模拟量输出等。

常用的开关量输入接口按其使用的电源不同有三种类型：直流输入接口、交流输入接口和交/直流输入接口，其基本原理电路如图 2-7 所示。

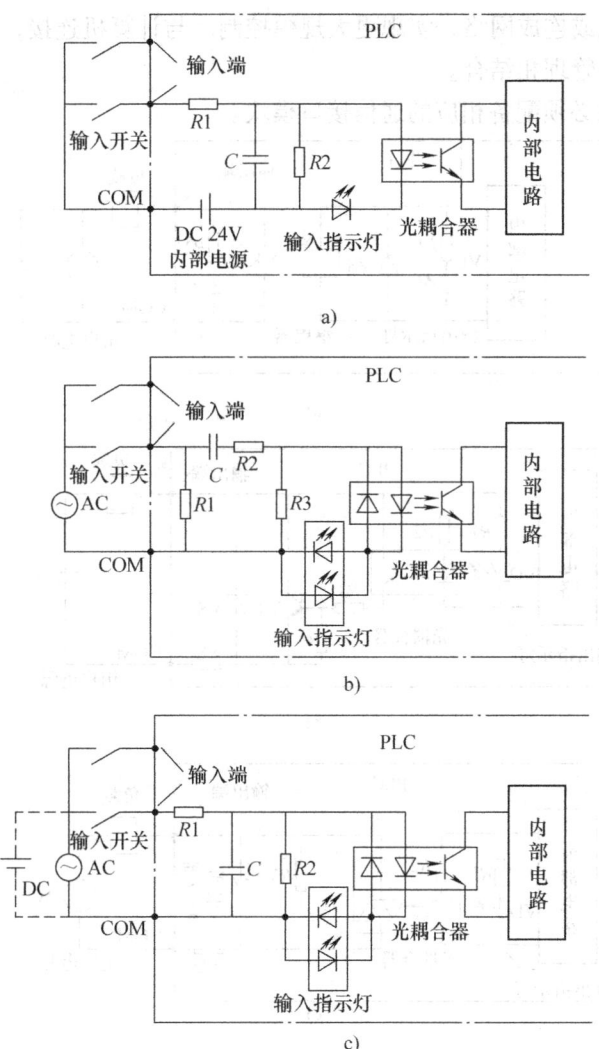

图 2-7 开关量输入接口
a) 直流输入 b) 交流输入 c) 交/直流输入

常用的开关量输出接口按输出开关器件不同有三种类型：继电器输出、晶体管输出和双向晶闸管输出，其基本原理电路如图 2-8 所示。继电器输出接口可驱动交流或直流负载，但其响应时间长、动作频率低；而晶体管输出和双向晶闸管输出接口的响应速度快、动作频率高，但前者只能用于驱动直流负载，后者只能用于交流负载。

PLC 的 I/O 接口所能接受的输入信号个数和输出信号个数称为 PLC 输入/输出（I/O）点数。I/O 点数是选择 PLC 的重要依据之一。当系统的 I/O 点数不够时，可通过 PLC 的 I/O 扩展接口对系统进行扩展。

4. 通信接口

PLC 配有各种通信接口，这些通信接口一般都带有通信处理器。PLC 通过这些通信接口可与监视器、打印机、其他 PLC 和计算机等设备实现通信。PLC 与打印机连接，可将过程信息、系统参数等输出打印；与监视器连接，可将控制过程图像显示出来；与其他 PLC 连接，可组成多机系统或连成网络，实现更大规模控制。与计算机连接，可组成多级分布式控制系统，实现控制与管理相结合。

远程 I/O 系统也必须配备相应的通信接口模块。

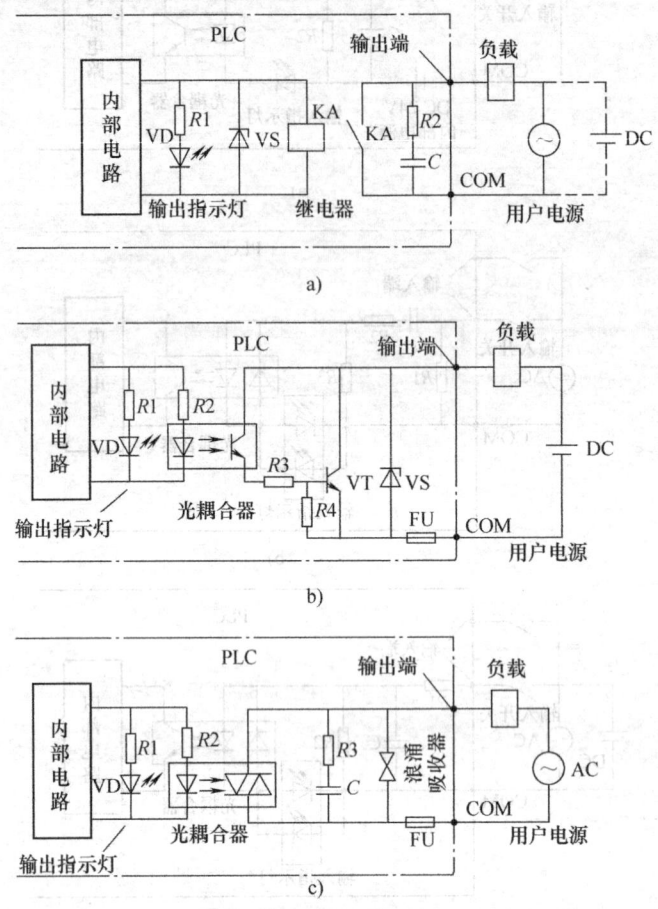

图 2-8 开关量输出接口
a) 继电器输出 b) 晶体管输出 c) 晶闸管输出

5. 智能接口模块

智能接口模块是一个独立的计算机系统，它有自己的 CPU、系统程序、存储器以及与 PLC 系统总线相连的接口。它作为 PLC 系统的一个模块，通过总线与 PLC 相连，进行数据交换，并在 PLC 的协调管理下独立地进行工作。

PLC 的智能接口模块种类很多，如高速计数模块、闭环控制模块、运动控制模块和中断控制模块等。

6. 编程装置

编程装置的作用是编辑、调试和输入用户程序，也可在线监控 PLC 内部状态和参数，与 PLC 进行人机对话。它是开发、应用及维护 PLC 不可缺少的工具。编程装置可以是专用编程器，也可以是配有专用编程软件包的通用计算机系统。

专用编程器是由 PLC 厂家生产，专供该厂家生产的某些 PLC 产品使用，它主要由键盘、显示器和外存储器接插口等部件组成。专用编程器有简易编程器和智能编程器两类。简易型编程器与 PLC 相连后才能编程，且只能输入和编辑指令表程序，如三菱的 FX-20P-E 简易编程器。智能编程器实际上是一台专用便携式计算机，如三菱的 GP-80FX-E 智能型编程器。它既可联机编程，又可脱机编程。可直接输入和编辑梯形图程序，使用更加直观、方便，但价格较高，操作也比较复杂。

专用编程器只能对指定厂家的几种 PLC 进行编程，使用范围有限，价格较高。同时，由于 PLC 产品不断更新换代，所以专用编程器的生命周期也十分有限。因此，现在的趋势是使用以个人计算机为基础的编程装置，用户只要购买 PLC 厂家提供的编程软件和相应的硬件接口装置。这样，用户只用较少的投资即可得到高性能的 PLC 程序开发系统。

基于个人计算机的程序开发系统功能强大。它既可以编制、修改 PLC 的梯形图程序，又可以监视系统运行，打印文件，系统仿真等，如三菱的 GX Developer 和 GX Works2 编程软件。配上相应的软件还可实现数据采集和分析等许多功能。

7. 电源

PLC 配有开关电源，以供内部电路使用。与普通电源相比，PLC 电源的稳定性好、抗干扰能力强。对电网提供的电源稳定度要求不高，一般允许电源电压在其额定值 ±15% 的范围内波动。许多 PLC 还向外提供直流 24V 稳压电源，用于对外部传感器供电。

8. 其他外部设备

除了以上所述的部件和设备外，PLC 还有许多外部设备，如 EPROM 写入器、外存储器、人/机接口装置等。

EPROM 写入器是用来将用户程序固化到 EPROM 存储器中的一种 PLC 外部设备。为了使调试好的用户程序不易丢失，经常用 EPROM 写入器将 PLC 内 RAM 保存到 EPROM 中。

PLC 内部的半导体存储器称为内存储器。有时可用外部的存储器来存储 PLC 的用户程序，外存储器一般是通过编程器或其他智能模块提供的接口，实现与内存储器之间相互传送用户程序。

人/机接口装置是用来实现操作人员与 PLC 控制系统的对话。最简单、最普遍的人/机接口装置由安装在控制台上的按钮、转换开关、拨码开关、指示灯、LED 显示器和声光报警器等器件构成。对于 PLC 系统，还可采用半智能型 LCD 人/机接口装置和智能型终端人/机接口装置。半智能型 LCD 人/机接口装置可长期安装在控制台上，通过通信接口接收来自 PLC 的信息并在 LCD 上显示出来；而智能型终端人/机接口装置有自己的微处理器和存储器，能够与操作人员快速交换信息，并通过通信接口与 PLC 相连，也可作为独立的节点接入 PLC 网络。

二、PLC 的软件组成

PLC 的软件由系统程序和用户程序组成。

系统程序由 PLC 制造厂商设计编写的，并存入 PLC 的系统存储器中，用户不能直接读写与更改。系统程序一般包括系统诊断程序、输入处理程序、编译程序、信息传送程序、监控程序等。

PLC 的用户程序是用户利用 PLC 的编程语言，根据控制要求编制的程序。在 PLC 的应用中，最重要的是用 PLC 的编程语言来编写用户程序，以实现控制目的。由于 PLC 是专门为工业控制而开发的装置,其主要使用者是广大电气技术人员,为了满足他们的传统习惯和掌握能力,PLC 的主要编程语言采用比计算机语言相对简单、易懂、形象的专用语言。

PLC 编程语言是多种多样的,对于不同生产厂家、不同系列的 PLC 产品采用的编程语言的表达方式也不相同,但基本上可归纳两种类型:一是采用字符表达方式的编程语言,如语句表等;二是采用图形符号表达方式的编程语言,如梯形图等。

以下简要介绍几种常见的 PLC 编程语言。

1. 梯形图语言

梯形图语言是在传统电器控制系统中常用的接触器、继电器等图形表达符号的基础上演变而来的。它与电器控制线路图相似,继承了传统电器控制逻辑中使用的框架结构、逻辑运算方式和输入输出形式,具有形象、直观和实用的特点。因此,这种编程语言为广大电气技术人员所熟知,是应用最广泛的 PLC 的编程语言,是 PLC 的第一编程语言。

如图 2-9 所示是传统的电器控制线路图和 PLC 梯形图。

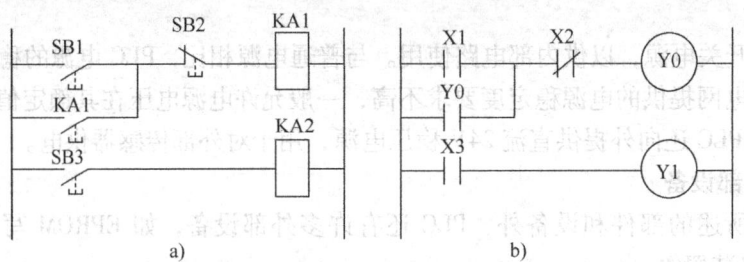

图 2-9 电器控制线路图与梯形图
a) 电器控制线路图 b) PLC 梯形图

从图中可看出,两种图基本表示思想是一致的,具体表达方式有一定区别。PLC 的梯形图使用的是内部继电器和定时/计数器等,都是由软件来实现的,使用方便,修改灵活,是原电器控制线路硬接线无法比拟的。

2. 语句表语言

这种编程语言是一种与汇编语言类似的助记符编程表达方式。在 PLC 应用中,经常采用简易编程器,这种编程器中没有 LCD 屏幕显示,也没有较大的液晶屏幕显示。因此,就用一系列 PLC 操作命令组成的语句表将梯形图描述出来,再通过简易编程器输入到 PLC 中。虽然各个 PLC 生产厂家的语句表形式不尽相同,但基本功能相差无几。以下是与图 2-9 中梯形图对应的(FX 系列 PLC)语句表程序。

步序号	指令	数据
0	LD	X1
1	OR	Y0
2	ANI	X2
3	OUT	Y0
4	LD	X3
5	OUT	Y1

可以看出,语句是语句表程序的基本单元,每个语句和微机一样也由地址(步序号)、

操作码（指令）和操作数（数据）三部分组成。

3. 逻辑图语言

逻辑图是一种类似于数字逻辑电路结构的编程语言，由与门、或门、非门、定时器、计数器和触发器等逻辑符号组成。有数字电路基础的电气技术人员较容易掌握，如图 2-10 所示。

4. 功能表图语言

功能表图语言（SFC 语言）是一种较新的编程方法，又称状态转移图语言。它将一个完整的控制过程分为若干阶段，各阶段具有不同的动作，阶段间有一定的转换条件，转换条件满足就实现阶段转移，上一阶段动作结束，下一阶段动作开始。用功能表图的方式来表达一个控制过程，对于顺序控制系统特别适用。

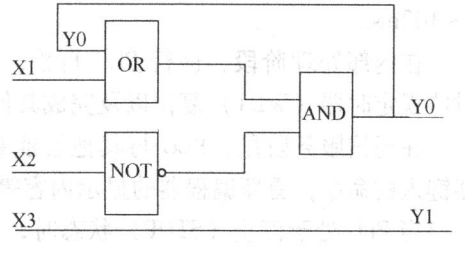

图 2-10 逻辑图语言编程

5. 高级语言

随着 PLC 技术的发展，为了增强 PLC 的运算、数据处理及通信等功能，以上编程语言无法很好地满足要求。近年来推出的 PLC，尤其是大型 PLC，都可用高级语言，如 BASIC 语言、C 语言等进行编程。采用高级语言后，用户可以像使用普通微型计算机一样操作 PLC，使 PLC 的各种功能得到更好的发挥。

第四节 PLC 的工作原理

一、扫描工作原理

当 PLC 运行时，是通过执行反映控制要求的用户程序来完成控制任务的，需要执行众多的操作，但 CPU 不可能同时去执行多个操作，它只能按分时操作（串行工作）方式，每一次执行一个操作，按顺序逐个执行。由于 CPU 的运算处理速度很快，所以从宏观上来看，PLC 外部出现的结果似乎是同时（并行）完成的。这种串行工作过程称为 PLC 的扫描工作方式。

用扫描工作方式执行用户程序时，扫描是从第一条程序开始，在无中断或跳转控制的情况下，按程序存储顺序的先后，逐条执行用户程序，直到程序结束。然后再从头开始扫描执行，周而复始重复运行。

PLC 的扫描工作方式与电器控制的工作原理明显不同。电器控制装置采用硬逻辑的并行工作方式，如果某个继电器的线圈通电或断电，那么该继电器的所有常开和常闭触点不论处在控制线路的哪个位置上，都会立即同时动作；而 PLC 采用扫描工作方式（串行工作方式），如果某个软继电器的线圈被接通或断开，其所有的触点不会立即动作，必须等扫描到该触点时才会动作。但由于 PLC 的扫描速度快，通常 PLC 与电器控制装置在 I/O 的处理结果上并没有什么差别。

二、PLC 扫描工作过程

PLC 的扫描工作过程除了执行用户程序外，在每次扫描工作过程中还要完成内部处理、通信服务工作。如图 2-11 所示，整个扫描工作过程包括内部处理、通信服务、输入采样、程序执行和输出刷新五个阶段。整个过程扫描执行一遍所需的时间称为扫描周期。扫描周期与 CPU 运行速度、PLC 硬件配置及用户程序长短有关，典型值为 1~100ms。

在内部处理阶段，进行 PLC 自检，检查内部硬件是否正常，对监视定时器（WDT）复位以及完成其他一些内部处理工作。

在通信服务阶段，PLC 与其他智能装置实现通信，响应编程器键入的命令，更新编程器的显示内容等。

当 PLC 处于停止（STOP）状态时，只完成内部处理和通信服务工作。当 PLC 处于运行（RUN）状态时，除完成内部处理和通信服务工作外，还要完成输入采样、程序执行、输出刷新工作。

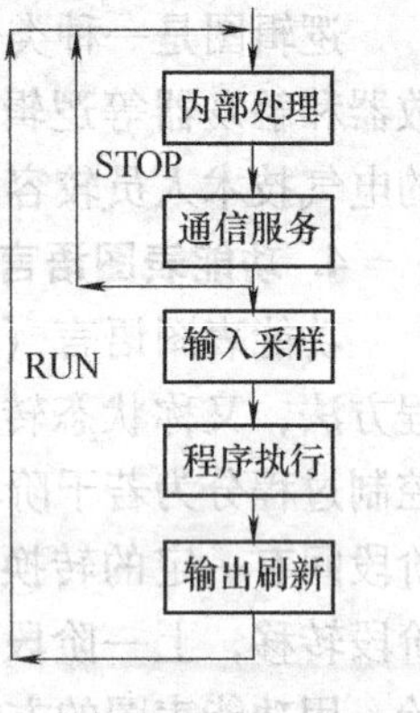

PLC 的扫描工作方式简单直观，便于程序的设计，并为可靠运行提供了保障。当 PLC 扫描到的指令被执行后，其结果马上就被后面将要扫描到的指令所利用，而且还可通过 CPU 内部设置的监视定时器来监视每次扫描是否超过规定时间，避免由于 CPU 内部故障使程序执行进入死循环。

图 2-11 扫描过程示意图

三、PLC 执行程序的过程及特点

PLC 执行程序的过程分为三个阶段，即输入采样阶段、程序执行阶段和输出刷新阶段，如图 2-12 所示。

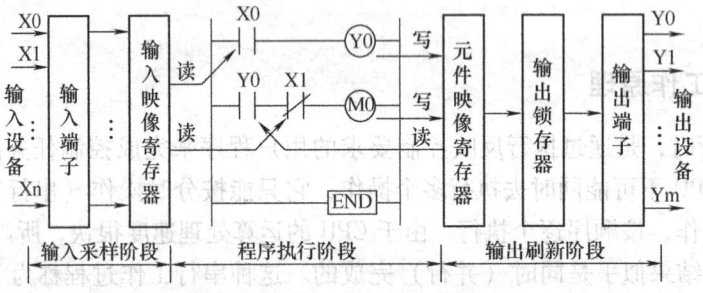

图 2-12 PLC 执行程序过程示意图

1. 输入采样阶段

在输入采样阶段，PLC 以扫描工作方式按顺序对所有输入端的输入状态进行采样，并存入输入映象寄存器中，此时输入映象寄存器被刷新。接着进入程序处理阶段，在程序执行阶段或其他阶段，即使输入状态发生变化，输入映象寄存器的内容也不会改变，输入状态的变化只有在下一个扫描周期的输入处理阶段才能被采样到。

2. 程序执行阶段

在程序执行阶段，PLC 对程序按顺序进行扫描执行。若程序用梯形图来表示，则总是按先上后下，先左后右的顺序进行。当遇到程序跳转指令时，则根据跳转条件是否满足来决定程序是否跳转。当指令中涉及到输入、输出状态时，PLC 从输入映像寄存器和元件映象寄存器中读出，根据用户程序进行运算，运算的结果再存入元件映象寄存器中。对于元件映象寄存器来说，其内容会随程序执行的过程而变化。

3. 输出刷新阶段

当所有程序执行完毕后，进入输出处理阶段。在这一阶段里，PLC 将输出映象寄存器中与输出有关的状态（输出继电器状态）转存到输出锁存器中，并通过一定方式输出，驱动外部负载。

因此，PLC 在一个扫描周期内，对输入状态的采样只在输入采样阶段进行。当 PLC 进入程序执行阶段后输入端将被封锁，直到下一个扫描周期的输入采样阶段才对输入状态进行重新采样。这种方式称为集中采样，即在一个扫描周期内，集中一段时间对输入状态进行采样。

在用户程序中如果对输出结果多次赋值，则最后一次有效。在一个扫描周期内，只在输出刷新阶段才将输出状态从输出映象寄存器中输出，对输出接口进行刷新。在其他阶段里输出状态一直保存在输出映象寄存器中。这种方式称为集中输出。

对于小型 PLC，其 I/O 点数较少，用户程序较短，一般采用集中采样、集中输出的工作方式，虽然在一定程度上降低了系统的响应速度，但使 PLC 工作时大多数时间与外部输入/输出设备隔离，从根本上提高了系统的抗干扰能力，增强了系统的可靠性。

而对于大中型 PLC，其 I/O 点数较多，控制功能强，用户程序较长，为提高系统响应速度，可以采用定期采样、定期输出方式，或中断输入、输出方式以及采用智能 I/O 接口等多种方式。

从上述分析可知，当 PLC 的输入端输入信号发生变化到 PLC 输出端对该输入变化作出反应，需要一段时间，这种现象称为 PLC 输入/输出响应滞后。对一般的工业控制，这种滞后是完全允许的。应该注意的是，这种响应滞后不仅是由于 PLC 扫描工作方式造成，更主要是 PLC 输入接口的滤波环节带来的输入延迟，以及输出接口中驱动器件的动作时间带来输出延迟，同时还与程序设计有关。滞后时间是设计 PLC 应用系统时应注意把握的一个参数。

第五节 PLC 的性能指标与发展趋势

一、PLC 的性能指标

1. 存储容量

存储容量是指用户程序存储器的容量。用户程序存储器的容量大，可以编制出复杂的程序。一般来说，小型 PLC 的用户存储器容量为几千字，而大型机的用户存储器容量为几万字。

2. I/O 点数

输入/输出（I/O）点数是 PLC 可以接受的输入信号和输出信号的总和，是衡量 PLC 性能的重要指标。I/O 点数越多，外部可接的输入设备和输出设备就越多，控制规模就越大。

3. 扫描速度

扫描速度是指 PLC 执行用户程序的速度，是衡量 PLC 性能的重要指标。一般以扫描 1K 字用户程序所需的时间来衡量扫描速度，通常以 ms/K 字为单位。PLC 用户手册一般给出执行各条指令所用的时间，可以通过比较各种 PLC 执行相同的操作所用的时间，来衡量扫描速度的快慢。

4. 指令的功能与数量

指令功能的强弱、数量的多少也是衡量 PLC 性能的重要指标。编程指令的功能越强、数量越多，PLC 的处理能力和控制能力也越强，用户编程也越简单和方便，越容易完成复杂的控制任务。

5. 内部元件的种类与数量

在编制 PLC 程序时，需要用到大量的内部元件来存放变量、中间结果、保持数据、定时计数、模块设置和各种标志位等信息。这些元件的种类与数量越多，表示 PLC 的存储和处理各种信息的能力越强。

6. 特殊功能单元

特殊功能单元种类的多少与功能的强弱是衡量 PLC 产品的一个重要指标。近年来各 PLC 厂商非常重视特殊功能单元的开发，特殊功能单元种类日益增多，功能越来越强，使 PLC 的控制功能日益扩大。

7. 可扩展能力

PLC 的可扩展能力包括 I/O 点数的扩展、存储容量的扩展、联网功能的扩展和各种功能模块的扩展等。在选择 PLC 时，经常需要考虑 PLC 的可扩展能力。

二、PLC 的发展趋势

1. 向高速度、大容量方向发展

为了提高 PLC 的处理能力，要求 PLC 具有更好的响应速度和更大的存储容量。目前，许多 PLC 的扫描速度可达 0.1ms/k 步左右。PLC 的扫描速度已成为很重要的一个性能指标。

在存储容量方面，有的 PLC 最高可达几十兆字节。为了扩大存储容量，有的公司已使用了磁泡存储器或硬盘。

2. 向超大型、超小型两个方向发展

当前中小型 PLC 比较多，为了适应市场的多种需要，今后 PLC 要向多品种方向发展，特别是向超大型和超小型两个方向发展。现已有 I/O 点数达 3 万多点的超大型 PLC，使用 32 位微处理器，多 CPU 并行工作和大容量存储器，功能强。

小型 PLC 由整体结构向小型模块化结构发展，使配置更加灵活。为了市场需要已开发了各种简易、经济的超小型微型 PLC，最小配置的 I/O 点数为 8~16 点，以适应单机及小型自动控制的需要。

3. PLC 大力开发智能模块，加强联网通信能力

为满足各种自动化控制系统的要求，近年来不断开发出许多功能模块，如高速计数模块、温度控制模块、远程 I/O 模块、通信和人机接口模块等。这些带 CPU 和存储器的智能 I/O 模块，既扩展了 PLC 功能，又使用灵活方便，扩大了 PLC 应用范围。

加强 PLC 联网通信的能力，是 PLC 技术进步的潮流。PLC 的联网通信有两类：一类是 PLC 之间联网通信，各 PLC 生产厂家都有自己的专有联网手段；另一类是 PLC 与计算机之间的联网通信，一般 PLC 都有专用通信模块与计算机通信。为了加强联网通信能力，PLC 生产厂家之间也在协商制订通用的通信标准，以构成更大的网络系统，PLC 已成为集散控制系统（DCS）不可缺少的重要组成部分。

4. 增强外部故障的检测与处理能力

根据统计资料表明：在 PLC 控制系统的故障中，CPU 占 5%，I/O 接口占 15%，输入设备占 45%，输出设备占 30%，线路占 5%。前二项共 20% 故障属于 PLC 的内部故障，它可通过 PLC 本身的软、硬件实现检测、处理；而其余 80% 的故障属于 PLC 的外部故障。因此，PLC 生产厂家都致力于研制、发展用于检测外部故障的专用智能模块，进一步提高系统的可靠性。

5. 编程语言多样化

在 PLC 系统结构不断发展的同时，PLC 的编程语言越来越丰富，功能不断提高。除了大多数 PLC 使用的梯形图语言外，为了适应各种控制要求，出现了面向顺序控制的步进编程语言、面向过程控制的流程图语言以及与计算机兼容的高级语言（BASIC、C 语言等）等。多种编程语言的并存、互补与发展是 PLC 进步的一种趋势。

第六节 国内外 PLC 产品简介

世界上 PLC 产品可按地域分成三大流派：一是美国产品，二是欧洲产品，三是日本产品。美国和欧洲的 PLC 技术是在相互隔离情况下独立研究开发的，因此美国和欧洲的 PLC 产品有明显的差异性。而日本的 PLC 技术是由美国引进的，对美国的 PLC 产品有一定的继承性，但日本的主推产品定位在小型 PLC 上。美国和欧洲以大中型 PLC 而闻名，而日本则以小型 PLC 著称。

一、美国 PLC 产品

美国是 PLC 生产大国，有 100 多家 PLC 厂商，著名的有 A-B 公司、通用电气（GE）公司等。其中 A-B 公司是美国最大的 PLC 制造商，产品约占美国 PLC 市场的一半。

1. A-B 公司 PLC 产品

A-B 公司产品规格齐全、种类丰富，主推大、中型 PLC 产品。A-B 公司的控制解决方案为以下技术设定了标准：从 20 世纪 70 年代发明的原始可编程序逻辑控制器（PLC）到可扩展、多领域和支持信息的可编程序自动化控制器（PAC）中包含的技术。该品牌产品通过安全认证的控制器可满足 SIL 2 和 SIL 3 应用项目需求，提供多种控制器类型和尺寸，可满足各种项目的特定需求。

A-B 大型控制系统可适应最严苛的应用项目需求。它们提供模块化架构以及各种 I/O 和网络选项。这些强大的控制解决方案为包括加工、安全和运动在内的所有领域提供世界一流的功能。A-B 的大型可编程序自动化控制器（PAC）和可编程序逻辑控制器（PLC）专为分布式或上位控制应用项目设计，具备出色的可靠性和性能。

A-B 中型控制器可以提供控制需要的功能和灵活性，不会有大系统那样的开销，是中型应用项目的完美解决方案。从基于机架的、封装模块化设计的标准和安全认证控制器中选择。典型应用项目包括复杂机器控制、批处理和楼宇自动化。

A-B 微型和纳米 PLC 可提供经济的解决方案，以满足简单机械的基本控制需求，包括继电器替换以及简单的定时和逻辑控制。这些控制器采用紧凑型封装、集成 I/O 和通信，且易于使用，是传送带自动化、安全系统以及建筑和停车场照明等应用项目的理想选择。

A-B 中型 PLC 产品主要包括 1768 紧凑型 GuardLogix 安全系统（包括 1768、1769 和 5370 系列）、CompactLogix 控制系统、SLC 500 控制系统（即 1747 控制器）和 SmartGuard 600 控制器（即 1752 安全控制器）；大型 PLC 产品主要包括 1756 ControlLogix 控制系统、1756 GuardLogix 集成安全控制系统、GuardPLC 安全控制系统（包括 1753 各系列）、PLC-5 控制系统（即 1785 控制器）和 SoftLogix 控制系统（即 1789 控制器）。A-B PLC 各系列大多为模块式结构，中型 PLC I/O 点配置范围为 256~1024 点；大型 PLC I/O 点最多可配置到 8096 个 I/O 点。CPU 运行速度可达 2.4GHz，缓存容量可达 8GB，硬盘存储容量可达 20GB。具有强大的控制和信息管理功能。A-B 公司的小型 PLC 产品有 Micro800 控制系统、MicroLogix 控制系统和 Pico 控制系统等系列。

2. GE 公司 PLC 产品

GE 的工业系统事业部凭借其全球领先的设计和生产能力，在中低压配电领域为广大用户提供一系列安全可靠，性能卓越的电力成套设备及其元器件、工业控制及民用配电产品，以及多种电动机与控制系统。GE 工业所提供节能增效的工业解决方案适用于电厂、电网、石化、采矿、工业制造、轨道交通、商务楼宇、民用住宅及可再生能源等诸多行业。

GE 智能平台提供从小型、中型到分布式工业控制器一系列强大的解决方案。其 PLC 系统在离散制造和过程控制领域拥有超过 25 年的使用经验，其中包括了 90-30 系列，市场上最先进功能最齐全的小型控制器。另外在控制和分布式 I/O 领域首个解决方案 VersaMax 模块 PLC 和专为过程控制设计的 PAC8000 控制器都能在严酷工矿中实现精确控制和无扰切换，从而确保整个流程的优化。所有系统都配有各种各样的 IO 确保满足应用要求。

GE 智能平台还开发了 PAC 系列的可编程序自动化控制器。GE 的 PAC 控制器从传统 PLC 衍生而来，可为离散逻辑控制，运动控制和过程控制提供可靠、高效的控制平台。GE 提供和支持多种通信协议来满足支持客户需求，同时也提供市场领先的工业网络控制系统。

GE 公司的代表产品是：小型机系统包括 Durus Controller、QuickPanel Controll、VersaMax Micro and Nano Controllers 等。除 QuickPanel Controll 外，均采用整体式结构，QuickPanel Controll 是集控制与显示于一身的小型控制装置。GE 小型 PLC 系统多用于开关量控制系统，亦可实现部分功能指令（数据操作指令）、功能模块（A/D、D/A 等）和远程 I/O 功能等，其 I/O 点最多可配置到 256 个。中型机系统包括 VersaMax Modular、Series 90-30 PLC 和 PAC8000 Controller，比小型 PLC 增加了部分中断、故障诊断等功能。此系列均为模块式机构，系统可根据控制需要自行集成。90-30 系列多针对中低端应用的解决方案；PAC8000 控制器专为严酷环境的过程控制应用而设计。GE 大型 PAC 系统包括 PACSystems RXi Controller、PACSystems RX3i Controller 和 PACSystems RX7i Controller 等系统，比中型 PLC 系统增加了部分数据处理、表格处理和子程序控制等功能，并具有较强的通信功能，最多可配置到 3 万多个 I/O 点，可提供最高 64MB RAM 和内置闪存。

二、欧洲 PLC 产品

德国的西门子（SIEMENS）公司和法国的施耐德电气公司是欧洲著名的 PLC 制造商。其中德国的西门子的电子产品以性能精良而久负盛名。在中、大型 PLC 产品领域与美国的 A-B 公司齐名。

西门子 PLC 系列产品基本能够满足几乎所有行业领域的需要。比较具有代表性的是高效集成系统 SIMATIC S7 系列。无论是制造业、过程自动化还是面向基础设施任务的解决方案，SIMATIC 都在提高生产力方面发挥了重要作用。其主要 PLC 产品是 S7 系列。S7 系列是西门子公司在 S5 系列 PLC 基础上推出的产品，性能价格比高，其中 S7-1200、S7-1500、S7-200、S7-200CN 及 S7-200SMART 系列属于小型 PLC、S7-300 系列属于于中小型 PLC、S7-400 系列属于于中高性能的大型 PLC。

SIMATIC S7 系列产品中 S7-1200 是近年推出的新产品，使用与 S7-300 相同的开发系统。SIMATIC S7-1200 的微型自动化系统结构紧凑，功能强大；在开发新的 SIMATIC S7-1200 过程中，西门子强调控制器、人机界面和软件之间的无缝集成和完美整合。因此，新的 SIMATIC S7-1200 微型 PLC 具有灵活性和可扩展性，实现了紧凑设计下的高性能，并且仍然适合在较低的性能范围内实现最复杂的任务。

新型的 SIMATIC S7-1500 控制器除了包含多种创新技术之外，还设定了新标准，最大程度提高生产效率。无论是小型设备还是对速度和准确性要求较高的复杂设备装置，都一一适用。SIMATIC S7-1500 无缝集成到 TIA 博途中，极大提高了工程组态的效率。

SIMATIC S7-200 微型 PLC 是市场上使用最广泛的小型 PLC 之一，它在实时模式下具有速度快、通信功能强和较高的生产力的特点。一致的模块化设计促进了低性能定制产品的创造和可扩展性的解决方案。来自西门子的 S7-200 微型 PLC 可以被当作独立的微型 PLC 解决方案或与其他控制器相结合使用。

SIMATIC S7-200 SMART 是西门子公司经过大量市场调研，为中国客户量身定制的一款高性价比小型 PLC 产品。结合 SINAMICS 驱动产品及 SIMATIC 人机界面产品，以 S7-200 SMART 为核心的小型自动化解决方案可为中国客户创造更多的价值。

SIMATIC S7-300 通用控制器是专门设计用于制造行业，特别是汽车和包装行业的创新性系统解决方案。这种模块化控制器可作为理想的集中和分散配置通用自动化系统。安全技术和运动控制也可与标准自动化一起被集成进该通用控制器中。SIMATIC S7-300 通用控制器可以节省安装空间并且具有模块化设计的特点。大量的模块可根据手头的任务被用于扩展集中系统或创建分散结构的系统，并促进备件成本效益的经济性。凭借其令人印象深刻的创新系列，SIMATIC S7-300 通用控制器成为了一个可以有效节省用户额外投资和维护成本的综合系统。作为一种通用的中型控制器，S7-300 是控制领域使用最广泛的一种中型控制装置。

作为 SIMATIC 过程控制器系列的一部分，S7-400 被设计用于制造和过程自动化领域的系统解决方案。这个过程控制器是数据密集型任务，特别是典型过程工业的理想选择。高处理速度和高确定性的响应时间能够确保制造业高速加工中的短机器循环周期的需求。同时，对外设 I/O 能力的扩展几乎是无限的。而且，程序控制器信号模块可以在系统运行中（热插拔）进行插入和删除操作，很容易进行系统扩展或模块更换。

三、日本 PLC 产品

日本的小型 PLC 最具特色，在小型机领域中颇具盛名。某些用欧美的中型机或大型机才能实现的控制，日本的小型机就可以解决。日本的小型 PLC 在开发较复杂的控制系统方面明显优于欧美的小型机，所以格外受用户欢迎。日本有许多 PLC 制造商，如三菱、欧姆龙、松下、富士、日立和东芝等。在世界小型 PLC 市场上，日本产品占居主要的份额。

三菱公司的 PLC 是较早进入中国市场的产品。其小型机 F1/F2 系列是 F 系列的升级产品，早期在我国的销量也不小。F1/F2 系列加强了指令系统，增加了特殊功能单元和通信功能，比 F 系列有了更强的控制能力。继 F1/F2 系列之后，20 世纪 80 年代末三菱公司又推出 FX 系列，在容量、速度、特殊功能和网络功能等方面都有了全面的加强。FX2 系列是在 90 年代开发的整体式高功能小型机，配有各种通信适配器和特殊功能单元。FX2N 推出的高功能整体式小型机，是 FX2 的换代产品，各种功能都有了全面的提升。近年来三菱公司还不断推出满足不同要求的微型 PLC，如 FX3S、FX3G、FX3GC、FX3U、FX3UC 及 iQ-F 系列等产品。

　　三菱公司的大中型机有 A 系列、L 系列、iQ-R 系列和 Q 系列，具有丰富的网络功能，I/O 点数可达 8192 点。其中 Q 系列具有超小的体积，丰富的机型，灵活的安装方式，双 CPU 协同处理，多存储器和远程口令等特点。

　　OMRON 公司的 PLC 产品门类齐，型号多，功能强，适应面广。大致可以分成小型、中型和大型三大类产品。小型 PLC 以 CP1 和 CMP 系列为代表，这两种都属坚固整体型结构，通过 I/O 扩展可实现 10~320 点输入输出点数的灵活配置。CP1 系列是 OMRON 小型机的主流产品，是在早期 CPM1A/2A/2AH 的基础上推出的，除了更高的性价比外，操作更简单、高效，可提供更丰富的控制指令和更大的程序容量，还可通过 USB 与电脑直接通信。叠装式（或称紧凑型）结构的中型 PLC 以 CJ 系列最为典型，主要有 CJ1M、CJ2M 和 CJ2H 等型号产品。模块式中型机以 C200H 系列最为典型，主要有 C200HX、C200HG 和 C200HE 等型号产品。中型机在程序容量、扫描速度和指令功能等方面都优于小型机，除具备小型机的基本功能外，它同时可配置更完善的接口单元模块，如模拟量 I/O 模块、温度传感器模块、高速记数模块、位置控制模块和通信联接模块等。可以与上位计算机、下位 PLC 机及各种外部设备组成具有各种用途的计算机控制系统和工业自动化网络。大型 PLC 以模块式的 CS1 系列为主，主要有 CS1G、CS1H 和 CS1D 等型号产品。具备最高 I/O 响应性能和数据控制功能，满足高精度移动控制和高可靠性过程控制的要求。其中，CS1D 可提供双 CPU、双 I/O 的热备冗余双工系统，可在设备不停机的情况下在线更换 CPU 单元、I/O 单元和总线单元等。

　　松下公司的 PLC 产品中，FPOR 为微型机，FR-X0 为整体式小型机，FP-XH 为中型机，可实现高性能运动控制，FR7 为大型机，为位置控制型 PLC，是最新产品。松下公司近几年 PLC 产品的主要特点是：指令系统功能强；有的机型还提供可以用 FP-BASIC 语言编程的 CPU 及多种智能模块，为复杂系统的开发提供了软件手段；FP 系列各种 PLC 都配置通信机制，由于它们使用的应用层通信协议具有一致性，这给构成多级 PLC 网络和开发 PLC 网络应用程序带来方便。

四、我国 PLC 产品

　　我国有许多厂家、科研院所从事 PLC 的研制与开发，早期的如中国科学院自动化研究所的 PLC-0088，北京联想计算机集团公司的 GK-40，上海机床电器厂的 CKY-40，上海起重电器厂的 CF-40MR/ER，苏州电子计算机厂的 YZ-PC-001A，原机电部北京机械工业自动化研究所的 MPC-001/20、KB-20/40，杭州机床电器厂的 DKK02，天津中环自动化仪表公司的 DJK-S-84/86/480，上海自立电子设备厂的 KKI 系列，上海香岛机电制造有限公司的 ACMY-

S80、ACMY-S256，无锡华光电子工业有限公司（合资）的 SR-10、SR-20/21 等。

1982 年以来，先后有天津、厦门、大连和上海等地相关企业与国外著名 PLC 制造厂商进行合资或引进技术、生产线等，促进了我国的 PLC 技术在赶超世界先进水平的道路上快速发展。

近几年，国内 PLC 生产厂商中信捷、深圳奥越信、和利时、德维深、浙大中控、合信、台达（台湾）、兰州全志、科威、科赛恩、盟立（台湾）、士林（台湾）、永宏（台湾）、智国（台湾）、台安（台湾）、正航、厦门海为、智达、丰炜（台湾）、亿维、伟创和南大傲拓等一系列企业是业内做的较好的。

无锡信捷是国产 PLC 厂商中进入市场比较早的厂商之一，也是近几年国产厂商中销售额较高的，公司产品和品牌的用户认可度较高。信捷在成功开发了 FC 系列小型 PLC 和 OP 系列显示器之后，又陆续推广了功能更为强大的 XC 系列 PLC、TP 系列工业触摸屏、集 PLC 和 TP 功能于一体的 XP 系列一体机等新产品，品牌得到了客户的认识，市场占有率稳步提高。

深圳奥越信是研发和主营 PLC 的国内厂商，近年来其 PLC 销售增长较快，产品性能稳定，模块种类齐全，模块产品兼容西门子软件，应用较为广泛。

北京和利时是一家从事自主设计、制造与应用自动化控制系统平台和行业解决方案的高科技企业集团。PLC 项目主要是中大型的，用在自己承接的工程中。

另外台湾企业台达、永宏和士林等近几年在 PLC 市场发展的势头也不错。其中永宏 PLC 进入大陆市场比较早，在大陆市场销售额比较高。永宏 PLC 主要包括 MA、MC 和 MN 机型，主要应用纺织、印刷、枕式包装、橡胶、造纸、烟草和冶金等行业。

习　题

2-1　什么是 PLC？它与电器控制、微机控制相比主要优点是什么？

2-2　为什么 PLC 软继电器的触点可无数次使用？

2-3　PLC 的硬件由哪几部分组成？各有什么作用？PLC 主要有哪些外部设备？各有什么作用？

2-4　PLC 的软件由哪几部分组成？各有什么作用？

2-5　PLC 主要的编程语言有哪几种？各有什么特点？

2-6　PLC 开关量输出接口按输出开关器件的种类不同，有哪几种型式？各有什么特点？

2-7　PLC 采用什么样的工作方式？有何特点？

2-8　什么是 PLC 的扫描周期？其扫描过程分为哪几个阶段，各阶段完成什么任务？

2-9　PLC 扫描过程中输入映象寄存器和元件映象寄存器各起什么作用？

2-10　什么是 PLC 的输入/输出滞后现象？造成这种现象的主要原因是什么？可采取哪些措施减少输入/输出滞后时间？

2-11　PLC 是如何分类的？按结构型式不同，PLC 可分为哪几类？各有什么特点？

2-12　PLC 有什么特点？为什么 PLC 具有高可靠性？

2-13　PLC 主要性能指标有哪些？各指标的意义是什么？

2-14　PLC 控制与电器控制比较，有何不同？

第三章 FX 系列可编程序控制器及指令系统

第一节 FX 系列 PLC 硬件配置及性能指标

FX 系列 PLC 是三菱公司近年来推出的高性能小型可编程序控制器，以逐步替代三菱公司原 F、F1、F2 系列 PLC 产品。其中 FX2 是 1991 年推出的产品，FX0 是在 FX2 之后推出的超小型 PLC，多年来又连续推出了将众多功能凝集在超小型机壳内的 FX0S、FX1S、FX0N、FX1N、FX2N、FX2NC、FX3S、FX3G、FX3GC、FX3U 和 FX3UC 等系列 PLC，具有较高的性能价格比，应用广泛。它们采用整体式和模块式相结合的叠装式结构。

一、FX 系列 PLC 型号的说明

FX 系列 PLC 型号的含义如下：

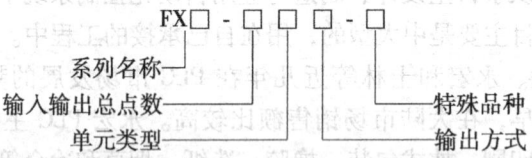

其中系列名称有 0、2、0S、1S、0N、1N、2N、2NC、3S、3G、3GC、3U 和 3UC 等。

单元类型：M——基本单元
　　　　　E——输入输出混合扩展单元
　　　　　Ex——扩展输入模块
　　　　　EY——扩展输出模块

输出方式：R——继电器输出
　　　　　S——晶闸管输出
　　　　　T——晶体管输出

特殊品种：D——DC 电源，DC 输出
　　　　　A1——AC 电源，AC（100~120V）输入或 AC 输出模块
　　　　　H——大电流输出扩展模块
　　　　　V——立式端子排的扩展模块
　　　　　C——接插口输入输出方式
　　　　　F——输入滤波时间常数为 1ms 的扩展模块

如果特殊品种一项无符号，则为 AC 电源、DC 输入、横式端子排、标准输出。

例如 FX2N-32MT-D 表示 FX2N 系列，32 个 I/O 点基本单位，晶体管输出，使用直流电源，24V 直流输出型。

二、FX 系列 PLC 硬件配置

FX 系列 PLC 的硬件包括基本单元、扩展单元、扩展模块、模拟量输入输出模块、各种

特殊功能模块及外部设备等。

（一）FX 系列 PLC 的基本单元

基本单元是构成 PLC 系统的核心部件，内有 CPU、存储器、I/O 模块、通信接口和扩展接口等。由于 FX 系列 PLC 有众多的子系列，现以 FX2N、FX3S 和 FX3U 三个子系列为例加以介绍。

1. FX2N 系列的基本单元

FX2N 系列是 FX 家族中比较典型的 PLC 子系列，功能强，应用广泛。

FX2N 基本单元有 16 点、32 点、48 点、64 点、80 点和 128 点六种，六种基本单元都可以通过 I/O 扩展单元扩充为 256 I/O 点，基本单元如表 3-1 所示。

表 3-1　FX2N 系列的基本单元

型号			输入点数	输出点数	扩展模块可用点数
继电器输出	晶闸管输出	晶体管输出			
FX2N-16MR-001	FX2N-16MS	FX2N-16MT	8	8	24～32
FX2N-32MR-001	FX2N-32MS	FX2N-32MT	16	16	24～32
FX2N-48MR-001	FX2N-48MS	FX2N-48MT	24	24	48～64
FX2N-64MR-001	FX2N-64MS	FX2N-64MT	32	32	48～64
FX2N-80MR-001	FX2N-80MS	FX2N-80MT	40	40	48～64
FX2N-128MR-001		FX2N-128MT	64	64	48～64

FX2N 具有丰富的元件资源，有 3072 点辅助继电器，提供了多种特殊功能模块，可实现过程控制、位置控制，并有多种 RS-232C/RS-422/RS-485 串行通信模块或功能扩展板支持网络通信。FX2N 具有较强的数学指令集，使用 32 位处理浮点数，具有方根和三角几何指令，满足数学功能要求很高的数据处理。

2. FX3S 系列的基本单元

FX3S 系列的功能简单，价格便宜，适用于小型开关量控制系统，它只有基本单元，没有扩展单元。其基本单元如表 3-2 所示。

表 3-2　FX3S 系列的基本单元

型号				输入点数	输出点数
AC 电源 100～240V		DC 电源 24V			
继电器输出	晶体管输出	继电器输出	继电器输出		
FX3S-10MR	FX3S-10MT	FX3S-10MR-D	FX3S-10MT-D	6	4
FX3S-14MR	FX3S-14MT	FX3S-14MR-D	FX3S-14MT-D	8	6
FX3S-20MR	FX3S-20MT	FX3S-20MR-D	FX3S-20MT-D	12	8
FX3S-30MR	FX3S-30MT	FX3S-30MR-D	FX3S-30MT-D	16	14
		FX3S-14MR-D12		8	6
		FX3S-30MR-D12		16	14

FX3S 程序容量为 4K 步，有 29 条基本指令，两条步进指令，119 条功能指令。FX3S 编程元件包括 2000 多点辅助继电器，256 点状态寄存器，138 点定时器和一个模拟定时器，有 32 个 16 位的计数器，35 个 32 位可逆计数器及 21 个高速计数器，3500 多点 16 位数据寄存

器,还有256点转移用跳步指针及9点中断指针。

3. FX3U 系列的基本单元

FX3U 系列是 FX 家族中新推出的最为先进的 PLC 系列。

FX3U 基本单元有 16 点、32 点、48 点、64 点、80 点和 128 点六种,六种基本单元中都可以通过 I/O 扩展单元扩充为 256 I/O 点,其基本单元如表 3-3 所示。

表 3-3 FX3U 系列的基本单元

型　号			输入点数	输出点数	扩展模块可用点数
继电器输出	晶闸管输出	晶体管输出			
FX3U-16MR/ES	FX3U-16MS/ES	FX3U-16MT/ES FX3U-16MT/ESS	8	8	24~32
FX3U-32MR/ES	FX3U-32MS/ES	FX3U-32MT/ES FX3U-32MT/ESS	16	16	24~32
FX3U-48MR/ES	FX3U-48MS/ES	FX3U-48MT/ES FX3U-48MT/ESS	24	24	48~64
FX3U-64MR/ES	FX3U-64MS/ES	FX3U-64MT/ES FX3U-64MT/ESS	32	32	48~64
FX3U-80MR/ES		FX3U-80MT/ES FX3U-80MT/ESS	40	40	48~64
FX3U-128MR/ES		FX3U-128MT/ES FX3U-128MT/ESS	64	64	48~64

FX3U 具有丰富的元件资源,有 8000 多点辅助继电器,提供了多种特殊功能模块,可实现过程控制、位置控制,并有多种通信模块或功能扩展板支持网络通信。FX3U 有较强的数学指令集,使用 32 位处理浮点数,具有方根和三角几何指令,满足数学功能要求很高的数据处理。

(二) FX 系列的 I/O 扩展单元和扩展模块

FX 系列具有较为灵活的 I/O 扩展功能,可利用扩展单元及扩展模块实现 I/O 扩展。如 FX2N 系列的 I/O 扩展单元和扩展模块分别如表 3-4、表 3-5 所示。

表 3-4 FX2N 子系列扩展单元

型　号	总 I/O 数目	输　入			输　出	
		数目	电压	类型	数目	类型
FX2N-32ER	32	16	24V 直流/交流	漏型	16	继电器
FX2N-32ET	32	16	24V 直流/交流	漏型	16	晶体管
FX2N-48ER	48	24	24V 直流/交流	漏型	24	继电器
FX2N-48ET	48	24	24V 直流/交流	漏型	24	晶体管
FX2N-48ER-D	48	24	24V 直流	漏型	24	继电器(直流)
FX2N-48ET-D	48	24	24V 直流	漏型	24	继电器(直流)

表 3-5　FX2N 子系列的扩展模块

型号	总 I/O 数目	输入			输出	
		数目	电压	类型	数目	类型
FX2N-16EX	16	16	24V 直流	漏型		
FX2N-16EYT	16				16	晶体管
FX2N-16EYR	16				16	继电器

注：FX2N 的扩展模块也可在 FX3U 等子系列上应用。

此外，FX 系列还可将一块功能扩展板安装在基本单元内，无需外部的安装空间。例如：FX1N-4EX-BD 就是可用来扩展 4 个输入点的扩展板。

（三）FX 系列的特殊功能模块

1. 模拟量输入输出模块

（1）模拟量输入输出模块 FX0N-3A　该模块具有 2 路模拟量输入（0~10V DC 或 4~20mA DC）通道和 1 路模拟量输出通道。其输入通道数字分辨率为 8 位，A/D 的转换时间为 100μs，在模拟与数字信号之间采用光电隔离，适用于 FX1N、FX2N 和 FX2NC 子系列，占用 8 个 I/O 点。

（2）模拟量输入模块 FX2N-2AD　该模块为 2 路电压输入（0~10V DC，0~5V DC）或电流输入（4~20mA DC），12 位高精度分辨率，转换的速度为 2.5ms/通道。这个模块占用 8 个 I/O 点，适用于 FX1N、FX2N 和 FX2NC 子系列。

（3）模拟量输入模块 FX2N-4AD　该模块有 4 个输入通道，其分辨率为 12 位。可选择电流或电压输入，选择通过用户接线来实现。可选的模拟值范围为 ±10V DC（分辨率 5mV）或 4~20mA、-20~20mA（分辨率 20μA）。转换的速度最高为 6ms/通道。FX2N-4AD 占用 8 个 I/O 点。

（4）模拟量输出模块 FX2N-2DA　该模块用于将 12 位的数字量转换成模拟输出，共有 2 个输出通道。输出的形式可为电压，也可为电流，其选择取决于接线不同。电压输出时，两个模拟输出通道输出信号为 0~10V DC，0~5V DC；电流输出时为 4~20mA DC。分辨率为 2.5mV（0~10V DC）和 4μA（4~20mA）。数字到模拟的转换特性可进行调整。转换速度为 4ms/通道。本模块需占用 8 个 I/O 点。

（5）模拟量输出模块 FX2N-4DA　该模块有 4 个输出通道，提供了 12 位高精度分辨率的数字输入。转换速度为 2.1ms/4 通道，使用的通道数变化不会改变转换速度。其他的性能与 FX2N-2DA 相似。

（6）模拟量输入模块 FX2N-4AD-PT　该模块与 PT100 型温度传感器匹配，将来自四个铂温度传感器（PT100，3 线，100Ω）的输入信号放大，并将数据转换成 12 位可读数据，存储在主机单元中。摄氏度和华氏度数据都可读取。它内部有温度变送器和模拟量输入电路，可以矫正传感器的非线性。读分辨率为 0.2℃~0.3℃。转换速度为 15ms/每通道。所有的数据传送和参数设置都可以通过 FX2N-4AD-PT 的软件组态完成，由 FX2N 的 TO/FROM 应用指令来实现。FX2N-4AD-PT 占用 8 个 I/O 点，可用于 FX1N、FX2N 和 FX2NC 子系统，为温控系统提供了方便。

（7）模拟量输入模块 FX2N-4AD-TC　该模块与热电偶型温度传感器匹配，将来自四个热电耦传感器的输入信号放大,并将数据转换成 12 位的可读数据,存储在主单元中,摄氏和华氏数据均可读取,读分辨率在类型为 K 时为 0.2℃;类型为 J 时为 0.3℃,可与 K 型(-100~1200℃)和 J 型(-100~600℃)热电耦配套使用,4 个通道分别使用 K 型或 J 型,转换速度为 240ms/通道。所有的数据传输和参数设置都可以通过 FX2N-4AD-TC 的软件组态完成,占用 8 个 I/O 点。

2. PID 过程控制模块

FX2N-2LC 温度调节模块是用在温度控制系统中。该模块配有 2 通道的温度输入和 2 通道晶体管输出,即一块能组成两个温度调节系统。模块提供了自调节的 PID 控制和 PI 控制,控制的运行周期为 500ms,占用 8 个 I/O 点数,可用于 FX1N、FX2N、FX2NC、FX3U 和 FX3UC 等子系列。

3. 定位控制模块

在机械运行过程中工作的速度与精度往往存在矛盾,为提高机械效率而提高速度时,停车控制上便出现了问题。所以进行定位控制是十分必要的。举一个简单的例子,电动机带动的机械由启动位置返回原位,如以最快的速度返回,由于高速停车惯性大,则在返回原位时偏差必然较大,如图 3-1a 所示;若采用如图 3-1b 所示的方式,则先减速便可保证定位的准确性。

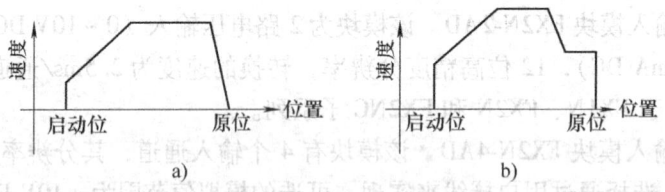

图 3-1 定位控制模块

在位置控制系统中常会采用伺服电动机和步进电动机作为驱动装置,既可采用开环控制,也可采用闭环控制。对于步进电动机,可以采用调节发送脉冲的速度改变机械的工作速度。使用 FX 系列 PLC,通过脉冲输出形式的定位单元或模块,即可实现一点或多点的定位。下面介绍 FX2N 系列的脉冲输出模块和定位控制模块。

(1) 脉冲输出模块 FX2N-1PG FX2N-1PG 脉冲发生器单元可以完成一个对独立轴的定位,这是通过向伺服或步进电动机的驱动放大器提供指定数量的脉冲来实现的。FX2N-1PG 只用于 FX2N 子系列,用 FROM/TO 指令设定各种参数,读出定位值和运行速度。该模块占用 8 个 I/O 点。输出最高为 100kHz 的脉冲串。

(2) 定位控制器 FX2N-10GM FX2N-10GM 为脉冲序列输出单元,它是单轴定位单元,不仅能处理单速定位和中断定位,而且能处理复杂的控制,如多速操作。FX2N-10GM 最多可有 8 个连接在 FX2N 系列 PLC 上,最大输出脉冲为 200kHz。

(3) 定位控制器 FX2N-20GM 一个 FX2N-20GM 可控制两个轴。可执行直线插补、圆弧插补或独立的两轴定位控制,最大输出脉冲串为 200kHz(在插补期间,最大为 100kHz)。FX2N-10GM、FX2N-20GM 均具有流程图的编程软件,可使程序的开发具有可视性。

(4) 可编程凸轮开关 FX2N-1RM-E-SET 在机械传动控制中经常要对角位置检测,在不同的角度位置时发出不同的导通、关断信号。过去采用机械凸轮开关。机械式开关虽精度高但易磨损。FX2N-1RM-SET 可编程凸轮开关可用来取代机械凸轮开关实现高精度角度位置检测。配套的转角传感器电缆长度最长可达 100m。应用时与其他可编程凸轮开关主体、无刷分解器等一起可进行高精度的动作角度设定和监控，其内部有 EEPROM，无需电池。可储存 8 种不同的程序。FX2N-1RM-SET 可接在 FX2N 上，也可单独使用。FX2N 最多可接 3 块。它在程序中占用 PLC8 个 I/O 点。

此外 FX3U 系列还提供了 FX3U-20SSC-H 定位模块，用于同时控制独立的两轴。

4. 数据通信模块

PLC 的通信模块是用来完成与别的 PLC、其他智能控制设备或计算机之间的通信。以下简单介绍 FX 系列通信用功能扩展板、适配器及通信模块。

（1）通信扩展板 FX2N/3U-232-BD　FX2N/3U-232-BD 是以 RS-232C 传输标准连接 PLC 与其他设备的接口板。扩展版可安装在 FX2N 或 FX3U 内部，用于与诸如个人计算机、条码阅读器或打印机等通信。其最大传输距离为 15m，最高波特率为 19200bit/s，利用专用软件可实现对 PLC 运行状态监控，也可方便地由个人计算机向 PLC 传送程序。

（2）通信接口模块 FX2N/3U-232IF　FX2N/3U-232IF 连接到 FX2N 或 FX3U 系列 PLC 上，可实现与其他配有 RS-232C 接口的设备进行全双工串行通信。例如个人计算机、打印机、条形码读出器等。在 FX 系列 PLC 上最多可连接 8 块 FX2N-232IF 模块。用 FROM/TO 指令收发数据。最大传输距离为 15m，最高波特率为 19200bit/s，占用 8 个 I/O 点。数据长度、串行通信波特率等都可由特殊数据寄存器设置。

（3）通信扩展板 FX2N/3U-485-BD　FX2N/3U-485-BD 用于 RS-485 通信方式。它可以应用于无协议的数据传送。FX2N/3U-485-BD 在原协议通信方式时，利用 RS 指令在个人计算机、条码阅读器和打印机之间进行数据传送。传送的最大传输距离为 50m，最高波特率也为 19200bit/s。每一台 FX 系列 PLC 可安装一块 FX2N/3U-485-BD 通信板。除利用此通信板实现与计算机的通信外，还可以用它实现两台 FX 系列 PLC 之间的通信。

（4）通信扩展板 FX2N/3U-422-BD　FX2N/3U-422-BD 用于 RS-422 通信。可对应连接在 FX 系列的 PLC 上，并作为编程或控制工具的一个端口。可用此接口在 PLC 上连接 PLC 的外部设备、数据存储单元和人机界面。利用 FX2N/3U-422-BD 可连接两个数据存储单元（DU）或一个 DU 系列单元和一个编程工具，但一次只能连接一个编程工具。每一个基本单元只能连接一个 FX2N/3U-422-BD，且不能与 FX2N/3U-485-BD 或 FX2N/3U-232-BD 一起使用。

（5）接口模块 MSLSECNET/MINI　采用 MSLSECNET/MINI 接口模块，FX 系列 PLC 可用作为 A 系列 PLC 的就地控制站，构成集散控制系统。

（6）FX3U 系列专用通信模块　除上述通信模块外，FX3U 系列还提供了 FX3U-CNV-BD 模块用于安装特殊适配器用的连接器转换；FX3U-ENET-L 模块用于 FX3U 系列 PLC 实现以太网通信。FX3U-USB-BD 模块作为 USB 通信用；FX3U-8AV-BD 作为 8 个模拟量旋钮用。

以上仅对 FX 系列通信模块作了简单的介绍，具体的应用在以后的章节中再做详述。

5. 高速计数模块

PLC 中普通的计数器由于受到扫描周期的限制，其最高的工作频率不高，一般仅有几十千赫，而在工业应用中有时超过这个工作频率。高速计数模块就是为了满足这一要求，它可对几十千赫以上，甚至兆赫的脉冲计数。FX 系列 PLC 内部设有高速计数器，同时外部还配有 FX2N-1HC 和 FX3U-2HC 高速计数器模块，可作为 2 相 50kHz 一通道的高速计数，通过 PLC 的指令或外部输入可进行计数器的复位或启动，FX2N-1HC 的技术指标如表 3-6 所示。

表 3-6　FX2N-1HC 高速计数器模块技术指标

项　目	描　述
信号等级	5V、12V 和 24V 依赖于连接端子。线驱动器输出型连接到 5V 端子上
频率	单相单输入：不超过 50kHz 单相双输入：每个不超过 50kHz 双相双输入：不超过 50kHz（1 倍数）；不超过 25kHz（2 倍数）； 　　　　　　不超过 12.5kHz（4 倍数）
计数器范围	32 位二进制计数器：-2147483648 ~ +2147483647 16 位二进制计数器：0 ~ 65535
计数方式	自动时向上/向下（单相双输入或双相双输入）；当工作在单相单输入方式时，向上/向下由一个 PLC 或外部输入端子确定
比较类型	YH：直接输出，通过硬件比较器处理 YS：软件比较器处理后输出，最大延迟时间 300ms
输出类型	NPN 开路输出 2 点 5 ~ 24V 直流，每点 0.5A
辅助功能	可以通过 PLC 的参数来设置模式和比较结果 可以监测当前值、比较结果和误差状态
占用的 I/O 点数	占用 8 输入或输出点（输入或输出均可）
基本单元提供的电源	5V、90mA 直流（主单元提供的内部电源或电源扩展单元）
适用的控制器	FX1N/FX2N/FX2NC/FX3U/FX3UC
尺寸(宽)×(厚)×(高)	55mm×87mm×90mm（2.71in×3.43in×3.54in）
质量（重量）	0.3kg（0.66Ib）

（四）FX 系列 PLC 的编程器及其他外部设备

1. FX 系列 PLC 编程器

编程器是 PLC 的一个重要外围设备，用它将用户程序写入 PLC 用户程序存储器。它一方面对 PLC 进行编程，另一方面又能对 PLC 的工作状态进行监控。随着 PLC 技术的发展，编程语言的多样化，编程器的功能也不断增加。

（1）简易编程器　FX 系列 PLC 有 FX-10P-E、FX-20P-E 和 FX-30P 等手持型简易编程器，其中 FX-10P-E 已于 2008 年 6 月 30 日停产，保修期截止 2015 年 6 月 30 日；FX-20P-E 已于 2012 年 12 月 31 日停产，保修期截止 2019 年 12 月 31 日。简易编程器具有体积小、重量轻和价格便宜等特点。显示采用液晶显示屏，分别显示 2 行和 4 行字符，配有 ROM 写入器接口、存储器卡盒接口。编程器可用指令表的形式读出、写入、插入和删除指令，进行用户程序的输入和编辑。可监视位编程元件的 ON/OFF 状态和字编程元件中的数据。

（2）PC 机 + 编程开发软件　FX 系列配有专门的编程开发软件，在 Windows 操作平台上运行，便于操作和维护，可以用梯形图、语句表和顺序功能图写入和编辑程序，并能进行各种编程方式的互换，提高调试和维护工作效率，具有较强的兼容性。三菱 PLC 的编程软件种类很多，如 GX Works2、GX Developer 和 FX-PCS/WIN-E-C 等，其中 GX Works2 是目前适用于 FX 系列 PLC 的最新版编程软件，它与原有的 GX Developer 相比，提高了功能及操作性能，变得更加容易使用。

2. 其他外部设备

在一个 PLC 控制系统中，人机界面也非常重要，FX 系列 PLC 可直接与触摸屏等人机界面联接。还有一些辅助设备，如打印机、EPROM 写入器外存模块等。

（五）FX 系列 PLC 各单元模块的连接

FX 系列 PLC 吸取了整体式和模块式 PLC 的优点，各单元间采用叠装式连接，即 PLC 的基本单元、扩展单元和扩展模块深度及高度均相同，连接时不用基板，仅用扁平电缆连接，构成一个整齐的长方体。使用 FROM/TO 指令的特殊功能模块，如模拟量输入和输出模块、高速计数模块等，可直接连接到 FX 系列的基本单元，或连到其他扩展单元、扩展模块的右边。根据它们与基本单元的距离，对每个模块按 0~7 的顺序编号，最多可连接 8 个特殊功能模块。

三、FX 系列 PLC 的性能指标

在使用 FX 系列 PLC 之前，需对其主要性能指标进行认真查阅，只有选择了符合要求的产品才能达到既可靠又经济的要求。

1. FX 系列 PLC 性能比较

以上已对 FX 系列 PLC 的基本单元、扩充单元及特殊功能模块等做了介绍，尽管 FX 系列中 FX3S、FX1N、FX2N、FX3G 和 FX3U 等在外形尺寸上相差不多，但在性能上有较大的差别，其中 FX2N 和 FX3U 子系列在 FX 系列 PLC 中功能最强、性能最好。FX 系列 PLC 主要产品的性能比较如表 3-7 所示。

表 3-7 FX 系列 PLC 主要产品的性能比较

型号	I/O 点数	基本指令执行时间/μs	功能指令	模拟量模块	通信
FX3S	10~30	0.21	116	有	较强
FX1N	14~128	0.55~0.7	177	有	较强
FX2N	16~256	0.08	298	有	强
FX3G	14~128	0.21	124	有	强
FX3U	16~384	0.065	497	有	强

2. FX 系列 PLC 的环境指标

FX 系列 PLC 的环境指标要求如表 3-8 所示。

表 3-8 FX 系列 PLC 的环境指标

环境温度	使用温度 0~55°C，储存温度 -20~70°C
环境湿度	使用时 35%~85%RH（无凝露）
防震性能	JISC0911 标准，10~55Hz，0.5mm（最大 2G）3 轴方向各 2 次（但用 DIN 导轨安装时为 0.5G）
抗冲击性能	JISC0912 标准，10G，3 轴方向各 3 次

	(续)
抗噪声能力	用噪声模拟器产生电压为1000V（峰-峰值）、脉宽1μs、30～100Hz的噪声
绝缘耐压	AC1500V，1min（接地端与其他端子间）
绝缘电阻	5MΩ 以上（DC500V 兆欧表测量，接地端与其他端子间）
接地电阻	第三种接地，如接地有困难，可以不接
使用环境	无腐蚀性气体，无尘埃

3. FX 系列 PLC 的输入技术指标

FX 系列 PLC 对输入信号的技术要求如表 3-9 所示。

表 3-9　FX 系列 PLC 的输入技术指标

输　入　端	X0～X7	X10～
输入电压	DC24V±10%	
输入电流/mA	7	5
输入阻抗/kΩ	3.3	4.3
输入 ON 电流/mA	4.5 以上	3.5 以上
输入 OFF 电流/mA	1.5 以下	1.5 以下
输入响应时间/ms	约 10，其中 FX2N/3U 的 X0～X17 为 0～60 可变	
输入信号形式	无电压触点，或 NPN 集电极开路晶体管	
电路隔离	光电耦合器隔离	
输入状态显示	输入 ON 时 LED 灯亮	

4. FX 系列 PLC 的输出技术指标

FX 系列 PLC 对输出信号的技术要求如表 3-10 所示。

表 3-10　FX 系列 PLC 的输出技术指标

项　　目	继电器输入	晶闸管输出	晶体管输出
外部电源	AC250V 或 DC30V 以下	AC85～240V	DC5～30V
最大电阻负载	2A/1 点、8A/4 点、8A/8 点	0.3A/点、0.8A/4 点 （1A/1 点 2A/4 点）	0.5A/1 点、0.8A/4 点 （0.1A/1 点、0.4A/4 点） （1A/1 点、2A/4 点） （0.3A/1 点、1.6A/16 点）
最大感性负载	80VA	15VA/AC100V、30VA/AC200V	12W/DC24V
最大灯负载	100W	30W	1.5W/DC24V
开路漏电流	—	1mA/AC100V 2mA/AC200V	0.1mA 以下
响应时间	约 10ms	ON：1ms，OFF：10ms	ON：<0.2ms、OFF：<0.2ms 大电流 OFF 为 0.4ms 以下
电路隔离	继电器隔离	光电晶闸管隔离	光电耦合器隔离
输出动作显示	输出 ON 时 LED 亮		

第二节 FX 系列 PLC 的编程元件

不同厂家、不同系列的 PLC，其内部软继电器（编程元件）的功能和编号也不相同，因此用户在编制程序时，必须熟悉所选用 PLC 的每条指令涉及的编程元件的功能和编号。

FX 系列中几种常用型号 PLC 的编程元件及编号如表 3-11 所示。FX 系列 PLC 编程元件的编号由字母和数字组成，其中输入继电器和输出继电器用八进制数字编号，其他均采用十进制数字编号。为了能全面了解 FX 系列 PLC 的内部软继电器，本节以 FX2N 和 FX3U 为主要背景进行介绍。

表 3-11 FX 系列 PLC 的内部软继电器及编号

编程元件种类		PLC 型号	FX3S	FX0N	FX1N	FX2N (FX2NC)	FX3U (FX3UC)
输入继电器 X（按 8 进制编号）			X0~X17（不可扩展）	X0~X43（可扩展）	X0~X43（可扩展）	X0~X27（可扩展）	X0~X367（可扩展）
输出继电器 Y（按 8 进制编号）			Y0~Y15（不可扩展）	Y0~Y27（可扩展）	Y0~Y27（可扩展）	Y0~Y77（可扩展）	Y0~Y367（可扩展）
辅助继电器 M	普通用		M0~M383 M512~M1535	M0~M383	M0~M383	M0~M499	M0~M499
	保持用		M384~M511	M384~M511	M384~M1535	M500~M3071	M500~M7679
	特殊用		M8000~M8511（具体见使用手册）				
状态寄存器 S	初始状态用		S0~S9	S0~S9	S0~S9	S0~S9	S0~S9
	返回原点用		—	—	—	S10~S19	—
	普通用		S128~S255	S10~S127	S10~S999	S20~S499	S10~S499
	保持用		S10~S127	S0~S127	S0~S999	S500~S899	S500~S899 S1000-S4095
	信号报警用		—	—	—	S900~S999	S900~S999
定时器 T	100ms		T0~T62	T0~T62	T0~T199	T0~T199	T0~T191 T192~T199①
	10ms		T32~T62	T32~T62	T200~T245	T200~T245	T200~T245
	1ms		T63~T127	T63	—	—	T256~T511
	1ms 累积		T128~T131	—	T246~T249	T246~T249	T246~T249
	100ms 累积		T132~T137	—	T250~T255	T250~T255	T250~T255
计数器 C	16 位增计数（普通）		C0~C15	C0~C15	C0~C15	C0~C99	C0~C99
	16 位增计数（保持）		C16~C31	C16~C31	C16~C199	C100~C199	C100~C199
	32 位可逆计数（普通）		C200~C234	—	C200~C219	C200~C219	C200~C219
	32 位可逆计数（保持）		—	—	C220~C234	C220~C234	C220~C234
	高速计数器		C235~C255（具体见使用手册）				

(续)

PLC 型号 编程元件种类		FX3S	FX0N	FX1N	FX2N (FX2NC)	FX3U (FX3UC)
数据 寄存器 D	16 位普通用	D0 ~ D127 D256 ~ D2999	D0 ~ D127	D0 ~ D127	D0 ~ D199	D0 ~ D199
	16 位保持用	D128 ~ D255	D128 ~ D255	D128 ~ D7999	D200 ~ D7999	D200 ~ D7999
	16 位特殊用	D8000 ~ D8069	D8000 ~ D8255	D8000 ~ D8255	D8000 ~ D8195	D8000 ~ D8511
	16 位变址用	V0 ~ V7 Z0 ~ Z7	V Z	V0 ~ V7 Z0 ~ Z7	V0 ~ V7 Z0 ~ Z7	V0 ~ V7 Z0 ~ Z7
	文件寄存器	D1000 ~ D2999	—	—	D1000 ~ D7999	D1000 ~ D7999
扩展寄存器（16 位）		—	—	—	—	R0 ~ R32767
扩展文件寄存器（16 位）		—	—	—	—	ER0 ~ ER32767
指针 N、P、I	嵌套用	N0 ~ N7	N0 ~ N7	N0 ~ N7	N0 ~ N7	N0 ~ N7
	跳转用	P0 ~ P255	P0 ~ P63	P0 ~ P127	P0 ~ P127	P0 ~ P4095
	输入中断用	I00[②] ~ I50[②]	I00[②] ~ I30[②]	I00[②] ~ I50[②]	I00[②] ~ I50[②]	I00[②] ~ I50[②]
	定时器中断	I6[③] ~ I8[③]	—	—	I6[③] ~ I8[③]	I6[③] ~ I8[③]
	计数器中断	—	—	—	I010 ~ I060	I010 ~ I060
常数 K、H、E	16 位	K: -32,768 ~ 32,767　　　　　　　　　　H:0000 ~ FFFFH				
	32 位	K: -2,147,483,648 ~ 2,147,483,647　　H:00000000 ~ FFFFFFFF E: -1.0×2^{128} ~ -1.0×2^{-126}, 0, 1.0×2^{-126} ~ 1.0×2^{128}				

① 此类定时器用于子程序或中断子程序中。
② 0 或 1，0 表示下降沿中断，1 表示上升沿中断。
③ 定时范围 10 ~ 99ms。

一、输入继电器（X）

输入继电器与输入端相连，它是专门用来接受 PLC 外部开关信号的元件。PLC 通过输入接口将外部输入信号状态（接通时为"1"，断开时为"0"）读入并存储在输入映象寄存器中。如图 3-2 所示为输入继电器 X1 的等效电路。

输入继电器必须由外部信号驱动，不能用程序驱动，所以在程序中不可能出现其线圈。由于输入继电器（X）为输入映象寄存器中的状态，所以其触点的使用次数不限。

FX 系列 PLC 的输入继电器以八进制进行编号，FX2N 输入继电器的编号范围为 X000 ~ X267（184 点）。注意，基本单元输入继电器

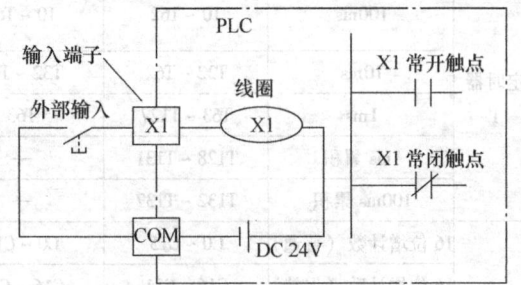

图 3-2 输入继电器的等效电路

的编号是固定的，扩展单元和扩展模块是按与基本单元最靠近开始，顺序进行编号。例如：基本单元 FX2N-64M 的输入继电器编号为 X000 ~ X037（32 点），如果接有扩展单元或扩展模块，则扩展的输入继电器从 X040 开始编号。

二、输出继电器（Y）

输出继电器是用来将 PLC 内部信号输出传送给外部负载（用户输出设备）。输出继电器线圈是由 PLC 内部程序的指令驱动，其线圈状态传送给输出单元，再由输出单元对应的硬触点来驱动外部负载。如图 3-3 所示为输出继电器 Y0 的等效电路。

每个输出继电器在输出单元中都对应有唯一一个常开硬触点，但在程序中供编程的输出继电器，不管是常开还是常闭触点，都可以无数次使用。

FX 系列 PLC 的输出继电器也是八进制编号，其中 FX2N 编号范围为 Y000 ~ Y267（184 点）。与输入继电器一样，基本单元的输出继电器编号是固定的，扩展单元和扩展模块的编号也是按与基本单元最靠近开始，顺序进行编号。

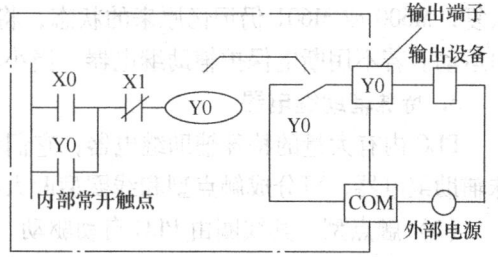

图 3-3 输出继电器的等效电路

在实际使用中，输入、输出继电器的数量，要看具体系统的配置情况。

三、辅助继电器（M）

辅助继电器是 PLC 中数量最多的一种继电器，一般的辅助继电器与继电器控制系统中的中间继电器相似。

辅助继电器不能直接驱动外部负载，负载只能由输出继电器的外部触点驱动。辅助继电器的常开与常闭触点在 PLC 内部编程时可无限次使用。

辅助继电器采用 M 与十进制数共同组成编号（只有输入输出继电器才用八进制数）。

1. 通用辅助继电器（M0 ~ M499）

FX2N 系列共有 500 点通用辅助继电器。通用辅助继电器在 PLC 运行时，如果电源突然断电，则全部线圈均 OFF。当电源再次接通时，除了因外部输入信号而变为 ON 的以外，其余的仍将保持 OFF 状态，它们没有断电保护功能。通用辅助继电器常在逻辑运算中作为辅助运算、状态暂存、移位等。

根据需要可通过程序设定，将 M0 ~ M499 变为断电保持辅助继电器。

2. 断电保持辅助继电器（M500 ~ M3071）

FX2N 系列有 M500 ~ M3071 共 2572 个断电保持辅助继电器。它与普通辅助继电器不同的是具有断电保护功能，即能记忆电源中断瞬时的状态，并在重新通电后再现其状态。它之所以能在电源断电时保持其原有的状态，是因为电源中断时用 PLC 中的锂电池保持它们映像寄存器中的内容。其中 M500 ~ M1023 可由软件将其设定为通用辅助继电器。

下面通过小车往复运动控制来说明断电保持辅助继电器的应用，如图 3-4 所示。

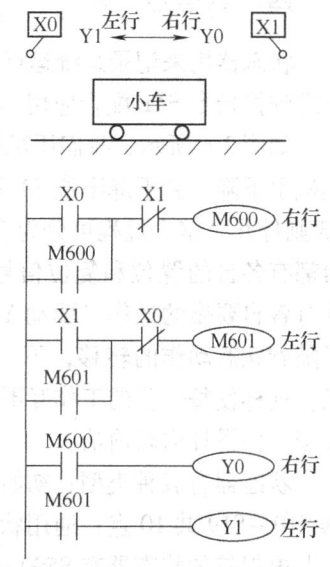

图 3-4 断电保持辅助继电器的作用

小车的正反向运动中，用 M600、M601 控制输出继电器驱动小车运动。X1、X0 为限位输入信号。运行的过程是 X0 = ON→M600 = ON→Y0 = ON→小车右行→停电→小车中途停止→上电（M600 = ON→Y0 = ON）再右行→X1 = ON→M600 = OFF、M601 = ON→Y1 = ON（左行）。可见由于 M600 和 M601 具有断电保持，所以在小车中途因停电停止后，一旦电源恢复，M600 或 M601 仍记忆原来的状态，将由它们控制相应的输出继电器，小车继续原方向运动。若不用断电保护辅助继电器，当小车中途断电后，再次得电小车也不能运动。

3. 特殊辅助继电器

PLC 内有大量的特殊辅助继电器，它们都有各自的特殊功能。FX2N 系列中有 256 个特殊辅助继电器，可分成触点型和线圈型两大类。

（1）触点型　其线圈由 PLC 自动驱动，用户只可使用其触点。例如：

M8000：运行监视器（在 PLC 运行中接通），M8001 与 M8000 相反逻辑。

M8002：初始脉冲（仅在运行开始时瞬间接通），M8003 与 M8002 相反逻辑。

M8011、M8012、M8013 和 M8014 分别是产生 10ms、100ms、1s 和 1min 时钟脉冲的特殊辅助继电器。

M8000、M8002 和 M8012 的波形图如图 3-5 所示。

（2）线圈型　由用户程序驱动线圈后 PLC 执行特定的动作。例如：

M8033：若使其线圈得电，则 PLC 停止时保持输出映象存储器和数据寄存器内容。

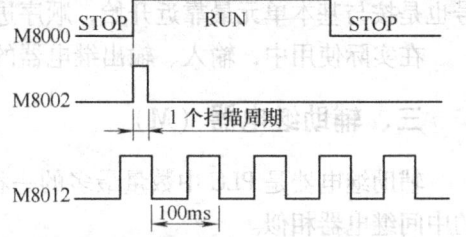

图 3-5　M8000、M8002、M8012 波形图

M8034：若使其线圈得电，则将 PLC 的输出全部禁止。

M8039：若使其线圈得电，则 PLC 按 D8039 中指定的扫描时间工作。

四、状态器（S）

状态器用来记录系统运行中的状态，是编制顺序控制程序的重要编程元件，它与后述的步进顺控指令 STL 配合应用。

如图 3-6 所示，我们用机械手动作简单介绍状态器 S 的作用。当启动信号 X0 有效时，机械手下降，到下降限位 X1 开始夹紧工件，夹紧到位信号 X2 为 ON 时，机械手上升到上限 X3 则停止。整个过程可分为三步，每一步都用一个状态器 S20、S21 和 S22 记录。每个状态器都有各自的置位和复位信号（如 S21 由 X1 置位，X2 复位），并有各自要做的操作（驱动 Y0、Y1 和 Y2）。从启动开始由上至下随着状态动作的转移，下一状态动作则上面状态自动返回原状。这样使每一步的工作互不干扰，不必考虑不同步之间元件的互锁，使设计清晰简洁。

状态器有五种类型：初始状态器 S0~S9 共 10 点；回零状态器 S10~S19 共 10 点；通用状态器 S20~S499 共 480 点；具有状态断电保持的状态器有 S500~S899，共 400 点；供报警用的状态器（可用作外部故障诊断输出）S900~S999 共 100 点。

在使用状态器时应注意：

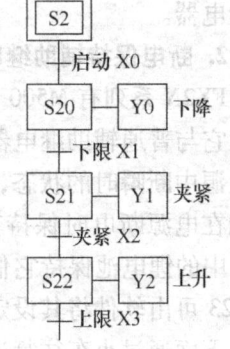

图 3-6　状态器（S）的作用

1）状态器与辅助继电器一样有无数的常开和常闭触点。
2）状态器不与步进顺控指令 STL 配合使用时,可作为辅助继电器 M 使用。
3）FX2N 系列 PLC 可通过程序设定将 S0~S499 设置为有断电保持功能的状态器。

五、定时器（T）

PLC 中的定时器（T）相当于继电器控制系统中的通电型时间继电器。它可以提供无限对常开常闭延时触点。定时器中有一个设定值寄存器（一个字长），一个当前值寄存器（一个字长）和一个用来存储其输出触点的映象寄存器（一个二进制位），这三个量使用同一地址编号。但使用场合不一样，意义也不同。

FX2N 系列中定时器可分为通用定时器、积算定时器二种。它们是通过对一定周期的时钟脉冲进行累计而实现定时的,时钟脉冲有周期为 1ms、10ms 和 100ms 三种,当所计数达到设定值时触点动作。设定值可用常数 K 或数据寄存器 D 的内容来设置。

1. 通用定时器

通用定时器的特点是不具备断电的保持功能,即当输入电路断开或停电时定时器复位。通用定时器有 100ms 和 10ms 两种。

（1）100ms 通用定时器（T0~T199） 共 200 点,其中 T192~T199 为子程序和中断服务程序专用定时器。这类定时器是对 100ms 时钟累积计数,设定值为 1~32767,所以其定时范围为 0.1~3276.7s。

（2）10ms 通用定时器（T200~T245） 共 46 点,这类定时器是对 10ms 时钟累积计数,设定值为 1~32767,所以其定时范围为 0.01~327.67s。

下面举例说明通用定时器的工作原理。如图 3-7 所示,当输入 X0 接通时,定时器 T200 从 0 开始对 10ms 时钟脉冲进行累积计数,当计数值与设定值 K123 相等时,定时器的常开触点接通 Y0,经过的时间为 $123 \times 0.01s = 1.23s$。当 X0 断开后定时器复位,计数值变为 0,其常开触点断开,Y0 也随之 OFF。若外部电源断电,定时器也将复位。

2. 积算定时器

积算定时器具有计数累积的功能。在定时过程中如果断电或定时器线圈 OFF,积算定时器将保持当前的计数值（当前值）,通电或定时器线圈 ON 后继续累积,即其当前值具有保持功能,只有将积算定时器复位,当前值才变为 0。

（1）1ms 积算定时器（T246~T249）共 4 点,是对 1ms 时钟脉冲进行累积计数的,定时的时间范围为 0.001~32.767s。

（2）100ms 积算定时器（T250~T255）共 6 点,是对 100ms 时钟脉冲进行累积计数的,定时的时间范围为 0.1~3276.7s。

以下举例说明积算定时器的工作原理。如图 3-8 所示,当 X0 接通时,T253 当前值计数器开始累积 100ms 的时钟脉冲的个数。当 X0 经 t_0 后断开,而

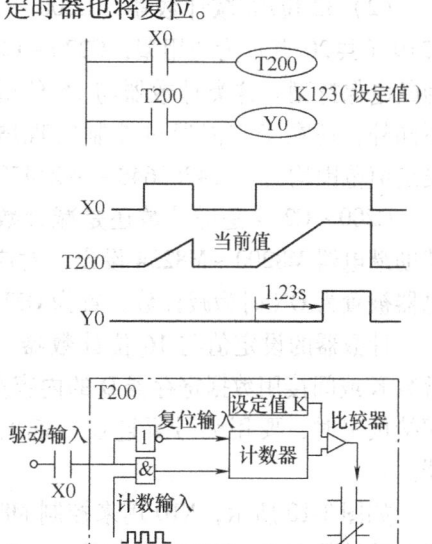

图 3-7 通用定时器工作原理

T253 尚未计数到设定值 K345，其计数的当前值保留。当 X0 再次接通，T253 从保留的当前值开始继续累积，经过 t_1 时间，当前值达到 K345 时，定时器的触点动作。累积的时间为 $t_0 + t_1 = 0.1 \times 345 = 34.5s$。当复位输入 X1 接通时，定时器才复位，当前值变为 0，触点也随之复位。

六、计数器（C）

FX2N 系列计数器分为内部计数器和高速计数器两类。

1. 内部计数器

内部计数器是在执行扫描操作时对内部信号（如 X、Y、M、S 和 T 等）进行计数。内部输入信号的接通和断开时间应比 PLC 的扫描周期稍长。

（1）16 位增计数器（C0～C199） 共 200 点，其中 C0～C99 为通用型，C100～C199 共 100 点为断电保持型（断电保持型即断电后能保持当前值待通电后继续计

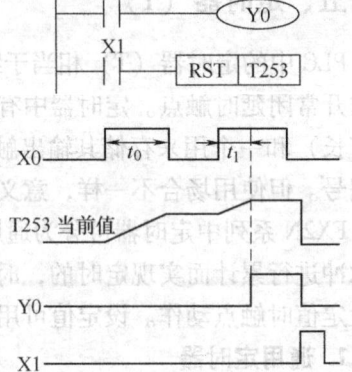

图 3-8 积算定时器工作原理

数）。这类计数器为递增计数，应用前先对其设置一设定值，当输入信号（上升沿）个数累加到设定值时，计数器动作，其常开触点闭合、常闭触点断开。计数器的设定值为 1～32767（16 位二进制），设定值除了用常数 K 设定外，还可间接通过指定数据寄存器设定。

下面举例说明通用型 16 位增计数器的工作原理。如图 3-9 所示，X10 为复位信号，当 X10 为 ON 时 C0 复位。X11 是计数输入，每当 X11 接通一次，计数器当前值增加 1（注意 X10 断开，计数器不会复位）。当计数器的计数当前值等于设定值 10 时，计数器 C0 的输出触点动作，Y0 被接通。此后即使输入 X11 再接通，计数器的当前值也保持不变。当复位输入 X10 接通时，执行 RST 复位指令，计数器复位，输出触点也复位，Y0 被断开。

（2）32 位增/减计数器（C200～C234） 共有 35 点 32 位加/减计数器，其中 C200～C219（共 20 点）为通用型，C220～C234（共 15 点）为断电保持型。这类计数器与 16 位增计数器除位数不同外，还在于它能通过控制实现增/减双向计数。设定值范围均为 -214783648～+214783647（32 位）。

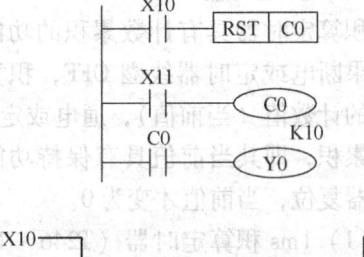

C200～C234 是增计数还是减计数，分别由特殊辅助继电器 M8200～M8234 设定。对应的特殊辅助继电器被置为 ON 时为减计数，置为 OFF 时为增计数。

计数器的设定值与 16 位计数器一样，可直接用常数 K 或间接用数据寄存器 D 的内容作为设定值。在间接设定时，要用编号紧连在一起的两个数据计数器。

如图 3-10 所示，X10 用来控制 M8200，X10 闭合时为减计数方式。X12 为计数输入，C200 的设定值为 5（可正、可负）。设 C200 置为增计数方式（M8200 为 OFF），当计数器当前值累加到由 4→5 时，计数器

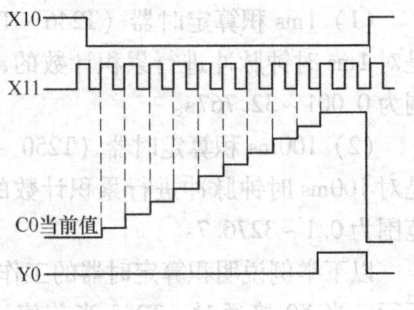

图 3-9 通用型 16 位增计数器

的输出触点动作。当前值大于 5 时计数器仍为 ON 状态。只有当前值由 5→4 时,计数器才变为 OFF。只要当前值小于 4,则输出保持为 OFF 状态。复位输入 X11 接通时,计数器的当前值为 0,输出触点也随之复位。

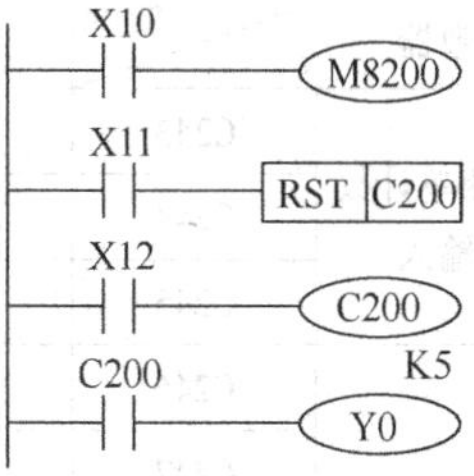

2. 高速计数器(C235~C255)

高速计数器与内部计数器相比除允许输入频率高之外,应用也更为灵活,高速计数器均有断电保持功能,通过参数设定也可变成非断电保持。FX2N 有 C235~C255 共 21 点高速计数器。适合用来做为高速计数器输入的 PLC 输入端口有 X0~X7。X0~X7 不能重复使用,即某一个输入端已被某个高速计数器占用,它就不能再用于其他高速计数器,也不能用做它用。各高速计数器对应的输入端如表 3-14 所示。

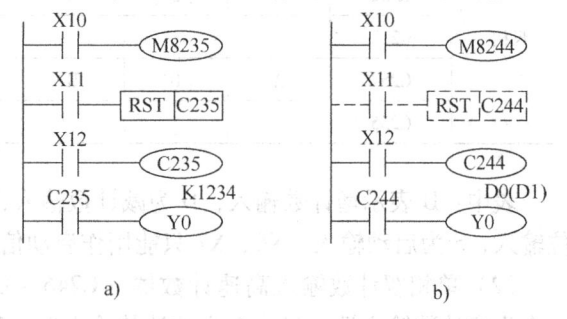

图 3-10　32 位增/减计数器

高速计数器可分为三类:

(1)单相单计数输入高速计数器(C235~C245)　其触点动作与 32 位增/减计数器相同,可进行增或减计数(取决于 M8235~M8245 的状态)。

如图 3-11a 所示为无启动/复位端单相单计数输入高速计数器的应用。当 X10 断开,M8235 为 OFF,此时 C235 为增计数方式(反之为减计数)。由 X12 控制 C235,从表 3-14 中可知其输入信号来自于 X0,C235 对 X0 信号增计数,当前值达到 1234 时,C235 常开触点接通,Y0 得电。X11 为复位信号,当 X11 接通时,C235 复位。

图 3-11　单相单计数输入高速计数器
a) 无启动/复位端　b) 带启动/复位端

如图 3-11b 所示为带启动/复位端单相单计数输入高速计数器的应用。由表 3-12 可知,X1 和 X6 分别为复位输入端和启动输入端。利用 X10 通过 M8244 可设定其增/减计数方式。当 X12 接通,且 X6 也接通时,C244 开始计数,计数的输入信号来自于 X0,C244 的设定值由 D0 和 D1 指定。除了可用 X1 立即复位外,也可用梯形图中的 X11 复位。

表 3-12　高速计数器简表

计数器	输入	X0	X1	X2	X3	X4	X5	X6	X7
单相单计数输入	C235	U/D							
	C236		U/D						
	C237			U/D					
	C238				U/D				
	C239					U/D			
	C240						U/D		
	C241	U/D	R						
	C242			U/D	R				

(续)

计数器	输入	X0	X1	X2	X3	X4	X5	X6	X7
单相单计数输入	C243				U/D	R			
	C244	U/D					R	S	
	C245			U/D	R				S
单相双计数输入	C246	U	D						
	C247	U	D	R					
	C248				U	D	R		
	C249	U	D	R			S		
	C250				U	D	R		S
双相	C251	A	B						
	C252	A	B	R					
	C253				A	B	R		
	C254	A	B	R			S		
	C255				A	B	R		S

表中：U 表示增计数输入，D 为减计数输入，B 表示 B 相输入，A 为 A 相输入，R 为复位输入，S 为启动输入。X6、X7 只能用作启动信号，而不能用作计数信号。

(2) 单相双计数输入高速计数器（C246~C250） 这类高速计数器具有两个输入端，一个为增计数输入端，另一个为减计数输入端。利用 M8246~M8250 的 ON/OFF 动作可监控 C246~C250 的增计数/减计数动作。

如图 3-12 所示，X10 为复位信号，其有效（ON）时 C248 复位。由表 3-14 可知，也可利用 X5 对其复位。当 X11 接通时，C248 工作，计数输入来自 X3 和 X4。

(3) 双相双计数输入高速计数器（C251~C255） A 相和 B 相信号决定计数器是增计数还是减计数。当 A 相为 ON 时，B 相由 OFF 到 ON，则为增计数；当 A 相为 ON 时，若 B 相由 ON 到 OFF，则为减计数，如图 3-13a 所示。

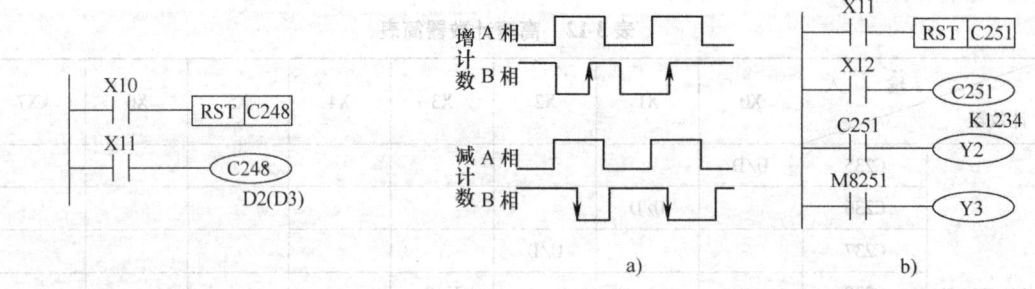

图 3-12 单相双计数输入高速计数器　　图 3-13 双相双计数输入高速计数器

如图 3-13b 所示，当 X12 接通时，C251 计数开始。由表 3-14 可知，其输入来自 X0（A 相）和 X1（B 相）。只有当计数器的当前值超过设定值，则 Y2 为 ON。如果 X11 接通，则计数器复位。根据不同的计数方向，Y3 为 ON（增计数）或为 OFF（减计数），即用 M8251

~M8255,可监视 C251~C255 的增/减计数状态。

注意:高速计数器的计数频率较高,它们的输入信号的频率受两方面的限制。一是全部高速计数器的处理时间。因它们采用中断方式,所以计数器用的越少,则可计数频率就越高;二是输入端的响应速度,其中 X0、X2 和 X3 最高频率为 10kHz,X1、X4 和 X5 最高频率为 7kHz。

七、数据寄存器(D)

PLC 在进行输入输出处理、模拟量控制和位置控制时,需要许多数据寄存器存储数据和参数。数据寄存器为 16 位,最高位为符号位。可用两个数据寄存器来存储 32 位数据,最高位仍为符号位。数据寄存器有以下几种类型。

1. 通用数据寄存器(D0~D199)

共 200 点。当 M8033 为 ON 时,D0~D199 有断电保护功能;当 M8033 为 OFF 时,它们无断电保护,此时当 PLC 由 RUN →STOP 或停电时,数据全部清零。

2. 断电保持数据寄存器(D200~D7999)

共 7800 点,其中 D200~D511(共 312 点)有断电保持功能,可以利用外部设备的参数设定改变通用数据寄存器与有断电保持数据寄存器的分配;D490~D509 供通信用;D512~D7999 的断电保持功能不能用软件改变,但可用指令清除它们的内容。根据参数设定,可以将 D1000 以上作为文件寄存器。

3. 特殊数据寄存器(D8000~D8255)

共 256 点。特殊数据寄存器的作用是用来监控 PLC 的运行状态。如扫描时间、电池电压等。未加定义的特殊数据寄存器,用户不能使用。具体可参见用户手册。

4. 文件寄存器(D1000~D7999)

文件寄存器是用于存放大量数据的专用数据寄存器,可用于存放采集数据、统计计算数据和多组控制参数等。文件寄存器占用用户程序存储器内的某一存储区间,可用编程器或编程软件进行写操作。PLC 运行时,可用 BMOV 指令将文件寄存器内容读到通用数据寄存器中,但不能用指令将数据写入文件寄存器。

5. 变址寄存器(V/Z)

FX2N 系列 PLC 有 V0~V7 和 Z0~Z7 共 16 个变址寄存器,它们都是 16 位的寄存器。变址寄存器 V/Z 实际上是一种特殊用途的数据寄存器,其作用相当于微机中的变址寄存器,用于改变元件的编号(变址),例如 V0 = 5,则执行 D20V0 时,被执行的编号为 D25(D20 + 5)。变址寄存器可以象其他数据寄存器一样进行读写,需要进行 32 位操作时,可将 V、Z 串联使用(Z 为低位,V 为高位)。

八、指针(P、I)

在 FX 系列中,指针用来指示分支指令的跳转目标和中断程序的入口标号。分为分支用指针、输入中断用指针、定时中断用指针和计数中断用指针。

1. 分支用指针(P0~P127)

FX2N 有 P0~P127 共 128 点分支用指针。分支用指针用来指示跳转指令(CJ)的跳转目标或子程序调用指令(CALL)调用子程序的入口地址。

如图 3-14 所示，当 X1 常开接通时，执行跳转指令 CJ P0，PLC 跳到标号为 P0 处之后的程序去执行。

2. 中断用指针（I0□□~I8□□）

中断用指针是用来指示某一中断程序的入口位置。执行中断后遇到 IRET（中断返回）指令，则返回主程序。中断用指针有以下三种类型。

(1) 输入中断用指针（I00□~I50□） 共 6 点，它是用来指示由特定输入端的输入信号而产生中断的中断服务程序的入口位置，这类中断不受 PLC 扫描周期的影响，可以及时处理外界信息。

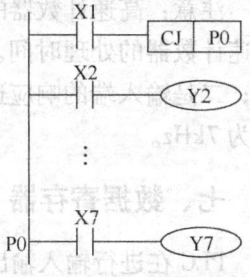

图 3-14 分支用指针

输入中断用指针的编号格式如下：

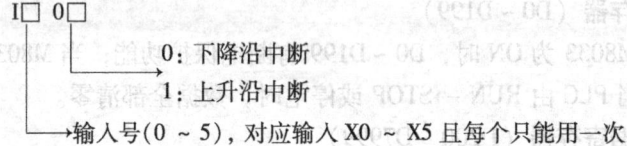

例如：I101 为当输入 X1 从 OFF→ON 变化时，执行以 I101 为标号后面的中断程序，并根据 IRET 指令返回。

(2) 定时器中断用指针（I6□□~I8□□） 共 3 点，是用来指示周期定时中断的中断服务程序的入口位置，这类中断的作用是 PLC 以指定的周期定时执行中断服务程序，定时循环处理某些任务。处理的时间也不受 PLC 扫描周期的限制。□□表示定时范围，可在 10~99ms 中选取。

(3) 计数器中断用指针（I010~I060） 共 6 点，它们用在 PLC 内置的高速计数器中。根据高速计数器的计数当前值与计数设定值的关系确定是否执行中断服务程序。它常用于利用高速计数器优先处理计数结果的场合。

九、常数（K、H、E）

K 是表示十进制整数的符号，主要用来指定定时器或计数器的设定值及应用功能指令操作数中的数值；H 表示十六进制数的符号，主要用来表示应用功能指令的操作数值。例如 20 用十进制表示为 K20，用十六进制则表示为 H14。E 是表示实数的符号，在 FX3U 系列中有定义此种常数，可以用小数点和指数形式表示。

第三节 FX 系列 PLC 的基本指令

FX 系列 PLC 有基本逻辑指令 20、27 或 29 条、步进指令 2 条、功能指令 200 多条（不同系列有所不同）。本节主要以 FX2N 为例，介绍其基本逻辑指令和步进指令及其应用。

一、FX 系列 PLC 的基本逻辑指令

FX2N 共有 27 条基本逻辑指令，其中包含了有些子系列 PLC 的 20 条基本逻辑指令。

1. 取指令与输出指令（LD/LDI/LDP/LDF/OUT）

(1) LD（取指令） 一个常开触点与左母线连接的指令，每一个以常开触点开始的逻

辑行都用此指令。

(2) LDI（取反指令）　一个常闭触点与左母线连接指令，每一个以常闭触点开始的逻辑行都用此指令。

(3) LDP（取上升沿指令）　与左母线连接的常开触点的上升沿检测指令，仅在指定位元件的上升沿（由 OFF→ON）时接通一个扫描周期。

(4) LDF（取下降沿指令）　与左母线连接的常闭触点的下降沿检测指令。

(5) OUT（输出指令）　对线圈进行驱动的指令，也称为输出指令。

取指令与输出指令的使用如图 3-15 所示。

取指令与输出指令的使用说明：

1) LD、LDI 指令既可用于输入左母线相连的触点，也可与 ANB、ORB 指令配合实现块逻辑运算。

2) LDP、LDF 指令仅在对应元件有效时维持一个扫描周期的接通。图 3-15 中，当 M1 有一个下降沿时，则 Y3 只有一个扫描周期为 ON。

3) LD、LDI、LDP 和 LDF 指令的目标元件为 X 、Y、M、T、C 和 S。

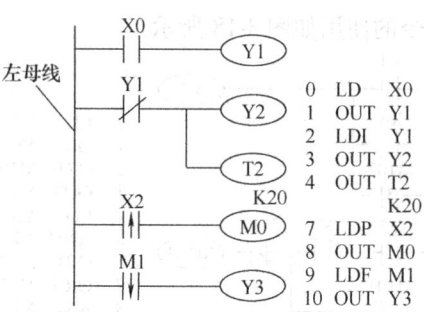

图 3-15　取指令与输出指令的使用

4) OUT 指令可以连续使用若干次（相当于线圈并联），对于定时器和计数器，在 OUT 指令之后应设置常数 K 或数据寄存器。

5) OUT 指令目标元件为 Y、M、T、C 和 S，但不能用于 X。

2. 触点串联指令（AND/ANI/ANDP/ANDF）

(1) AND（与指令）　一个常开触点串联连接指令，完成逻辑"与"运算。

(2) ANI（与反指令）　一个常闭触点串联连接指令，完成逻辑"与非"运算。

(3) ANDP　上升沿检测串联连接指令。

(4) ANDF　下降沿检测串联连接指令。

触点串联指令的使用如图 3-16 所示。

触点串联指令的使用的使用说明：

1) AND、ANI、ANDP 和 ANDF 都是指单个触点串联连接的指令，串联次数没有限制，可反复使用。

2) AND、ANI、ANDP 和 ANDF 的目标元件为 X、Y、M、T、C 和 S。

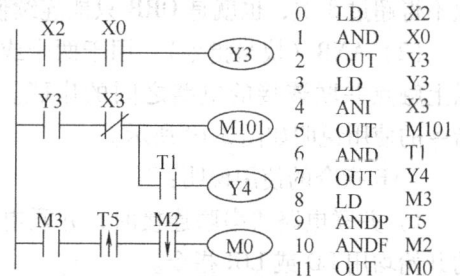

图 3-16　触点串联指令的使用

3) 图 3-16 中 OUT M101 指令之后通过 T1 的触点去驱动 Y4，称为连续输出。

3. 触点并联指令（OR/ORI/ORP/ORF）

(1) OR（或指令）　用于单个常开触点的并联，实现逻辑"或"运算。

(2) ORI（或非指令）　用于单个常闭触点的并联，实现逻辑"或非"运算。

(3) ORP　上升沿检测并联连接指令。

(4) ORF　下降沿检测并联连接指令。

触点并联指令的使用如图 3-17 所示。

触点并联指令的使用说明：

1）OR、ORI、ORP 和 ORF 指令都是指单个触点的并联，并联触点的左端接到 LD、LDI、LDP 或 LPF 处（例图 3-17 的左母线），右端与前一条指令对应触点的右端相连。触点并联指令连续使用的次数不限。

2）OR、ORI、ORP 和 ORF 指令的目标元件为 X、Y、M、T、C 和 S。

4. 块操作指令（ORB／ANB）

(1) ORB（块或指令） 用于两个或两个以上的触点串联连接的电路之间的并联。ORB 指令的使用如图 3-18 所示。

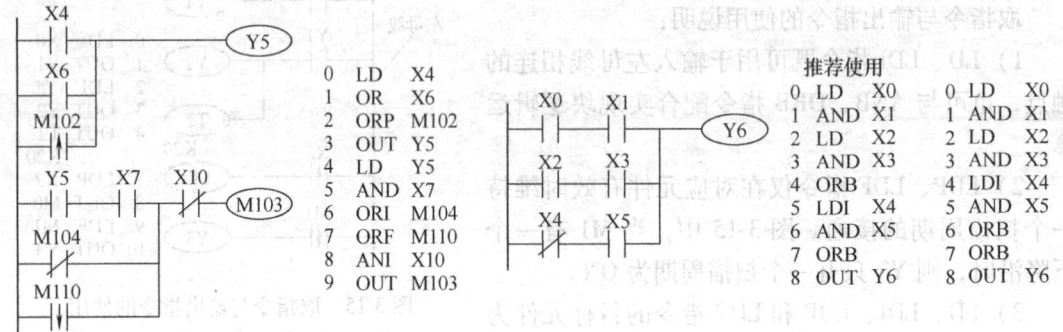

图 3-17　触点并联指令的使用　　　　图 3-18　ORB 指令的使用

ORB 指令的使用说明：

1）几个串联电路块并联连接时，每个串联电路块开始时应该用 LD 或 LDI 指令。

2）有多个电路块并联回路，如对每个电路块使用 ORB 指令，则并联的电路块数量没有限制。

3）ORB 指令也可以连续使用，但这种程序写法不推荐使用，LD 或 LDI 指令的使用次数不得超过 8 次，也就是 ORB 只能连续使用 8 次以下。

(2) ANB（块与指令） 用于两个或两个以上触点并联连接的电路之间的串联。ANB 指令的使用说明如图 3-19 所示。

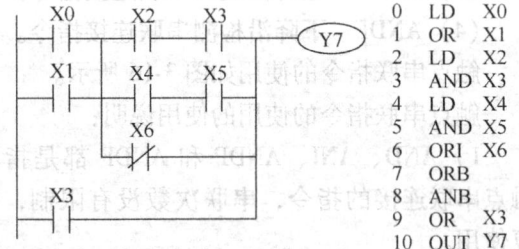

ANB 指令的使用说明：

1）并联电路块串联连接时，并联电路块的开始均用 LD 或 LDI 指令。

2）多个并联回路块按顺序和前面的回路串联时，ANB 指令的使用次数没有限制。也可连续使用 ANB，但与 ORB 一样，使用次数在 8 次以下。

图 3-19　ANB 指令的使用

5. 置位与复位指令（SET/RST）

(1) SET（置位指令） 它的作用是使被操作的目标元件置位并保持。

(2) RST（复位指令） 使被操作的目标元件复位并保持清零状态。

SET、RST 指令的使用如图 3-20 所示。当 X0 常开接通时，Y0 变为 ON 状态并一直保持该状态，即使 X0 断开，Y0 的 ON 状态仍维持不变；只有当 X1 的常开闭合时，Y0 才变为 OFF 状态并保持，即使 X1 常开断开，Y0 也仍为 OFF 状态。

SET、RST 指令的使用说明：

1）SET 指令的目标元件为 Y、M、S，RST 指令的目标元件为 Y、M、S、T、C、D、V、Z。RST 指令常用来对 D、Z、V 的内容清零，还用来复位积算定时器和计数器。

2）对于同一目标元件，SET、RST 可多次使用，顺序也可随意，但最后执行者有效。

6. 微分指令（PLS/PLF）

（1）PLS（上升沿微分指令）　在输入信号上升沿产生一个扫描周期的脉冲输出。

（2）PLF（下降沿微分指令）　在输入信号下降沿产生一个扫描周期的脉冲输出。

微分指令的使用如图 3-21 所示，利用微分指令检测到信号的边沿，通过置位和复位命令控制 Y0 的状态。

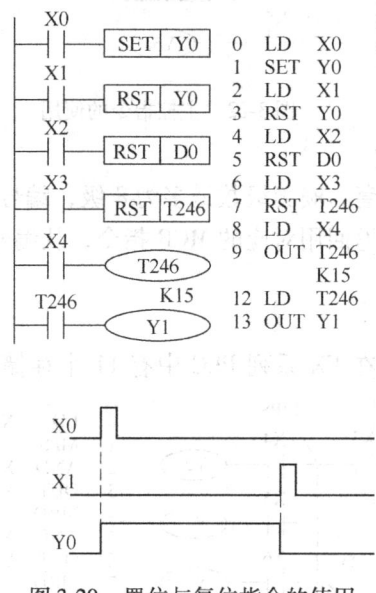

图 3-20　置位与复位指令的使用

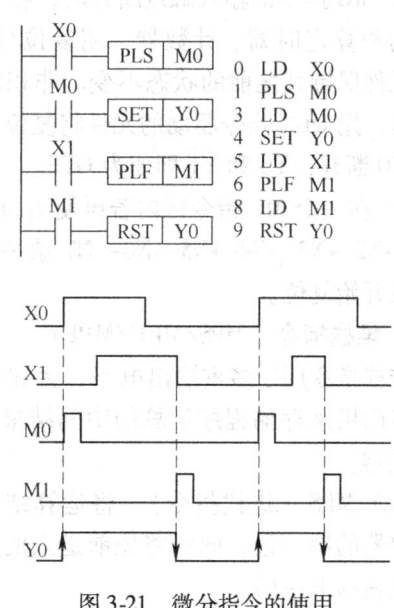

图 3-21　微分指令的使用

PLS、PLF 指令的使用说明：

1）PLS、PLF 指令的目标元件为 Y 和 M。

2）使用 PLS 时，仅在驱动输入为 ON 后的一个扫描周期内目标元件为 ON，如图 3-21 所示，M0 仅在 X0 的常开触点由断到通时的一个扫描周期内为 ON；使用 PLF 指令时只是利用输入信号的下降沿驱动，其他与 PLS 相同。

7. 主控指令（MC/MCR）

（1）MC（主控指令）　用于公共串联触点的连接。执行 MC 后，左母线移到 MC 触点的后面。

（2）MCR（主控复位指令）　它是 MC 指令的复位指令，即利用 MCR 指令恢复原左母线的位置。

在编程时常会出现这样的情况，多个线圈同时受一个或一组触点控制，如果在每个线圈的控制电路中都串入同样的触点，将占用很多存储单元，使用主控指令就可以解决这一问题。MC、MCR 指令的使用如图 3-22 所示，利用 MC N0 M100 实现左母线右移，使 Y0、Y1 都在 X0 的控制之下，其中 N0 表示嵌套等级，在无嵌套结构中 N0 的使用次数无限制；利用

MCR N0 恢复到原左母线状态。如果 X0 断开则会跳过 MC、MCR 之间的指令向下执行。

MC、MCR 指令的使用说明：

1) MC、MCR 指令的目标元件为 Y 和 M，但不能用特殊辅助继电器。MC 占 3 个程序步，MCR 占 2 个程序步。

2) 主控触点是控制一组电路的总开关（如图 3-22 中的 M100）。与主控触点相连的触点必须用 LD 或 LDI 指令。

3) MC 指令的输入触点断开时，在 MC 和 MCR 之内的积算定时器、计数器、用复位/置位指令驱动的元件保持其之前的状态不变。非积算定时器和计数器，用 OUT 指令驱动的元件将复位，如图 3-22 中当 X0 断开，Y0 和 Y1 即变为 OFF。

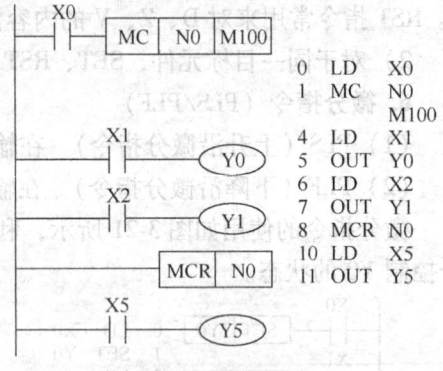

图 3-22 主控指令的使用

4) 在一个 MC 指令区内若再使用 MC 指令称为嵌套。嵌套级数最多为 8 级，编号按 N0→N1→N2→N3→N4→N5→N6→N7 顺序增大，每级的返回用对应的 MCR 指令，从编号大的嵌套级开始复位。

8. 堆栈指令（MPS/MRD/MPP）

堆栈指令用于多重输出电路，为编程带来便利。在 FX 系列 PLC 中有 11 个存储单元，它们专门用来存储程序运算的中间结果，称为栈存储器。

（1）MPS（进栈指令） 将运算结果送入栈存储器的第一段，同时将先前送入的数据依次移到栈的下一层。

（2）MRD（读栈指令） 将栈存储器的第一层数据（最后进栈的数据）读出且该数据继续保存在栈存储器的第一层，栈内的数据不发生移动。

（3）MPP（出栈指令） 将栈存储器的第一层数据（最后进栈的数据）读出且该数据从栈中消失，同时将栈中其他数据依次上移。

堆栈指令的使用如图 3-23 所示，其中图 3-23a 为一层栈，进栈后的信息可无限使用，最后一次使用 MPP 指令弹出信号；图 3-23b 为二层栈，它用了二个栈单元。

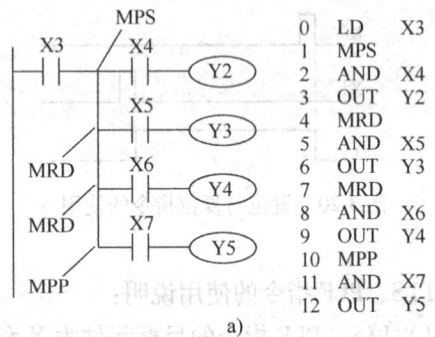

堆栈指令的使用说明：

1) 堆栈指令没有目标元件。

2) MPS 和 MPP 必须配对使用。

3) 由于栈存储单元只有 11 个，所以栈的层次最多 11 层。

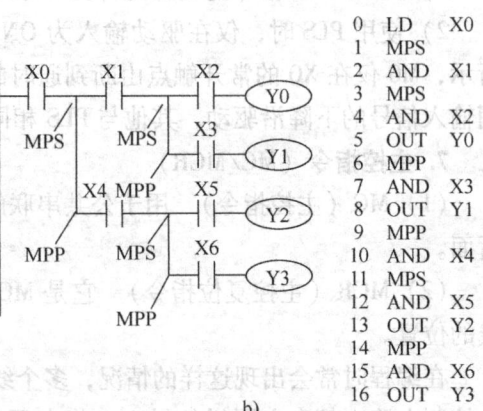

图 3-23 堆栈指令的使用
a) 一层栈 b) 二层栈

9. 逻辑反、空操作与结束指令（INV/NOP/END）

（1）INV（反指令）　执行该指令后将原来的运算结果取反。反指令的使用如图3-24所示，如果X0断开，则Y0为ON，否则Y0为OFF。使用时应注意INV不能象指令表的LD、LDI、LDP和LDF那样与母线连接，也不能象指令表中的OR、ORI、ORP和ORF指令那样单独使用。

（2）NOP（空操作指令）　不执行操作，但占一个程序步。执行NOP时并不做任何事，有时可用NOP指令短接某些触点或用NOP指令将不要的指令覆盖。当PLC执行了清除用户存储器操作后，用户存储器的内容全部变为空操作指令。

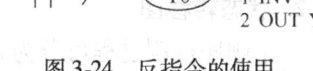

图3-24　反指令的使用

（3）END（结束指令）　表示程序结束。若程序的最后不写END指令，则PLC不管实际用户程序多长，都从用户程序存储器的第一步执行到最后一步；若有END指令，当扫描到END时，则结束执行程序，这样可以缩短扫描周期。在程序调试时，可在程序中插入若干END指令，将程序划分若干段，在确定前面程序段无误后，依次删除END指令，直至调试结束。

10. 脉冲化指令（MEP/MEF）

除此27条基本逻辑指令外，在FX3系列中Ver.2.30以上的版本还提供MEP和MEF两条指令。MEP、MEF指令是使运算结果脉冲化的指令，不需要指定软元件编号。

（1）MEP　MEP指令之前的运算结果从OFF→ON时产生一个扫描周期的脉冲输出。

（2）MEF　MEF指令之前的运算结果从ON→OFF时产生一个扫描周期的脉冲输出。

在串联了多个触点的情况下，使用MEP、MEF指令非常容易实现脉冲化处理。脉冲化指令的使用如图3-25所示。

脉冲化指令使用说明：

（1）在子程序以及FOR～NEXT等指令中，如果用MEP、MEF指令对用变址寻址的触点进行脉冲化处理，可能无法正常动作。

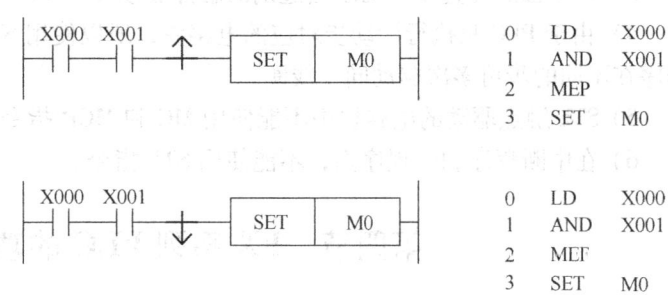

图3-25　脉冲化指令的使用

（2）MEP、MEF指令是根据MEP/MEF指令之前的运算结果而动作的，所以只能在AND指令之后位置上使用，不能用于LD、OR指令之后的位置。

脉冲化指令仅适用于FX3S、FX3G、FX3GC、FX3U和FX3UC等系列。

二、FX系列PLC的步进指令

1. 步进指令（STL/RET）

步进指令是专为顺序控制而设计的指令。在工业控制领域许多的控制过程都可用顺序控制的方式来实现，使用步进指令实现顺序控制既方便实现又便于阅读修改。

FX2N中有两条步进指令：STL（步进触点指令）和RET（步进返回指令）。

STL和RET指令只有与状态器S配合才能具有步进功能。如STL S200表示状态常开触点，称为 STL 触点，它在梯形图中的符号为⊣⊢，它没有常闭触点。我们用每个状态器 S 记录一个工步，例 STL S200 有效（为 ON），则进入 S200 表示的一步（类似于本步的总开关），开始执行本阶段该做的工作，并判断进入下一步的条件是否满足。一旦结束本步的信号为 ON，则关断 S200 进入下一步，如 S201 步。RET 指令是用来复位 STL 指令的。执行 RET 后将重回母线，退出步进状态。

2. 状态转移图

一个顺序控制过程可分为若干个阶段，也称为步或状态，每个状态都有不同的动作。当相邻两状态之间的转换条件得到满足时，就将实现转换，即由上一个状态转换到下一个状态执行。我们常用状态转移图（功能表图）描述这种顺序控制过程。如图 3-26 所示，用状态器 S 记录每个状态，X 为转换条件。如当 X1 为 ON 时，则系统由 S20 状态转为 S21 状态。

状态转移图中的每一步包含三个内容：本步驱动的内容，转移条件及指令的转换目标。

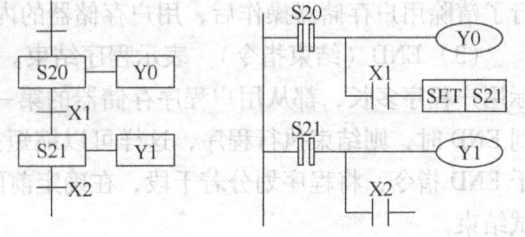

图 3-26 状态转移图与步进指令

如图 3-26 中 S20 步驱动 Y0，当 X1 有效为 ON 时，则系统由 S20 状态转为 S21 状态，X1 即为转换条件，转换的目标为 S21 步。状态转移图与梯形图的对称关系也显示在图 3-26 中。

3. 步进指令的使用说明

1）STL 触点是与左侧母线相连的常开触点，某 STL 触点接通，则对应的状态为活动步。

2）与 STL 触点相连的触点应用 LD 或 LDI 指令，只有执行完 RET 后才返回左侧母线。

3）STL 触点可直接驱动或通过别的触点驱动 Y、M、S、T 等元件的线圈。

4）由于 PLC 只执行活动步对应的电路块，所以使用 STL 指令时允许双线圈输出（顺控程序在不同的步可多次驱动同一线圈）。

5）STL 触点驱动的电路块中不能使用 MC 和 MCR 指令，但可以用 CJ 指令。

6）在中断程序和子程序内，不能使用 STL 指令。

第四节　FX 系列 PLC 的功能指令

早期的 PLC 大多用于开关量控制，基本指令和步进指令已经能满足控制要求。为适应控制系统的其他控制要求（如模拟量控制等），从 20 世纪 80 年代开始，PLC 生产厂家就在小型 PLC 上增设了大量的功能指令（也称应用指令）。功能指令的出现大大拓宽了 PLC 的应用范围，也给用户编制程序带来了极大方便。FX 系列 PLC 有多达 200 多条功能指令（见附录 A），由于篇幅的限制，本节仅对比较常用的功能指令作详细介绍，其余的指令只作简介，读者可参阅 FX 系列 PLC 编程手册。

一、概述

（一）功能指令的表示格式

功能指令表示格式与基本指令不同。功能指令用编号 FNC00 ~ FNC294 表示，并给出对应的助记符（大多用英文名称或缩写表示）。例如 FNC45 的助记符是 MEAN（平均），若使用简易编程器时键入 FNC45，若采用智能编程器或在计算机上编程时也可键入助记符 MEAN。

有的功能指令没有操作数，而大多数功能指令有 1~4 个操作数。如图 3-27 所示为一个计算平均值指令，它有三个操作数，[S]表示源操作数，[D]表示目标操作数，如果使用变址功能，则可表示为[S·]和[D·]。当源或目标不止一个时，用[S1·]、[S2·]、[D1·]和[D2·]表示。用 n 和 m 表示其他操作数，它们常用来表示常数 K 和 H，或作为源和目标操作数的补充说明，当这样的操作数多时可用 n1、n2 和 m1、m2 等来表示。

图 3-27 中源操作数为 D0、D1 和 D2，目标操作数为 D4Z0（Z0 为变址寄存器），K3 表示有 3 个数，当 X0 接通时，执行的操作为[(D0)+(D1)+(D2)]÷3→(D4Z0)，如果 Z0 的内容为 20，则运算结果送入 D24 中。

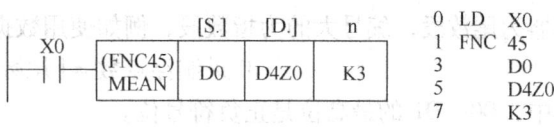

图 3-27 功能指令表示格式

功能指令的指令段通常占 1 个程序步，16 位操作数占 2 步，32 位操作数占 4 步。

（二）功能指令的执行方式与数据长度

1. 连续执行与脉冲执行

功能指令有连续执行和脉冲执行两种类型。如图 3-28 所示，指令助记符 MOV 后面有"P"表示脉冲执行，即该指令仅在 X1 接通（由 OFF 到 ON）时执行（将 D10 中的数据送到 D12 中）一次；如果没有"P"则表示连续执行，即在 X1 接通（ON）的每一个扫描周期指令都要被执行。

2. 数据长度

功能指令可处理 16 位数据或 32 位数据。处理 32 位数据的指令是在助记符前加"D"标志，无此标志即为处理 16 位数据的指令。注意 32 位计数器（C200~C255）的一个软元件为 32 位，不可作为处理 16 位数据指令的操作数

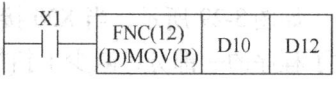

图 3-28 功能指令的执行方式与数据长度的表示

使用。如图 3-28 所示，若 MOV 指令前面带"D"，则当 X1 接通时，执行 D11D10→D13D12（32 位）。在使用 32 位数据时建议使用首编号为偶数的操作数，不容易出错。

（三）功能指令的数据格式

1. 位元件与字元件

像 X、Y、M 和 S 等只处理 ON/OFF 信息的软元件称为位元件；而像 T、C 和 D 等处理数值的软元件则称为字元件，一个字元件由 16 位二进制数组成。

位元件可以通过组合使用，4 个位元件为一个单元，通用表示方法是由 Kn 加起始的软元件号组成，n 为单元数。例如 K2 M0 表示 M0~M7 组成两个位元件组（K2 表示 2 个单元），它是一个 8 位数据，M0 为最低位。如果将 16 位数据传送到不足 16 位的位元件组合（n<4）时，只传送低位数据，多出的高位数据不传送，32 位数据传送也一样。在作 16 位数操作时，参与操作的位元件不足 16 位时，高位的不足部分均作 0 处理，这意味着只能处理正数（符号位为 0），在作 32 位数处理时也一样。被组合的元件首位元件可以任意选择，但为避免混乱，建议采用编号以 0 结尾的元件，如 S10、X0 和 X20 等。

2. 数据格式

在 FX 系列 PLC 内部，数据是以二进制（BIN）补码的形式存储，所有的四则运算都使

用二进制数。二进制补码的最高位为符号位,正数的符号位为 0,负数的符号位为 1。FX 系列 PLC 可实现二进制码与 BCD 码的相互转换。

为更精确地进行运算,可采用浮点数运算。在 FX 系列 PLC 中提供了二进制浮点运算和十进制浮点运算,以及将二进制浮点数与十进制浮点数相互转换的指令。二进制浮点数采用编号连续的一对数据寄存器表示,例如 D11 和 D10 组成的 32 位寄存器中,D10 的 16 位加上 D11 的低 7 位共 23 位为浮点数的尾数,而 D11 中除最高位的前 8 位是阶位,最高位是尾数的符号位(0 为正,1 是负)。10 进制的浮点数也用一对数据寄存器表示,编号小的数据寄存器为尾数段,编号大的为指数段,例如使用数据寄存器(D1、D0)时,表示数为

$$10 \text{ 进制浮点数} = [\text{尾数 D0}] \times 10^{[\text{指数 D1}]}$$

其中,D0、D1 的最高位是正负符号位。

二、FX 系列 PLC 功能指令介绍

FX2N 系列 PLC 有丰富的功能指令,共有程序流向控制、传送与比较、算术与逻辑运算和循环与移位等 19 类功能指令。

(一)程序流向控制类指令(FNC00~FNC09)

1. 条件跳转指令

条件跳转指令 CJ(P)的编号为 FNC00,操作数为指针标号 P0~P127,其中 P63 为 END 所在步序,不需标记。指针标号允许用变址寄存器修改。CJ 和 CJP 都占 3 个程序步,指针标号占 1 步。

如图 3-29 所示,当 X20 接通时,则由 CJ P9 指令跳到标号为 P9 的指令处开始执行,跳过了程序的一部分,减少了扫描周期。如果 X20 断开,跳转不会执行,则程序按原顺序执行。

使用跳转指令时应注意:

1)CJP 指令表示为脉冲执行方式。

2)在一个程序中,一个标号只能出现一次,否则将出错。

3)在跳转执行期间,即使被跳过程序的驱动条件改变,但其线圈(或结果)仍保持跳转前的状态,因为跳转期间根本没有执行这段程序。

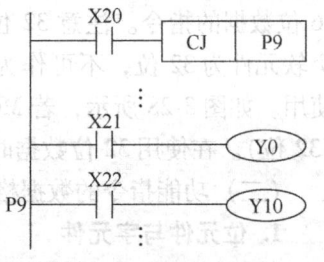

图 3-29 跳转指令的使用

4)如果在跳转开始时定时器和计数器已在工作,则在跳转执行期间它们将停止工作,到跳转条件不满足后又继续工作。但对于正在工作的定时器 T192~T199 和高速计数器 C235~C255,不管有无跳转仍连续工作。

5)若积算定时器和计数器的复位(RST)指令在跳转区外,即使它们的线圈被跳转,但对它们的复位仍然有效。

2. 子程序调用与子程序返回指令

子程序调用指令 CALL 的编号为 FNC01。操作数为 P0~P127,此指令占用 3 个程序步。

子程序返回指令 SRET 的编号为 FNC02。无操作数,占用 1 个程序步。

如图 3-30 所示,如果 X0 接通,则转到标号 P10 处去执行子程序。当执行 SRET 指令时,返回到 CALL 指令的下一步执行。

使用子程序调用与返回指令时应注意：
1) 转移标号不能重复，也不可与跳转指令的标号重复。
2) 子程序可以嵌套调用，最多可 5 级嵌套。

3. 与中断有关的指令

与中断有关的三条功能指令是：中断返回指令 IRET，编号为 FNC03；中断允许指令 EI，编号为 FNC04；中断禁止 DI，编号为 FNC05。它们均无操作数，占用 1 个程序步。

PLC 通常处于禁止中断状态，由 EI 和 DI 指令组成允许中断范围。在执行到该区间，如有中断源产生中断，CPU 将暂停主程序执行转移而执行中断服务程序。当遇到 IRET 时返回断点继续执行主程序。如图 3-31 所示，允许中断范围中若中断源 X0 有一个下降沿，则转入 I000 为标号的中断服务程序，但 X0 可否引起中断还受 M8050 控制，当 X20 有效时则 M8050 控制 X0 无法中断。

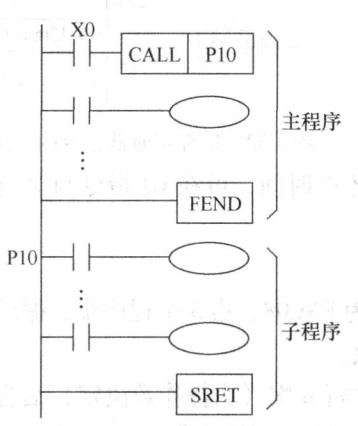

图 3-30　子程序调用与返回指令的使用

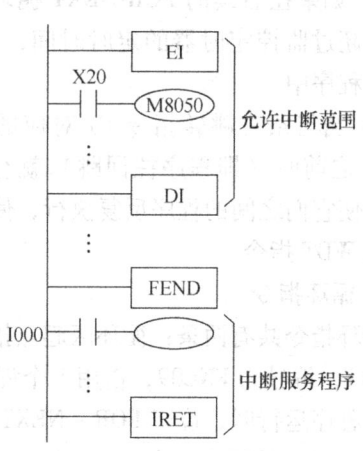

图 3-31　中断指令的使用

使用中断相关指令时应注意：

1) 中断的优先级排队如下：如果多个中断依次发生，则以发生先后为序，即发生越早级别越高，如果多个中断源同时发出信号，则中断指针号越小优先级越高。

2) 当 M8050～M8058 为 ON 时，禁止执行相应 I0□□～I8□□的中断，M8059 为 ON 时则禁止所有计数器中断。

3) 无需中断禁止时，可只用 EI 指令，不必用 DI 指令。

4) 执行一个中断服务程序时，如果在中断服务程序中有 EI 和 DI，可实现二级中断嵌套，否则禁止其他中断。

4. 主程序结束指令

主程序结束指令 FEND 的编号为 FNC06，无操作数，占用 1 个程序步。FEND 表示主程序结束，当执行到 FEND 时，PLC 进行输入/输出处理，监视定时器刷新，完成后返回起始步。

使用 FEND 指令时应注意：

1) 子程序和中断服务程序应放在 FEND 之后。
2) 子程序和中断服务程序必须写在 FEND 和 END 之间，否则出错。

5. 监视定时器指令

监视定时器指令 WDT (P) 编号为 FNC07，没有操作数，占 1 个程序步。WDT 指令的功能是对 PLC 的监视定时器进行刷新。

FX 系列 PLC 的监视定时器缺省值为 200ms（可用 D8000 来设定），正常情况下 PLC 扫描周期小于此定时时间。如果由于有外界干扰或程序本身的原因使扫描周期大于监视定时器的设定值，使 PLC 的 CPU 出错灯亮并停止工作，可通过在适当位置加 WDT 指令复位监视定时器，以使程序能继续执行到 END。

如图 3-32 所示，利用一个 WDT 指令将一个 240ms 的程序一分为二，使它们都小于 200ms，则不会再出现报警停机。

使用 WDT 指令时应注意：

1) 如果在后续的 FOR-NEXT 循环中，执行时间可能超过监控定时器的定时时间，可将 WDT 插入循环程序中。

2) 当与条件跳转指令 CJ 对应的指针标号在 CJ 指令之前时（即程序往回跳）就有可能连续反复跳步使它们之间的程序反复执行，使执行时间超过监控时间，可在 CJ 指令与对应标号之间插入 WDT 指令。

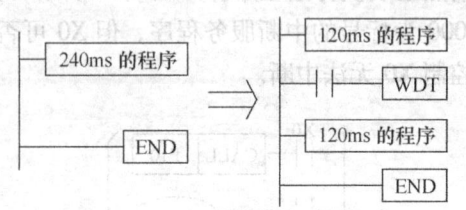

图 3-32 监控定时器指令的使用

6. 循环指令

循环指令共有两条：循环区起点指令 FOR，编号为 FNC08，占 3 个程序步；循环结束指令 NEXT，编号为 FNC09，占用 1 个程序步，无操作数。

在程序运行时，位于 FOR ~ NEXT 间的程序反复执行 n 次（由操作数决定）后再继续执行后续程序。循环的次数 n = 1 ~ 32767。如果 N = -32767 ~ 0，则当作 n = 1 处理。

如图 3-33 所示为一个二重嵌套循环，外层执行 5 次。如果 D0Z0 中的数为 6，则外层 A 每执行一次则内层 B 将执行 6 次。

使用循环指令时应注意：

1) FOR 和 NEXT 必须成对使用。

2) FX2N 系列 PLC 可循环嵌套 5 层。

3) 在循环中可利用 CJ 指令在循环没结束时跳出循环体。

4) FOR 应放在 NEXT 之前，NEXT 应在 FEND 和 END 之前，否则均会出错。

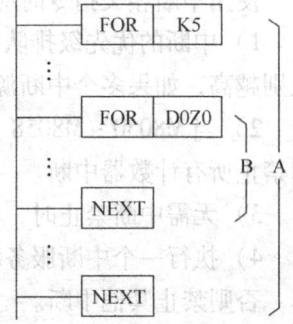

图 3-33 循环指令的使用

(二) 传送与比较类指令 (FNC10 ~ FNC19)

1. 比较指令

比较指令包括 CMP（比较）和 ZCP（区间比较）两条。

(1) 比较指令 CMP (D)CMP(P)指令的编号为 FNC10，是将源操作数[S1.]和源操作数[S2.]的数据进行比较，比较结果用目标元件[D.]的状态来表示。如图 3-34 所示，当 X1 接通时，把常数 100 与 C20 的当前值进行比较，比较的结果送入 M0 ~ M2 中。X1 为 OFF 时不执行，M0 ~ M2 的状态也保持不变。

(2) 区间比较指令 ZCP (D)ZCP(P)指令的编号为 FNC11，指令执行时源操作数[S.]与[S1.]和[S2.]的内容进行比较，并将比较结果送到目标操作数[D.]中。如图 3-35 所示，当 X0 为 ON 时，把 C30 当前值与 K100 和 K120 相比较，将结果送 M3、M4 和 M5 中。X0 为 OFF，则 ZCP 不执行，M3、M4 和 M5 不变。

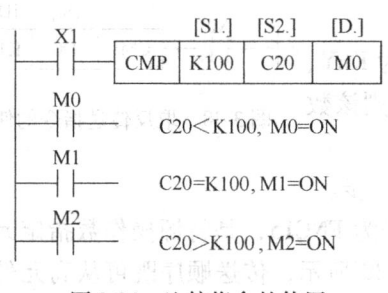

图 3-34　比较指令的使用

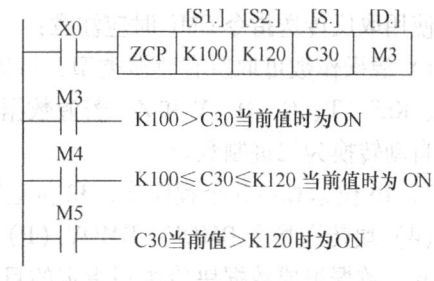

图 3-35　区间比较指令的使用

使用比较指令 CMP/ZCP 时应注意：

1）[S1.]、[S2.] 可取任意数据格式，目标操作数 [D.] 可取 Y、M 和 S。

2）使用 ZCP 时，[S2.] 的数值不能小于 [S1.]。

3）所有的源数据都被看成二进制值处理。

2. 传送类指令

（1）传送指令 MOV　(D)MOV(P) 指令的编号为 FNC12，该指令的功能是将源数据传送到指定的目标。如图 3-36 所示，当 X0 为 ON 时，则将 [S.] 中的数据 K100 传送到目标操作元件 [D.] 即 D10 中。在指令执行时，常数 K100 会自动转换成二进制数。当 X0 为 OFF 时，则指令不执行，数据保持不变。

使用 MOV 指令时应注意：

1）源操作数可取所有数据类型，目标操作数可以是 KnY、KnM、KnS、T、C、D、V 和 Z。

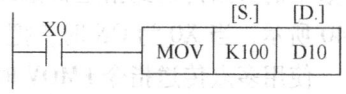

图 3-36　传送指令的使用

2）16 位运算时占 5 个程序步，32 位运算时则占 9 个程序步。

（2）移位传送指令 SMOV　SMOV（P）指令的编号为 FNC13。该指令的功能是将源数据（二进制）自动转换成 4 位 BCD 码，再进行移位传送，传送后的目标操作数元件的 BCD 码自动转换成二进制数。如图 3-37 所示，当 X0 为 ON 时，将 D1 中右起第 4 位（m1 = 4）开始的 2 位（m2 = 2）BCD 码移到目标操作数 D2 的右起第 3 位（n = 3）和第 2 位。然后 D2 中的 BCD 码会自动转换为二进制数，而 D2 中的第 1 位和第 4 位 BCD 码不变。

使用移位传送指令时应该注意：

1）源操作数可取所有数据类型，目标操作数可为 KnY、KnM、KnS、T、C、D、V 和 Z。

2）SMOV 指令只有 16 位运算，占 11 个程序步。

（3）取反传送指令 CML　(D)CML(P) 指

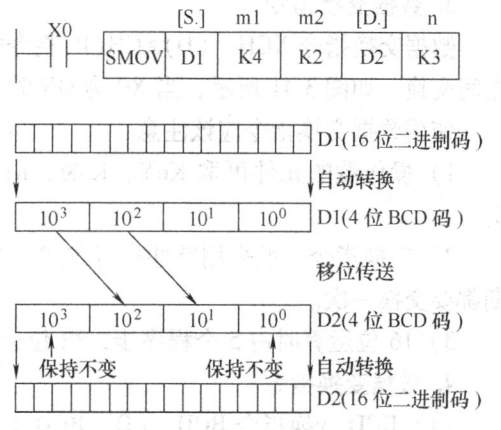

图 3-37　移位传送指令的使用

令的编号为 FNC14。它是将源操作数元件的数据逐位取反并传送到指定目标。如图 3-38 所示，当 X0 为 ON 时，执行 CML，将 D0 的低 4 位取反后传送到 Y3～Y0 中。

使用取反传送指令 CML 时应注意：

1）源操作数可取所有数据类型，目标操作数可为 KnY、KnM、KnS、T、C、D、V 和 Z，若源数据为常数 K，则该数据会自动转换为二进制数。

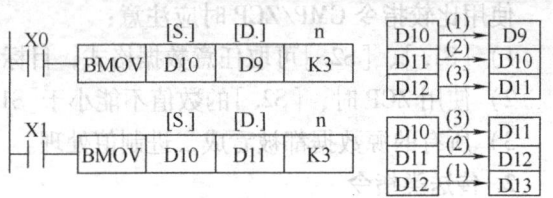

图 3-38　取反传送指令的使用

2）16 位运算占 5 个程序步，32 位运算占 9 个程序步。

（4）块传送指令 BMOV　BMOV（P）指令的编号为 FNC15，是将源操作数指定元件开始的 n 个数据组成数据块传送到指定的目标。如图 3-39 所示，传送顺序既可从高元件号开始，也可从低元件号开始，传送顺序自动决定。若用到需要指定位数的位元件，则源操作数和目标操作数的指定位数应相同。

使用块传送指令时应注意：

1）源操作数可取 KnX、KnY、KnM、KnS、T、C 和 D 和文件寄存器，目标操作数可取 KnT、KnM、KnS、T、C 和 D。

2）只有 16 位操作，占 7 个程序步。

3）如果元件号超出允许范围，数据则仅传送到允许范围的元件。

图 3-39　块传送指令的使用

（5）多点传送指令 FMOV　(D) FMOV（P）指令的编号为 FNC16。它的功能是将源操作数中的数据传送到指定目标开始的 n 个元件中，传送后 n 个元件中的数据完全相同。如图 3-40 所示，当 X0 为 ON 时，把 K0 传送到 D0～D9 中。

使用多点传送指令 FMOV 时应注意：

1）源操作数可取所有的数据类型，目标操作数可取 KnX、KnM、KnS、T、C 和 D，n 小于等于 512。

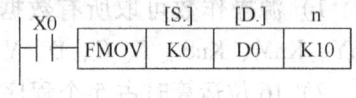

图 3-40　多点传送指令应用

2）16 位操作占 7 个程序步，32 位操作则占 13 个程序步。

3）如果元件号超出允许范围，数据仅送到允许范围的元件中。

3. 数据交换指令

数据交换指令 XCH　(D)XCH(P)指令的编号为 FNC17，它是将数据在指定的目标元件之间交换。如图 3-41 所示，当 X0 为 ON 时，将 D1 和 D19 中的数据相互交换。

使用数据交换指令应该注意：

1）操作数的元件可取 KnY、KnM、KnS、T、C、D、V 和 Z。

2）交换指令一般采用脉冲执行方式，否则在每一次扫描周期都要交换一次。

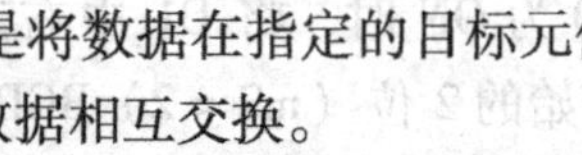

图 3-41　数据交换指令的使用

3）16 位运算时占 5 个程序步，32 位运算时占 9 个程序步。

4. 数据变换指令

（1）BCD 变换指令 BCD　(D) BCD（P）指令的编号为 FNC18。它是将源元件中的二进制数转换成 BCD 码送到目标元件中，如图 3-42 所示。

如果指令进行 16 位操作时，执行结果超出 0~9999 范围将会出错；当指令进行 32 位操作时，执行结果超过 0~99999999 范围也将出错。PLC 中内部的运算为二进制运算，可用 BCD 指令将二进制数变换为 BCD 码输出到七段显示器。

（2）BIN 变换指令 BIN　（D)BIN(P)指令的编号为 FNC19。它是将源元件中的 BCD 数据转换成二进制数据送到目标元件中，如图 3-42 所示。常数 K 不能作为本指令的操作元件，因为在任何处理之前它们都会被转换成二进制数。

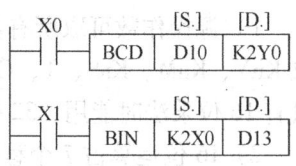

图 3-42　数据变换指令的使用

使用 BCD/BIN 指令时应注意：

1）源操作数可取 KnK、KnY、KnM、KnS、T、C、D、V 和 Z，目标操作数可取 KnY、KnM、KnS、T、C、D、V 和 Z。

2）16 位运算占 5 个程序步，32 位运算占 9 个程序步。

（三）算术和逻辑运算类指令（FNC20~FNC29）

1. 算术运算指令

（1）加法指令 ADD　（D) ADD (P) 指令的编号为 FNC20。它是将指定的源元件中的二进制数相加结果送到指定的目标元件中去。如图 3-43 所示，当 X0 为 ON 时，执行(D10)+(D12)→(D14)。

（2）减法指令 SUB　（D)SUB(P)指令的编号为 FNC21。它是将[S1.]指定元件中的内容以二进制形式减去[S2.]指定元件的内容，其结果存入由[D.]指定的元件中。如图 3-44 所示，当 X0 为 ON 时，执行(D10)-(D12)→(D14)。

图 3-43　加法指令的使用　　　　　　　图 3-44　减法指令的使用

使用加法和减法指令时应该注意：

1）操作数可取所有数据类型，目标操作数可取 KnY、KnM、KnS、T、C、D、V 和 Z。

2）16 位运算占 7 个程序步，32 位运算占 13 个程序步。

3）数据为有符号二进制数，最高位为符号位（0 为正，1 为负）。

4）加法指令有三个标志：零标志（M8020）、借位标志（M8021）和进位标志（M8022）。当运算结果超过 32767（16 位运算）或 2147483647（32 位运算）则进位标志置 1；当运算结果小于 -32767(16 位运算）或 -2147483647(32 位运算)，借位标志就会置 1。

（3）乘法指令 MUL　（D)MUL(P)指令的编号为 FNC22。数据均为有符号数。如图 3-45 所示，当 X0 为 ON 时，将二进制 16 位数[S1.]、[S2.]相乘，结果送[D.]中。D 为 32 位，即(D0)×(D2)→(D5, D4)（16 位乘法）；当 X1 为 ON 时，(D1, D0)×(D3, D2)→(D7, D6, D5, D4)（32 位乘法）。

（4）除法指令 DIV　（D)DIV(P)指令的编号为 FNC23。其功能是将[S1.]指定为被除数，[S2.]指定为除数，将除得的结果送到[D.]指定的目标元件中，余数送到[D.]的下一个元件中。如图 3-46 所示，当 X0 为 ON 时(D0)÷(D2)→(D4)商，(D5)

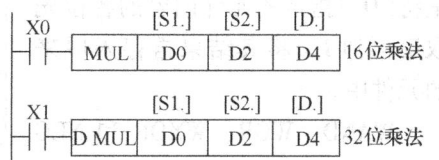

图 3-45　乘法指令的使用

余数（16 位除法）；当 X1 为 ON 时（D1，D0）÷（D3，D2）→（D5，D4）商，（D7，D6）余数（32 位除法）。

使用乘法和除法指令时应注意：

1）源操作数可取所有数据类型，目标操作数可取 KnY、KnM、KnS、T、C、D、V 和 Z，要注意 Z 只有 16 位乘法时能用，32 位不可用。

2）16 位运算占 7 个程序步，32 位运算为 13 个程序步。

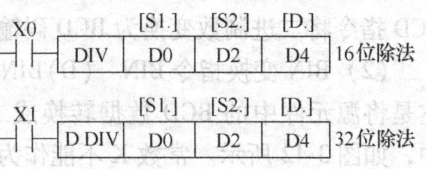

图 3-46 除法指令的使用

3）32 位乘法运算中，如用位元件作目标，则只能得到乘积的低 32 位，高 32 位将丢失，这种情况下应先将数据移入字元件再运算；除法运算中将位元件指定为［D.］，则无法得到余数，除数为 0 时发生运算错误。

4）积、商和余数的最高位为符号位。

（5）加 1 和减 1 指令　加 1 指令（D）INC（P）的编号为 FNC24；减 1 指令（D）DEC（P）的编号为 FNC25。INC 和 DEC 指令分别是当条件满足则将指定元件的内容加 1 或减 1。如图 3-47 所示，当 X0 为 ON 时，(D10)+1→(D10)；当 X1 为 ON 时，(D11)-1→(D11)。若指令是连续指令，则每个扫描周期均作一次加 1 或减 1 运算。

使用加 1 和减 1 指令时应注意：

1）指令的操作数可为 KnY、KnM、KnS、T、C、D、V 和 Z。

2）当进行 16 位操作时为 3 个程序步，32 位操作时为 5 个程序步。

3）在 INC 运算时，如数据为 16 位，则由 +32767 再加 1 变为 -32768，但标志不置位；同样，32 位运算由 +2147483647 再加 1 就变为 -2147483648 时，标志也不置位。

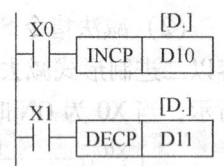

图 3-47 加 1 和减 1 指令的使用

4）在 DEC 运算时，16 位运算 -32768 减 1 变为 +32767，且标志不置位；32 位运算由 -2147483648 减 1 变为 +2147483647，标志也不置位。

2. 逻辑运算类指令

（1）逻辑与指令 WAND　（D）WAND(P)指令的编号为 FNC26，是将两个源操作数按位进行与操作，结果送指定元件。

（2）逻辑或指令 WOR　（D）WOR(P)指令的编号为 FNC27，它是对两个源操作数按位进行或运算，结果送指定元件。

（3）逻辑异或指令 WXOR　（D）WXOR(P)指令的编号为 FNC28，它是对两个源操作数按位进行逻辑异或运算，结果送指定元件。

（4）求补指令 NEG　（D）NEG(P)指令的编号为 FNC29。其功能是将［D.］指定的元件内容的各位先取反再加 1，将其结果再存入原来的元件中。

WAND、WOR、WXOR 和 NEG 指令的使用如图 3-48 所示。

使用逻辑运算指令时应该注意：

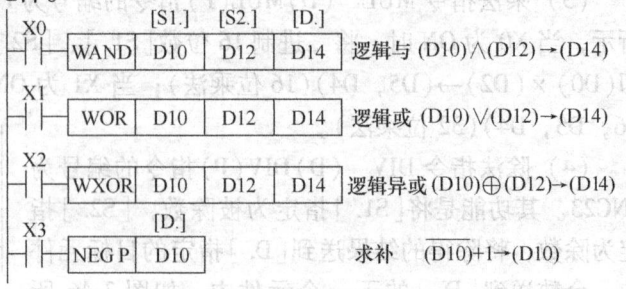

图 3-48 逻辑运算指令的使用

1）WAND、WOR 和 WXOR 指令的 [S1.] 和 [S2.] 均可取所有的数据类型，而目标操作数可取 KnY、KnM、KnS、T、C、D、V 和 Z。

2）NEG 指令只有目标操作数，可取 KnY、KnM、KnS、T、C、D、V 和 Z。

3）WAND、WOR 和 WXOR 指令 16 位运算占 7 个程序步，32 位占 13 个程序步，而 NEG 分别占 3 步和 5 步。

（四）循环与移位类指令（FNC30～FNC39）

1. 循环移位指令

右、左循环移位指令(D)ROR(P)和(D)ROL(P)，编号分别为 FNC30 和 FNC31。执行这两条指令时，各位数据向右（或向左）循环移动 n 位，最后一次移出来的那一位同时存入进位标志 M8022 中，如图 3-49 所示。

2. 带进位的循环移位指令

带进位的循环右、左移位指令(D)RCR(P)和(D)RCL(P)，编号分别为 FNC32 和 FNC33。执行这两条指令时，各位数据连同进位（M8022）向右（或向左）循环移动 n 位，如图 3-50 所示。

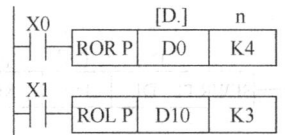
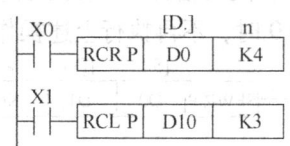

图 3-49　右、左循环移位指令的使用　　　图 3-50　带进位右、左循环移位指令的使用

使用 ROR/ROL/RCR/RCL 指令时应该注意：

1）目标操作数可取 KnY、KnM、KnS、T、C、D、V 和 Z，目标元件中指定位元件的组合只有在 K4（16 位）和 K8（32 位指令）时有效。

2）16 位指令占 5 个程序步，32 位指令占 9 个程序步。

3）用连续指令执行时，循环移位操作每个周期执行一次。

3. 位右移和位左移指令

位右、左移指令 SFTR(P)和 SFTL(P)，编号分别为 FNC34 和 FNC35。它们使位元件中的状态成组地向右（或向左）移动。n1 指定位元件的长度，n2 指定移位位数，n1 和 n2 的关系及范围因机型不同而有差异，一般为 n2≤n1≤1024。位右移指令使用如图 3-51 所示。

使用位右移和位左移指令时应注意：

1）源操作数可取 X、Y、M 和 S，目标操作数可取 Y、M 和 S。

2）只有 16 位操作，占 9 个程序步。

4. 字右移和字左移指令

字右移和字左移指令 WSFR(P)和 WSFL(P)，指令编号分别为 FNC36 和 FNC37。字右移和字左移指令以字为单位，其工作的过程与位移位相似，是将 n1 个字右移或左移 n2 个字。

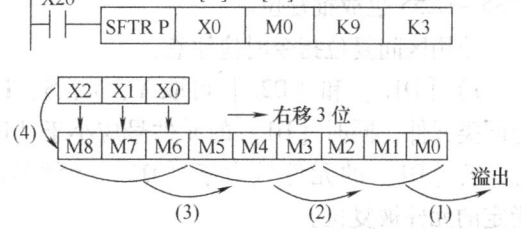

图 3-51　位右移指令的使用

使用字右移和字左移指令时应注意：

1) 源操作数可取 KnX、KnY、KnM、KnS、T、C 和 D，目标操作数可取 KnY、KnM、KnS、T、C 和 D。

2) 字移位指令只有 16 位操作，占用 9 个程序步。

3) n1 和 n2 的关系为 n2≤n1≤512。

5. 先入先出写入和读出指令

先入先出写入指令和先入先出读出指令 SFWR（P）和 SFRD（P），编号分别为 FNC38 和 FNC39。

先入先出写入指令 SFWR 的使用如图 3-52 所示，当 X0 由 OFF 变为 ON 时，SFWR 执行，D0 中的数据写入 D2，而 D1 变成指针，其值为 1（D1 必须先清 0）；当 X0 再次由 OFF 变为 ON 时，D0 中的数据写入 D3，D1 变为 2，依次类推，D0 中的数据依次写入数据寄存器。D0 中的数据从右边的 D2 顺序存入，源数据写入的次数放在 D1 中，当 D1 中的数达到 n−1 后不再执行上述操作，同时进位标志 M8022 置 1。

先入先出读出指令 SFRD 的使用如图 3-53 所示，当 X0 由 OFF 变为 ON 时，D2 中的数据送到 D10，同时指针 D1 的值减 1，D3~D9 的数据向右移一个字，数据总是从 D2 读出，指针 D1 为 0 时，不再执行上述操作且 M8020 置 1。

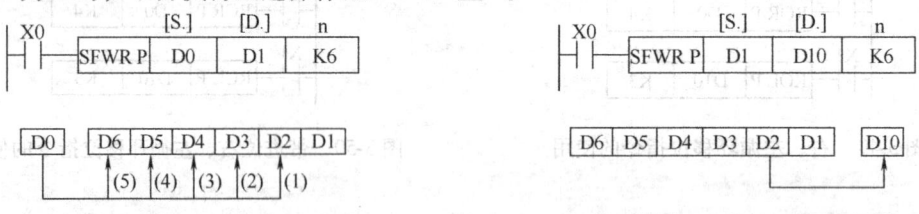

图 3-52 先入先出写入指令的使用　　图 3-53 先入先出读出指令的使用

使用 SFWR 和 SFRD 指令时应注意：

1) 目标操作数可取 KnY、KnM、KnS、T、C 和 D，源操数可取所有的数据类型。

2) 指令只有 16 位运算，占 7 个程序步。

（五）数据处理指令（FNC40~FNC49）

1. 区间复位指令

区间复位指令 ZRST　ZRST（P）的编号为 FNC40。它是将指定范围内的同类元件成批复位。如图 3-54 所示，当 M8002 由 OFF→ON 时，位元件 M500~M599 成批复位，字元件 C235~C255 也成批复位。

使用区间复位指令时应注意：

1) [D1.] 和 [D2.] 可取 Y、M、S、T、C 和 D，且应为同类元件，同时 [D1] 的元件号应小于 [D2] 指定的元件号，若 [D1] 的元件号大于 [D2] 元件号，则只有 [D1] 指定的元件被复位。

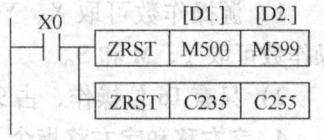

图 3-54 区间复位指令的使用

2) ZRST 指令只有 16 位处理，占 5 个程序步，但 [D1.] [D2.] 也可以指定为 32 位计数器。

2. 译码和编码指令

（1）译码指令 DECO　DECO（P）指令的编号为 FNC41。如图 3-55 所示，n=3 则表示

[S.] 源操作数为 3 位，即为 X0、X1 和 X2。其状态为二进制数，当值为 011 时相当于十进制 3，则由目标操作数 M7~M0 组成的 8 位二进制数的第三位 M3 被置 1，其余各位为 0。如果为 000 则 M0 被置 1。用译码指令可通过 [D.] 中的数值来控制元件的 ON/OFF。

使用译码指令时应注意：

1) 位源操作数可取 X、T、M 和 S，位目标操作数可取 Y、M 和 S，字源操作数可取 K，H，T，C，D，V 和 Z，字目标操作数可取 T，C 和 D。

2) 若 [D.] 指定的目标元件是字元件 T、C、D，则 n≤4；若是位元件 Y、M、S，则 n = 1~8。译码指令为 16 位指令，占 7 个程序步。

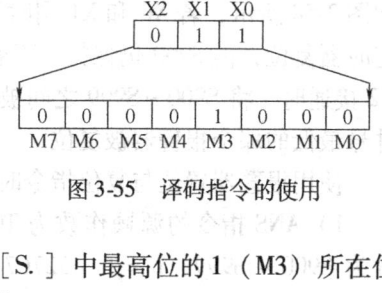

图 3-55 译码指令的使用

(2) 编码指令 ENCO　ENCO (P) 指令的编号为 FNC42。如图 3-56 所示，当 X1 有效时执行编码指令，将 [S.] 中最高位的 1 (M3) 所在位数 (4) 放入目标元件 D10 中，即把 011 放入 D10 的低 3 位。

使用编码指令时应注意：

1) 源操作数是字元件时，可以是 T、C、D、V 和 Z；源操作数是位元件，可以是 X、Y、M 和 S。目标元件可取 T、C、D、V 和 Z。编码指令为 16 位指令，占 7 个程序步。

2) 操作数为字元件时应使用 n≤4，为位元件时则 n = 1~8，n = 0 时不作处理。

3) 若指定源操作数中有多个 1，则只有最高位的 1 有效。

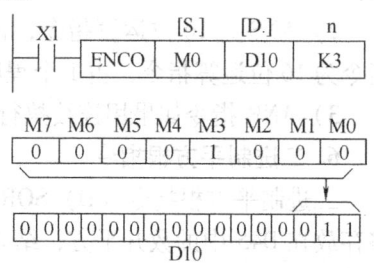

图 3-56 编码指令的使用

3. ON 位数统计和 ON 位判别指令

(1) ON 位数统计指令 SUM　(D) SUM (P) 指令的编号为 FNC43。该指令是用来统计指定元件中 1 的个数。如图 3-57 所示，当 X0 有效时执行 SUM 指令，将源操作数 D0 中 1 的个数送入目标操作数 D2 中，若 D0 中没有 1，则零标志 M8020 将置 1。

使用 SUM 指令时应注意：

1) 源操作数可取所有数据类型，目标操作数可取 KnY、KnM、KnS、T、C、D、V 和 Z。

2) 16 位运算时占 5 个程序步，32 位运算则占 9 个程序步。

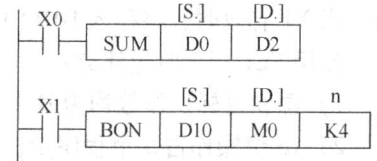

图 3-57 ON 位数统计和 ON 位判别指令的使用

(2) ON 位判别指令 BON　(D) BON (P) 指令的编号为 FNC44。它的功能是检测指定元件中的指定位是否为 1。如图 3-56 所示，当 X1 为有效时，执行 BON 指令，由 K4 决定检测的是源操作数 D10 的第 4 位，当检测结果为 1 时，则目标操作数 M0 = 1，否则 M0 = 0。

使用 BON 指令时应注意：

1) 源操作数可取所有数据类型，目标操作数可取 Y、M 和 S。

2) 进行 16 位运算，占 7 程序步，n = 0~15；32 位运算时则占 13 个程序步，n = 0~31。

4. 平均值指令

平均值指令 MEAN （D)MEAN(P) 的编号为 FNC45。其作用是将 n 个源数据的平均值送到指定目标（余数省略），若程序中指定的 n 值超出 1~64 的范围将会出错。

5. 报警器置位与复位指令

报警器置位指令 ANS (P) 和报警器复位指令 ANR (P)，编号分别为 FNC46 和 FNC47。如图 3-58 所示，若 X0 和 X1 同时为 ON 时超过 1s，则 S900 置 1；当 X0 或 X1 变为 OFF，虽定时器复位，但 S900 仍保持 1 不变；若在 1s 内 X0 或 X1 再次变为 OFF，则定时器复位。当 X2 接通时，将 S900~S999 之间被置 1 的报警器复位。若有多于 1 个的报警器被置 1，则元件号最低的那个报警器被复位。

使用报警器置位与复位指令时应注意：

1) ANS 指令的源操作数为 T0~T199，目标操作数为 S900~S999，n = 1~32767；ANR 指令无操作数。

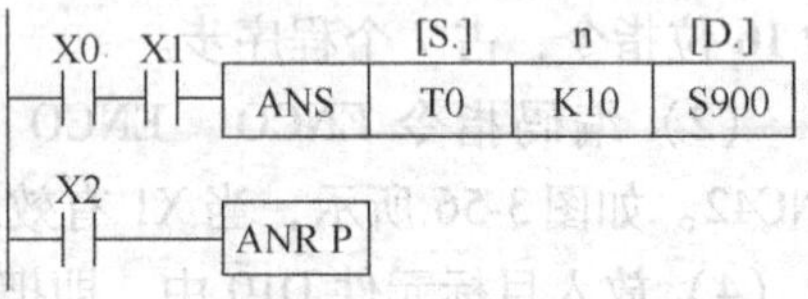

2) ANS 为 16 位运算指令，占 7 个程序步；ANR 指令为 16 位运算指令，占 1 个程序步。

3) ANR 指令如果用连续执行，则会按扫描周期依次逐个将报警器复位。

图 3-58 报警器置位与复位指令的使用

6. 二进制平方根指令

二进制平方根指令 (D) SQR (P)，编号为 FNC48。如图 3-59 所示，当 X0 有效时，则将存放在 D45 中的数开平方，结果存放在 D123 中（结果只取整数）。

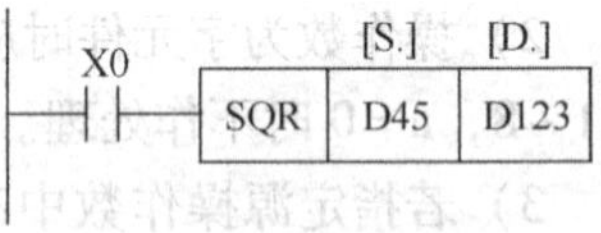

使用 SQR 指令时应注意：

1) 源操作数可取 K、H 和 D，数据需大于 0，目标操作数为 D。

2) 16 位运算占 5 个程序步，32 位运算占 9 个程序步。

图 3-59 二进制平方根指令的使用

7. 二进制整数→二进制浮点数转换指令

二进制整数→二进制浮点数转换指令 FLT （D)FLT(P) 的编号为 FNC49。如图 3-60 所示，当 X1 有效时，将存入 D10 中的数据转换成浮点数并存入 D12 中。

使用 FLT 指令时应注意：

1) 源和目标操作数均为 D。

2) 16 位操作占 5 个程序步，32 位占 9 个程序步。

（六）高速处理指令（FNC50~FNC59）

1. 与输入输出有关的指令

（1）输入输出刷新指令 REF REF(P) 指令的编号为 FNC50。FX 系列 PLC 采用集中输入输出的方式。如果需要最新的输入信息以及希望立即输出结果，必须使用该指令。如图 3-61 所示，当 X0 接通时，X10~X17 共 8 点将被刷新；当 X1 接通时，则 Y0~Y7、Y10~Y17、共 16 点输出将被刷新。

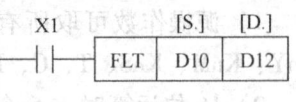

图 3-60 二进制整数→二进制浮点数转换指令的使用

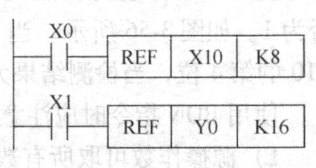

图 3-61 输入输出刷新指令的使用

使用 REF 指令时应注意：

1) 目标操作数的元件编号个位为 0 的 X 和 Y，n 应为 8 的整倍数。

2) REF 为 16 位运算指令，占 5 个程序步。

(2) 滤波调整指令 REFF REFF（P）指令的编号为 FNC51。在 FX 系列 PLC 中 X0 ~ X17 使用了数字滤波器，用 REFF 指令可调节其滤波时间，范围为 0 ~ 60ms（实际上由于输入端有 RL 滤波，所以最小滤波时间为 50μs）。如图 3-62 所示，当 X0 接通时，执行 REFF 指令，滤波时间常数被设定为 1ms。

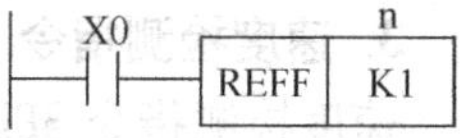

使用 REFF 指令时应注意：

1) REFF 为 16 位运算指令，占 7 个程序步。

图 3-62　滤波调整指令说明

2) 当 X0 ~ X7 用作高速计数输入时或使用 FNC56 速度检测指令以及中断输入时，输入滤波器的滤波时间自动设置为 50ms。

(3) 矩阵输入指令 MTR MTR 指令的编号为 FNC52。利用 MTR 可以构成连续排列的 8 点输入与 n 点输出组成的 8 列 n 行的输入矩阵。如图 3-63 所示，由 [S] 指定的输入 X0 ~ X7 共 8 点与 n 点输出 Y0、Y1 和 Y2（n = 3）组成一个输入矩阵。PLC 在运行时执行 MTR 指令，当 Y0 为 ON 时，读入第一行的输入状态，存入 M30 ~ M37 中；Y1 为 ON 时读入第二行的输入状态，存入 M40 ~ M47。其余类推，反复执行。

使用 MTR 指令时应注意：

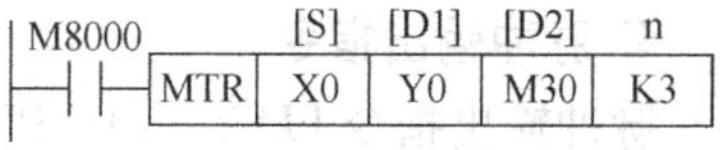

1) 源操作数 [S] 是元件编号个位为 0 的 X，目标操作数 [D1] 是元件编号个位为 0 的 Y，目标操作数 [D2] 是元件编号个位为 0 的 Y、M 和 S，n 的取值范围是 2 ~ 8。

图 3-63　矩阵输入指令的使用

2) 考虑到输入滤波应答延迟为 10ms，对于每一个输出按 20ms 顺序中断，立即执行。

3) 利用本指令通过 8 点晶体管输出获得 64 点输入，但读一次 64 点输入所需时间为 20ms × 8 = 160ms，不适应高速输入操作。

4) 该指令只有 16 位运算，占 9 个程序步。

2. 高速计数器指令

(1) 高速计数器置位指令 DHSCS DHSCS 指令的编号为 FNC53。它应用于高速计数器的置位，当计数器的当前值达到预置值时，计数器的输出触点立即动作。它采用了中断方式使置位和输出立即执行而与扫描周期无关。如图 3-64 所示，[S1.] 为设定值（100），当高速计数器 C255 的当前值由 99 变为 100 或由 101 变为 100 时，Y0 都将立即置 1。

(2) 高速计速器比较复位指令 DHSCR DHSCR 指令的编号为 FNC54。如图 3-64 所示，C254 的当前值由 199 变为 200 或由 201 变为 200 时，则用中断的方式使 Y10 立即复位。

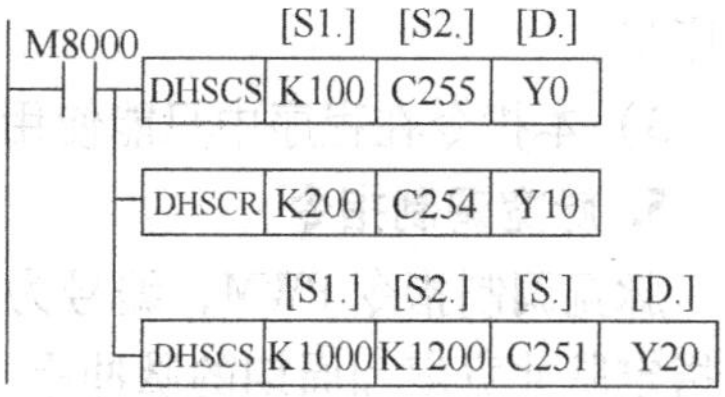

使用 DHSCS 和 DHSCR 时应注意：

1) 源操作数 [S1.] 可取所有数据类型，[S2.] 为 C235 ~ C255，目标操作数可取 Y、M 和 S。

图 3-64　高速计数器指令的使用

2) 只有 32 位运算，占 13 个程序步。

(3) 高速计速器区间比较指令 DHSZ DHSZ 指令的编号为 FNC55。如图 3-64 所示，目标操作数为 Y20、Y21 和 Y22。如果 C251 的当前值 < K1000 时，Y20 为 ON；K1000 ≤ C251 的当前值 ≤ K1200 时，Y21 为 ON；C251 的当前值 > K1200 时，Y22 为 ON。

使用高速计速器区间比较指令时应注意：

1）操作数[S1.]、[S2.]可取所有数据类型，[S.]为C235~C255，目标操作数[D.]可取Y、M和S。

2）指令为32位操作，占17个程序步。

3. 速度检测指令

速度检测指令SPD，编号为FNC56。它的功能是用来检测给定时间内从编码器输入的脉冲个数，并计算出速度。如图3-65所示，[D.]占三个目标元件。当X12为ON时，用D1对X0的输入上升沿计数，100ms后计数结果送入D0，D1复位，D1重新开始对X0计数。D2在计数结束后计算剩余时间。

使用速度检测指令时应注意：

1）[S1.]为X0~X5，[S2.]可取所有的数据类型，[D.]可以是T、C、D、V和Z。

2）指令只有16位操作，占7个程序步。

4. 脉冲输出指令

脉冲输出指令PLSY（D）PLSY的编号为FNC57。它用来产生指定数量的脉冲。如图3-66所示，[S1.]用来指定脉冲频率（2~20000Hz），[S2.]指定脉冲的个数（16位指令的范围为1~32767，32位指令则为1~2147483647。如果指定脉冲数为0，则产生无穷多个脉冲。[D.]用来指定脉冲输出元件号。脉冲的占空比为50%，脉冲以中断方式输出。指定脉冲输出完后，完成标志M8029置1。X10由ON变为OFF时，M8029复位，停止输出脉冲。若X10再次变为ON则脉冲从头开始输出。

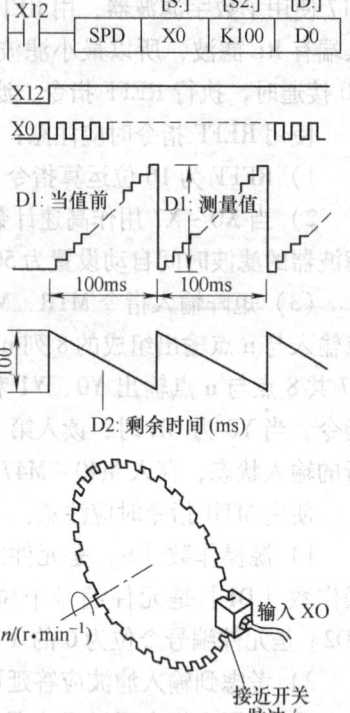

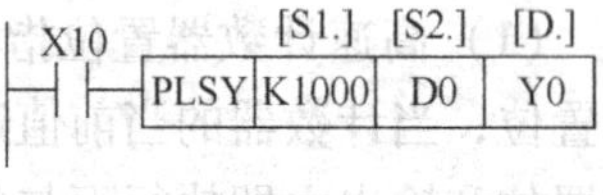

图3-65 速度检测指令的使用

使用脉冲输出指令时应注意：

1）[S1.]、[S2.]可取所有数据类型，[D.]为Y1和Y2。

2）该指令可进行16和32位操作，分别占用7个和13个程序步。

3）本指令在程序中只能使用一次。

图3-66 脉冲输出指令的使用

5. 脉宽调制指令

脉宽调制指令PWM，编号为FNC58。它的功能是用来产生指定脉冲宽度和周期的脉冲串。如图3-67所示，[S1.]用来指定脉冲的宽度，[S2.]用来指定脉冲的周期，[D.]用来指定输出脉冲的元件号（Y0或Y1），输出的ON/OFF状态由中断方式控制。

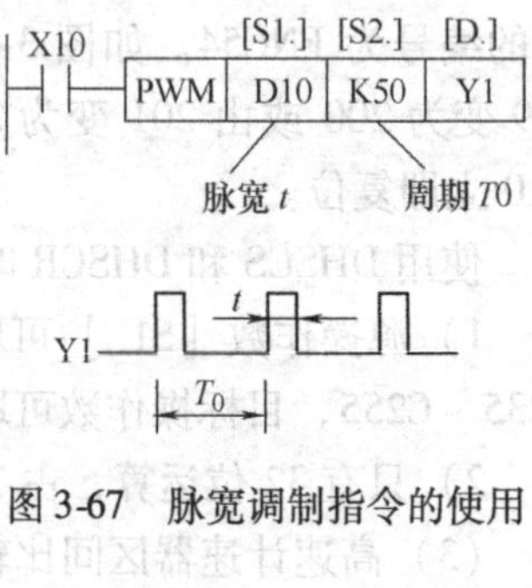

图3-67 脉宽调制指令的使用

使用脉宽调制指令时应注意：

1）操作数的类型与PLSY相同；该指令只有16位操作，需7个程序步。

2）[S1.]应小于[S2.]。

6. 可调速脉冲输出指令

可调速脉冲输出指令（D）PLSR，编号为 FNC59。该指令可以对输出脉冲进行加速，也可进行减速调整。源操作数和目标操作数的类型和 PLSY 指令相同，只能用于晶体管 PLC 的 Y0 和 Y1，可进行 16 位操作也可进行 32 位操作，分别占 9 个和 17 个程序步。该指令只能用一次。

（七）其他功能指令

1. 方便指令（FNC60 ~ FNC69）

FX 系列共有 10 条方便指令：初始化指令 IST（FNC60）、数据搜索指令 SER（FNC61）、绝对值式凸轮顺控指令 ABSD（FNC62）、增量式凸轮顺控指令 INCD（FNC63）、示教定时指令 TIMR（FNC64）、特殊定时器指令 STMR（FNC65）、交替输出指令 ALT（FNC66）、斜坡信号指令 RAMP（FNC67）、旋转工作台控制指令 ROTC（FNC68）和数据排序指令 SORT（FNC69）。以下仅对其中部分指令加以介绍。

（1）凸轮顺控指令　凸轮顺控指令有绝对值式凸轮顺控指令 ABSD（FNC62）和增量式凸轮顺控指令 INCD（FNC63）两条。

绝对值式凸轮顺控指令 ABSD 是用来产生一组对应于计数值在 360°范围内变化的输出波形，输出点的个数由 n 决定，如图 3-68a 所示。图中 n 为 4，表明 [D.] 由 M0 ~ M3 共 4 点输出。预先通过 MOV 指令将对应的数据写入 D300 ~ D307 中，开通点数据写入偶数元件，关断点数据放入奇数元件，如表 3-13 所示。当执行条件 X0 由 OFF 变 ON 时，M0 ~ M3 将得到如图 3-68b 所示的波形，通过改变 D300 ~ D307 的数据可改变波形。若 X0 为 OFF，则各输出点状态不变。该指令只能使用一次。

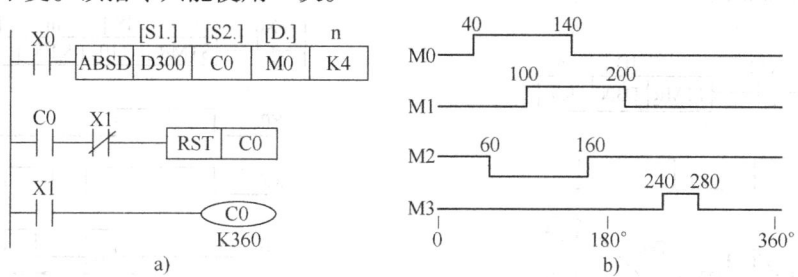

图 3-68　绝对值式凸轮顺控指令的使用
a）绝对值式凸轮顺控指令　b）输出波形

表 3-13　旋转台旋转周期 M0 ~ M3 状态

开通点	关断点	输出	开通点	关断点	输出
D300 = 40	D301 = 140	M0	D304 = 160	D305 = 60	M2
D302 = 100	D303 = 200	M1	D306 = 240	D307 = 280	M3

增量式凸轮顺控指令 INCD 也是用来产生一组对应于计数值变化的输出波形。如图 3-69 所示，n = 4，说明有 4 个输出，分别为 M0 ~ M3，它们的 ON/OFF 状态受凸轮提供的脉冲个数控制。使 M0 ~ M3 为 ON 状态的脉冲个数分别存放在 D300 ~ D303 中（用 MOV 指令写入）。图中波形是 D300 ~ D303，分别为 20、30、10 和 40 时的输出。当计数器 C0 的当前值

依次达到 D300～D303 的设定值时将自动复位。C1 用来计复位的次数，M0～M3 根据 C1 的值依次动作。由 n 指定的最后一段完成后，标志 M8029 置 1，以后周期性重复。若 X0 为 OFF，则 C0、C1 均复位，同时 M0～M3 变为 OFF，当 X0 再接通后重新开始工作。

凸轮顺控指令源操作数 [S1.] 可取 KnX、KnY、KnM、KnS、T、C 和 D，[S2.] 为 C，目标操作数可取 Y、M 和 S。为 16 位操作指令，占 9 个程序步。

(2) 定时器指令 定时器指令有示教定时器指令 TTMR（FNC64）和特殊定时器指令 STMR（FNC65）两条。

使用示教定时器指令 TTMR，可用一个按钮来调整定时器的设定时间。如图 3-70 所示，当 X10 为 ON 时，执行 TTMR 指令，X10 按下的时间由 D301 记录，该时间乘以 10^n 后存入 D300。如果按钮按下时间为 t 则存入 D300 的值为 $10^n \times t$。X10 为 OFF 时，D301 复位，D300 保持不变。TTMR 为 16 位指令，占 5 个程序步。

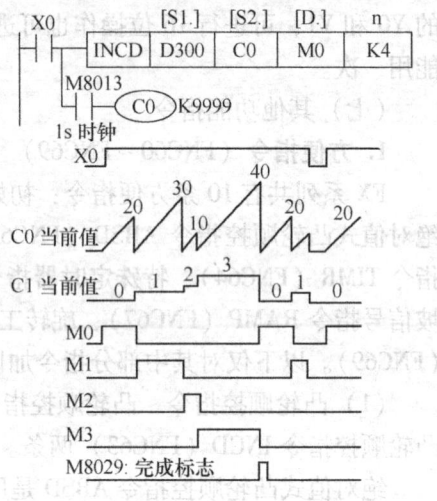

图 3-69 增量式凸轮顺控指令的使用

特殊定时器指令 STMR 是用来产生延时断开定时器、单脉冲定时器和闪动定时器。如图 3-71 所示，m = 1～32767，用来指定定时器的设定值；[S.] 源操作数取 T0～T199（100ms 定时器）。T10 的设定值为 100ms×100 = 10s，M0 是延时断开定时器，M1 为单脉冲定时器，M2、M3 为闪动而设。

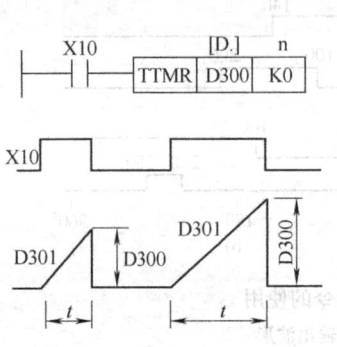

图 3-70 示教定时器指令说明

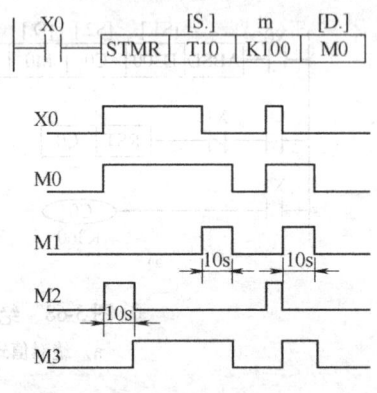

图 3-71 特殊定时器指令的使用

(3) 交替输出指令 交替输出指令 ALT（P）的编号为 FNC66，用于实现由一个按钮控制负载的启动和停止。如图 3-72 所示，当 X0 由 OFF 到 ON 时，Y0 的状态将改变一次。若用连续的 ALT 指令则每个扫描周期 Y0 均改变一次状态。[D.] 可取 Y、M 和 S。ALT 为 16 位运算指令，占 3 个程序步。

2. 外部 I/O 设备指令（FNC70～FNC79）

外部 I/O 设备指令是 FX 系列与外设传递信息的指令，共有 10 条。分别是 10 键输入指令 TKY（FNC70）、16 键输入指令 HKY

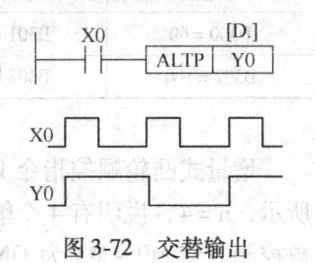

图 3-72 交替输出指令的使用

(FNC71)、数字开关输入指令 DSW（FNC72）、七段译码指令 SEGD（FNC73）、带锁存的七段显示指令 SEGL（FNC74）、方向开关指令 ARWS（FNC75）、ASCII 码转换指令 ASC（FNC76）、ASCII 打印指令 PR（FNC77）、特殊功能模块读指令 FROM（FNC78）和特殊功能模块写指令 T0（FNC79）。

（1）数据输入指令　数据输入指令有 10 键输入指令 TKY（FNC70）、16 键输入指令 HKY（FNC71）和数字开关输入指令 DSW（FNC72）。

10 键输入指令（D）TKY 的使用如图 3-73 所示。源操作数 [S.] 用 X0 为首元件，10 个键 X0～X11 分别为对应数字 0～9。X30 接通时执行 TKY 指令，如果以 X2（2）、X9（8）、X3（3）和 X0（0）的顺序按键，则 [D1.] 中存入数据为 2830，实现了将按键变成十进制的数字量。当送入的数大于 9999，则高位溢出并丢失。使用 32 位指令 DTKY 时，D1 和 D2 组合使用，高位大于 99999999，则高位溢出。

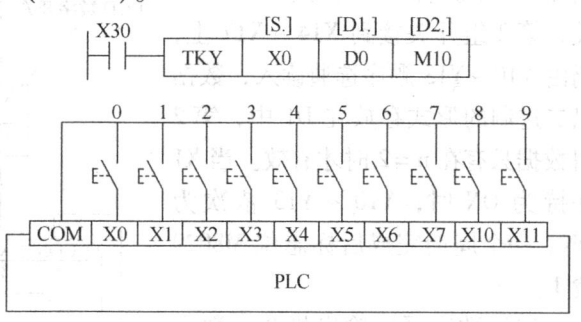

图 3-73　10 键输入指令的使用

当按下 X2 后，M12 置 1 并保持至另一键被按下，其他键也一样。M10～M19 动作对应于 X0～X11。任一键按下，键信号置 1 直到该键放开。当两个或更多的键被按下时，则首先按下的键有效。X30 变为 OFF 时，D0 中的数据保持不变，但 M10～M20 全部为 OFF。此指令的源操作数可取 X、Y、M 和 S，目标操作数 [D.] 可取 KnY、KnM、KnS、T、C、D、V 和 Z，[D2.] 可取 Y、M 和 S。16 位运算占 7 个程序步，32 运算时占 13 个程序步。该指令在程序中只能使用一次。

16 键输入指令（D）HKY 的作用是通过对键盘上的数字键和功能键输入的内容实现输入的复合运算。如图 3-74 所示，[S.] 指定 4 个输入元件，[D1.] 指定 4 个扫描输出点，[D2.] 为键输入的存储元件。[D3.] 指定读出元件。16 键中 0～9 为数字键，A～F 为功能键，HKY 指令输入的数字范围为 0～9999，以二进制的方式存放在 D0 中，如果大于 9999 则溢出。DHKY 指令可在 D0 和 D1 中存放最大为 99999999 的数据。功能键 A～F 与 M0～M5 对应，按下 A 键，M0 置 1 并保持。按下 D 键，M0 置 0，M3 置 1 并保持。其余类推。如果同时按下多个键则先按下的有效。

该指令源操作数为 X，目标操作数 [D1.] 为 Y，[D2] 可以取 T、C、D、V 和 Z，[D3.] 可取

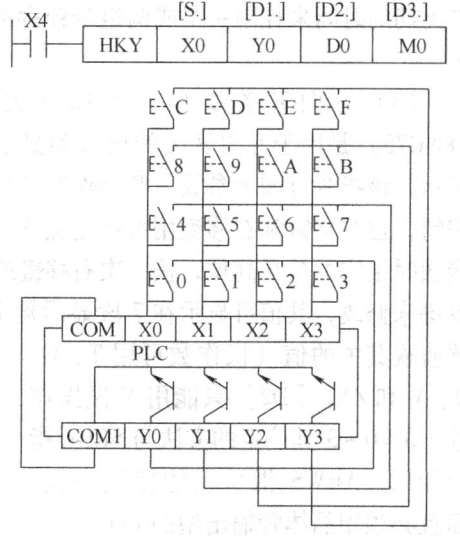

图 3-74　16 键输入指令的使用

Y、M 和 S。16 位运算时占 9 个程序步，32 位运算时为占 17 个程序步。扫描全部 16 键需 8 个扫描周期。HKY 指令在程序中只能使用一次。

数字开关指令 DSW 的功能是读入 1 组或 2 组 4 位数字开关的设置值。如图 3-75 所示，

源操作数 [S] 为 X，用来指定输入点。[D1] 为目标操作数为 Y，用来指定选通点。[D2] 指定数据存储单元，它可取 T、C、D、V 和 Z。[n] 指定数字开关组数。该指令只有 16 位运算，占 9 个程序步，可使用两次。图中，n=1 指有 1 组 BCD 码数字开关。输入开关为 X10～X13，按 Y10～Y13 的顺序选通读入，数据以二进制数的形式存放在 D0 中。若 n=2，则有 2 组开关，第 2 组开关接到 X14～X17 上，仍由 Y10～Y13 顺序选通读入，数据以二进制的形式存放在 D1 中，第 2 组数据只有在 n=2 时才有效。当 X1 保持为 ON 时，Y10～Y13 依次为 ON。一个周期完成后标志位 M8029 置 1。

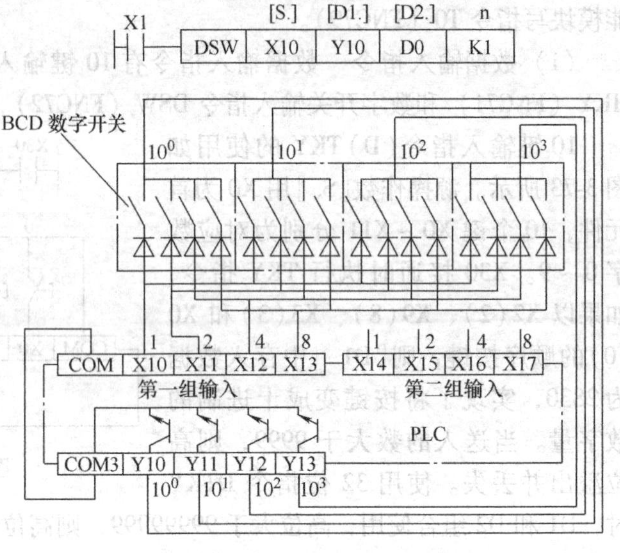

(2) 数字译码输出指令 数字译码输出指令有七段译码指令 SEGD (FNC73) 和带锁存的七段显示指令 SEGL (FNC74) 两条。

七段译码指令 SEGD (P) 如图 3-76 所示，将 [S.] 指定元件的低 4 位所确定的十六进制数 (0～F) 经译码后存于 [D.] 指定的元件中，以驱动七段显示器，[D.] 的高 8 位保持不变。如果要显示 0，则应在 D0 中放入数据为 3FH。

带锁存的 7 段显示指令 SEGL 的作用是用 12 个扫描周期的时间来控制一组或两组带锁存的七段译码显示。

(3) 方向开关指令 方向开关指令 ARWS (FNC75) 是用于方向开关的输入和显示。如图 3-77 所示，该指令有四个参数，源操作数 [S] 可选 X、Y、M 和 S。图中选择 X10 开始的 4 个按钮，位左移键和右移键用来指定输入的位，增加键和减少键用来设定指定位的数值。X0 接通时指定的是最高位，按一次右移键或左移键可移动一位。指定位的数据可由增加键和减少键来修改，其值可显示在 7 段显示器上。目标操作数 [D1] 为输入的数据，由 7 段显示器监视其中的值（操作数可用 T、C、D、V 和 Z），[D2] 只能用 Y 做操作数，n=0～3 其确定的方法与 SEGL 指令相同。ARWS 指令只能使用一次，而且必须用晶体管输出型的 PLC。

(4) ASCII 码转换指令 ASCII 码转换指令 ASC (FNC76) 的功能是将字符变换成 ASCII 码，并存放在指定的元件中。如图 3-78 所示，当 X3 有

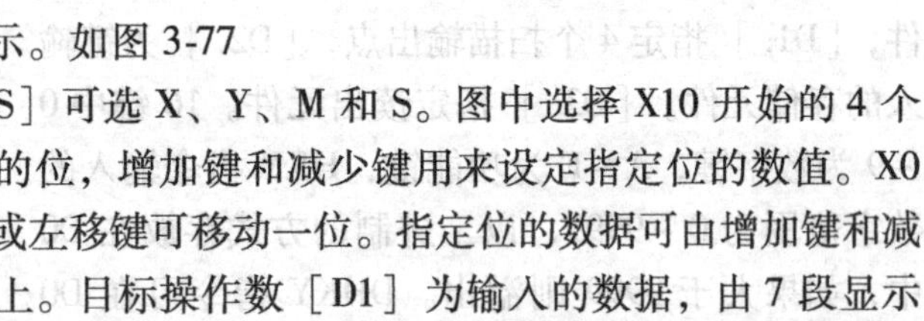

图 3-75 数字开关指令的使用

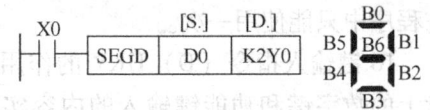

图 3-76 七段译码指令的使用

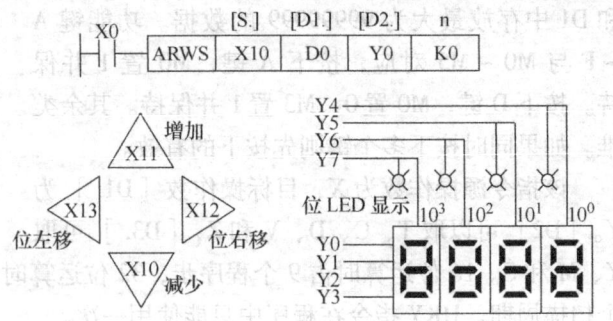

图 3-77 方向开关指令的使用

效时，则将 FX2A 变成 ASCII 码并送入 D300 和 D301 中。源操作数是 8 个字节以下的字母或数字，目标操作数为 T、C 和 D。它只有 16 位运算，占 11 个程序步。

特殊功能模块读指令 FROM（FNC78）和特殊功能模块写指令 TO（FNC79），将在第 6 章中介绍。

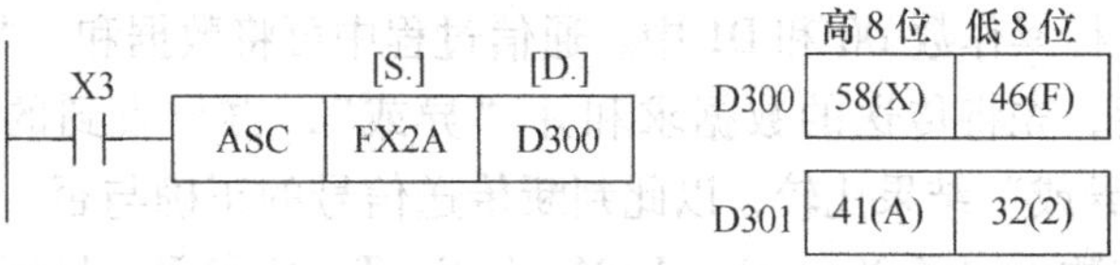

3. 外围设备（SER）指令（FNC80 ~ FNC89）

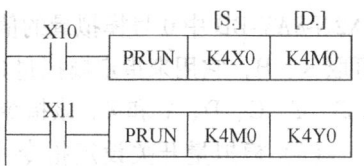

图 3-78 ASCII 码转换指令说明

外围设备（SER）指令包括串行通信指令 RS（FNC80）、八进制数据传送指令 PRUN（FNC81）、HEX→ASCII 转换指令 ASCI（FNC82）、ASCII→HEX 转换指令 HEX（FNC83）、校验码指令 CCD（FNC84）、模拟量输入指令 VRRD（FNC85）、模拟量开关设定指令 VRSC（FNC86）和 PID 运算指令 PID（FNC88），8 条指令。

（1）八进制数据传送指令 八进制数据传送指令（D）PRUN（P）（FNC81）是用于八进制数的传送。如图 3-79 所示，当 X10 为 ON 时，将 X0 ~ X17 内容送至 M0 ~ M7 和 M10 ~ M17（因为 X 为八进制，故 M9 和 M8 的内容不变）。当 X11 为 ON 时，则将 M0 ~ M7 送 Y0 ~ Y7，M10 ~ M17 送 Y10 ~ Y17。源操作数可取 KnX、KnM，目标操作数取 KnY、KnM，n = 1 ~ 8，16 位和 32 位运算分别占 5 个和 9 个程序步。

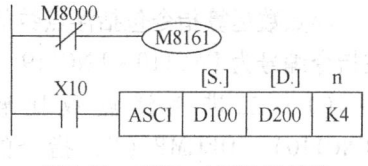

图 3-79 八进制数据传送指令的使用

（2）16 进制数与 ASCII 码转换指令 有 HEX→ASCII 转换指令 ASCI（FNC82）、ASCII→HEX 转换指令 HEX（FNC83）两条指令

HEX→ASCII 转换指令 ASCI（P）的功能是将源操作数［S.］中的内容（16 进制数）转换成 ASCII 码放入目标操作数［D.］中。如图 3-80 所示，n 表示要转换的字符数（n = 1 ~ 256）。M8161 控制采用 16 位模式还是 8 位模式。16 位模式时每 4 个 HEX 占用 1 个数据寄存器，转换后每两个 ASCII 码占用一个数据寄存器；8 位模式时，

图 3-80 HEX→ASCII 码转换指令的使用

转换结果传送到［D.］低 8 位，其高 8 位为 0。PLC 运行时 M8000 为 ON，M8161 为 OFF，此时为 16 位模式。当 X0 为 ON，则执行 ASCI。如果放在 D100 中的 4 个字符为 0ABCH，则执行后将其转换为 ASCII 码送入 D200 和 D201 中，D200 高位放 A 的 ASCII 码 41H，低位放 0 的 ASCII 码 30H，D201 则放 BC 的 ASCII 码，C 放在高位。该指令的源操作数可取所有数据类型，目标操作数可取 KnY、KnM、KnS、T、C 和 D。只有 16 位运算，占用 7 个程序步。

ASCII→HEX 指令 HEX（P）的功能与 ASCI 指令相反，是将 ASCII 码表示的信息转换成 16 进制的信息。如图 3-81 所示，将源操作数 D200 ~ D203 中放的 ASCII 码转换成 16 进制放入目标操作数 D100 和 D101 中。只有 16 位运算，占 7 个程序步。源操作数为 K、H、KnX、KnY、KnM、KnS、T、C 和 D，目标操作数为 KnY、KnM、KnS、T、C、D、V 和 Z。

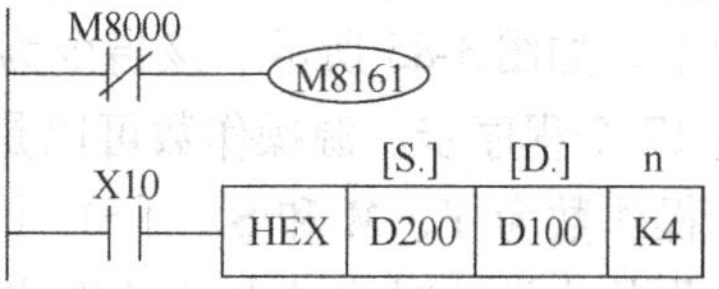

图 3-81 ASCII→HEX 指令的使用

（3）校验码指令 校验码指令 CCD（P）（FNC84）的

功能是对一组数据寄存器中的16进制数进行总校验和奇偶校验。如图3-82所示，是将源操作数[S.]指定的D100~D102共6个字节的8位二进制数求和并"异或"，结果分别放在目标操作数D0和D1中。通信过程中可将数据和、"异或"结果随同发送，对方接收到信息后，先将传送的数据求和并"异或"，再与收到的和及"异或"结果比较，以此判断传送信号的正确与否。源操作数可取KnX、KnY、KnM、KnS、T、C和D，目标操作数可取KnM、KnS、T、C和D，n可用K、H或D，n=1~256。为16位运算指令，占7个程序步。

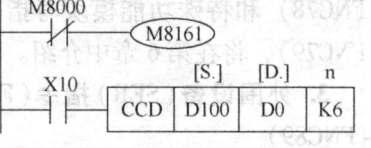

图3-82 校验码指令的使用

以上PRUN、ASCI、HEX和CCD常应用于串行通信中，配合RS指令。

（4）模拟量输入指令 模拟量输入指令VRRD（P）（FNC85）是用来对FX2N-8AV-BD模拟量功能扩展板中的电位器数值进行读操作。如图3-83所示，当X0为ON时，读出FX2N-8AV-BD中0号模拟量的值（由K0决定），将其送入D0作为T0的设定值。源操作数可取K、H，它用来指定模拟量口的编号，取值范围为0~7；目标操作数可取KnY、KnM、KnS、T、C、D、V和Z。该指令只有16位运算，占5个程序步。

（5）模拟量开关设定指令 模拟量开关设定指令VRSC（P）（FNC86）的作用是将FX-8AV中电位器读出的数四舍五入后以0~10之间的整数值存放在目标操作数中。它的源操作数[S.]可取K和H，用来指定模拟量口的编号，取值范围为0~7；目标操作数[D.]的类型与VRRD指令相同。该指令为16位运算，占9个程序步。

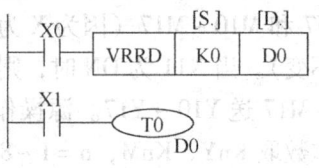

图3-83 模拟量输入指令的使用

4. 浮点运算指令

浮点数运算指令包括浮点数的比较、四则运算、开方运算和三角函数等功能。它们分布在指令编号为FNC110~FNC119、FNC120~FNC129、FNC130~FNC139的指令之中。

（1）二进制浮点数比较指令DECMP（FNC110） DECMP（P）指令的使用如图3-84所示，将两个源操作数进行比较，比较结果反映在目标操作数中。如果操作数为常数则自动转换成二进制浮点值处理。该指令源操作数可取K、H和D，目标操作数可用Y、M和S。该指令为32位运算指令，占17个程序步。

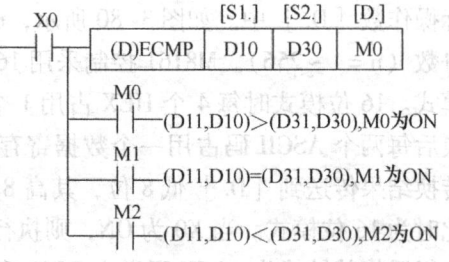

图3-84 二进制浮点数比较指令的使用

（2）二进制浮点数区间比较指令EZCP（FNC111） EZCP（P）指令的功能是将源操作数的内容与用二进制浮点值指定的上下两点的范围比较，对应的结果用ON/OFF反映在目标操作数上，如图3-85所示。该指令为32位运算指令，占17个程序步。源操作数可以是K、H和D；目标操作数为Y、M和S。[S1.]应小于[S2.]，操作数为常数时将被自动转换成二进制浮点值处理。

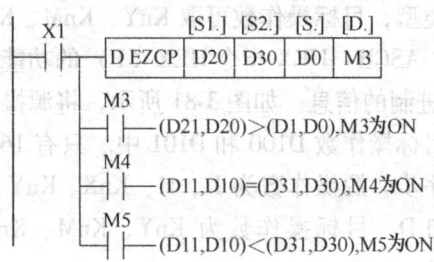

图3-85 二进制浮点数区间比较指令的使用

(3) 二进制浮点数的四则运算指令 浮点数的四则运算指令有加法指令 EADD（FNC120）、减法指令 ESUB（FNC121）、乘法指令 EMVL（FNC122）和除法指令 EDIV（FNC123）四条指令。四则运算指令的使用说明如图 3-86 所示，它们都是将两个源操作数中的浮点数进行运算后送入目标操作数。当除数为 0 时出现运算错误，不执行指令。此类指令只有 32 位运算，占 13 个程序步。运算结果影响标志位 M8020（零标志）、M8021（借位标志）、M8022（进位标志）。源操作数可取 K、H 和 D，目标操作数为 D。如有常数参与运算则自动转化为浮点数。

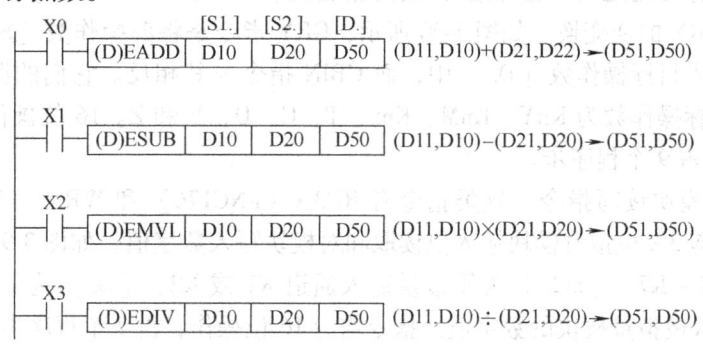

图 3-86 二进制浮点数四则运算指令的使用

二进制的浮点运算还有开平方、三角函数运算等指令，在此不一一说明。

5. 时钟运算指令（FNC160 ~ FNC169）

共有七条时钟运算类指令，指令的编号分布在 FNC160 ~ FNC169 之间。时钟运算类指令是对时钟数据进行运算和比较，对 PLC 内置实时时钟进行时间校准和时钟数据格式化操作。

（1）时钟数据比较指令 TCMP（FNC160） TCMP（P）的功能是用来比较指定时刻与时钟数据的大小。如图 3-87 所示，将源操作数［S1.］、［S2.］、［S3.］中的时间与［S.］起始的 3 个时间数据比较，根据它们的比较结果决定目标操作数［D.］中起始的 3 个单元中取 ON 或 OFF 的状态。该指令只有 16 位运算，占 11 个程序步。它的源操作数可取 T、C 和 D，目标操作数可以是 Y、M 和 S。

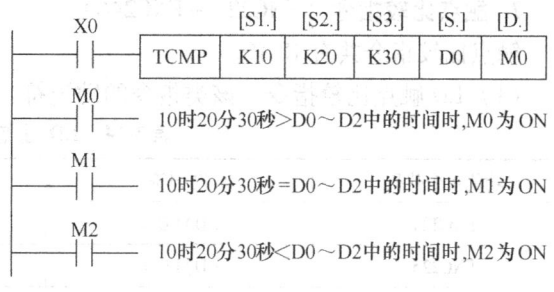

图 3-87 时钟数据比较指令的使用

（2）时钟数据加法运算指令 TADD（FNC162） TADD（P）指令的功能是将两个源操作数的内容相加结果送入目标操作数。源操作数和目标操作数均可取 T，C 和 D。TADD 为 16 位运算，占 7 个程序步。如图 3-88 所示，将［S1.］指定的 D10 ~ D12 和 D20 ~ D22 中所放的时、分和秒相加，把结果送入［D.］指定的 D30 ~ D32 中。当运算结果超过 24h 时，进位标志位变为 ON，将进行加法运算的结果减去 24h 后作为结果进行保存。

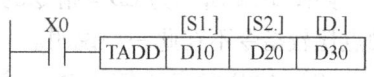

图 3-88 时钟数据加法运算指令的使用

（3）时钟数据读取指令 TRD（FNC166） TRD（P）指令为 16 位运算，占 7 个程序步。［D.］可取 T，C 和

D。它的功能是读出内置的实时时钟的数据放入由 [D.] 开始的 7 个字内。如图 3-89 所示，当 X1 为 ON 时，将实时时钟（它们以年、月、日、时、分、秒和星期的顺序存放在特殊辅助寄存器 D8013~8019 之中）传送到 D10~D16 之中。

6. 格雷码转换及模拟量模块专用指令

（1）格雷码转换和逆转换指令　这类指令有 GRY (FNC170) 和 GBIN (FNC171) 两条，常用于处理光电编码盘的数据。(D) GRY (P) 指令的功能是将二进制数转换为格雷码，(D) GBIN (P) 指令则是 GRY 的逆变换。如图 3-90 所示，GRY 指令是将源操作数 [S.] 中的二进制数变成格雷码放入目标操作数 [D.] 中，而 GBIN 指令与其相反。它们的源操作数可取任意数据格式，目标操作数为 KnY、KnM、KnS、T、C、D、V 和 Z。16 位操作时占 5 个程序步，32 位操作时占 9 个程序步。

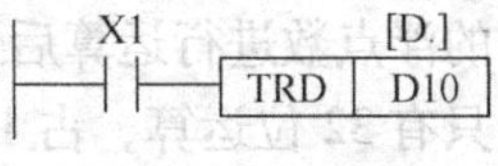

图 3-89　时钟数据读取指令的使用

（2）模拟量模块读写指令　这类指令有 RD3A (FNC176) 和 WR3A (FNC177) 两条，其功能是对 FX0N-3A 模拟量模块输入值读取和对模块写入数字值。如图 3-91 所示，[m1.] 为特殊模块号 K0~K7，[m2.] 为模拟量输入通道 K1 或 K2，[D.] 为保存读取的数据，[S.] 为指定写入模拟量模块的数字值。指令均为 16 位操作，占 7 个程序步。

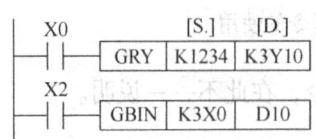

图 3-90　格雷码转换和逆转换指令的使用

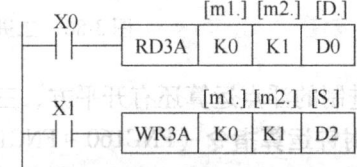

图 3-91　模拟量模块读写指令的使用

7. 触点比较指令（FNC224~FNC246）

触点比较指令共有 18 条。

（1）LD 触点比较指令　该类指令的助记符、代码、功能如表 3-14 所示。

表 3-14　LD 触点比较指令

功能指令代码	助记符	导通条件	非导通条件
FNC224	(D)LD =	[S1.] = [S2.]	[S1.] ≠ [S2.]
FNC225	(D)LD >	[S1.] > [S2.]	[S1.] ≤ [S2.]
FNC226	(D)LD <	[S1.] < [S2.]	[S1.] ≥ [S2.]
FNC228	(D)LD < >	[S1.] ≠ [S2.]	[S1.] = [S2.]
FNC229	(D)LD ≤	[S1.] ≤ [S2.]	[S1.] > [S2.]
FNC230	(D)LD ≥	[S1.] ≥ [S2.]	[S1.] < [S2.]

如图 3-92 所示为 LD = 指令的使用，当计数器 C10 的当前值为 200 时驱动 Y10。其他 LD 触点比较指令不在此一一说明。

（2）AND 触点比较指令　该类指令的的助记符、代码和功能如表 3-15 所示。

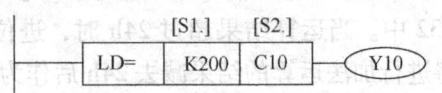

图 3-92　LD = 指令的使用

表 3-15 AND 触点比较指令

功能指令代码	助记符	导通条件	非导通条件
FNC232	(D) AND =	[S1.] = [S2.]	[S1.] ≠ [S2.]
FNC233	(D) AND >	[S1.] > [S2.]	[S1.] ≤ [S2.]
FNC234	(D) AND <	[S1.] < [S2.]	[S1.] ≥ [S2.]
FNC236	(D) AND < >	[S1.] ≠ [S2.]	[S1.] = [S2.]
FNC237	(D) AND ≤	[S1.] ≤ [S2.]	[S1.] > [S2.]
FNC238	(D) AND ≥	[S1.] ≥ [S2.]	[S1.] < [S2.]

如图 3-93 所示为 AND = 指令的使用，当 X0 为 ON 且计数器 C10 的当前值为 200 时，驱动 Y10。

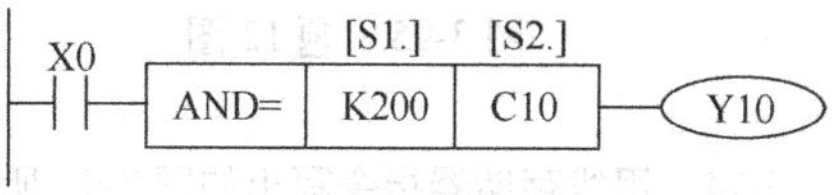

(3) OR 触点比较指令

该类指令的助记符、代码和功能列于表 3-16 中。

图 3-93 AND = 指令的使用

表 3-16 OR 触点比较指令

功能指令代码	助记符	导通条件	非导通条件
FNC240	(D) OR =	[S1.] = [S2.]	[S1.] ≠ [S2.]
FNC241	(D) OR >	[S1] > [S2.]	[S1.] ≤ [S2.]
FNC242	(D) OR <	[S1.] < [S2.]	[S1.] ≥ [S2.]
FNC244	(D) OR < >	[S1.] ≠ [S2.]	[S1.] = [S2.]
FNC245	(D) OR ≤	[S1.] ≤ [S2.]	[S1.] > [S2.]
FNC246	(D) OR ≥	[S1.] ≥ [S2.]	[S1.] < [S2.]

OR = 指令的使用如图 3-94 所示，当 X1 处于 ON 或计数器的当前值为 200 时，驱动 Y0。

触点比较指令的源操作数可取任意数据格式。16 位运算占 5 个程序步，32 位运算占 9 个程序步。

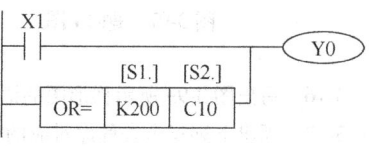

图 3-94 OR = 指令的使用

习　题

3-1　FX 系列 PLC 型号命名格式中各符号代表什么？

3-2　FX 系列 PLC 的基本单元、扩展单元和扩展模块三者有何区别？主要作用是什么？

3-3　FX 系列 PLC 主要有哪些特殊功能模块？

3-4　FX2N 系列 PLC 定时器有几种类型？它们各自的特点是什么？

3-5　FX2N 系列 PLC 计数器有几种类型？计数器 C200~C234 的计数方向如何确定？

3-6　FX2N 系列高速计速器有几种类型？哪些输入端可作为其计数输入？

3-7　PLC 的主要技术指标有哪些？

3-8　FX2N 共有几条基本指令？各条的含义如何？

3-9　FX2N 系列 PLC 的步进指令有几条？其主要用途是什么？

3-10 FX2N 系列 PLC 的功能指令共有哪几种类型？其表达形式应包含哪些内容？

3-11 功能指令中何为连续执行？何为脉冲执行？

3-12 写出如图 3-95 所示梯形图的语句表。

3-13 写出如图 3-96 所示梯形图的语句表。

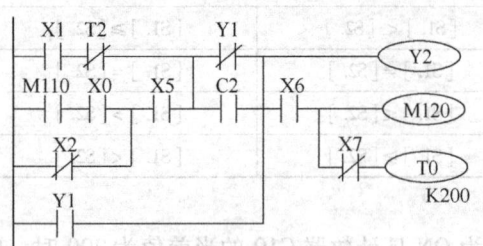

图 3-95　题 12 图　　　　　　图 3-96　题 13 图

3-14 用栈存储器指令写出如图 3-97 所示梯形图的语句表。

3-15 用栈存储器指令写出图 3-98 所示梯形图的语句表。

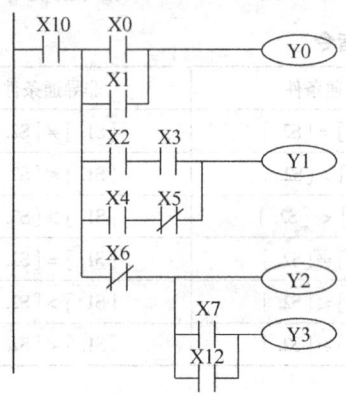

图 3-97　题 14 图　　　　　　图 3-98　题 15 图

3-16 写出图 3-99 所示梯形图的语句表。

3-17 画出下列指令表程序对应的梯形图。

(1) LD X1
　　AND X2
　　OR X3
　　ANI X4
　　OR M1
　　LD X5
　　AND X6
　　OR M2
　　ANB
　　ORI M3
　　OUT Y2

(2) LD X0
　　MPS

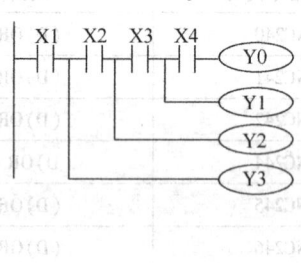

图 3-99　题 16 图

LD X1
OR X2
ANB
OUT Y0
MRD
LD X3
AND X4
LD X5
AND X6
ORB
ANB
OUT Y1
MPP
AND X7
OUT Y2
LD X10
OR X11
ANB
OUT Y3

3-18 画出图 3-100 中 M120 和 Y3 波形。

3-19 用 SET、RST 指令和微分指令设计满足如图 3-101 所示的梯形图。

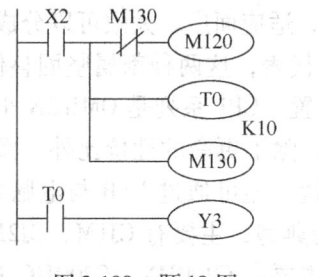

图 3-100 题 18 图

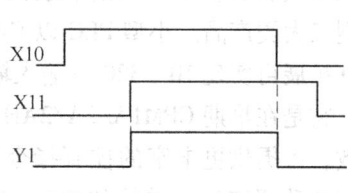

图 3-101 题 19 图

3-20 当输入条件 X0 满足时，将 C8 的当前值转换成 BCD 码送到输出元件 K4Y0 中，画出梯形图。

3-21 计算 D5、D7、D9 之和并放入 D20 中，求以上三个数的平均值，将其放入 D30。

3-22 当 X1 为 ON 时，用定时器中断，每 99ms 将 Y10~Y13 组成的位元件组 K1Y10 加 1，设计主程序和中断子程序。

3-23 路灯定时接通、断开控制要求是 19：00 开灯，6：00 关灯，用时钟运算指令控制，设计出梯形图。

第四章 其他常用 PLC 及指令系统

PLC 的产品种类和规格繁多，制造商也很多，其产品各有千秋，但总体而言，所有 PLC 的结构组成和工作原理是基本相同的，使用方法、基本指令和一些常用的功能指令也基本相同，只在表达方式上略有差别。当掌握了一种 PLC 的功能和应用之后，学习其他 PLC 是非常容易的。考虑目前国内 PLC 的实际使用状况和各学校实验设备的现状，本章介绍使用广泛的 OMRON 公司 CP 系列 PLC 产品和西门子公司 S7 系列 PLC 产品的基本结构和指令系统，供选择学习和参考，与 FX 系列相同或类似的内容本章不再作介绍。

第一节 CP1E 系列 PLC 概述

一、概述

日本 OMRON（立石公司）电机株式会社是世界上生产 PLC 的著名厂商之一，该公司的 PLC 产品以其良好的性能价格比被广泛地应用于化学工业、食品加工、材料处理和工业控制过程等领域。

OMRON 公司的 PLC 产品门类齐，型号多，功能强，适应面广。大致可以分成小型、中型和大型三大类产品。小型 PLC 以 CP1 和 CMP 系列为代表，这两种都属坚固整体型结构，通过 I/O 扩展可实现 10～320 点输入输出点数的灵活配置。CP1 系列是 OMRON 小型机的主流产品，它是在早期 CPM1A/2A/2AH 的基础上推出的，除了更高的性价比外，操作也更简单、高效，可提供更丰富的控制指令和更大的程序容量，还可通过 USB 与电脑直接通信。叠装式（或称紧凑型）结构的中型 PLC 以 CJ 系列最为典型，主要有 CJ1M、CJ2M 和 CJ2H 等型号产品。模块式中型机以 C200H 系列最为典型，主要有 C200HX、C200HG 和 C200HE 等型号产品。中型机在程序容量、扫描速度和指令功能等方面都优于小型机，除具备小型机的基本功能外，它同时可配置更完善的接口单元模块，如模拟量 I/O 模块、温度传感器模块、高速记数模块、位置控制模块和通信联接模块等。可以与上位计算机、下位 PLC 机及各种外部设备组成具有各种用途的计算机控制系统和工业自动化网络。大型 PLC 以模块式的 CS1 系列为主，主要有 CS1G、CS1H 和 CS1D 等型号产品。具备最高 I/O 响应性能和数据控制功能，满足高精度移动控制和高可靠性过程控制的要求。其中，CS1D 可提供双 CPU、双 I/O 的热备冗余双工系统，可在设备不停机的情况下在线更换 CPU 单元、I/O 单元和总线单元等。

在一般的工业控制系统中，小型 PLC 要比大、中型机的应用更广泛。在电气设备的控制应用方面，一般采用小型 PLC 机都能够满足需求。下面将以 CP1E 系列小型机为例来介绍 OMRON 公司的 PLC 产品。

二、CP1E 系列 PLC 型号说明

CP1E 系列 PLC 型号的含义如图 4-1 所示。

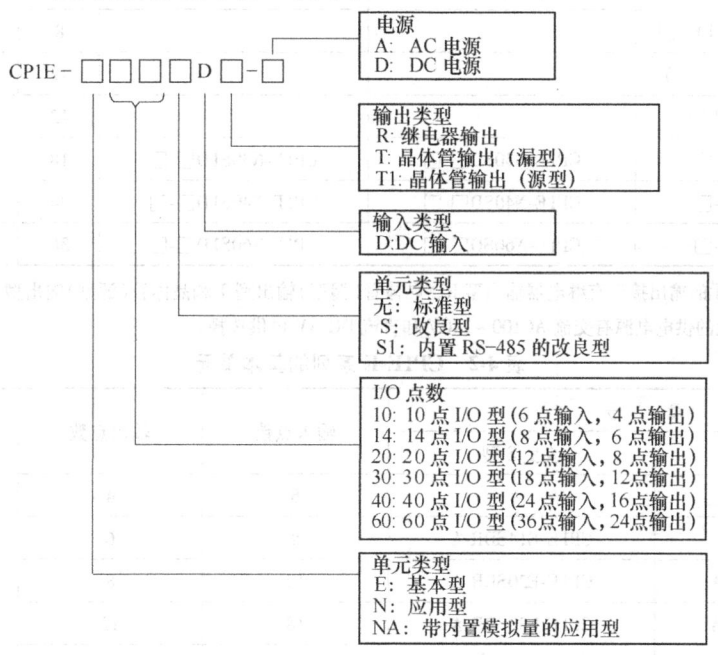

图 4-1 CP1E 系列 PLC 的型号说明

三、CP1 系列 PLC 的硬件配置

OMRONCP1 系列 PLC 包括高功能型 CP1H 系列（自带模拟量 I/O，4 轴定位）、高性能型 CP1L 系列（内置 Ethernet 端口，自带模拟量 I/O，2 轴定位）和经济型 CP1E 系列（自带模拟量 I/O，2 轴定位）。其中 CP1E 系列是 OMRON 公司 2009 年推出的新一代小型 PLC，具有经济、易用和高效的特点，它相对 CP1H 和 CP1L 而言，更加适用于集成系统对低成本的要求。

（一）CP1E 小型机的组成

与所有小型机一样，CP1E 系列 PLC 采用整体式结构，由 CPU 单元、I/O 扩展单元、特殊扩展单元、选项板及其他外部设备组成。

1. CPU 单元

CP1E 系列 CPU 单元内含 CPU 和存储器，可以单独使用，是 PLC 控制系统不可缺少的部分。按 CPU 的功能，CP1E 的 CPU 单元可分为应用型 CP1E-N 和基本型 CP1E-E。

应用型 CP1E-N 的 CPU 单元有标准型、改良 S 型和改良 S1 型三种类型。其中，标准型 CPU 单元内置 USB 端口、RS-232C 端口和选项插槽；标准型（模拟内置）CPU 单元除内置上述 3 种接口外还内置模拟量 I/O 端口；改良 S 型 CPU 单元内置 USB 端口和 RS-232C 端口；改良 S1 型 CPU 单元内置 USB 端口、RS-232C 端口和 RS-485 端口。具体型号如表 4-1 所示。

CP1E 系列基本型 CP1E-E 的 CPU 单元有标准型和改良 S 型两种类型，具体型号如表 4-2 所示。表格中"□"的含义同表 4-1。

表 4-1 CP1E-N 系列的基本单元

型号			输入点数	输出点数	扩展点数
标准型	改良 S 型	改良 S1 型			
CP1E-N14D□（*1）-□			8	6	不支持
CP1E-N20D□-□（*2）			12	8	
CP1E-NA20D□-□			12	8	
CP1E-N30D□-□	CP1E-N30SD□-□	CP1E-N30S1D□-□	18	12	120
CP1E-N40D□-□	CP1E-N40SD□-□	CP1E-N40S1D□-□	24	16	
CP1E-N60D□-□	CP1E-N60SD□-□	CP1E-N60S1D□-□	36	24	

注：1. CPU 单元的输出接口有继电器输出型 R、晶体管（漏型）输出型 T 和晶体管（源型）输出型 T1 三种可供选择。
2. CPU 单元的供电电源有交流 AC100~240V 和直流 DC24V 可供选择。

表 4-2 CP1E-E 系列的基本单元

型号		输入点数	输出点数	扩展点数
标准型	改良 S 型			
CP1E-E10D□-□		6	4	不支持
	CP1E-E14SDR-A	8	6	
CP1E-E20DR-A	CP1E-E20SDR-A	12	8	120
CP1E-E30DR-A	CP1E-E30SDR-A	18	12	
CP1E-E40DR-A	CP1E-E40SDR-A	24	16	
	CP1E-E60SDR-A	36	24	

CP1E 的 CPU 单元的外部连接口主要有 I/O 接线端子、通信接口和扩展接口等。I/O 接线端子可直接用来连接控制现场的输入信号（开关、按钮等）和被控执行部件（接触器、电磁阀等），I/O 点数的分配比为 3:2。根据型号的不同，CP1E 主机面板上有 2~4 个隐藏式插槽。最左边的两个插槽分别是内置的 USB 和 RS-232C（CP1E-E 不支持）通信端口，可与个人计算机（PC 机）连接，在 Windows 系统平台下可直接用梯形图进行编程操作、实时监控和调试。中间的是选件板插槽（CP1E-E 不支持），可用于扩展 RS-422/485 和 Ethernet 通信端口和模拟量 I/O 端口。最右边的是扩展接口插槽，可用于连接 I/O 扩展单元和特殊扩展单元。

CP1E 的面板上设有若干 LED 指示灯，其灯亮、闪烁表示的单元状态见表 4-3。

表 4-3 面板 LED 指示灯状态指示

LED	显示	状态	LED	显示	状态
POWER（绿）	亮	电源接通	INH（黄）	亮	所有输出将置 OFF
	灭	电源关闭		灭	正常
RUN（绿）	亮	运行/监视模式	PRPHL（黄）	闪烁	与外设端口通信中
	灭	编程模式或停止		灭	上述以外
ERR/ALM（红）	亮	发生致命错误或硬件错误	BKUP（黄）	亮	写备份存储器
	闪烁	发生非致命错误		灭	上述以外
	灭	正常			

2. I/O 扩展单元

I/O 扩展单元主要用于增加 PLC 系统的 I/O 点数以满足实际应用的需要，E10/14/20 或 N14/20 CPU 单元不支持连接扩展 I/O 单元和特殊扩展单元，E30/40/60（S）、N30/40/60 或 NA20 CPU 单元最多可连接 3 台扩展 I/O 单元和特殊扩展单元。I/O 扩展单元与 CPU 单元相似，体积稍小，但它没有 CPU，不能单独使用。在它的左右两侧设有 I/O 连接插槽，当 CPU 单元需要扩展 I/O 点数时，可直接采用带扁平电缆连接即可。CP1E 系列 I/O 扩展单元如表 4-4 所示。

表 4-4　CP1E 系列的 I/O 扩展单元

类型	型号	总点数	输入		输出	
			点数	电压	点数	类型
输入	CP1W-8ED	8	8	24V DC		
输出	CP1W-8E□	8			8	继电器 晶体管（漏型/源型）
	CP1W-16E□	16			16	继电器 晶体管（漏型/源型）
	CP1W-32E□	32			32	继电器 晶体管（漏型/源型）
I/O	CP1W-20ED□	20	12	24V DC	8	继电器 晶体管（漏型/源型）
	CP1W-40ED□	40	24	24V DC	16	继电器 晶体管（漏型/源型）

3. 特殊扩展单元

特殊扩展单元用于增加模拟量控制、温度控制和 CompoBus/S 通信等特殊功能，CP1E 系列特殊扩展单元如表 4-5 所示。

表 4-5　CP1E 系列的特殊扩展单元

单元类型	型号	输入		输出		分辨率
		通道数	信号规格	通道数	信号规格	
模拟量输入	CP1W-AD041	4	0～5V 1～5V 0～10V -10V～10V 0～20mA 4～20mA			1/6000
	CP1W-AD042	4				1/12000
模拟量输出	CP1W-DA021			2	1～5V 0～10V -10V～10V 0～20mA 4～20mA	1/6000
	CP1W-DA041			4		1/6000
	CP1W-DA042			4		1/12000
模拟量 I/O	CP1W-MAD21	2		1		1/6000
	CP1W-MAD42	4		2		1/12000
	CP1W-MAD44	4		4		1/12000

（续）

单元类型	型号	输入		输出		分辨率
		通道数	信号规格	通道数	信号规格	
温度传感器	CP1W-TS001	2	热电偶（K/J型）			
	CP1W-TS002	4				
	CP1W-TS003	4				
	CP1W-TS004	12				
	CP1W-TS101	2	热电阻（Pt100/JPt100）			
	CP1W-TS102	4				
CompoBus/S I/O	CP1W-SRT21	可通过8点输入和8点输出作为CompoBus/S从站实现通信功能				

（二）CP1E 小型机的主要性能指标

1. 主要性能参数

CP1E 系列 PLC 中不同型号的产品在外形尺寸上相差不多，但性能上存在较大的差别，只有选择了符合要求的产品才能达到可靠又经济的效果。CP1E 系列的主要性能参数见表 4-6 所示。

表 4-6　CP1E 的主要性能参数

特　　性		CP1E-E 型	CP1E-N 型
程序容量		2K 步(8K 字节)	8K 步(32K 字节)
输入输出控制方式		周期扫描方式和立即处理方式同时使用	
编程语言		梯形图方式	
处理速度		基本指令：LD 1.19μs，应用指令：MOV 7.9μs	
内置高速计数器	加法脉冲	10kHz 6 点(10 点型 10kHz 5 点)	100kHz 2 点/10kHz 4 点
	加减法脉冲	10kHz 2 点	100kHz 1 点/10kHz 1 点
	脉冲 + 方向	10kHz 2 点	100kHz 2 点
	相位差 4 倍频	5kHz 2 点	50kHz 1 点/5kHz 1 点
脉冲输出	脉冲输出方式	无脉冲输出功能	脉冲 + 方向
	输出频率		1Hz~100kHz 2 点(仅晶体管输出型)
PWM 输出		无 PWM 输出功能	2.0Hz~6553.5Hz(0.1Hz 单位)1 点或 2Hz~32000Hz(1Hz 单位)1 点(仅晶体管输出型)
内置模拟 I/O	模拟输入	无	2CH 6000 分辨率(仅限 NA 型)
	模拟输出		1CH 6000 分辨率(仅限 NA 型)
内置通信功能	USB 端口	USB2.0 标准 B 型连接器，最大 5m	
	RS-232C 端口	无	半双工，起停同步，最大 15m，传送速度：1.2/2.4/4.8/9.6/19.2/38.4/57.6/115.2kbit/s
子程序编号最大值		128 个	
跳跃编号最大值		128 个	
工作电源		AC 100~240V 50/60Hz 或 DC 24V	

2. CP1E 系列 PLC 的输入/输出特性

CP1E 属于小型的 PLC，一般用于逻辑量的控制系统，因此输入、输出主要是开关量信号。其输入特性和输出特性分别见表 4-7 和表 4-8 所示。

表 4-7　CP1E 系列机型输入特性规格表

项目	规　　格		
输入类别	高速计数器输入/通用输入	高速计数器输入/中断输入/脉冲捕捉输入/通用输入	通用输入
输入继电器	0.00 ~ 0.01	0.02 ~ 0.07（*1）	0.08 ~ 0.11/1.00 ~ 1.11/2.00 ~ 2.11（*1）
输入电压	DC 24V，+10%，-15%		
对象传感器	2 线式及 3 线式		
输入阻抗	3.3kΩ		4.8kΩ
输入电流	7.5mA TYP		5mA TYP
ON 电压/电流	最小 DC 17.0V 3mA 以下		最小 DC 14.4V 3mA 以下
OFF 电压/电流	最大 DC 5.0V 1mA 以下		最大 DC 5.0V 1mA 以下
ON 响应时间（*2）	E 型：50μs 以下 N/NA 型：2.5μs 以下	50μs 以下	1ms 以下
OFF 响应时间（*2）	E 型：50μs 以下 N/NA 型：2.5μs 以下	50μs 以下	1ms 以下

注：1. 根据 CPU 单元型号的不同，可使用的继电器会有所不同。
　　2. 响应时间是硬件延迟时间的数值。作为通用输入使用时根据 PLC 系统设定加上 0 ~ 32ms（默认 8ms）。

表 4-8　CP1E 系列机型输出特性规格表

项目	规　　格			
	继电器输出	晶体管输出		
		N□□（S□）型 100.00、100.01		N□□（S□）型 100.02 ~ 102.07（*1） E10 型 100.00 ~ 100.03
		N□□S（1）型	N□□型	
最大开关容量	AC 250V/2A（cosφ = 1） DC 24V/2A（4A/公共端）	DC 4.5 ~ 30V 0.3A/点 0.9A/公共端（*2） CP1E-E10D□-□：0.9A/单元 CP1E-N14D□-□：1.5A/单元 CP1E-N20D□-□：1.8A/单元 CP1E-N30（S□）D-□：2.7A/单元 CP1E-N40（S□）D-□：3.6A/单元 CP1E-N60（S□）D-□：5.4A/单元 CP1E-NA20D□-□：1.8A/单元		
最小开关容量	DC 5V、10mA	DC 4.5 ~ 30V 1mA		
漏电流	—	0.1mA 以下		
ON 响应时间	15ms 以下	0.1ms 以下		0.1ms 以下
OFF 响应时间	15ms 以下	0.1ms 以下		1ms 以下
外部供给电源	无	DC 20.4 ~ 26.4V 30mA 以下	无	无

注：1. 根据 CPU 单元型号的不同，可使用的继电器编号会有所不同。
　　2. 100.00 ~ 100.03 的公共端是分开的，请在总电流 0.9A 以下使用。

3. CP1E 系列 PLC 的环境指标

CP1E 系列 PLC 由日本工业化标准 JIS 进行严格考核，能够适应较恶劣的工业生产环境，其各项环境指标见表 4-9 所示。

表 4-9 CP1E 系列 PLC 的环境指标

项目	指标
环境温度/湿度	0~55℃/10%~90%RH
大气环境	无腐蚀性气体
使用标高	2000m 以下
抗干扰性能	符合 IEC 61000-4-4 标准 2kV（电源线）
过电压种类	类别Ⅱ：符合 JIS B3502、IEC61131-2 标准
抗震动	符合 JIS C60068-2-6 标准 5~8.4Hz 振幅 3.5mm、8.4~150Hz 加速度 9.8m/s² X、Y、Z 方向各 100min（扫描时间 10min ×扫描次数 10 次＝总计 100min）
耐冲击	符合 JIS C60068-2-27 标准 147m/s² X、Y、Z 各方向 3 次

四、CP1E 系列 PLC 的编程元件

CP1E 内部的数据存储区按功能可分为 3 个区域：外部设备 I/O 区、用户区和系统区。在外部设备 I/O 区（CIO）中，包含了输入继电器、输出继电器和串行通信继电器，用于与外设交换数据。用户区可供用户编程时自由使用，包括辅助继电器（工作）W 区、保持继电器 H 区、数据存储器 D 区、定时器 T 区和计数器 C 区。系统区用于保存已预先分配功能的位和字，包括特殊辅助继电器 A 区、条件标志继电器和时钟脉冲继电器。

OMRON 公司的 PLC 采用"通道"（CH）的概念来标识数据存储区中的各类继电器及其区域，即将各类继电器及其区域划分为若干个连续的通道，PLC 则是按通道号对各类继电器进行寻址访问的。CP1E 系列 PLC 的继电器类型及通道号分配见表 4-10。每一个通道包含 16 个位（即二进制位），相当于 16 个继电器。用五位十进制数字来表示一个具体的继电器及其触点号。例如 00001 表示 000 通道的第 01 号继电器。

表 4-10 CP1E 系列 PLC 软元件地址分配

名称			点数	通道号
CIO 区	输入继电器		1600 点（100CH）	0~99 CH（*1）
	输出继电器		1600 点（100 CH）	100~199 CH（*1）
	串行 Link 继电器		1440 点（90 CH）	200~289 CH
用户区	内部辅助继电器 W		1600 点（100 CH）	W0~W99 CH
	保持继电器 H		800 点（50 CH）	H0~H49 CH
	数据存储器 D	E 型 CPU	2K 字	D0~D2047
		N/NA 型 CPU	8K 字	D0~D8191
	定时器 T	当前值	256 CH	T0~T255
		完成标志	256 点	
	计数器 C	当前值	256 CH	C0~C255
		完成标志	256 点	

(续)

名称		点数	通道号
系统区	特殊辅助继电器 A　只读	7168 点（448 CH）	A0 ~ A447 CH
	特殊辅助继电器 A　读/写	4896 点（306 CH）	A448 ~ A753 CH
	条件标志继电器	通过符号指定，而非通过地址指定	
	时钟脉冲继电器	通过符号指定，而非通过地址指定	

注：NA 型 CPU 的 CIO 90、91CH 被分配给模拟输入，CIO 190CH 被分配给模拟输出。

1. 输入/输出继电器区

输入/输出继电器区实际上就是外部 I/O 设备状态的映像区，PLC 通过输入/输出继电器区中的各个位与外部输入输出建立联系，各输入输出继电器均有 I/O 端子与之相对应，并在主机面板上配有指示灯显示。CP1E 规定 CIO 0.00 ~ CIO 99.15 为输入继电器区，共有 1600 个输入继电器；CIO 100.00 ~ CIO 199.15 为输出继电器区，共有 1600 个输出继电器。CP1E 输入/输出继电器编号如表 4-11 所示。

表 4-11　CP1E 输入/输出继电器编号

		CPU 单元	扩展 I/O 单元		
			8 点/8 点	12 点/8 点	24 点/16 点
输入号	10 点 I/O	0.00 ~ 0.05	—	—	—
输出号	6 点/4 点	100.0 ~ 100.3	—	—	—
输入号	14 点 I/O	0.00 ~ 0.07	—	—	—
输出号	8 点/6 点	100.0 ~ 100.5	—	—	—
输入号	20 点 I/O	0.00 ~ 0.11	—	—	—
输出号	12 点/8 点	100.0 ~ 100.7	—	—	—
输入号	30 点 I/O	0.00 ~ 0.11 1.00 ~ 1.05	2.00 ~ 2.07	3.00 ~ 3.11	4.00 ~ 4.11 5.00 ~ 5.11
输出号	18 点/12 点	100.0 ~ 100.7 101.0 ~ 101.3	102.0 ~ 102.7	103.0 ~ 103.7	104.0 ~ 104.7 105.0 ~ 105.7
输入号	40 点 I/O	0.00 ~ 0.11 1.00 ~ 1.11	2.00 ~ 2.07	3.00 ~ 3.11	4.00 ~ 4.11 5.00 ~ 5.11
输出号	24 点/16 点	100.0 ~ 100.7 101.0 ~ 101.7	102.0 ~ 102.7	103.0 ~ 103.7	104.0 ~ 104.7 105.0 ~ 105.7
输入号	60 点 I/O	0.00 ~ 0.11 1.00 ~ 1.11 2.00 ~ 2.11	3.00 ~ 3.07	4.00 ~ 4.11	5.00 ~ 5.11 6.00 ~ 6.11
输出号	36 点/24 点	100.0 ~ 100.7 101.0 ~ 101.7 102.0 ~ 102.7	103.0 ~ 103.7	104.0 ~ 104.7	105.0 ~ 105.7 106.0 ~ 106.7

CP1E 系列的内置输入端子可用作普通输入、中断输入、快速响应输入或高速计数器，可通过 CX-Programmer 软件在 PLC 中设置；内置输出可用于普通输出、脉冲输出和 PWM 输

出,可通过 PLC 设置或编程指令指定。但应确保同一个编号的内置 I/O 端子只能设置一种功能。

2. 内部辅助继电器（W）

内部辅助继电器的作用是在 PLC 内部起信号的控制和扩展作用，相当于接触继电器线路中的中间继电器，与 CIO 区中的输入/输出继电器不同，它不刷新外部设备的输入/输出数据。在梯形图中，内部辅助继电器可用线圈和触点来表示，线圈的状态由逻辑关系控制，触点相当于读继电器的状态，因此可在梯形图程序中被无限次使用。CP1E 系列 PLC 共有 1600 个内部辅助继电器，其编号为 W0.0 ~ W99.15，所占的通道号为 W0CH ~ W99CH。内部辅助继电器没有掉电保持功能，在 PLC 电源复位，以及从 PROGRAM 或 MONITOR 模式和 RUN 模式切换时，继电器的内容将被清空。

3. 保持继电器（H）

保持继电器用于各种数据的存储和操作，它具有掉电记忆功能，可以在 PLC 掉电时保持其数据不变。保持作用是通过 PLC 内部的电池实现的。保持继电器的用途与内部辅助继电器基本相同。CP1E 系列 PLC 中的保持继电器共有 800 个，其编号为 H0.00 ~ H49.15，所占的通道号为 H00 ~ H49CH。

4. 数据存储器（D）

数据存储器用于保存数值型数据，可与可编程终端、串行通信设备（如变频器、模拟 I/O 单元或温度 I/O 单元）进行数据交换，但只能按通道（字）的形式进行存取。CP1-E 型 CPU 单元的 D 区地址范围为 D0 ~ D2047，其中 D0 ~ D1499 可备份到备份存储器（内置 EEP-ROM）中；CP1-N/NA 型 CPU 单元的 D 区地址范围为 D0 ~ D8191，其中 D0 ~ D6999 可备份到备份存储器（内置 EEPROM）中。数据存储器具有掉电保持功能。

5. 定时器（T）

CP1E 系列 PLC 提供 256 个定时器，地址范围为 T0 ~ T255。每个定时器都包含 1 位的定时器完成标志和 16 位的当前值（PV）寄存器。当递减定时器当前值（PV）到达 0（完成计时）或递增定时器当前值（PV）到达设定值时，完成标志置 ON。CP1E 提供了 5 种类型的定时器：100ms 定时器、10ms 定时器、1ms 定时器、累加定时器和长定时器。编号 T0 ~ T255 的定时器适用于前 4 种定时器，但只有编号 T0 ~ T15 的定时器可在 1ms 定时器中使用。长定时器不使用定时器编号，其完成标志位于数据区。

6. 计数器（C）

CP1E 系列 PLC 提供 256 个计数器，地址范围为 C0 ~ C255，均具有掉电保持功能。每个计数器都包含 1 位的计数器完成标志和 16 位的当前值（PV）寄存器。当计数器的当前值（PV）到达设定值（完成计数）时，完成标志置 ON。CP1E 提供了 3 种类型的计数器：普通计数器、可逆计数器和高速计数器。编号 C0 ~ C255 的计数器适用于前两种计数器。高速计数器 0 ~ 5 不使用计数器编号，其当前值保存在特殊辅助继电器中，当当前值（PV）达到预设值时，可产生中断。由于篇幅有限，本书不介绍高速计数器的应用，具体内容请查阅《CP1E CPU 单元指令参考手册》。

7. 特殊辅助继电器（A）

CP1E 系列 PLC 提供 754 个字的内部辅助继电器，地址范围为 A0 ~ A753。其中，只读部分的地址范围为 A0 ~ A447，由系统自动设定，用于监视 PLC 的工作状态、自诊断、控制位和状态数据设定的出错标志等，用户不能对其进行编程，只能在程序中读取其触点状态；可读/写部分的地址范围为 A448～A753，可由用户设定和操作，控制 PLC 执行特定的动作。

CP1E 系列 PLC 中常用的几个特殊辅助继电器地址及它们的功能如下：

A200.11：首循环标志。PLC 运行开始后（从 PROGRAM 模式切换到 RUN 或 MONITOR 模式后）的第一个扫描周期内为 ON，它在 CX-Programmer 中的名称为 P_First_Cycle。

A200.12：步标志。当从 STEP 启动步执行时的第一个扫描周期内为 ON，用于步开始时的初始化处理，它在 CX-Programmer 中的名称为 P_Step。

A200.15：首循环任务标志。当第一次执行任务时置 ON。该标志用于检查当前任务是否是第一次执行，以便必要时进行初始化处理，它在 CX-Programmer 中的名称为 P_First_Cycle_Task。

A262 和 A263：最大循环时间。记录从 PLC 运行启动以来的最大循环时间。循环时间以 32 位二进制数记录，高位记录在 A263 中，低位记录在 A262 中。它在 CX-Programmer 中的名称为 P_Max_Cycle_Time。

A264 和 A265：当前循环时间。以 32 位二进制数方式记录当前循环时间，高位记录在 A265 中，低位记录在 A264 中。它在 CX-Programmer 中的名称为 P_Cycle_Time_Value。

A401.08：循环时间过长标志。循环时间超出 PLC 设定的最大循环时间（循环时间的监控时间）时置 ON。CPU 单元将停止运行，且 CPU 单元面板上的 ERR/ALM 指示灯将点亮。当错误被清除后，该标志将置 OFF。它在 CX-Programmer 中的名称为 P_Cycle_Time_Error。

A402.04：电池出错标志（非致命错误）。如果 CPU 单元的电池未连接或电压过低，且在 PLC 设置中设定了检测电池错误时置 ON。CPU 单元将继续运行，且 CPU 单元面板上的 ERR/ALM 指示灯将闪烁。错误被清除后该标志将置 OFF。它在 CX-Programmer 中的名称为 P_Low_Battery。

A500.15：输出 OFF 位。当用户程序将此位置 ON，则 CPU 单元、特殊扩展单元和 I/O 扩展单元的所有输出将全部置 OFF，且 CPU 单元面板上的 INH 指示灯将点亮。当电源切断时将清除此标志位。它在 CX-Programmer 中的名称为 P_Output_Off_Bit。

8. 条件标志继电器

条件标志继电器为只读形式，用来表示指令执行的结果以及常 ON 和常 OFF 标志，它们均通过符号指定，而非通过地址指定。在 CX-Programmer 中，条件标志是系统定义的全局符号，以 P_开头。由于条件标志由所有指令共享，在单个循环内，每次执行指令后条件标志的状态都可能发生改变。因此，应在刚执行完指令的位置使用条件标志，以正确反映指令的执行结果。

CP1E 系列 PLC 中常用的几个条件标志继电器名称及它们的功能如下：

P_On：常 ON 标志。始终为 ON。

P_Off：常 OFF 标志。始终为 OFF。

P_ER：出错标志。当某条指令中的操作数不正确（指令处理出错）时变为 ON。

P_CY：进位标志。当某一算术运算产生一个进位或者由某条数据移位指令将"1"下移入进位标志时，进位标志变为 ON。

P_GT：大于标志。当比较指令的第一个操作数大于第二个操作数或其值超出规定范围时，该标志为 ON。

P_EQ：等于标志。当比较指令的两个操作数相等或计算结果为 0 时，该标志为 ON。

P_LT：小于标志。当比较指令的第一个操作数小于第二个操作数或其值小于规定范围时，该标志为 ON。

P_N：负标志。当结果的最高有效位为 ON 时，该标志为 ON。

9. 时钟脉冲继电器

时钟脉冲通过 CPU 单元内置定时器置 ON 或 OFF，为只读形式，它们均通过符号指定，而非通过地址指定，占空比均为 1∶1。

CP1E 系列 PLC 中常用的几个时钟脉冲有：P_0_02s（0.02s 时钟脉冲）、P_0_1s（0.1s 时钟脉冲）、P_0_2s（0.2s 时钟脉冲）、P_1s（1s 时钟脉冲）和 P_1min（1min 时钟脉冲）。

第二节　CP1E 系列 PLC 指令系统

CP1E 系列 PLC 具有比较丰富的指令集，可支持多达 200 种指令。按其功能可分为两大类：基本指令和特殊功能指令。其指令功能与 FX 系列 PLC 大同小异，这里不再详述。

CP1E 系列 PLC 指令一般由助记符和操作数两部分组成，助记符表示 CPU 执行此命令所要完成的功能，而操作数则指出 CPU 的操作对象。操作数既可以是前面介绍的通道号和继电器编号，也可以是 D 区或是立即数。立即数可以用十进制数表示，也可以用十六进制数表示。可能影响执行指令的系统标志有：P_ER（错误标志）、P_CY（进位标志）、P_EQ（相等标志）、P_GT（大于标志）和 P_LT（小于标志）等。

一、基本指令

（一）输入/输出指令

CP1E 系列 PLC 的时序输入/输出指令与 FX 系列 PLC 的基本逻辑指令较为相似，梯形图表达方式也大致相同。CP1E 的时序输入指令和时序输出指令分别见表 4-12、表 4-13。

表 4-12　CP1E 系列 PLC 的输入指令

指令名称	指令符	功　能	操作数
取	LD	读入逻辑行或电路块的第一个常开接点	CIO、W、H、A、T、C、条件标志位和时钟脉冲位
取反	LD NOT	读入逻辑行或电路块的第一个常闭接点	
与	AND	串联一个常开接点	
与非	AND NOT	串联一个常闭接点	
或	OR	并联一个常开接点	
或非	OR NOT	并联一个常闭接点	
电路块与	AND LD	串联一个电路块	无
电路块或	OR LD	并联一个电路块	
非	NOT	执行条件取反	
上升沿微分	UP	在执行条件的上升沿产生一个扫描周期的上升沿微分条件	
下降沿微分	DOWN	在执行条件的下降沿产生一个扫描周期的下降沿微分条件	

表 4-13 CP1E 系列 PLC 的输出指令

指令名称	指令符	功 能	操作数
输出	OUT	输出逻辑行的运算结果	CIO、W、H、A 和 D
输出非	OUT NOT	求反输出逻辑行的运算结果	
保持	KEEP	锁存器	
上升沿微分	DIFU	在输入信号的上升沿产生一个扫描周期的脉冲输出	CIO、W、H 和 A
下降沿微分	DIFD	在输入信号的下降沿产生一个扫描周期的脉冲输出	
置位	SET	将指定的位元件置为 ON	
复位	RSET	将指定的位元件复位为 OFF	
多位置位	SETA	将字元件的多个连续位置 ON	CIO、W、H、A、T、C 和 D
多位复位	RSTA	将字元件的多个连续位复位为 OFF	
1 位置位	SETB	将字元件的指定位置为 ON	
1 位复位	RSTB	将字元件的指定位复位为 OFF	

上述基本指令除了普通形式之外,还有微分和即时刷新变化形式,以及微分和即时刷新变化组合的形式。本书仅介绍基本指令普通形式的编程方法和应用,其他形式的应用请查阅《CP1E CPU 单元指令参考手册》。

1. 基本逻辑指令

基本逻辑指令的应用如图 4-2 所示。

2. 电路块串联指令

电路块串联指令的应用如图 4-3 所示,当串联的电路块多于两个时,电路块连接的指令语句方法有两种:方法 1 是电路块的逐块连接,方法

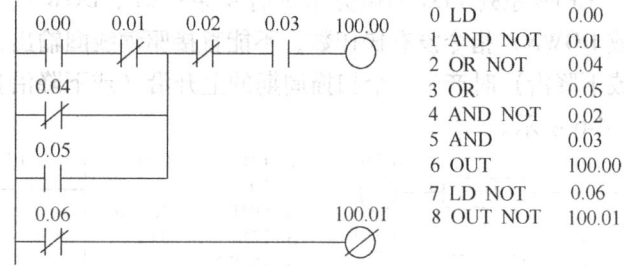

图 4-2 基本逻辑指令的应用

2 是电路块编写后总连接,两种编写法的指令条数相同。在使用方法 2 时要注意以下两点:

1)总连接时,使用 AND LD 指令的条数比实际电路块数少 1。

2)使用 AND LD 指令的条数≤8,即最多只能有 9 个电路块相连接,而方法 1 没有此限制。

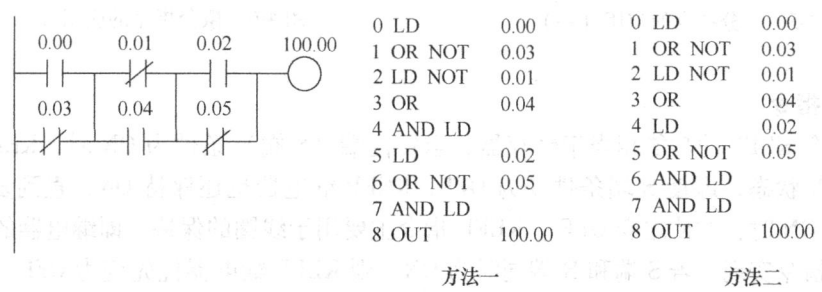

图 4-3 电路块串联的应用

3. 电路块并联指令

电路块并联指令的应用如图 4-4 所示。与 AND LD 指令相同，当并联的电路块多于两个时，电路块连接的指令语句方法有两种：方法 1 是电路块的逐块连接，方法 2 是电路块编写后总连接，两种编写法的指令条数相同。在使用方法 2 时要以下注意两点：

1）总连接时，使用 OR LD 指令的条数比实际电路块数少 1。

2）使用 OR LD 指令的条数≤8，即最多只能有 9 个电路块相连接，而方法 1 没有此限制。

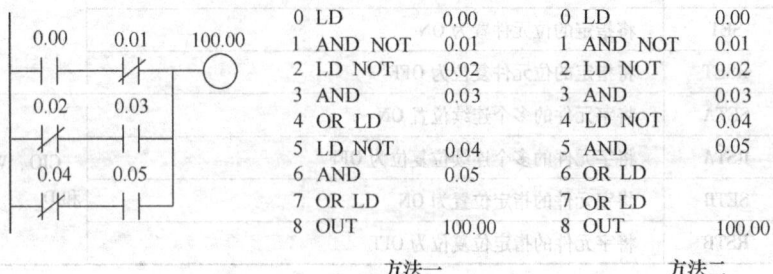

图 4-4　电路块并联的编程应用

4. 微分指令的应用

CP1E 系列 PLC 的微分指令有 4 条：UP、DOWN、DIFU 和 DIFD，它们的不同在于 UP（或 DOWN）指令没有操作数，不能直接驱动线圈输出，只在检测到前面执行条件的上升沿（或下降沿）时产生一个扫描周期的上升沿（或下降沿）微分条件。微分指令的应用如图 4-5、4-6 所示。

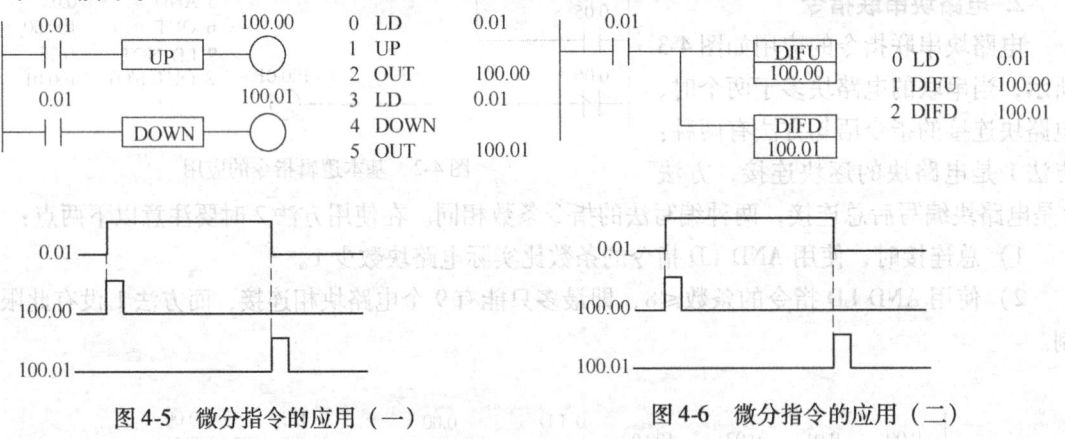

图 4-5　微分指令的应用（一）　　　　　图 4-6　微分指令的应用（二）

5. 保持指令

保持指令 KEEP 的功能相当于锁存器，当置位端（S 端）条件为 ON 时，KEEP 继电器一直保持 ON 状态，即使 S 端条件变为 OFF，KEEP 继电器也还保持 ON，直到复位端（R 端）条件为 ON 时，才使之变 OFF，KEEP 指令主要用于线圈的保持，即继电器的自锁电路可用 KEEP 指令实现。若 S 端和 R 端同时为 ON，则 KEEP 继电器优先变为 OFF。保持指令编写必须按置位行（S 端），复位行（R 端）和 KEEP 继电器的顺序来编写。KEEP 指令应用见图 4-7。图 4-7a 为线圈的自锁保持电路，图 4-7b 用 KEEP 指令实现自锁。

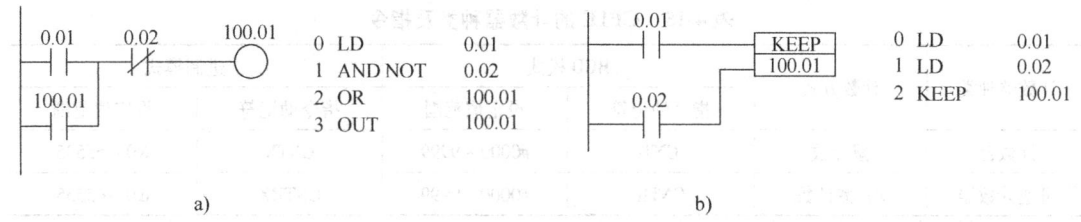

图 4-7 KEEP 指令的应用

(二) 定时器和计数器指令

1. 定时器指令的应用

CP1E 系列 PLC 定时器指令如表 4-14 所示。定时器的设定值 PV 有"BCD 码"和"二进制码"两种模式。除长定时器外,其他 4 种定时器 PV 的设定范围为#0000~9999(BCD 模式)或 &0~65535(二进制模式);长定时器 PV 的设定范围为#00000000 ~ #99999999 (BCD 模式)或 &0~4294967294 (二进制模式)。

表 4-14 CP1E 的定时器种类及指令

定时器种类	定时方式	BCD 模式		二进制模式	
		指令助记符	定时范围	指令助记符	定时范围
100ms 定时器	递减	TIM	0~999.9s	TIMX	0~6553.5s
10ms 定时器	递减	TIMH	0~99.99s	TIMHX	0~655.35s
1ms 定时器	递减	TMHH	0~9.999s	TMHHX	0~65.535s
累加定时器	递增	TTIM	0~999.9s	TTIMX	0~6553.5s
长定时器	递减	TIML	115 天	TIMLX	49710 天

递减型定时器,当输入条件为 ON 时,开始减 1 定时,每经过 0.1s,定时器的当前值减 1,当当前值减为 0 时,定时时间到,完成标志置 ON,定时器触点接通并保持;当输入条件为 OFF 时,定时器立即复位,当前值恢复到设定值,其触点断开。

递增型定时器,当输入条件为 ON 时,开始加 1 定时,每经过 0.1s,定时器的当前值加 1,当当前值到达设定值时,定时时间到,完成标志置 ON,定时器触点接通并保持;当输入条件为 OFF 时,定时器立即复位,当前值恢复到 0,其触点断开。

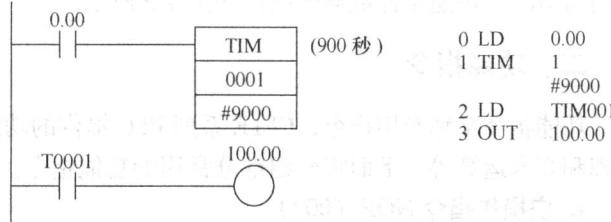

图 4-8 定时器指令的应用

下面以 100ms 定时器 TIM 实现 900s 延时为例来说明定时器指令的应用,如图 4-8 所示。

2. 计数器指令应用

CP1E 系列 PLC 计数器指令如表 4-15 所示。计数器的设定值 PV 有"BCD 码"和"二进制码"两种模式。

表 4-15 CP1E 的计数器种类及指令

计数器种类	计数方式	BCD 模式		二进制模式	
		指令助记符	设定值范围	指令助记符	设定值范围
计数器	减计数	CNT	#0000~9999	CNTX	&0~65535
可逆计数器	增/减计数	CNTR	#0000~9999	CNTRX	&0~65535

对于递减型计数器，每当计数端（IN）的信号由 OFF→ON 时，计数器的当前数值 PV 减 1。当 PV 减为零时，完成标志将变 ON，计数器的触点接通并保持。当复位端 R 输入 ON 时，计数器复位，当前值 PV 立即恢复到设定值 SV，完成标志将变 OFF，同时计数器的触点断开。一旦完成标志变为 ON，则计数器停止计数。只有通过复位端 ON 信号或者使用 CNR/CNRX 指令使计数器复位，才能让计数器重新启动计数。PLC 电源掉电时，计数器当前值保持不变。当 R 端复位信号和 IN 端计数信号同时到达时，复位信号优先。

对于可逆型计数器，每当增计数端的信号由 OFF→ON 时，计数器的当前数值 PV 加 1。当 PV 增加到 SV 时，若继续递增，则 PV 将从 SV 变回 0；每当减计数端的信号由 OFF→ON 时，计数器的当前值 PV 减 1。当 PV 减少到 0 时，若继续递减，则 PV 将从 0 变为 SV。仅当 PV 从 SV 递增到 0 或者从 0 递减到 SV 时，完成标志才为 ON；其他情况下则为 OFF。可逆型计数器的应用如图 4-9 所示。

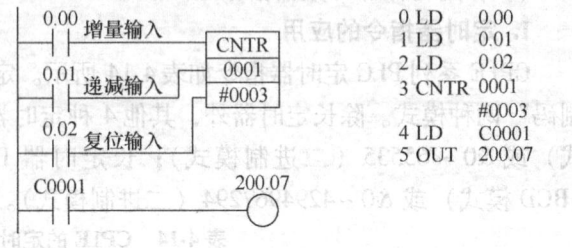

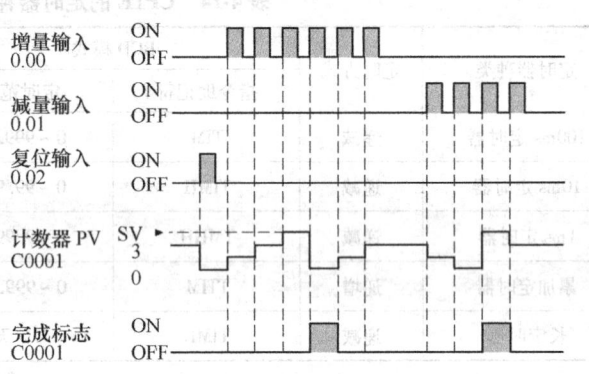

图 4-9 计数器指令的应用

二、功能指令

功能指令又称专用指令，CP1E 系列 PLC 提供的功能指令主要用来实现程序控制、数据处理和算术运算等。下面将介绍部分常用的功能指令。

1. 空操作指令 NOP（000）

本指令不作任何的逻辑操作，故称空操作，也不使用继电器，无须操作数。该指令应用在程序中留出一个地址，以便调试程序时插入指令，还可用于微调扫描时间。

2. 结束指令 END（001）

本指令单独使用，无须操作数，是程序的最后一条指令，表示程序到此结束。PLC 在执行用户程序时，当执行到 END 指令时就停止执行程序阶段，转入执行输出刷新阶段。如果程序中遗漏 END 指令，编程器执行时则会显示出错信号："NO END INSET"；当加上 END 指令后，PLC 才能正常运行。本指令也可用来分段调试程序。

3. 互锁指令 IL（002）和互锁清除指令 ILC（003）

互锁指令 IL 和互锁清除指令 ILC 均不带操作数，用来在梯形图的分支处形成新的母线，使某一部分梯形图受到某些条件的共同控制。IL 指令表示互锁程序段开始，ILC 指令表示互锁程序段结束。IL 和 ILC 指令应当成对配合使用，否则出错。

IL/ILC 指令的功能是：如果控制 IL 的条件成立（即 ON），则执行互锁指令。若控制 IL 的条件不成立（即 OFF），则 IL 与 ILC 之间的互锁程序段不执行，即位于 IL/ILC 之间的所有继电器均为 OFF，此时所有定时器将复位，但所有的计数器、移位寄存器及保持继电器均保持当前值。IL/ILC 指令的应用如图 4-10 所示。

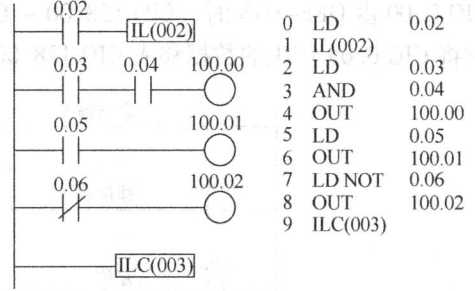

图 4-10　IL/ILC 指令的应用

在图 4-10 中，当输入继电器 0.02 闭合（即 ON）时，IL/ILC 互锁条件满足，指令顺序执行，输出继电器 100.00、100.01、100.02 的状态分别由触点 0.03、0.04、0.05 和 0.06 决定。当 0.02 状态为 OFF，互锁条件不满足，不执行互锁程序段，输出继电器 100.00、100.01、100.02 则全部 OFF。

4. 跳转指令 JMP（004）、条件跳转指令 CJP（510）和跳转结束指令 JME（005）

JMP/CJP/JME 指令组用于控制程序分支。当 JMP 的执行条件为 OFF 时，将直接跳转到程序中具有相同跳转号的第一个 JME 指令；当 JMP 的条件为 ON，则整个梯形图按顺序执行，如同 JMP/JME 指令不存在一样。JMP/JME 指令的应用见图 4-11。

当 CJP 的执行条件为 ON 时，将直接跳转到程序中具有相同跳转号的第一个 JME 指令；当 CJP 的条件为 OFF，则整个梯形图按顺序执行。

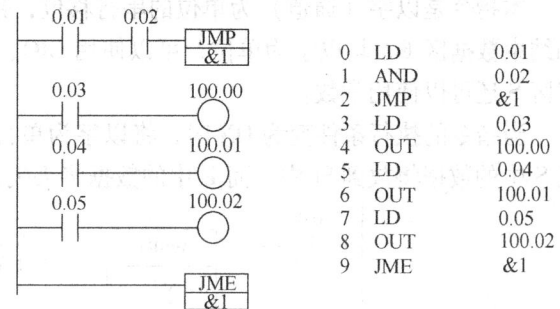

图 4-11　JMP/JME 指令的应用

在使用 JMP/CJP/JME 指令时要注意以下几点：

1）跳转号必须介于 0000～007F（十进制的 &0～&127）之间。

2）一旦发生跳转，则跳转指令 JMP/CJP 与 JME 之间的指令将不执行。因此 JMP/CJP 与 JME 之间的所有输出（位和字）均保持其前状态。正在运行的定时器（TIM、TIMX、TIMH、TIMHX、TMHH 和 TMHHX）继续计时，因为即使不执行定时器指令时 PV 也会被更新。

3）当程序中有一条 JMP/CJP，但无同一跳转号的 JME 时，PLC 显示出错。当存在两条或两条以上跳转号相同的 JME 时，仅地址较低的 JME 指令有效，地址较高的 JME 指令将被忽略。

5. 逐位移位指令 SFT（010）

又称移位寄存器指令，本指令带两个操作数：起始数据区 st 和结束数据区 E，均以字为单位，可以使用 CIO、W 和 H 区的继电器。

当移位输入端的信号由 OFF→ON 时，St～E 的所有数据左移一位，最高位溢出丢失，最低位由输入数据填充。当复位端输入 ON 时，参与移位的所有通道数据均被复位，即被置 0。

SFT 指令的应用如图 4-12 所示，为一个使用字 CIO 128～CIO 130 的 48 位移位寄存器，并以 CIO 128.00 作为移位寄存器的最低位，以 CIO 130.15 作为移位寄存器的最高位。每当 CIO 0.00 由 OFF→ON 时，CIO 128.00～CIO 130.15 中的数据就从低位向高位左移一位，同时将 CIO 0.05 产生的数据移入 CIO 128.00 中。

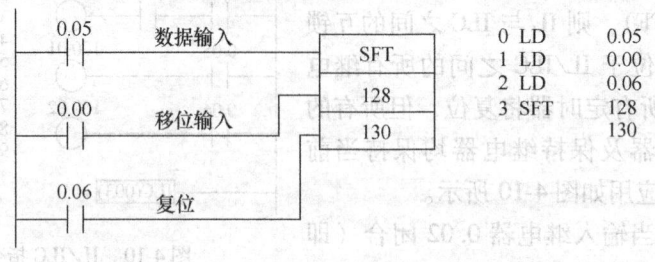

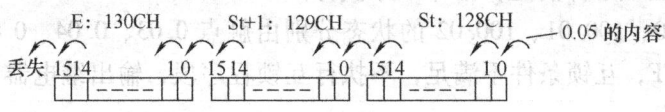

图 4-12　SFT 指令的应用

SFT 指令在使用时须注意：St 和 E 必须位于同一个数据区，且 St ≤ E。

6. 字移位指令 WSFT（016）

本指令是以字（通道）为单位的串行移位，带三个操作数：源数据区 S、起始数据区 St 和结束数据区 E，均以字为单位，可以使用 CIO、W、H、A、T、C 和 D 区的继电器，源数据区 S 还可以使用常数。

当指令的执行条件变为 ON 时，将以字为单位按从 St 向 E 的方向移动数据，且源数据区 S 中的数据将放到 St 中，而 E 中的数据将丢失。WSFT 指令的应用如图 4-13 所示。

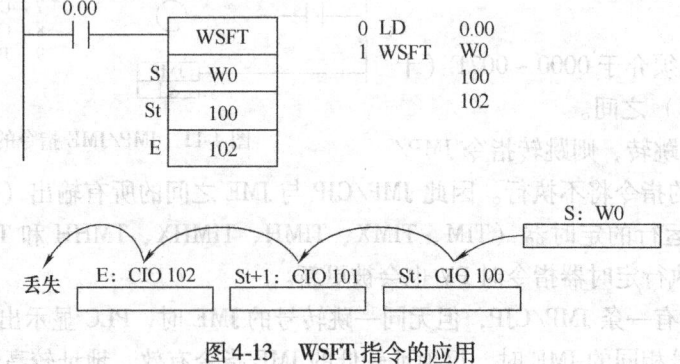

图 4-13　WSFT 指令的应用

WSFT 指令在使用时须注意：

1) St 和 E 必须位于同一个数据区，且 St ≤ E。

2) 当移位条件为 ON 时，CPU 每扫描一次程序就执行一次 WSFT 指令。如只要程序执行一次，则应该采用微分指令。

7. 比较指令 CMP（020）

本指令的功能是比较 S1 和 S2 中的两个无符号二进制数据（常数/指定字的内容），并将结果输出至条件标志区中。执行 CMP 指令后，条件标志区的变化情况如表 4-16 所示。

表 4-16　CMP 指令对条件标志区的影响情况

CMP 的结果	标志状态					
	>	>=	=	<	<=	<>
$S_1 > S_2$	ON	ON	OFF	OFF	OFF	ON
$S_1 = S_2$	OFF	ON	ON	ON	OFF	OFF
$S_1 < S_2$	OFF	OFF	OFF	ON	ON	ON

如图 4-14 所示是一个用 CIO 10 通道中的数据与一个常数进行比较的应用示例。图中若输入继电器 0.00 为 ON，10CH 中的数又大于 #86BD，则条件标志 P_GT 为 ON，从而控制输出继电器 100.00 为 ON。

CMP 指令在使用时须注意：若程序中要使用 CMP 的比较结果，请勿在 CMP 指令和条件标志控制的指令之间编入其他指令，因为编入的其他指令可能会改变条件标志的状态。

8. 数据传送指令 MOV（021）和数据求反传送指令 MVN（022）

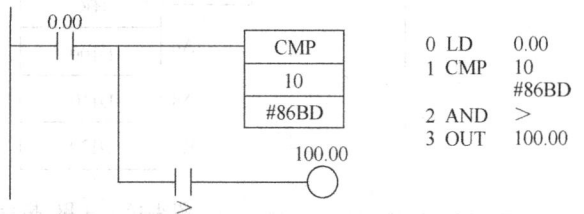

图 4-14　CMP 指令的应用

这两条指令都是用于数据的传送。当 MOV 指令的执行条件为 ON 时，将 S 中的源数据传送到目标 D 所指定的通道中去。当 MVN 指令的执行条件为 ON 时，将 S 中的源数据求反后传送到目标 D 所指定的通道中去。

传送指令的应用如图 4-15 所示。当输入继电器 0.00 为 ON 时，CPU 每扫描程序一次，MOV/MVN 指令就被执行一次。若要求传送过程只进行一次，则应该采用微分指令。

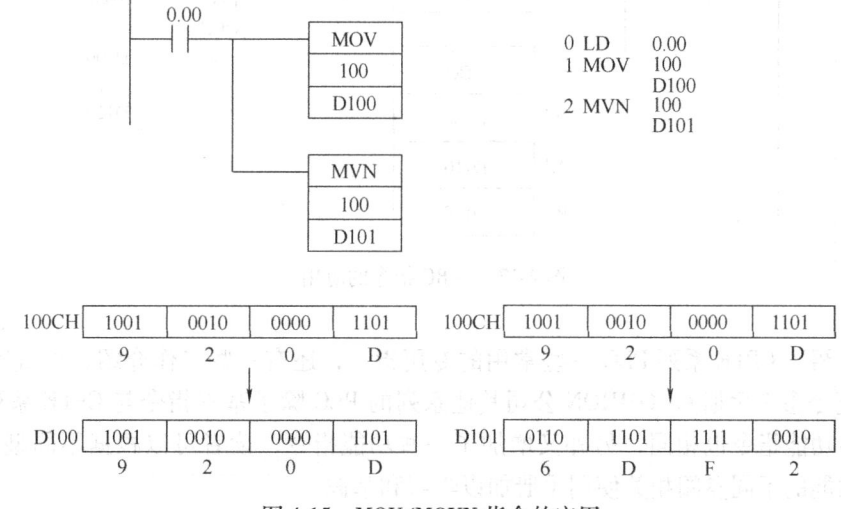

图 4-15　MOV/MOVN 指令的应用

9. 进位置位指令 STC（040）和进位复位位指令 CLC（041）

这两条指令的功能是将进位标志 P_CY 置为 ON 或强制将进位标志 P_CY 复位为 OFF。为防止其他先前的指令的影响，通常在执行加、减运算操作之前，先执行 CLC 指令来清进位位，以确保运算结果的正确。

10. 加法指令 +BC（406）

本指令是将两个四位 BCD 数及进位标志 CY 相加，再把结果送至指定通道。该指令有三个操作数：被加数 Au、加数 Ad 和运算结果 R，其中被加数和加数必须是 BCD 数。

当指令的执行条件变为 ON 时，将 Au、Ad 和 CY 中的 BCD 值相加，并将结果输出到 R。加法指令的应用如图 4-16 所示。梯形图中，在执行加法运算前加入一条清进位标志指令 CLC 参加运算。

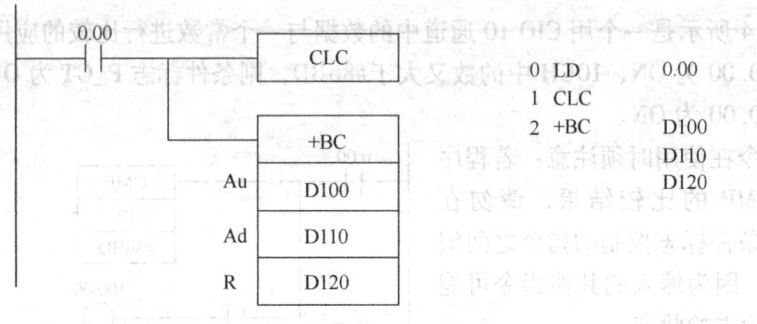

图 4-16　+BC 指令的应用

11. 减法指令 –BC（416）

本指令与 +BC 指令相似，是把两个四位 BCD 数及进位标志 CY 相减，差值送入指定通道，其操作数同 +BC 指令。在应用 –BC 指令时，必须指定被减数、减数和差值的存放通道，其指令应用如图 4-17 所示。

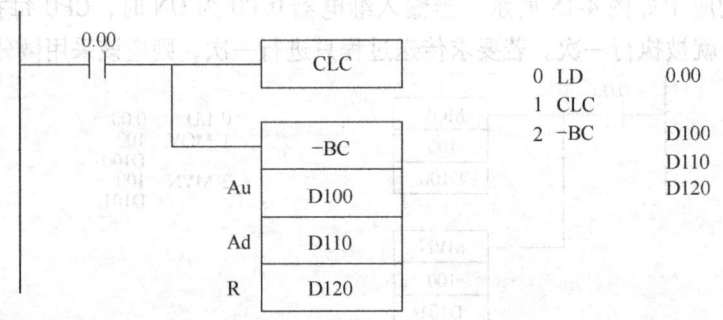

图 4-17　–BC 指令的应用

以上介绍了 CP1E 系列 PLC 一些常用的专用指令，还有一些未作介绍，可查阅《CP1E CPU 单元指令参考手册》。OMRON 公司其他系列的 PLC 除了基本指令与 CP1E 系列 PLC 相同外，很多功能指令也相同，另外又增加了一些功能指令，读者可以根据不同型号的 PLC 按其使用功能的不同参阅相关使用手册加以学习和掌握。

第三节 S7 系列 PLC 概述

一、概述

德国西门子（SIEMENS）公司生产的可编程序控制器在我国的应用也相当广泛，在冶金、化工和印刷生产线等领域都有应用。西门子（SIEMENS）公司的 PLC 产品包括 LOGO 和 S7 系列 PLC、工业网络和 HMI 人机界面和工业软件等产品。LOGO 是小型智能逻辑控制器，主要用来替代传统的开关器件的逻辑控制功能。S7 系列 PLC 包括 S7-200、S7-200 SMART、S7-1200、S7-300、S7-400 和 S7-1500 等产品，具有体积小、速度快、标准化、功能强、可靠性更高等特点。

1. SIMATIC S7-200 PLC

S7-200 PLC 是超小型化的 PLC，它适用于各行各业，各种场合中的自动检测、监测及控制等。S7-200 PLC 的强大功能使其无论单机运行，或连成网络都能实现复杂的控制功能。

S7-200 现在基本上已经停产（除了中国的生产线），在欧美等地区已经不再销售。但是鉴于 S7-200 在中国的广泛应用，西门子公司推出仅在中国销售的 S7-200CN 系列 PLC，性价比更高。

2. SIMATIC S7-1200 PLC

S7-1200 是整体式小型 PLC，是 S7-200 的升级版，具有结构紧凑、功能全面、扩展灵活等特点，能够充分满足中小型自动化系统的控制需求。它采用更快的处理芯片，布尔运算执行速度从 S7-200 的 $0.22\mu s$ 提升到 $0.08\mu s$，非常接近 S7-300 的水平。它采用的 CPU 工作存储器远超 S7-200，支持存储卡的容量甚至超过了 S7-300 所支持的存储卡容量。集成的 PROFINET 以太网接口提供 10/100Mbit/s 的数据传输速率，用于编程器、HMI 和 PLC 间的通信。

3. SIMATIC S7-300 PLC

S7-300 是模块化小型 PLC 系统，能满足中等性能要求的应用。各种单独的模块之间可进行广泛组合，构成不同要求的系统。与 S7-200 PLC 比较，S7-300 PLC 采用模块化结构，具备高速（$0.6 \sim 0.1\mu s$）的指令运算速度和浮点数运算能力；具备强大的通信功能，CPU 模块集成了 PROFIBUS、PROFINET 和 MPI（多点接口）等多种通信接口，用于同时连接编程器、PC 机、人机界面以及其他 SIMATIC S7/M7/C7 等自动化控制系统。S7-300 PLC 设有操作方式选择开关，操作方式选择开关像钥匙一样可以拔出，当钥匙拔出时，就不能改变操作方式，这样就可防止非法删除或改写用户程序。多级口令保护可以使用户高度、有效地保护其技术机密，防止未经允许的复制和修改。S7-300 PLC 可通过编程软件 Step 7 的用户界面提供通信组态功能，这使得系统组态变得非常容易、简单。

4. SIMATIC S7-400 PLC

S7-400 是模块化的中大型 PLC，尤其适合于加工工业中的数据密集型任务，提供了从入门级到高性能级的十款 CPU，使用户能根据需要组合成不同的专用系统，方便系统的灵活扩展升级。CPU 的高处理速度和确定性的响应时间，有效缩短机器的循环周期。高速背板总线确保集中式 I/O 模块的高速通信，提供几乎无限的 I/O 能力。在系统运行期间，允许删除和插入信号模块（热插拔），允许修改程序和更改配置；具有自诊断功能，可提前检测故障和发送信号，避免故障对生产过程产生影响；具备卓越的冗余功能（包括 CPU、I/O 和通信等方面的冗余），可实现从现场设备到控制系统的无损信号传输和安全、连续地运行。

5. SIMATIC S7-1500 PLC

S7-1500 是新一代模块化的大中型 PLC，比 S7-300/400 的各项指标都有很大的提高，提供充足的用户使用资源和超高速的运算处理速度，适用于中高端设备和工厂自动化控制需求。拥有卓越的系统性能，集成有运动控制、工业信息安全、Web Server 以及可实现便捷安全应用的故障安全功能。其创新的设计使调试和安全操作更加简单便捷，而集成于 TIA 博途的诊断功能通过简单配置即可实现对设备运行状态的诊断，简化工程组态，并降低项目成本。

6. 工业通信网络

通信网络是自动化系统的支柱，西门子的全集成自动化网络平台提供了从控制级一直到现场级的一致性通信，"SIMATIC NET"是全部网络系列产品的总称，他们能在工厂的不同部门，在不同的自动化站以及通过不同的级交换数据，有标准的接口并且相互之间完全兼容。

7. 人机界面（HMI）硬件

HMI 硬件配合 PLC 使用，为用户提供数据、图形和事件显示，主要有文本操作面板 TD200、TD400 等；图形/文本操作面板 OP 73micro、KP73 等，触摸屏操作面板 TP177、KTP600、KTP1000、KTP1500 等；移动面板型 177、277 等；多功能面板 MP277、MP 377 等。个人计算机（PC）也可以作为 HMI 硬件使用。

8. SIMATIC S7 工业软件

西门子的工业软件分为三个不同的种类：

（1）编程和工程工具　编程和工程工具包括所有基于 PLC 或 PC，用于编程、组态、模拟和维护等控制所需的工具。STEP 7 标准软件包 SIMATIC S7 是用于 S7-300/400，C7 PLC 和 SIMATIC WinAC 是基于 PC 控制产品的组态编程和维护的项目管理工具，STEP 7-Micro/WIN 是在 Windows 平台上运行的 S7-200 系列 PLC 的编程、在线仿真软件。

（2）基于 PC 的控制软件　基于 PC 的控制系统 WinAC 允许使用个人计算机作为可编程序控制器（PLC）运行用户的程序，运行在安装了 Windows NT4.0 操作系统的 SIMATIC 工控机或其他任何商用机。WinAC 提供两种 PLC，一种是软件 PLC，在用户计算机上作为视窗任务运行。另一种是插槽 PLC（在用户计算机上安装一个 PC 卡），它具有硬件 PLC 的全部功能。WinAC 与 SIMATIC S7 系列处理器完全兼容，其编程采用统一的 SIMATIC 编程工具（如 STEP 7），编制的程序既可运行在 WinAC 上，也可运行在 S7 系列处理器上。

（3）人机界面软件　人机界面软件是通过高度灵活性、透明性和开放性的软件为用户自动化项目提供人机界面（HMI）或 SCADA 系统，以提高人机交互的效率。

SIMATIC WinCC（TIA 博途）是全集成自动化博途工程框架的重要组成部分，既可作为设备级应用程序的 HMI 软件，又可作为过程可视化系统（SCADA）人机界面软件。

SIMATIC WinCC flexible 是最高组态效率软件，它拥有大量的带有现成对象的库和智能工具。运行时刻软件还可以提供操作功能和一个报告系统，而工程组态软件和运行时刻软件都可以通过 WinCC flexible 选件扩展功能来满足具体的行业要求。

二、S7-200CN 系列 PLC 的硬件配置

本书以 S7-200CN 系列 PLC 为目标机型，介绍西门子 PLC 的特点。S7-200CN 系列 PLC 作为 SIMATIC PLC 家族中的最小成员，以其超小体积，灵活的配置，强大的内置功能，在各个领域得到广泛的应用。其编程采用易于使用的工程软件 STEP7 Micro / WIN。

（一）S7-200CN 系列 PLC 的基本硬件组成

S7-200CN 系列 PLC 的系统构成包括 CPU 单元、扩展单元、操作面板 HMI 和存储卡等。

1. CPU 单元

S7-200CN 系列 PLC 中可提供 5 种不同的基本型号的 11 种 CPU 供选择使用，其输入输出点数的分配见表 4-17。

表 4-17 S7-200CN 系列 PLC 中 CPU22X 的基本单元

型号	输入点	输出点	扩展模块数量
CPU 221□/DC/□（*1）	6	4	—
CPU 222□/DC/□	8	6	2 个扩展模块 94 路数字量 I/O 点或 16 路模拟量 I/O 点
CPU 224□/DC/□	14	10	7 个扩展模块 224 路数字量 I/O 点或 44 路模拟量 I/O 点
CPU 224XP□/DC/□ CPU 224XPsi DC/DC/DC（*2）	14	10	7 个扩展模块 224 路数字量 I/O 点或 44 路模拟量 I/O 点
CPU 226□/DC/□	24	16	7 个扩展模块 256 路数字量 I/O 点或 44 路模拟量 I/O 点

注：1. 每一种 CPU 单元都有 DC/DC/DC 和 AC/DC/继电器两种型号可供选择。DC/DC/DC 代表 CPU 单元的电源电压 24V DC、数字量输入端口 24V DC、数字量输出端口晶体管型 24V DC。AC/DC/继电器代表 CPU 单元的电源电压 85～264V AC、数字量输入端口 24V DC、数字量输出端口继电器型 5～30V DC 或 5～250V AC。
2. CPU 224XPsi 型号的 CPU 单元内置 AI2/AO1 的模拟量处理功能。

2. 扩展模块

S7-200CN 系列 PLC 可以通过配接各种扩展模块来达到扩展功能、扩大控制能力的目的。目前 S7-200CN 主要有三大类扩展模块：数字量扩展模块、模量扩展模块和智能扩展模块等。扩展模块本身没有 CPU，只能与 CPU 单元相连接使用。

基本单元通过其右侧的扩展接口用总线连接器（插件）与扩展模块左侧的扩展接口相连接。扩展模块正常工作需要 +5V DC 电源，此电源由基本单元通过总线连接器提供，扩展模块的 24V DC 输入点和输出点电源，可由基本单元的 24V DC 电源供电，但要注意基本单元所提供的最大电流能力。

（1）数字量扩展模块

S7-200CN CPU 上已经集成了一定数量的数字量 I/O 点，但如用户需要更多 I/O 点时，必须对系统做必要的扩展。目前，S7-200CN PLC 系列总共提供 3 大类数字量扩展模块：数字量输入扩展 EM221、数字量输出扩展 EM222 及数字量输入和输出混合扩展 EM223。数字量扩展模块的型号及输入输出点数的分配如表 4-18 所示。

表 4-18 S7-200CN 系列 PLC 数字量扩展模块

型号	类型	输入 点数	输入 电压	输出 点数	输出 类型
EM 221	DI8	8	DC/AC		
	DI16	16	DC		
EM 222	DO4			4	继电器/晶体管
	DO8			8	继电器/晶体管/晶闸管
EM 223	DI4/DO4	4	24V DC	4	继电器/晶体管
	DI8/DO8	8	24V DC	8	继电器/晶体管
	DI16/DO16	16	24V DC	16	继电器/晶体管
	DI32/DO32	32	24V DC	32	继电器/晶体管

(2) 模拟量扩展模块

S7-200CN 系列 PLC 除了 CPU 224XPsi 单元内置了 AI2/AO1 的模拟量处理功能外，其他型号的 CPU 单元需要通过模拟量扩展模块来扩展。目前，S7-200CN PLC 系列总共提供 3 大类模拟量扩展模块：模拟量输入扩展 EM231、模拟量输出扩展 EM232 及模拟量输入和输出混合扩展 EM235。模拟量扩展模块的型号及输入输出通道的配置如表 4-19 所示。

表 4-19 S7-200CN 系列 PLC 模拟量扩展模块

型号	类型	输入 通道数	输入 信号规格	输出 通道数	输出 信号规格	分辨率
EM 231	4 热电偶	4	热电偶类型：S/T/R/E/N/K/J			15 位
	8 热电偶	8				
	2 RTD	2	热电阻类型：铂/铜/镍/电阻			
	4 RTD	4				
	AI4	4	0~5V			
	AI8	8	0~10V			
EM 232	AO2		−5~5V	2	−10~10V	11 位
	AO4		−2.5~2.5V	4	0~20mA	
EM 235	AI1/AO4	4	0~20mA	1		

其中 EM231 除了能够提供普通模拟量输入模块外，还有热电偶/热电阻扩展模块，用户通过模块上的 DIP 开关来选择热电偶或热电阻的类型、接线方式、测量单位和开路故障的方向。

(3) 智能扩展模块

目前，S7-200CN PLC 系列总共提供 3 大类智能扩展模块：位置控制模块、称重模块和通信模块。智能扩展模块的具体型号及功能如表 4-20 所示。

3. 操作面板 HMI

文本操作面板 TD400C 可显示 4 行文本信息，每行 24 个字符。面板上的 15 个可编程序的功能键,每个都分配了一个存储器位,这些功能键在启动和测试系统时,可以进行参数设置和诊断。

表 4-20　S7-200CN 系列 PLC 智能扩展模块

型号	名称	功　　能
EM253	位置控制	提供带有方向控制的单脉冲输出,脉冲频率 20~200kHz
SIWAREX MS	称重	4 线/6 线制称重传感器,内部分辨率 65.535,数据格式 2 字节
EM 277	通信	提供 PROFIBUS-DP 和 MPI 从站通信,传输速率 9.6kbit/s~12Mbit/s
CP 243-2		提供 AS-i 通信,连接 31 个从站时最大周期时间 5ms,连接 62 个从站时最大周期时间 10ms
CP 243-1		提供以太网通信,传输速率 10/100Mbit/s

图形/文本操作面板 OP 73micro 专门为 S7-200 PLC 定制,采用全图形 3 显示屏,可以显示位图、母线以及斯拉夫语和亚洲字符,操作更加容易。通过 8 个系统键和 4 个可配置的功能键进行操作。

单色触摸屏 TP 177 用于不太复杂的 HMI 任务,采用全图形 6 显示屏,可显示 4 个蓝色等级的矢量图形。可以横向/竖向安装,在机器设计方面更加灵活。

彩色触摸屏 KTP 600 和 KTP 1000 用于有限复杂度的 HMI 任务的面板,可以满足 PROFINET 或 PROFIBUS 网络使用的较高要求。可以提供 256 种颜色,320×240 像素的分辨率,可以显示不太复杂的操作屏幕。配置了 6~8 个可自由组态的功能键。

(二) S7-200CN 系列 PLC 的主要技术性能

下面以 CPU224 为例说明 S7-200CN 系列 PLC 的主要技术性能。

1. 一般性能

S7-200CN CPU224 的一般性能如表 4-21 所示。

表 4-21　S7-200CN CPU224 一般性能

电源电压	DC 24V,AC 100~230V
电源电压波动	DC 20.4~28.8V,AC 84~264V (47~63Hz)
环境温度、湿度	水平安装 0~55℃,垂直安装 0~45℃,5%~95%
大气压	860~1080hPa
保护等级	IP20 到 IEC529
输出给传感器的电压	DC 24V (20.4~28.8V)
输出给传感器的电流	280mA
为扩展模块提供的输出电流	660mA
程序存储器	8/12 K 字节
数据存储器	8K 字
数据后备	使用高性能电容储存动态数据,后备时间一般 100h;插入电池后备 200 天
编程语言	LAD、FBD、STL
程序结构	一个主程序块(可以包括子程序)
程序执行	自由循环。中断控制,定时控制 (1~255ms)

(续)

子程序级	8级
指令集	逻辑运算、应用功能
位操作执行时间	0.22μs
内部标志位	256，可保持：EEPROM 中 0~112
计数器	0~255，可保持：256，6个高速计数器
定时器	可保持：256 4个定时器，1ms~30s 16个定时器，10ms~5min 236个定时器，100ms~54min
接口	一个RS485通信接口
本机 I/O	数字量输入：14，其中4个可用作硬件中断，6个用于高速功能 数字量输出：10，其中2个可用作高速脉冲输出功能，模拟电位器：2个
可连接的 I/O	数字量输入/输出：最多114/110/224 模拟量输入/输出：最多32/28/44
最多可接扩展模块	7个

2. 输入特性

S7-200CN CPU224 的输入特性如表 4-22 所示。

表 4-22　S7-200CN CPU224 输入特性

类型	源型或漏型
输入电压	DC 24V，"1信号"：14~35A，"0信号"：0~5A
隔离	光耦隔离，6点和8点
输入电流	"1信号"：最大4mA
输入延迟（额定输入电压）	所有标准输入：全部 0.2~12.8ms（可调节） 中断输入：（I0.0~0.3）0.2~12.8ms（可调节） 高速计数器：（I0.0~0.5）最大30kHz

3. 输出特性

S7-200CN CPU224 输出特性如表 4-23 所示。

表 4-23　S7-200CN CPU224 的输出特性

类型	晶体管输出型	继电器输出型
额定负载电压	DC 24V（20.4~28.8V）	5~30V DC 5~250V AC
输出电压	"1信号"：最小 DC 20V	L+/L-
隔离	光耦隔离，5点	继电器隔离，3点和4点
最大输出电流	"1信号"：0.75A	"1信号"：2A
最小输出电流	"0信号"：10μA	"0信号"：0mA
输出开关容量	阻性负载：0.75A 灯负载：5W	阻性负载：2A 灯负载：DC 30W, AC 200W

三、S7-200CN 系列 PLC 的编程元件

（一）S7-200CN 系列 PLC 的存储器空间

S7-200CN PLC 的存储器空间大致分为三个空间，即程序空间、数据空间和参数空间。

1. 程序空间

该空间主要用于存放用户应用程序，程序空间容量在不同的 CPU 中是不同的。另外 CPU 中的 RAM 区与内置 EEPROM 上都有程序存储器，但它们互为映像，且空间大小一样。

2. 数据空间

该空间的主要部分用于存放工作数据称为数据存储器，另外有一部分作寄存器使用称为数据对象。

（1）数据存储器　它包括变量存储器（V），输入信号缓存区（输入映象存储器 I），输出信号缓冲区（输出映象存储区 Q），内部标志位存储器（M）又称内部辅助继电器，特殊标志位存储器（SM）。除特殊标志位外，其他部分都能以位、字节和双字的格式自由读取或写入。

变量存储器（V）是保存程序执行过程中控制逻辑操作的中间结果，所有的 V 存储器都可以存储在永久存储器区内，其内容可与 EEPROM 或编程设备双向传送。

输入映象存储器（I）是以字节为单位的寄存器，它的每一位对应于一个数字量输入结点。在每个扫描周期开始，PLC 依次对各个输入结点采样，并把采样结果送入输入映象存储器。PLC 在执行用户程序过程中，不再理会输入结点的状态，它所处理的数据为输入映象存储器中的值。

输出映象存储器（Q）是以字节为单位的寄存器，它的每一位对应于一个数字输出量结点。PLC 在执行用户程序的过程中，并不把输出信号随时送到输出结点，而是送到输出映象存储器，只有在程序全部执行完毕后，才将输出映象寄存器的内容几乎同时送到各输出结点。使用映象寄存器优点：①同步地在扫描周期开始采样所有输入点，并在扫描的执行阶段冻结所有输入值；②在程序执行完后再从映象寄存器刷新所有输出点，使被控系统能获得更好稳定性；③存取映象寄存器的速度高于存取 I/O 速度，使程序执行的更快；④I/O 点只能以位为单位存取，但映象寄存器则能以位、字节和双字进行存取。因此，映象寄存器提供了更高的灵活性。另外对控制系统中个别 I/O 点要求实时性较高的情况下，可用直接 I/O 指令直接存取输入/输出点。

内部标志位（M）又称内部线圈（内部继电器等），它一般以位为单位使用，但也能以字、双字为单位使用。内部标志位容量根据 CPU 型号不同而不同。

特殊标志位（SM）用来存储系统的状态变量和有关控制信息，特殊标志位分为只读区和可写区，具体划分随 CPU 不同而不同。

（2）数据对象　数据对象包括定时器、计数器、高速计数器、累加器和模拟量输入/输出。

定时器类似于继电器电路中的时间继电器，但它的精度更高，定时精度分为 1ms、10ms 和 100ms 三种，根据精度需要由编程者选用。定时器的数量根据 CPU 型号的不同而不同。

计数器的计数脉冲由外部输入，计数脉冲的有效沿是输入脉冲的上升沿或下降沿，计数的方式有累加 1 和累减 1 两种方式。计数器的个数同各 CPU 的定时器个数。

高速计数器与一般计数器不同之处在于，计数脉冲频率更高，可达 30kHz/200kHz，计数容量大，一般计数器为 16 位，而高速计数器为 32 位，一般计数器可读可写，而高速计数器一般只能作读操作。

在 S7-200CN CPU 中有 4 个 32 位累加器，即 AC0～AC3，用它可把参数传给子程序或任何带参数的指令和指令块。此外，PLC 在响应外部或内部的中断请求而调用中断服务程序时，累加器中的数据是不会丢失的，即 PLC 会将其中的内容压入堆栈。因此，用户在中断服务程序中仍可使用这些累加器，待中断程序执行完返回时，将自动从堆栈中弹出原先的内容，以恢复中断前累加器的内容。但应注意，不能利用累加器作主程序和中断服务子程序之间的参数传递。

模拟量输入/输出可实现模拟量的 A/D 和 D/A 转换，而 PLC 所能处理的是其中的数字量。

3. 参数空间

用于存放有关 PLC 组态参数的区域，如保护口令、PLC 站地址、停电记忆保持区、软件滤波和强制操作的设定信息等，存储器为 EEPROM。

（二）S7-200CN 系列 PLC 的数据存储器寻址

在 S7-200CN 系列 PLC 中所处理数据有三种，即常数、数据存储器中的数据和数据对象中的数据。

1. 常数及类型

在 S7-200CN 的指令中可以使用字节、字、双字类型的常数，常数的类型可指定为十进制、十六进制（16#7AB4）、二进制（2#10001100）或 ASCII 字符（'SIMATIC'）。PLC 不支持数据类型的处理和检查，因此在有些指令隐含规定字符类型的条件下，必须注意输入数据的格式。

2. 数据存储器的寻址

（1）数据地址的一般格式　数据地址一般由两个部分组成，格式为：Aa1.a2。其中：A 区域代码（I、Q、M、SM、V），a1 字节地址，a2 位地址（0～7）。例如 I10.1 表示该数据在 I 存储区第 10 字节的第 1 位。

（2）数据类型符的使用　在使用以字节、字或双字类型的数据时，除非所用指令已隐含有规定的类型外，一般都应使用数据类型符来指明所取数据的类型。数据类型符共有三个，即 B（字节）、W（字）和 D（双字），它的位置应紧跟在数据区域地址符后面。例如对变量存储器有 VB100、VW100 和 VD100。同一个地址，在使用不同的数据类型后，所取出数据占用的内存量是不同的。

3. 数据对象的寻址

数据对象地址的基本格式为：An，其中 A 为该数据对象所在的区域地址。A 共有 6 种：T（定时器）、C（计数器）、HC（高速计数器）、AC（累加器）、AIW（模拟量输入）和 AQW（模拟量输出）。

S7-200CN CPU 存储器范围和特性如表 4-24 所示。

表 4-24　S7-200CN CPU 存储器范围和特性表

描述		CPU 221	CPU 222	CPU 224	CPU 224XP CPU 224XPsi	CPU 226
用户程序长度 　在运行模式下编辑 　不在运行模式下编辑		4K 字节 4K 字节	4K 字节 4K 字节	8K 字节 12K 字节	12K 字节 16K 字节	16K 字节 24K 字节
用户数据大小		2048 字节	2048 字节	8192 字节	10240 字节	10240 字节
输入映像寄存器		I0.0 ~ I15.7	I0.0 ~ I15.7	I0.0 ~ I15.7	I0.0 ~ I15.7	I0.0 ~ I15.7
输出映像寄存器		Q0.0 ~ Q15.7	Q0.0 ~ Q15.7	Q0.0 ~ Q15.7	Q0.0 ~ Q15.7	Q0.0 ~ Q15.7
模拟量输入(只读)		AIW0 ~ AIW30	AIW0 ~ AIW30	AIW0 ~ AIW62	AIW0 ~ AIW62	AIW0 ~ AIW62
模拟量输出(只写)		AQW0 ~ AQW30	AQW0 ~ AQW30	AQW0 ~ AQW62	AQW0 ~ AQW62	AQW0 ~ AQW62
变量存储器(V)		VB0 ~ VB2047	VB0 ~ VB2047	VB0 ~ VB8191	VB0 ~ VB10239	VB0 ~ VB10239
局部存储器(L)[①]		LB0 ~ LB63	LB0 ~ LB63	LB0 ~ LB63	LB0 ~ LB63	LB0 ~ LB63
位存储器(M)		M0.0 ~ M31.7	M0.0 ~ M31.7	M0.0 ~ M31.7	M0.0 ~ M31.7	M0.0 ~ M31.7
特殊存储器(SM) 　只读		SM0.0 ~ SM179.7 SM0.0 ~ SM29.7	SM0.0 ~ SM299.7 SM0.0 ~ SM29.7	SM0.0 ~ SM549.7 SM0.0 ~ SM29.7	SM0.0 ~ SM549.7 SM0.0 ~ SM29.7	SM0.0 ~ SM549.7 SM0.0 ~ SM29.7
定时器		256(T0 ~ T255)	256(T0 ~ T255)	256(T0 ~ T255)	256(T0 ~ T255)	256(T0 ~ T255)
保持接通延时	1ms	T0, T64	T0, T64	T0, T64	T0, T64	T0, T64
	10ms	T1 ~ T4, T65 ~ T68	T1 ~ T4, T65 ~ T68	T1 ~ T4, T65 ~ T68	T1 ~ T4, T65 ~ T68	T1 ~ T4, T65 ~ T68
	100ms	T5 ~ T31, T69 ~ T95	T5 ~ T31, T69 ~ T95	T5 ~ T31, T69 ~ T95	T5 ~ T31, T69 ~ T95	T5 ~ T31, T69 ~ T95
接通/断开延时	1ms	T32, T96	T32, T96	T32, T96	T32, T96	T32, T96
	10ms	T33 ~ T36, T97 ~ T100	T33 ~ T36, T97 ~ T100	T33 ~ T36, T97 ~ T100	T33 ~ T36, T97 ~ T100	T33 ~ T36, T97 ~ T100
	100ms	T37 ~ T63, T101 ~ T255	T37 ~ T63, T101 ~ T255	T37 ~ T63, T101 ~ T255	T37 ~ T63, T101 ~ T255	T37 ~ T63, T101 ~ T255
计数器		C0 ~ C255	C0 ~ C255	C0 ~ C255	C0 ~ C255	C0 ~ C255
高速计数器		HC0 ~ HC5	HC0 ~ HC5	HC0 ~ HC5	HC0 ~ HC5	HC0 ~ HC5
顺序控制继电器(S)		S0.0 ~ S31.7	S0.0 ~ S31.7	S0.0 ~ S31.7	S0.0 ~ S31.7	S0.0 ~ S31.7
累加器寄存器		AC0 ~ AC3	AC0 ~ AC3	AC0 ~ AC3	AC0 ~ AC3	AC0 ~ AC3
跳转/标号		0 ~ 255	0 ~ 255	0 ~ 255	0 ~ 255	0 ~ 255
调用/子程序		0 ~ 63	0 ~ 63	0 ~ 63	0 ~ 63	0 ~ 127
中断程序		0 ~ 127	0 ~ 127	0 ~ 127	0 ~ 127	0 ~ 127
正/负跳变		256	256	256	256	256
PID 回路		0 ~ 7	0 ~ 7	0 ~ 7	0 ~ 7	0 ~ 7
端口		端口 0	端口 0	端口 0	端口 0、端口 1	端口 0、端口 1

① LB60 ~ LB63 为 STEP 7-Micro/WIN32 的 3.0 版本或以后的版本软件保留。

第四节　S7-200CN 系列 PLC 指令系统

本节主要讲解 S7-200CN 的常用指令及使用方法。

一、基本指令

S7-200CN 系列的基本逻辑指令与 FX 系列和 CP1E 系列基本逻辑指令大体相似，编程和梯形图表达方式也相差不多，这里列表表示 S7-200CN 系列的基本逻辑指令（见表 4-25）。

表 4-25　S7-200CN 系列的基本逻辑指令

指令名称	指令符	功　能	操作数
取	LD bit	读入逻辑行或电路块的第一个常开接点	
取反	LDN bit	读入逻辑行或电路块的第一个常闭接点	
与	A bit	串联一个常开接点	bit：I，Q，M，SM，T，C，V，S
与非	AN bit	串联一个常闭接点	
或	O bit	并联一个常开接点	
或非	ON bit	并联一个常闭接点	
电路块与	ALD	串联一个电路块	无
电路块或	OLD	并联一个电路块	
输出	= bit	输出逻辑行的运算结果	bit：Q，M，SM，T，C，V，S
置位	S bit, N	置继电器状态为接通	bit：Q，M，SM，V，S
复位	R bit, N	使继电器复位为断开	

1. 基本逻辑指令的应用

基本逻辑指令的应用如图 4-18 所示。

2. 电路块并联的编程

电路块并联的编程如图 4-19 所示。

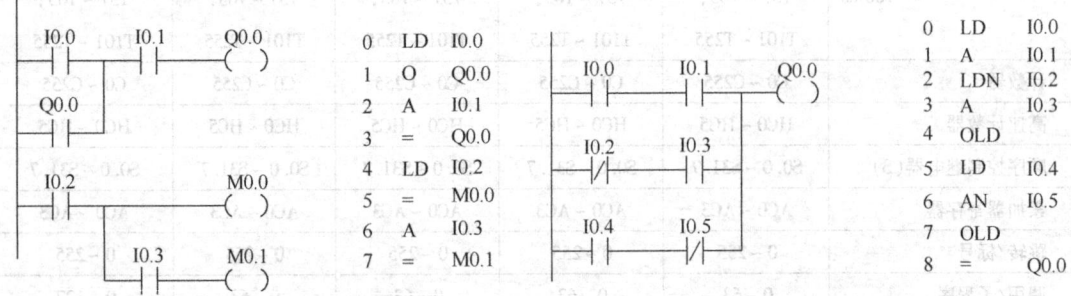

图 4-18　基本逻辑指令的应用　　　　　图 4-19　电路块并联的编程

3. 电路块串/并联的编程

电路块串/并联的编程如图 4-20 所示。

4. 置位/复位指令 S/R 的编程

置位/复位指令 S/R 的编程如图 4-21 所示。I0.0 的上升沿令 Q0.0 接通并保持，即使

I0.0 断开也不再影响 Q0.0 的状态。I0.1 的上升沿令 Q0.0 断开并保持断开状态。

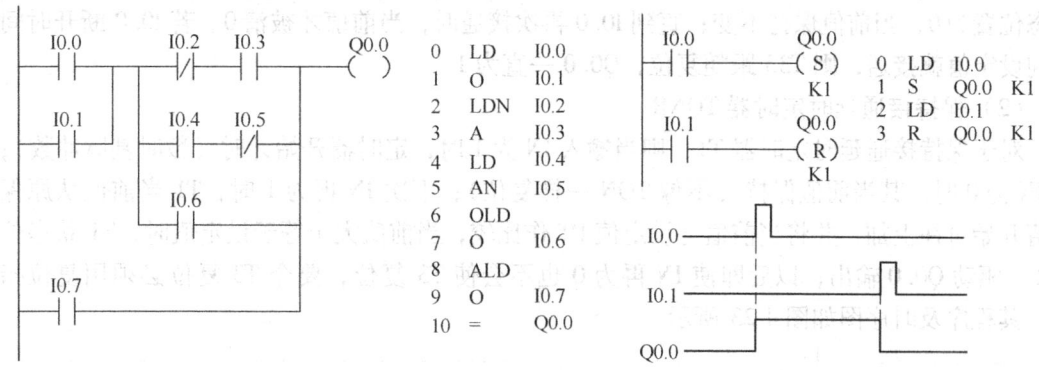

图 4-20 电路块串/并联的编程　　　　图 4-21 置位/复位指令 S/R 的编程

对同一元件可以多次合用 S/R 指令。实际上图 4-21 所示的例子组成一个 SR 触发器，当然也可把次序反过来组成 RS 触发器。但要注意，由于是扫描工作方式，故写在后面的指令有优先权。如此例中，若 I0.0 和 I0.1 同时为 1 时，则 Q0.0 为 0。R 指令写在后因而有优先权。

5. 定时器指令的应用

S7-200CN 系列 PLC 的定时器按时基脉冲分为 1ms、10ms 和 100ms 三种，按工作方式分为接通延时定时器（TON）、保持接通延时定时器（TONR）和断开延时定时器（TOF）三大类。

S7-200CN 的定时器都有一个 16bit 当前值寄存器（最大值为 32767）及一个 1bit 的状态位（反映其触点状态）。定时器是对指定的时基脉冲记数来实现计时的。因此，定时器的分辨率（时基）和设定值 PT 的乘积决定了定时器延时时间，同理也可推算出不同分辨率定时器的定时范围。

（1）断开延时定时器 TOF

断开延时定时器 TOF 的应用如图 4-22 所示，当 I0.0 接通时，T33 复位，当前值清 0，

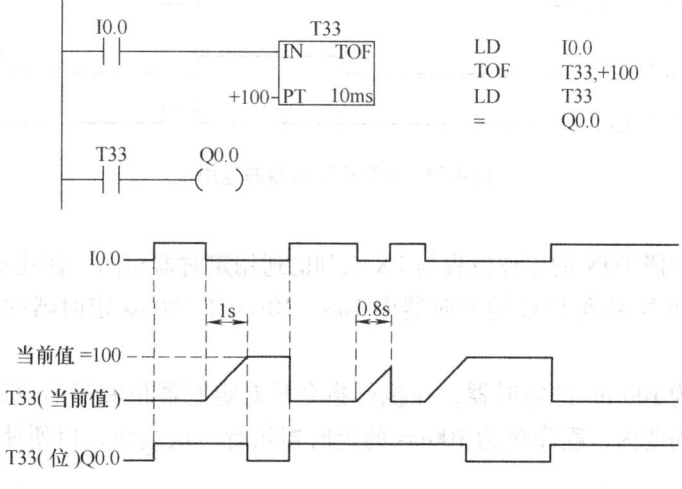

图 4-22 TOF 定时器的应用

状态位置为1。当I0.0断开时,驱动T33开始计数(数时基脉冲数);计时到设定值PT时,状态位置为0,当前值保持不变;直到I0.0再次接通时,当前值才被清0。若I0.0断开时间未到设定值就接通,则T33跟随复位,Q0.0一直为1。

(2)保持接通延时定时器TONR

对于保持接通延时定时器T1,则当输入IN为1时,定时器开始计时(数时基脉冲数);当IN为0时,其当前值保持(不像TON一样复位);下次IN再为1时,T1当前值从原保持值开始再往上加,并将当前值与设定值PT作比较,当前值大于等于设定值时,T1状态位置1,驱动Q0.0输出;以后即使IN再为0也不会使T3复位,要令T3复位必须用复位指令。其程序及时序图如图4-23所示。

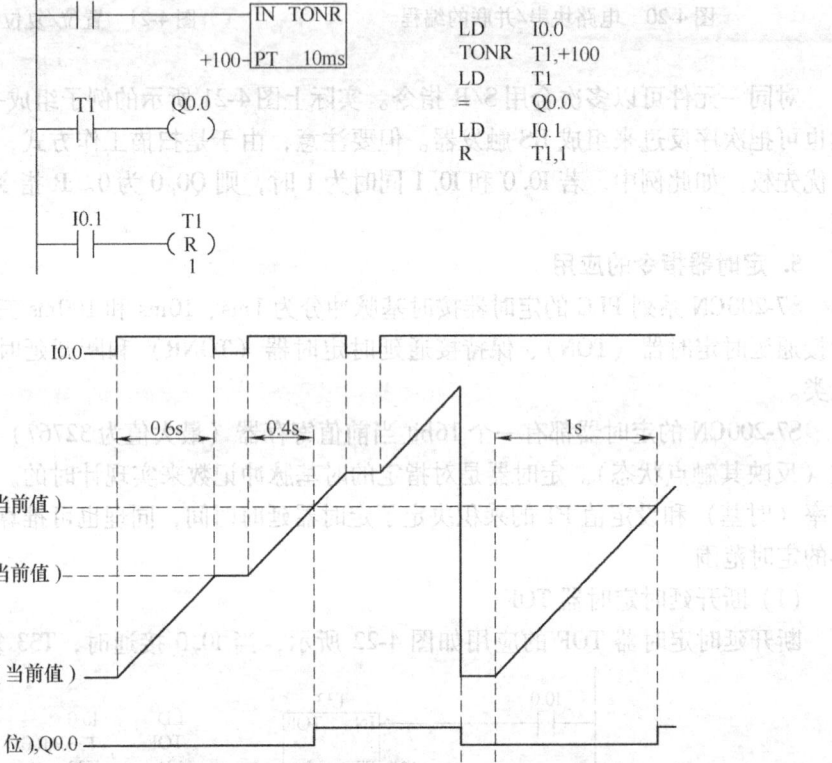

图4-23 TONR定时器的应用

接通延时定时器TON的工作过程与FX系列的通用定时器相同,在此不再赘述。

注意:S7-200CN系列PLC的定时器中1ms、10ms和100ms定时器的刷新方式是不同的。

对于分辨率为100 ms的定时器,在执行指令时对定时器位和当前值进行更新;因此,确保在每个扫描周期内,程序仅为100ms的定时器执行一次指令,以便使定时器保持正确计时。

(1)1ms定时器 定时器位和当前值的更新不与扫描周期同步。对于大于1ms的程序扫描周期，定时器位和当前值在一次扫描内刷新多次。

（2）10ms 定时器　定时器位和当前值在每个程序扫描周期的开始刷新，即在每个扫描周期的开始会将一个扫描累计的时间间隔加到定时器的当前值上。

（3）100ms 定时器　在执行指令时才对定时器位和当前值进行更新。因此，确保在每个扫描周期内，100ms 的定时器仅执行一次。

6. 计数器指令的应用

S7-200CN 系列 PLC 有三种计数器：增计数器（CTU）、减计数器（CTD）和增/减计数器（CTUD）。每个计数器都有一个 16 位的当前值寄存器（最大值为 32767）及一个状态位。

（1）减计数器 CTD

当 CD 端有上升沿输入时，减计数器 CTD 的当前值减 1；当计数器的当前值等于 0 时，计数器停止计数，并将状态位置位。当装载输入端 LD 接通时，计数器状态位被复位，并将计数器的当前值设为设定值 PV。减计数器 CTD 的应用如图 4-24 所示。

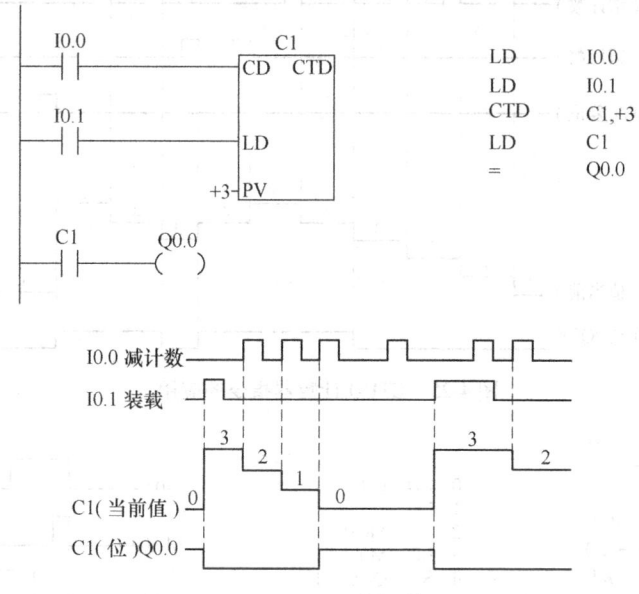

图 4-24　CTD 计数器指令的应用

（2）增/减计数器 CTUD

当 CU 端有上升沿输入时，计数器 CTUD 的当前值加 1；当 CD 端有上升沿输入时，计数器 CTUD 的当前值减 1；当计数器的当前值大于等于预设值 PV 时，计数器状态位置位。当复位端 R 接通或者执行复位指令后，计数器被复位，状态位清零。

CTUD 的计数设定范围为 -32768 ~ +32767。若计数器的当前值达到最大值 32767 时，增计数端 CU 的下一个上升沿将使计数器的当前值变为最小值 -32768；若达到最小值 -32768 时，减计数端 CD 的下一个上升沿将使计数器的当前值变为最大值 +32767。增/减计数器 CTUD 的应用如图 4-25 所示。

增计数器 CTU 的工作过程与 FX 系列的 16 位增计数器相同，在此不再赘述。

7. 脉冲产生指令 EU/ED 的应用

EU 指令在 EU 指令前的逻辑运算结果由 OFF→ON 时，产生一个扫描周期宽度的脉冲，驱动其后面的线圈输出。而 ED 指令则在对应输入有下降沿时产生一个扫描周期宽度的脉冲，驱动其后的线圈输出。其应用见图 4-26。

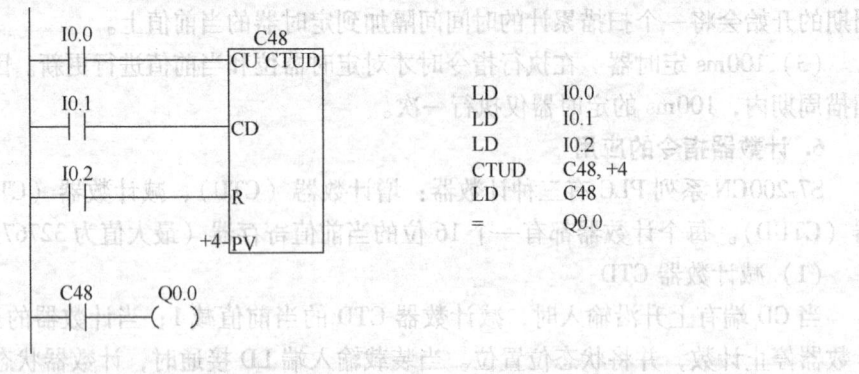

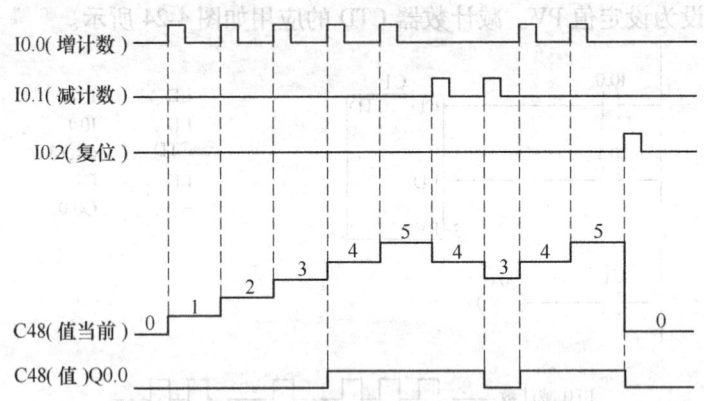

图 4-25 CTUD 计数器指令的应用

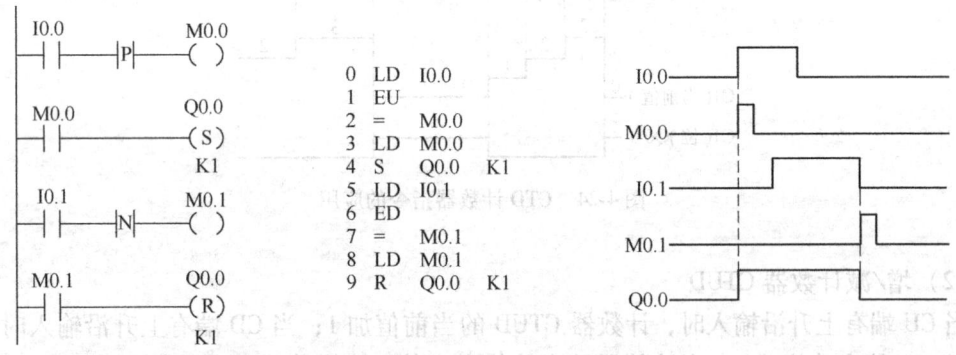

图 4-26 EU 和 ED 指令的应用

8. 逻辑堆栈的操作

LPS 为进栈操作，LRD 为读栈操作，LPP 为出栈操作。

S7-200CN 系列 PLC 中有一个 9 层堆栈，用于处理逻辑运算结果，称为逻辑堆栈。执行逻辑推入栈指令 LPS 时，将复制栈顶的值，并将这个值推入栈，原来栈里的所有值均下移一层，栈底的值被推出并消失。执行逻辑读栈指令 LRD 时，将复制堆栈中的第二个值到栈顶，堆栈没有推入栈或者弹出栈操作，但旧的栈顶值被新的复制值取代。执行逻辑弹出栈指令 LPP 时，将弹出栈顶的值，原来栈里的所有值均上移一层。执行 LPS、LPD 和 LPP 指令时对逻辑堆栈的影响如图 4-27 所示。图中仅用了 2 层栈,实际上因为逻辑堆栈有 9 层,所以可以多次使用 LPS,形成多层分支,使用时应注意 LPS 和 LPP 必须成对使用。

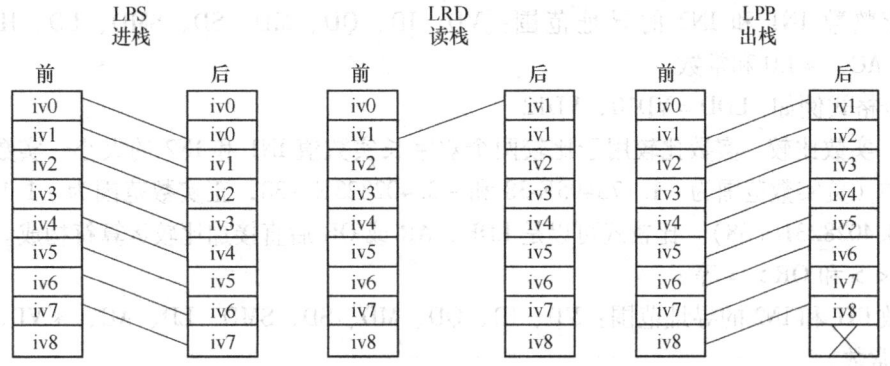

图 4-27 执行 LPS、LPD 和 LPP 指令时对逻辑堆栈的影响

9. NOT、NOP 和 MEND 指令

NOT、NOP 及 MEND 指令的形式及功能如表 4-26 所示。

表 4-26 NOT、NOP 及 MEND 指令的形式及功能

STL	功能	操作数
NOT	逻辑结果取反	—
NOP	空操作	—
MEND	无条件结束	—

NOT 为逻辑结果取反指令,在复杂逻辑结果取反时为用户提供方便。NOP 为空操作,对程序没有实质影响。MEND 为无条件结束指令,在编程结束时一定要写上该指令,否则会出现编译错误。调试程序时,在程序的适当位置插入 MEND 指令可以实现程序的分段调试。

10. 比较指令

比较指令是将两个操作数按规定的条件作比较,条件成立时,触点就闭合。比较运算符有 =、> =、< =、>、< 和 < >。

(1) 字节比较 字节比较用于比较两个字节型整数值 IN1 和 IN2 的大小,字节比较是无符号的。比较式可以是 LDB、AB 或 OB 后直接加比较运算符构成。如 LDB =、AB < > 和 OB > = 等。

整数 IN1 和 IN2 的寻址范围:VB、IB、QB、MB、SB、SMB、LB、*VD、*AC、*LD 和常数。

指令格式例如:LDB = VB10,VB12

(2) 整数比较 整数比较用于比较两个一字长整数值 IN1 和 IN2 的大小,整数比较是有符号的(整数范围为 16#8000 和 16#7FFF 之间)。比较式可以是 LDW、AW 或 OW 后直接加比较运算符构成。如 LDW =、AW < > 和 OW > = 等。

整数 IN1 和 IN2 的寻址范围:VW、IW、QW、MW、SW、SMW、LW、AIW、T、C、AC、*VD、*AC、*LD 和常数。

指令格式例如:LDW = VW10,VW12

(3) 双字整数比较 双字整数比较用于比较两个双字长整数值 IN1 和 IN2 的大小,双

字整数比较是有符号的（双字整数范围为 16#80000000 和 16#7FFFFFFF 之间）。比较式可以是 LDD、AD 或 OD 后直接加比较运算符构成。如 LDD = 、AD < > 和 OD > = 等。

双字整数 IN1 和 IN2 的寻址范围：VD、ID、QD、MD、SD、SMD、LD、HC、AC、∗VD、∗AC、∗LD 和常数。

指令格式例如：LDD = VD10，VD12

（4）实数比较 实数比较用于比较两个双字长实数值 IN1 和 IN2 的大小，实数比较是有符号的（负实数范围为 -1.175495E-38 和 -3.402823E+38，正实数范围为 +1.175495E-38 和 +3.402823E+38）。比较式可以是 LDR、AR 或 OR 后直接加比较运算符构成。如 LDR = 、AR < > 和 OR > = 等。

实数 IN1 和 IN2 的寻址范围：VD、ID、QD、MD、SD、SMD、LD、AC、∗VD、∗AC、∗LD 和常数。

指令格式例如：LDR = VD10，VD12

二、功能指令

一般的逻辑控制系统用软继电器、定时器和计数器及基本指令就可以实现。利用功能指令可以开发出更复杂的控制系统，如网络控制系统等。这些功能指令实际上是厂商为满足各种客户的特殊需要而开发的通用子程序。功能指令的丰富程度及其使用的方便程度是衡量 PLC 性能的一个重要指标。

S7-200CN 的功能指令很丰富，大致包括这几方面：算术与逻辑运算、传送、移位与循环移位、程序流控制、数据表处理、PID 指令、数据格式变换、高速处理、通信以及实时时钟等。

功能指令的助记符与汇编语言相似，略具计算机知识的人学习起来也不会有太大困难。但 S7-200CN 系列 PLC 功能指令毕竟太多，一般读者不必准确记忆其详尽用法，需要时可查阅产品手册。本节仅对 S7-200CN 系列 PLC 的功能指令作列表归纳，不再一一说明。

1. 四则运算指令

四则运算指令如表 4-27 所示。

表 4-27 四则运算指令

名称	指令格式（语句表）	功　能	操作数寻址范围
加法指令	+I IN1, OUT	两个 16 位带符号整数相加，得到一个 16 位带符号整数 执行结果：IN1 + OUT = OUT（在 LAD 和 FBD 中为：IN1 + IN2 = OUT）	IN1, IN2, OUT：VW, IW, QW, MW, SW, SMW, LW, T, C, AC, ∗VD, ∗AC, ∗LD IN1 和 IN2 还可以是 AIW 和常数
	+D IN1, OUT	两个 32 位带符号整数相加，得到一个 32 位带符号整数 执行结果：IN1 + OUT = OUT（在 LAD 和 FBD 中为：IN1 + IN2 = OUT）	IN1, IN2, OUT：VD, ID, QD, MD, SD, SMD, LD, AC, ∗VD, ∗AC, ∗LD IN1 和 IN2 还可以是 HC 和常数
	+R IN1, OUT	两个 32 位实数相加，得到一个 32 位实数 执行结果：IN1 + OUT = OUT（在 LAD 和 FBD 中为：IN1 + IN2 = OUT）	IN1, IN2, OUT：VD, ID, QD, MD, SD, SMD, LD, AC, ∗VD, ∗AC, ∗LD IN1 和 IN2 还可以是常数

(续)

名称	指令格式(语句表)	功　能	操作数寻址范围
减法指令	-I IN1, OUT	两个16位带符号整数相减,得到一个16位带符号整数 执行结果:OUT-IN1=OUT(在LAD和FBD中为:IN1-IN2=OUT)	IN1, IN2, OUT: VW, IW, QW, MW, SW, SMW, LW, T, C, AC, *VD, *AC, *LD IN1和IN2还可以是AIW和常数
减法指令	-D IN1, OUT	两个32位带符号整数相减,得到一个32位带符号整数 执行结果:OUT-IN1=OUT(在LAD和FBD中为:IN1-IN2=OUT)	IN1, IN2, OUT: VD, ID, QD, MD, SD, SMD, LD, AC, *VD, *AC, *LD IN1和IN2还可以是HC和常数
减法指令	-R IN1, OUT	两个32位实数相加,得到一个32位实数 执行结果:OUT-IN1=OUT(在LAD和FBD中为:IN1-IN2=OUT)	IN1, IN2, OUT: VD, ID, QD, MD, SD, SMD, LD, AC, *VD, *AC, *LD IN1和IN2还可以常数
乘法指令	*I IN1, OUT	两个16位符号整数相乘,得到一个16整数 执行结果:IN1*OUT=OUT(在LAD和FBD中为:IN1*IN2=OUT)	IN1, IN2, OUT: VW, IW, QW, MW, SW, SMW, LW, T, C, AC, *VD, *AC, *LD IN1和IN2还可以是AIW和常数
乘法指令	MUL IN1, OUT	两个16位带符号整数相乘,得到一个32位带符号整数 执行结果:IN1*OUT=OUT(在LAD和FBD中为:IN1*IN2=OUT)	IN1, IN2: VW, IW, QW, MW, SW, SMW, LW, AIW, T, C, AC, *VD, *AC, *LD和常数 OUT: VD, ID, QD, MD, SD, SMD, LD, AC, *VD, *AC, *LD
乘法指令	*D IN1, OUT	两个32位带符号整数相乘,得到一个32位带符号整数 执行结果:IN1*OUT=OUT(在LAD和FBD中为:IN1*IN2=OUT)	IN1, IN2, OUT: VD, ID, QD, MD, SD, SMD, LD, AC, *VD, *AC, *LD IN1和IN2还可以是HC和常数
乘法指令	*R IN1, OUT	两个32位实数相乘,得到一个32位实数 执行结果:IN1*OUT=OUT(在LAD和FBD中为:IN1*IN2=OUT)	IN1, IN2, OUT: VD, ID, QD, MD, SD, SMD, LD, AC, *VD, *AC, *LD IN1和IN2还可以是常数
除法指令	/I IN1, OUT	两个16位带符号整数相除,得到一个16位带符号整数商,不保留余数 执行结果:OUT/IN1=OUT(在LAD和FBD中为:IN1/IN2=OUT)	IN1, IN2, OUT: VW, IW, QW, MW, SW, SMW, LW, T, C, AC, *VD, *AC, *LD IN1和IN2还可以是AIW和常数
除法指令	DIV IN1, OUT	两个16位带符号整数相除,得到一个32位结果,其中低16位为商,高16位为结果 执行结果:OUT/IN1=OUT(在LAD和FBD中为:IN1/IN2=OUT)	IN1, IN2: VW, IW, QW, MW, SW, SMW, LW, AIW, T, C, AC, *VD, *AC, *LD和常数 OUT: VD, ID, QD, MD, SD, SMD, LD, AC, *VD, *AC, *LD

(续)

名称	指令格式(语句表)	功能	操作数寻址范围
除法指令	/D IN1, OUT	两个 32 位带符号整数相除,得到一个 32 位整数商,不保留余数 执行结果:OUT/IN1 = OUT(在 LAD 和 FBD 中为:IN1/IN2 = OUT)	IN1、IN2、OUT:VD、ID、QD、MD、SD、SMD、LD、AC、*VD、*AC、*LD IN1 和 IN2 还可以是 HC 和常数
	/R IN1, OUT	两个 32 位实数相除,得到一个 32 位实数商 执行结果:OUT/IN1 = OUT(在 LAD 和 FBD 中为:IN1/IN2 = OUT)	IN1、IN2、OUT:VD、ID、QD、MD、SD、SMD、LD、AC、*VD、*AC、*LD IN1 和 IN2 还可以是常数
数学函数指令	SQRT IN, OUT	把一个 32 位实数(IN)开平方,得到 32 位实数结果(OUT)	IN、OUT:VD、ID、QD、MD、SD、SMD、LD、AC、*VD、*AC、*LD IN 还可以是常数
	LN IN, OUT	对一个 32 位实数(IN)取自然对数,得到 32 位实数结果(OUT)	
	EXP IN, OUT	对一个 32 位实数(IN)取以 e 为底数的指数,得到 32 位实数结果(OUT)	
	SIN IN, OUT COS IN, OUT TAN IN, OUT	分别对一个 32 位实数弧度值(IN)取正弦、余弦、正切,得到 32 位实数结果(OUT)	
增减指令	INCB OUT	将字节无符号输入数加 1 执行结果:OUT + 1 = OUT(在 LAD 和 FBD 中为:IN + 1 = OUT)	IN、OUT:VB、IB、QB、MB、SB、SMB、LB、AC、*VD、*AC、*LD IN 还可以是常数
	DECB OUT	将字节无符号输入数减 1 执行结果:OUT − 1 = OUT(在 LAD 和 FBD 中为:IN − 1 = OUT)	
	INCW OUT	将字(16 位)有符号输入数加 1 执行结果:OUT + 1 = OUT(在 LAD 和 FBD 中为:IN + 1 = OUT)	IN、OUT:VW、IW、QW、MW、SW、SMW、LW、T、C、AC、*VD、*AC、*LD IN 还可以是 AIW 和常数
	DECW OUT	将字(16 位)有符号输入数减 1 执行结果:OUT − 1 = OUT(在 LAD 和 FBD 中为:IN − 1 = OUT)	
	INCD OUT	将双字(32 位)有符号输入数加 1 执行结果:OUT + 1 = OUT(在 LAD 和 FBD 中为:IN + 1 = OUT)	IN、OUT:VD、ID、QD、MD、SD、SMD、LD、AC、*VD、*AC、*LD IN 还可以是 HC 和常数
	DECD OUT	将字(32 位)有符号输入数减 1 执行结果:OUT − 1 = OUT(在 LAD 和 FBD 中为:IN − 1 = OUT)	

2. 逻辑运算指令

逻辑运算指令如表 4-28 所示。

表 4-28 逻辑运算指令

名称	指令格式（语句表）	功能	操作数
字节逻辑运算指令	ANDB IN1, OUT	将字节 IN1 和 OUT 按位作逻辑与运算，OUT 输出结果	IN1, IN2, OUT: VB, IB, QB, MB, SB, SMB, LB, AC, *VD, *AC, *LD IN1 和 IN2 还可以是常数
	ORB IN1, OUT	将字节 IN1 和 OUT 按位作逻辑或运算，OUT 输出结果	
	XORB IN1, OUT	将字节 IN1 和 OUT 按位作逻辑异或运算，OUT 输出结果	
	INVB OUT	将字节 OUT 按位取反，OUT 输出结果	
字逻辑运算指令	ANDW IN1, OUT	将字 IN1 和 OUT 按位作逻辑与运算，OUT 输出结果	IN1, IN2, OUT: VW, IW, QW, MW, SW, SMW, LW, T, C, AC, *VD, *AC, *LD IN1 和 IN2 还可以是 AIW 和常数
	ORW IN1, OUT	将字 IN1 和 OUT 按位作逻辑或运算，OUT 输出结果	
	XORW IN1, OUT	将字 IN1 和 OUT 按位作逻辑异或运算，OUT 输出结果	
	INVW OUT	将字 OUT 按位取反，OUT 输出结果	
双字逻辑运算指令	ANDD IN1, OUT	将双字 IN1 和 OUT 按位作逻辑与运算，OUT 输出结果	IN1, IN2, OUT: VD, ID, QD, MD, SD, SMD, LD, AC, *VD, *AC, *LD IN1 和 IN2 还可以是 HC 和常数
	ORD IN1, OUT	将双字 IN1 和 OUT 按位作逻辑或运算，OUT 输出结果	
	XORD IN1, OUT	将双字 IN1 和 OUT 按位作逻辑异或运算，OUT 输出结果	
	INVD OUT	将双字 OUT 按位取反，OUT 输出结果	

3. 数据传送指令

数据传送指令如表 4-29 所示。

表 4-29 数据传送指令

名称	指令格式（语句表）	功能	操作数
单一传送指令	MOVB IN, OUT	将 IN 的内容复制到 OUT 中 IN 和 OUT 的数据类型应相同，可分别为字、字节、双字、实数	IN, OUT: VB, IB, QB, MB, SB, SMB, LB, AC, *VD, *AC, *LD IN 还可以是常数
	MOVW IN, OUT		IN, OUT: VW, IW, QW, MW, SW, SMW, LW, T, C, AC, *VD, *AC, *LD IN 还可以是 AIW 和常数 OUT 还可以是 AQW
	MOVD IN, OUT		IN, OUT: VD, ID, QD, MD, SD, SMD, LD, AC, *VD, *AC, *LD IN 还可以是 HC, 常数, &VB, &IB, &QB, &MB, &T, &C
	MOVR IN, OUT		IN, OUT: VD, ID, QD, MD, SD, SMD, LD, AC, *VD, *AC, *LD IN 还可以是常数

（续）

名称	指令格式（语句表）	功　　能	操　作　数
单一传送指令	BIR IN, OUT	立即读取输入 IN 的值，将结果输出到 OUT	IN：IB OUT：VB, IB, QB, MB, SB, SMB, LB, AC, *VD, *AC, *LD
	BIW IN, OUT	立即将 IN 单元的值写到 OUT 所指的物理输出区	IN：VB, IB, QB, MB, SB, SMB, LB, AC, *VD, *AC, *LD 和常数 OUT：QB
块传送指令	BMB IN, OUT, N	将从 IN 开始的连续 N 个字节数据复制到从 OUT 开始的数据块 N 的有效范围是 1~255	IN, OUT：VB, IB, QB, MB, SB, SMB, LB, *VD, *AC, *LD N：VB, IB, QB, MB, SB, SMB, LB, AC, *VD, *AC, *LD 和常数
	BMW IN, OUT, N	将从 IN 开始的连续 N 个字数据复制到从 OUT 开始的数据块 N 的有效范围是 1~255	IN, OUT：VW, IW, QW, MW, SW, SMW, LW, T, C, *VD, *AC, *LD IN 还可以是 AIW OUT 还可以是 AQW N：VB, IB, QB, MB, SB, SMB, LB, AC, *VD, *AC, *LD 和常数
	BMD IN, OUT, N	将从 IN 开始的连续 N 个双字数据复制到从 OUT 开始的数据块 N 的有效范围是 1~255	IN, OUT：VD, ID, QD, MD, SD, SMD, LD, *VD, *AC, *LD N：VB, IB, QB, MB, SB, SMB, LB, AC, *VD, *AC, *LD 和常数

4. 移位与循环移位指令

移位与循环移位指令如表 4-30 所示。

表 4-30　移位与循环移位指令

名称	指令格式（语句表）	功　　能	操　作　数
字节移位指令	SRB OUT, N	将字节 OUT 右移 N 位，最左边的位依次用 0 填充	IN, OUT, N：VB, IB, QB, MB, SB, SMB, LB, AC, *VD, *AC, *LD IN 和 N 还可以是常数
	SLB OUT, N	将字节 OUT 左移 N 位，最右边的位依次用 0 填充	
	RRB OUT, N	将字节 OUT 循环右移 N 位，从最右边移出的位送到 OUT 的最左位	
	RLB OUT, N	将字节 OUT 循环左移 N 位，从最左边移出的位送到 OUT 的最右位	
字移位指令	SRW OUT, N	将字 OUT 右移 N 位，最左边的位依次用 0 填充	IN, OUT：VW, IW, QW, MW, SW, SMW, LW, T, C, AC, *VD, *AC, *LD IN 还可以是 AIW 和常数 N：VB, IB, QB, MB, SB, SMB, LB, AC, *VD, *AC, *LD, 常数
	SLW OUT, N	将字 OUT 左移 N 位，最右边的位依次用 0 填充	
	RRW OUT, N	将字 OUT 循环右移 N 位，从最右边移出的位送到 OUT 的最左位	
	RLW OUT, N	将字 OUT 循环左移 N 位，从最左边移出的位送到 OUT 的最右位	

(续)

名称	指令格式（语句表）	功　能	操　作　数
双字移位指令	SRD OUT, N	将双字 OUT 右移 N 位，最左边的位依次用 0 填充	IN, OUT: VD, ID, QD, MD, SD, SMD, LD, AC, *VD, *AC, *LD IN 还可以是 HC 和常数 N: VB, IB, QB, MB, SB, SMB, LB, AC, *VD, *AC, *LD, 常数
	SLD OUT, N	将双字 OUT 左移 N 位，最右边的位依次用 0 填充	
	RRD OUT, N	将双字 OUT 循环右移 N 位，从最右边移出的位送到 OUT 的最左位	
	RLD OUT, N	将双字 OUT 循环左移 N 位，从最左边移出的位送到 OUT 的最右位	
位移位寄存器指令	SHRB DATA, S_BIT, N	将 DATA 的值（位型）移入移位寄存器；S_BIT 指定移位寄存器的最低位，N 指定移位寄存器的长度（正向移位 = N，反向移位 = −N）	DATA, S_BIT: I, Q, M, SM, T, C, V, S, L N: VB, IB, QB, MB, SB, SMB, LB, AC, *VD, *AC, *LD, 常数

5. 交换和填充指令

交换和填充指令如表 4-31 所示。

表 4-31　交换和填充指令

名称	指令格式（语句表）	功　能	操　作　数
换字节指令	SWAP IN	将输入字 IN 的高位字节与低位字节的内容交换，结果放回 IN 中	IN: VW, IW, QW, MW, SW, SMW, LW, T, C, AC, *VD, *AC, *LD
填充指令	FILL IN, OUT, N	用输入字 IN 填充从 OUT 开始的 N 个字存储单元 N 的范围为 1~255	IN, OUT: VW, IW, QW, MW, SW, SMW, LW, T, C, AC, *VD, *AC, *LD IN 还可以是 AIW 和常数 OUT 还可以是 AQW N: VB, IB, QB, MB, SB, SMB, LB, AC, *VD, *AC, *LD, 常数

6. 表操作指令

表操作指令如表 4-32 所示。

表 4-32　表操作指令

名称	指令格式（语句表）	功　能	操　作　数
表存数指令	ATT DATA, TABLE	将一个字型数据 DATA 添加到表 TABLE 的末尾。EC 值加 1	DATA, TABLE: VW, IW, QW, MW, SW, SMW, LW, T, C, AC, *VD, *AC, *LD DATA 还可以是 AIW, AC 和常数
表取数指令	FIFO TABLE, DATA	将表 TABLE 的第一个字型数据删除，并将它送到 DATA 指定的单元。表中其余的数据项都向前移动一个位置，同时实际填表数 EC 值减 1	DATA, TABLE: VW, IW, QW, MW, SW, SMW, LW, T, C, *VD, *AC, *LD DATA 还可以是 AQW 和 AC
	LIFO TABLE, DATA	将表 TABLE 的最后一个字型数据删除，并将它送到 DATA 指定的单元。剩余数据位置保持不变，同时实际填表数 EC 值减 1	

（续）

名称	指令格式(语句表)	功 能	操 作 数
表查找指令	FND = TBL, PTN, INDEX FND <> TBL, PTN, INDEX FND < TBL, PTN, INDEX FND > TBL, PTN, INDEX	搜索表 TBL, 从 INDEX 指定的数据项开始, 用给定值 PTN 检索出符合条件(=, <>, <, >)的数据项 如果找到一个符合条件的数据项, 则 INDEX 指明该数据项在表中的位置。如果一个也找不到, 则 INDEX 的值等于数据表的长度。为了搜索下一个符合的值, 在再次使用该指令之前, 必须先将 INDEX 加 1	TBL: VW, IW, QW, MW, SMW, LW, T, C, *VD, *AC, *LD PTN, INDEX: VW, IW, QW, MW, SW, SMW, LW, T, C, AC, *VD, *AC, *LD PTN 还可以是 AIW 和 AC

7. 数据转换指令

数据转换指令如表 4-33 所示。

表 4-33 数据转换指令

名称	指令格式（语句表）	功 能	操 作 数
数据类型转换指令	BTI IN, OUT	将字节输入数据 IN 转换成整数类型, 结果送到 OUT, 无符号扩展	IN: VB, IB, QB, MB, SB, SMB, LB, AC, *VD, *AC, *LD, 常数 OUT: VW, IW, QW, MW, SW, SMW, LW, T, C, AC, *VD, *AC, *LD
	ITB IN, OUT	将整数输入数据 IN 转换成一个字节, 结果送到 OUT。输入数据超出字节范围（0~255）则产生溢出	IN: VW, IW, QW, MW, SW, SMW, LW, T, C, AIW, AC, *VD, *AC, *LD, 常数 OUT: VB, IB, QB, MB, SB, SMB, LB, AC, *VD, *AC, *LD
	DTI IN, OUT	将双整数输入数据 IN 转换成整数, 结果送到 OUT	IN: VD, ID, QD, MD, SD, SMD, LD, HC, AC, *VD, *AC, *LD, 常数 OUT: VW, IW, QW, MW, SW, SMW, LW, T, C, AC, *VD, *AC, *LD
	ITD IN, OUT	将整数输入数据 IN 转换成双整数（符号进行扩展）, 结果送到 OUT	IN: VW, IW, QW, MW, SW, SMW, LW, T, C, AIW, AC, *VD, *AC, *LD, 常数 OUT: VD, ID, QD, MD, SD, SMD, LD, AC, *VD, *AC, *LD
	ROUND IN, OUT	将实数输入数据 IN 转换成双整数, 小数部分四舍五入, 结果送到 OUT	IN, OUT: VD, ID, QD, MD, SD, SMD, LD, AC, *VD, *AC, *LD
	TRUNC IN, OUT	将实数输入数据 IN 转换成双整数, 小数部分直接舍去, 结果送到 OUT	IN 还可以是常数 在 ROUND 指令中 IN 还可以是 HC
	DTR IN, OUT	将双整数输入数据 IN 转换成实数, 结果送到 OUT	IN, OUT: VD, ID, QD, MD, SD, SMD, LD, AC, *VD, *AC, *LD IN 还可以是 HC 和常数

（续）

名称	指令格式（语句表）	功 能	操 作 数
数据类型转换指令	BCDI OUT	将 BCD 码输入数据 IN 转换成整数，结果送到 OUT。IN 的范围为 0~9999	IN，OUT：VW，IW，QW，MW，SW，SMW，LW，T，C，AC，*VD，*AC，*LD IN 还可以是 AIW 和常数 AC 和常数
	IBCD OUT	将整数输入数据 IN 转换成 BCD 码，结果送到 OUT。IN 的范围为 0~9999	
编码译码指令	ENCO IN，OUT	将字节输入数据 IN 的最低有效位（值为 1 的位）的位号输出到 OUT 指定的字节单元的低 4 位	IN：VW，IW，QW，MW，SW，SMW，LW，T，C，AIW，AC，*VD，*AC，*LD，常数 OUT：VB，IB，QB，MB，SB，SMB，LB，AC，*VD，*AC，*LD
	DECO IN，OUT	根据字节输入数据 IN 的低 4 位所表示的位号将 OUT 所指定的字单元的相应位置 1，其他位置 0	IN：VB，IB，QB，MB，SB，SMB，LB，AC，*VD，*AC，*LD，常数 IN：VW，IW，QW，MW，SW，SMW，LW，T，C，AQW，AC，*VD，*AC，*LD
段码指令	SEG IN，OUT	根据字节输入数据 IN 的低 4 位有效数字产生相应的七段码，结果输出到 OUT，OUT 的最高位恒为 0	IN，OUT：VB，IB，QB，MB，SB，SMB，LB，AC，*VD，*AC，*LD IN 还可以是常数
字符串转换指令	ATH IN，OUT，LEN	把从 IN 开始的长度为 LEN 的 ASCII 码字符串转换成 16 进制数，并存放在以 OUT 为首地址的存储区中。合法的 ASCII 码字符的 16 进制值在 30H~39H，41H~46H 之间，字符串的最大长度为 255 个字符	IN，OUT，LEN：VB，IB，QB，MB，SB，SMB，LB，*VD，*AC，*LD LEN 还可以是 AC 和常数

8. 特殊指令

特殊指令如表 4-34 所示。PLC 中一些实现特殊功能的硬件需要通过特殊指令来使用，可实现特定的复杂的控制目的，同时程序的编制非常简单。

表 4-34 特殊指令

名称	指令格式（语句表）	功 能	操 作 数
中断指令	ATCH INT，EVNT	把一个中断事件（EVNT）和一个中断程序联系起来，并允许该中断事件	INT：常数 EVNT：常数（CPU221/222：0~12，19~23，27~33；CPU224：0~23，27~33；CPU226：0~33）
	DTCH EVNT	截断一个中断事件和所有中断程序的联系，并禁止该中断事件	
	ENI	全局地允许所有被连接的中断事件	无
	DISI	全局地关闭所有被连接的中断事件	
	CRETI	根据逻辑操作的条件从中断程序中返回	
	RETI	位于中断程序结束，是必选部分，程序编译时软件自动在程序结尾加入该指令	

(续)

名称	指令格式(语句表)	功 能	操 作 数
通信指令	NETR TBL, PORT	初始化通信操作,通过指令端口(PORT)从远程设备上接收数据并形成表(TBL)。可以从远程站点读最多16个字节的信息	TBL: VB, MB, *VD, *AC, *LD PORT: 常数
	NETW TBL, PORT	初始化通信操作,通过指定端口(PORT)向远程设备写表(TBL)中的数据,可以向远程站点写最多16个字节的信息	
	XMT TBL, PORT	用于自由端口模式。指定激活发送数据缓冲区(TBL)中的数据,数据缓冲区的第一个数据指明了要发送的字节数,PORT指定用于发送的端口	TBL: VB, IB, QB, MB, SB, SMB, *VD, *AC, *LD PORT: 常数(CPU221/222/224 为0;CPU226 为0或1)
	RCV TBL, PORT	激活初始化或结束接收信息的服务。通过指定端口(PORT)接收的信息存储于数据缓冲区(TBL),数据缓冲区的第一个数据指明了接收的字节数	
	GPA ADDR, PORT	读取PORT指定的CPU口的站地址,将数值放入ADDR指定的地址中	ADDR: VB, IB, QB, MB, SB, SMB, LB, AC, *VD, *AC, *LD 在SPA指令中ADDR还可以是常数 PORT: 常数
	SPA ADDR, PORT	将CPU口的站地址(PORT)设置为ADDR指定的数值	
时钟指令	TODR T	读当前时间和日期并把它装入一个8字节的缓冲区(起始地址为T)	T: VB, IB, QB, MB, SB, SMB, LB, *VD, *AC, *LD
	TODW T	将包含当前时间和日期的一个8字节的缓冲区(起始地址是T)装入时钟	
高速计数器指令	HDEF HSC, MODE	为指定的高速计数器分配一种工作模式。每个高速计数器使用之前必须使用HDEF指令,且只能使用一次	HSC: 常数(0~5) MODE: 常数(0~11)
	HSC N	根据高速计数器特殊存储器位的状态,按照HDEF指令指定的工作模式,设置和控制高速计数器。N指定了高速计数器号	N: 常数(0~5)
高速脉冲输出指令	PLS Q	检测用户程序设置的特殊存储器位,激活由控制位定义的脉冲操作,从Q0.0或Q0.1输出高速脉冲 可用于激活高速脉冲串输出(PTO)或宽度可调脉冲输出(PWM)	Q: 常数(0或1)

(续)

名称	指令格式(语句表)	功　　能	操　作　数
PID 回路指令	PID TBL, LOOP	运用回路表中的输入和组态信息,进行 PID 运算。要执行该指令,逻辑堆栈顶(TOS)必须为 ON 状态。TBL 指定回路表的起始地址,LOOP 指定控制回路号 回路表包含 9 个用来控制和监视 PID 运算的参数:过程变量当前值(PV_n),过程变量前值(PV_{n-1}),给定值(SP_n),输出值(M_n),增益(K_c),采样时间(T_s),积分时间(T_i),微分时间(T_d)和积分前项值(MX) 为使 PID 计算是以所要求的采样时间进行,应在定时中断执行中断服务程序或在由定时器控制的主程序中完成,其中定时时间必须填入回路表中,以作为 PID 指令的一个输入参数	TBL: VB LOOP: 常数(0 到 7)

习　题

4-1　比较欧姆龙 CP1E 系列 PLC 和三菱 FX 系列 PLC 的基本指令,有哪些指令的功能和指令助记符都相同?哪些功能相同但助记符不同?

4-2　欧姆龙 CP1E 系列 PLC,在同一程序段中 TIM 和 CNT 能否使用同一编号?

4-3　按一下起动按钮后,电动机运转 10s,停止 5s,反复如此动作 3 次后停止运转。试分别用欧姆龙 CP1E 系列 PLC 和西门子 S7-200CN 系列 PLC 设计梯形图和指令助记符程序。

4-4　试采用 PLC 的二种长延时方式分别设计一个延时时长为 1800s 的电路。(分别用欧姆龙 CP1E 系列 PLC 和西门子 S7-200CN 系列 PLC)

4-5　试分别用欧姆龙 CP1E 系列 PLC 和西门子 S7-200CN 系列 PLC 设计三相异步电动机的正、停和反控制。

4-6　试分别用欧姆龙 CP1E 系列 PLC 和西门子 S7-200CN 系列 PLC 设计一个抢答器,要求:有 4 个答题人,出题人提出问题,答题人按动按钮开关,仅仅是最早按的人输出,出题人按复位按钮,引出下一个问题,试画出梯形图及 I/O 接线图。

第五章　可编程序控制器的程序设计方法

第一节　梯形图的编程规则

PLC 是专为工业控制而开发的装置，其主要使用者是工厂广大电气技术人员，为了适应他们的传统习惯和掌握能力，通常 PLC 不采用微机的编程语言，而常常采用面向控制过程、面向问题的"自然语言"编程。国际电工委员会（IEC）1994 年 5 月公布的 IEC1131—3（可编程序控制器语言标准）详细地说明了句法、语义和下述 5 种编程语言：功能表图（Sequential function chart）、梯形图（Ladder diagram）、功能块图（Function black diagram）、指令表（Instruction list）和结构文本（Structured text）。梯形图和功能块图为图形语言，指令表和结构文本为文字语言，功能表图是一种结构块控制流程图。

一、梯形图概述

梯形图是使用得最多的图形编程语言，被称为 PLC 的第一编程语言。梯形图与电器控制系统的电路图很相似，具有直观易懂的优点，很容易被工厂电气人员掌握，特别适用于开关量逻辑控制。梯形图常被称为电路或程序，梯形图的设计称为编程。

梯形图编程中，用到以下四个基本概念。

1. 软继电器

PLC 梯形图中的某些编程元件沿用了继电器这一名称，如输入继电器、输出继电器和内部辅助继电器等，但是它们不是真实的物理继电器，而是一些存储单元（软继电器），每一软继电器与 PLC 存储器中映像寄存器的一个存储单元相对应。该存储单元如果为 "1" 状态，则表示梯形图中对应软继电器的线圈 "通电"，其常开触点接通，常闭触点断开，称这种状态是该软继电器的 "1" 或 "ON" 状态。如果该存储单元为 "0" 状态，对应软继电器的线圈和触点的状态与上述的相反，称该软继电器为 "0" 或 "OFF" 状态。使用中也常将这些 "软继电器" 称为编程元件。

2. 能流

如图 5-1 所示，触点 1、2 接通时，有一个假想的 "概念电流" 或 "能流"（Power Flow）从左向右流动，这一方向与执行用户程序时的逻辑运算的顺序是一致的。能流只能从左向右流动。利用能流这一概念，可以帮助我们更好地理解和分析梯形图。图 5-1a 中可能有两个方向的能流流过触点 5（经过触点 1、5、4 或经过触点 3、5、2），这不符合能流只能从左向右流动的原则，因此应改为如图 5-1b 所示的梯形图。

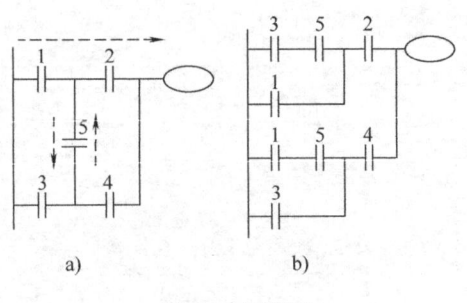

图 5-1　梯形图
a）错误的梯形图　b）正确的梯形图

3. 母线

梯形图两侧的垂直公共线称为母线（Bus bar）。在分析梯形图的逻辑关系时，为了借用继电器电路图的分析方法，可以想象左右两侧母线（左母线和右母线）之间有一个左正右负的直流电源电压，母线之间有"能流"从左向右流动。右母线可以不画出。

4. 梯形图的逻辑解算

根据梯形图中各触点的状态和逻辑关系，求出与图中各线圈对应的编程元件的状态，称为梯形图的逻辑解算。梯形图中逻辑解算是按从左至右，从上到下的顺序进行的。解算的结果，马上可以被后面的逻辑解算所利用。逻辑解算是根据输入映像寄存器中的值，而不是根据解算瞬时外部输入触点的状态来进行的。

二、梯形图的编程规则

尽管梯形图与继电器电路图在结构形式、元件符号及逻辑控制功能等方面相类似，但它们又有许多不同之处，梯形图具有自己的编程规则。

1) 每一逻辑行总是起于左母线，然后是触点的连接，最后终止于线圈或右母线（右母线可以不画出）。注意：左母线与线圈之间一定要有触点，而线圈与右母线之间则不能有任何触点。

2) 梯形图中的触点可以任意串联或并联，但继电器线圈只能并联而不能串联。

3) 触点的使用次数不受限制。

4) 一般情况下，在梯形图中同一线圈只能出现一次。如果在程序中，同一线圈使用了两次或多次，称为"双线圈输出"。对于"双线圈输出"，有些 PLC 将其视为语法错误，绝对不允许；有些 PLC 则将前面的输出视为无效，只有最后一次输出有效；而有些 PLC，在含有跳转指令或步进指令的梯形图中允许双线圈输出。

5) 对于不可编程梯形图必须作等效变换，变成可编程梯形图，例如图 5-1 所示。

6) 有几个串联电路相并联时，应将串联触点多的回路放在上方，如图 5-2a 所示。在有几个并联电路相串联时，应将并联触点多的回路放在左方，如图 5-2b 所示。这样所编制的程序简洁明了，语句较少。

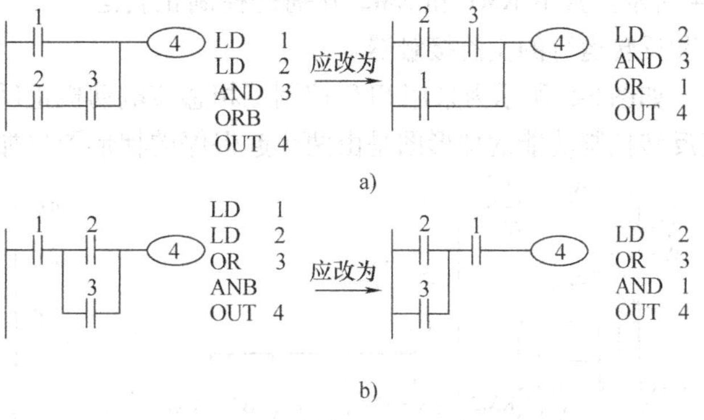

图 5-2 梯形图之二

另外，在设计梯形图时输入继电器的触点状态最好按输入设备全部为常开进行设计更为合适，不易出错。建议用户尽可能用输入设备的常开触点与 PLC 输入端连接，如果某些信号只能用常闭输入，可先按输入设备为常开来设计，然后将梯形图中对应的输入继电器触点取反（常开改成常闭、常闭改成常开）。

第二节 典型梯形图程序

PLC 应用程序往往是一些典型的控制环节和基本单元电路的组合，熟练掌握这些典型环节和基本单元电路，可以使程序的设计变得简单。本节主要介绍一些常见的典型单元梯形图程序。

一、具有自锁、互锁功能的程序

1. 具有自锁功能的程序

利用自身的常开触点使线圈持续保持通电即"ON"状态的功能称为自锁。如图 5-3 所示的起动、保持和停止程序（简称起保停程序）就是典型的具有自锁功能的梯形图，X1 为起动信号，X2 为停止信号。

图 5-3a 为停止优先程序，即当 X1 和 X2 同时接通，则 Y1 断开。图 5-3b 为起动优先程序，即当 X1 和 X2 同时接通，则 Y1 接通。起保停程序也可以用置位（SET）和复位（RST）指令来实现。在实际应用中，起动信号和停止信号可能由多个触点组成的串、并联电路提供。

2. 具有互锁功能的程序

利用两个或多个常闭触点来保证线圈不会同时通电的功能成为"互锁"。三相感应电动机的正反转控制电路即为典型的互锁电路，如图 5-4 所示。其中 KM1 和 KM2 分别是控制正转运行和反转运行的交流接触器。

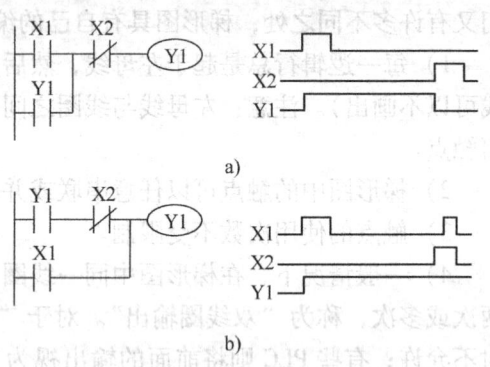

图 5-3 起保停程序与时序图
a) 停止优先 b) 起动优先

如图 5-5 所示为采用 PLC 控制三相感应电动机正反转的外部 I/O 接线图和梯形图。实现正反转控制功能的梯形图是由两个起保停的梯形图再加上两者之间的互锁触点构成的。

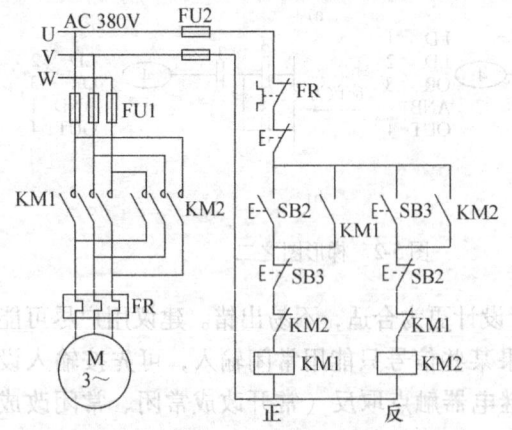

图 5-4 三相感应电动机的正反转控制电路

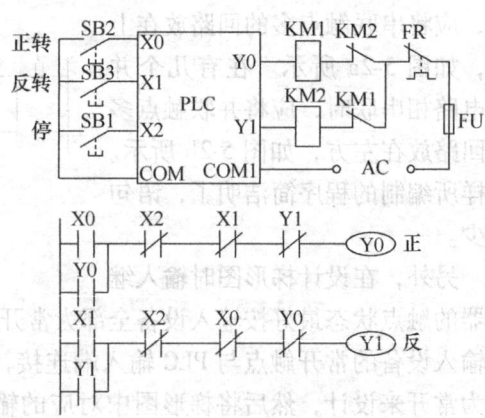

图 5-5 用 PLC 控制电动机正反转的 I/O 接线图和梯形图

应该注意的是虽然在梯形图中已经有了软继电器的互锁触点（X1 与 X0、Y1 与 Y0），但在 I/O 接线图的输出电路中还必须使用 KM1、KM2 的常闭触点进行硬件互锁。因为 PLC 软继电器互锁只相差一个扫描周期，而外部硬件接触器触点的断开时间往往大于一个扫描周期，来不及响应，且触点的断开时间一般较闭合时间长。例如 Y0 虽然断开，可能 KM1 的触点还未断开，在没有外部硬件互锁的情况下，KM2 的触点可能接通，引起主电路短路，因此必须采用软硬件双重互锁。采用了双重互锁，同时也避免因接触器 KM1 或 KM2 的主触点熔焊引起电动机主电路短路。

二、定时器应用程序

1. 产生脉冲的程序

(1) 周期可调的脉冲信号发生器　如图 5-6 所示采用定时器 T0 产生一个周期可调节的连续脉冲。当 X0 常开触点闭合后，第一次扫描到 T0 常闭触点时，它是闭合的，于是 T0 线圈得电，经过 1s 的延时，T0 常闭触点断开。T0 常闭触点断开后的下一个扫描周期中，当扫描到 T0 常闭触点时，因它已断开，使 T0 线圈失电，T0 常闭触点又随之恢复闭合。这样，在下一个扫描周期扫描到 T0 常闭触点时，又使 T0 线圈得电，重复以上动作，T0 的常开触点连续闭合、断开，就产生了脉宽为一个扫描周期、脉冲周期为 1s 的连续脉冲。改变 T0 的设定值，就可改变脉冲周期。

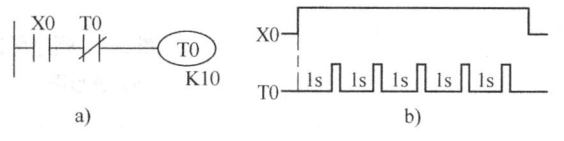

图 5-6　周期可调的脉冲信号发生器
a) 梯形图　b) 时序图

(2) 占空比可调的脉冲信号发生器　如图 5-7 所示为采用两个定时器产生连续脉冲信号，脉冲周期为 5s，占空比为 3∶2（接通时间∶断开时间）。接通时间 3s，由定时器 T1 设定，断开时间为 2s，由定时器 T0 设定，用 Y0 作为连续脉冲输出端。

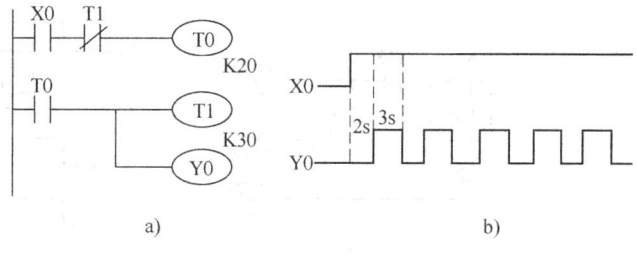

图 5-7　占空比可调的脉冲信号发生器
a) 梯形图　b) 时序图

(3) 顺序脉冲发生器　如图 5-8a 所示为用三个定时器产生一组顺序脉冲的梯形图程序，顺序脉冲波形如图 5-8b 所示。当 X4 接通，T40 开始延时，同时 Y31 通电，定时 10s 时间到，T40 常闭触点断开，Y31 断电。T40 常开触点闭合，T41 开始延时，同时 Y32 通电，当 T41 定时 15s 时间到，Y32 断电。T41 常开触点闭合，T42 开始延时，同时 Y33 通电，T42 定时 20s 时间到，Y33 断电。如果 X4 仍接通，重新开始产生顺序脉冲，直至 X4 断开。当 X4 断开时，所有的定时器全部断电，定时器触点复位，输出 Y31、Y32 及 Y33 全部断电。

2. 断电延时动作的程序

大多数 PLC 的定时器均为接通延时定时器，即定时器线圈通电后开始延时，待定时时间到，定时器的常开触点闭合、常闭触点断开。在定时器线圈断电时，定时器的触点立刻复位。

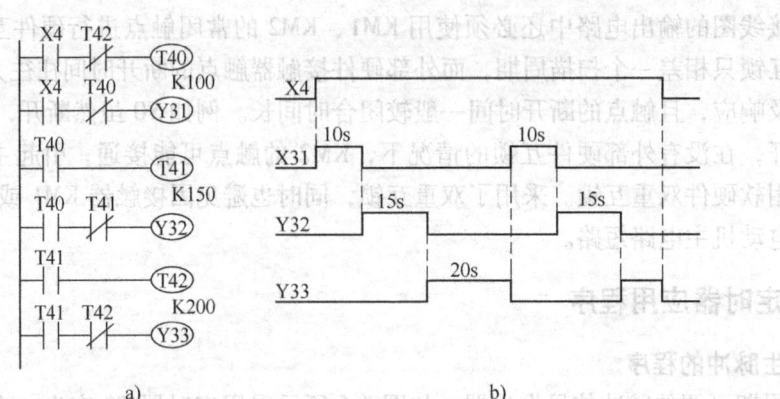

图 5-8 顺序脉冲发生器
a) 梯形图 b) 时序图

如图 5-9 所示为断开延时程序的梯形图和动作时序图。当 X13 接通时，M0 线圈接通并自锁，Y3 线圈通电，这时 T13 由于 X13 常闭触点断开而没有接通定时；当 X13 断开时，X13 的常闭触点恢复闭合，T13 线圈得电，开始定时。经过 10s 延时后，T13 常闭触点断开后的下一个扫描周期，使 M0 复位，Y3 线圈断电，从而实现从输入信号 X13 断开，经 10s 延时后，输出信号 Y3 才断开的延时功能。

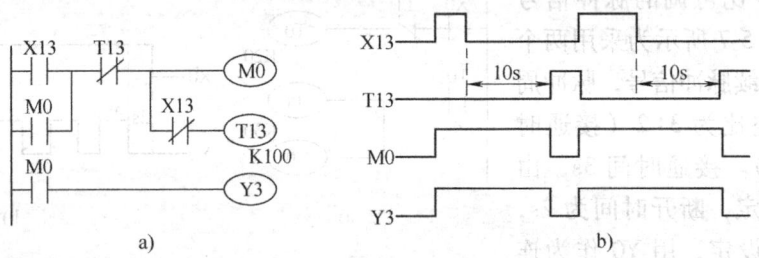

图 5-9 断电延时动作的程序
a) 梯形图 b) 时序图

3. 多个定时器组合的延时程序

一般 PLC 的一个定时器的延时时间都较短，如 FX 系列 PLC 中一个 0.1s 定时器的定时范围为 0.1~3276.7s，如果需要延时时间更长的定时器，可采用多个定时器串级使用来实现长时间延时。定时器串级使用时，其总的定时时间为各定时器定时时间之和。

如图 5-10 所示为定时时间为 1h 的梯形图及时序图，辅助继电器 M1 用于定时启停控制，采用两个 0.1s 定时器 T14 和 T15 串级使用。当 T14 开始定时后，经 1800s 延时，T14 的常开触点闭合，使 T15 再开始定时，又经 1800s 的延时，T15 的常开触点闭合，Y4 线圈接通。从 X14 接通，到 Y4 输出，其延时时间为 1800s + 1800s = 3600s = 1h。

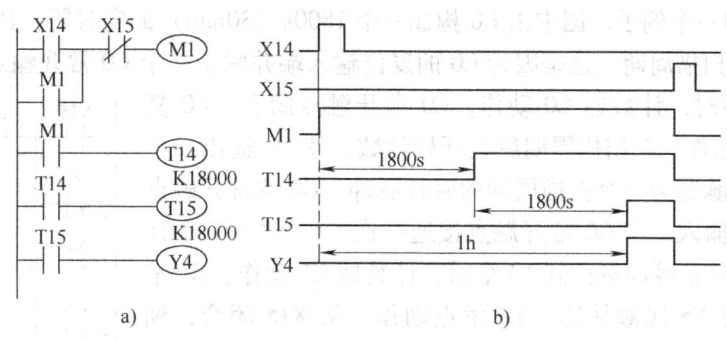

图 5-10 用定时器串级的长延时程序
a) 梯形图 b) 时序图

三、计数器应用程序

1. 应用计数器的延时程序

只要提供一个时钟脉冲信号作为计数器的计数输入信号,计数器就可以实现定时功能,时钟脉冲信号的周期与计数器的设定值相乘就是定时时间。时钟脉冲信号,可以由 PLC 内部特殊继电器产生(如 FX 系列 PLC 的 M8011、M8012、M8013 和 M8014 等),也可以由连续脉冲发生程序产生,还可以由 PLC 外部时钟电路产生。

如图 5-11 所示为采用计数器实现延时的程序,由 M8012 产生周期为 0.1s 时钟脉冲信号。当启动信号 X15 闭合时,M2 得电并自锁,M8012 时钟脉冲加到 C0 的计数输入端。当 C0 累计到 18000 个脉冲时,计数器 C0 动作,C0 常开触点闭合,Y5 线圈接通,Y5 的触点动作。从 X15 闭合到 Y5 动作的延时时间为 18000 × 0.1s = 1800s。延时误差和精度主要由时钟脉冲信号的周期决定,要提高定时精度,就必须用周期更短的时钟脉冲作为计数信号。

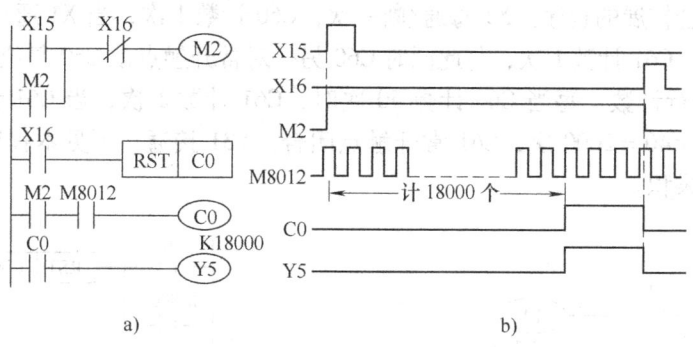

图 5-11 应用一个计数器的延时程序
a) 梯形图 b) 时序图

延时程序最大延时时间受计数器的最大计数值和时钟脉冲的周期限制,如图 5-11 所示计数器 C0 的最大计数值为 32767,所以最大延时时间为 32767 × 0.1s = 3276.7s。要增大延时时间,可以增大时钟脉冲的周期,但这又使定时精度下降。为获得更长时间的延时,同时又能保证定时精度,可采用两级或多级计数器串级计数。如图 5-12 所示为采用两级计数器串级计数延时的一个例子。图中由 C0 构成一个 1800s（30min）的定时器，其常开触点每隔 30min 闭合一个扫描周期。这是因为 C0 的复位输入端并联了一个 C0 常开触点，当 C0 累计到 18000 个脉冲时，计数器 C0 动作，C0 常开触点闭合，C0 复位，C0 计数器动作一个扫描周期后又开始计数，使 C0 输出一个周期为 30min、脉宽为一个扫描周期的时钟脉冲。C0 的常开触点作为 C1 的计数输入，当 C0 常开触点接通一次，C1 输入一个计数脉冲，当 C1 计数脉冲累计到 10 个时，计数器 C1 动作，C1 常开触点闭合，使 Y5 线圈接通，Y5 触点动作。从 X15 闭合，到 Y5 动作，其延时时间为 $18000 \times 0.1 \times 10s = 18000s$（5h）。计数器 C0 和 C1 串级后，最大的延时时间可达 $32767 \times 0.1 \times 32767s =$ 29824.34 h = 1242.68 天。

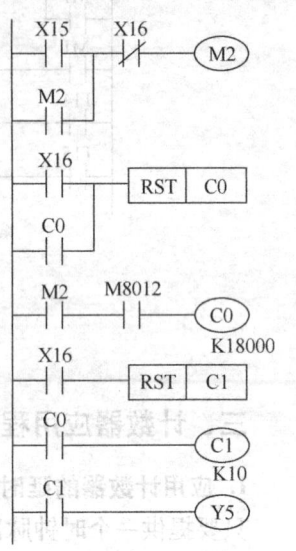

图 5-12 应用两个计数器的延时程序

2. 定时器与计数器组合的延时程序

利用定时器与计数器级联组合可以扩大延时时间，如图 5-13 所示。图中 T4 形成一个 20s 的自复位定时器，当 X4 接通后，T4 线圈接通并开始延时，20s 后 T4 常闭触点断开，T4 定时器的线圈断开并复位，待下一次扫描时，T4 常闭触点才闭合，T4 定时器线圈又重新接通并开始延时。所以当 X4 接通后，T4 每过 20s 其常开触点接通一次，为计数器输入一个脉冲信号，计数器 C4 计数一次，当 C4 计数 100 次时，其常开触点接通 Y3 线圈。可见从 X4 接通到 Y3 动作，延时时间为定时器定时值（20s）和计数器设定值（100）的乘积（2000s）。图中 M8002 为初始化脉冲，使 C4 复位。

3. 计数器级联程序

计数器计数值范围的扩展，可以通过多个计数器级联组合的方法来实现。图 5-14 为两个计数器级联组合扩展的程序。X1 每通/断一次，C60 计数 1 次，当 X1 通/断 50 次时，C60 的常开触点接通，C61 计数 1 次，与此同时 C60 另一对常开触点使 C60 复位，重新从零开始对 X1 的通/断进行计数，每当 C60 计数 50 次时，C61 计数 1 次，当 C61 计数到 40 次时，X1 总计通/断 $50 \times 40 = 2000$ 次，C61 常开触点闭合，Y31 接通。可见本程序计数值为两个计数器计数值的乘积。

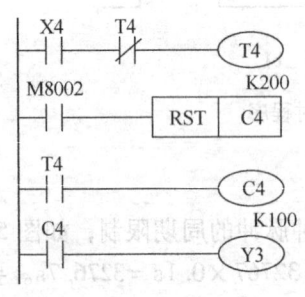

图 5-13 定时器与计数器组合的延时程序

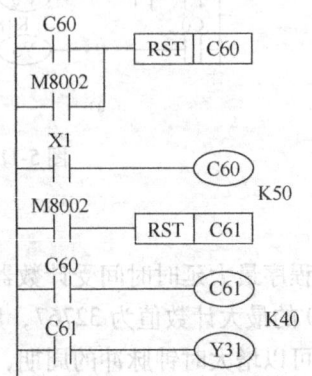

图 5-14 两个计数器级联的程序

四、其他典型应用程序

1. 单脉冲程序

单脉冲程序如图 5-15 所示,从给定信号(X0)的上升沿开始产生一个脉宽一定的脉冲信号(Y1)。当 X0 接通时,M2 线圈得电并自锁,M2 常开触点闭合,使 T1 开始定时,Y1 线圈得电。定时时间 2s 到,T1 常闭触点断开,使 Y1 线圈断电。无论输入 X0 接通的时间长短怎样,输出 Y1 的脉宽都等于 T1 的定时时间 2s。

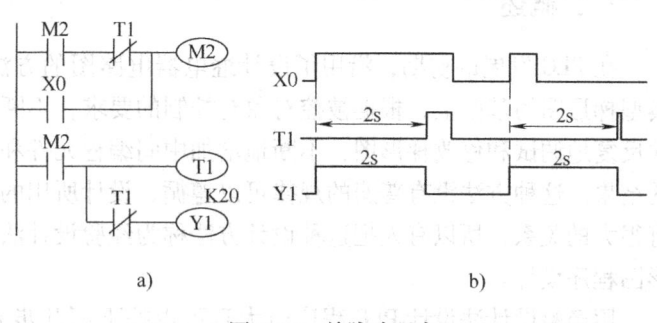

图 5-15 单脉冲程序
a) 梯形图 b) 时序图

2. 分频程序

在许多控制场合,需要对信号进行分频。下面以如图 5-16 所示的二分频程序为例来说明 PLC 是如何来实现分频的。

图中,Y30 产生的脉冲信号是 X1 脉冲信号的二分频。图 5-16a 中用了三个辅助继电器 M160、M161 和 M162。当输入 X1 在 t1 时刻接通(ON),M160 产生脉宽为一个扫描周期的单脉冲,Y30 线圈在此之前并未得电,其对应

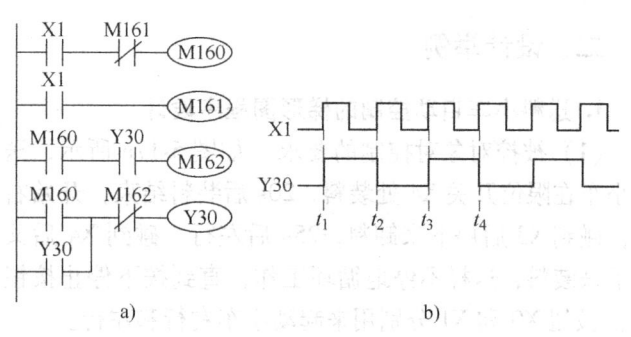

图 5-16 二分频程序
a) 梯形图 b) 时序图

的常开触点处于断开状态,因此执行至第 3 行程序时,尽管 M160 得电,但 M162 仍不得电,M162 的常闭触点处于闭合状态。执行至第 4 行,Y30 得电(ON)并自锁。此后,多次循环扫描执行这部分程序,但由于 M160 仅接通一个扫描周期,M162 不可能得电。由于 Y30 已接通,对应的常开触点闭合,为 M162 的得电做好了准备。

等到 t2 时刻,输入 X1 再次接通(ON),M160 上再次产生单脉冲。此时再执行第 3 行时,M162 得电条件满足,M162 对应的常闭触点断开。执行第 4 行程序时,Y30 线圈失电(OFF)。之后虽然 X1 继续存在,由于 M160 是单脉冲信号,虽多次扫描执行第 4 行程序,Y30 也不可能得电。在 t3 时刻,X1 第三次 ON,M160 上又产生单脉冲,输出 Y30 再次接通(ON)。t4 时刻,Y30 再次失电(OFF),循环往复。这样 Y30 正好是 X1 脉冲信号的二分频。由于每当出现 X1(控制信号)时就将 Y30 的状态翻转(ON/OFF/ON/OFF),这种逻辑关系也可用作触发器。

除了以上介绍的几种基本程序外,还有很多这样的程序不再一一列举,它们都是组成较复杂的 PLC 应用程序的基本环节。

第三节 PLC 程序的经验设计法

一、概述

在 PLC 发展的初期，沿用了设计继电器电路图的方法来设计梯形图程序，即在已有的典型梯形图的基础上，根据被控对象对控制的要求，不断地修改和完善梯形图。有时需要多次反复地调试和修改梯形图，不断地增加中间编程元件和触点，最后才能得到一个较为满意的结果。这种方法没有普遍的规律可以遵循，设计所用的时间、设计的质量与编程者的经验有很大的关系，所以有人把这种设计方法称为经验设计法。它可以用于逻辑关系较简单的梯形图程序设计。

用经验设计法设计 PLC 程序时大致可以按下面几步来进行：分析控制要求，选择控制原则；确定输入输出设备，分配 PLC 的 I/O 接口；设计执行元件的控制程序；检查修改和完善程序。下面通过例子来介绍经验设计法。

二、设计举例

1. 送料小车自动控制的梯形图程序设计

（1）被控对象对控制的要求　如图 5-17a 所示，送料小车在限位开关 X4 处装料，20s 后装料结束，开始右行，碰到 X3 后停下来卸料，25s 后左行，碰到 X4 后又停下来装料，这样不停地循环工作，直到按下停止按钮 X2。按钮 X0 和 X1 分别用来起动小车右行和左行。

（2）程序设计思路　以电动机正反转控制的梯形图为基础，设计出的小车控制梯形图如图 5-17b 所示。为使小车自动停止，将 X3 和 X4 的常闭触点分别与 Y0 和 Y1 的线圈串联。为使小车自动起动，将控制装、卸料延时的定时器 T0 和 T1 的常开触点，分别与手动起动右行和左行的 X0、X1 的常开触点并联，并用两个限位开关对应的 X4 和 X3 的常开触点分别接通装料、卸料电磁阀和相应的定时器。

（3）程序分析　设小车在起动时是空车，按下左行起动按钮 X1，Y1 得电，小车开始左行，碰到左限位开关时，X4 的常闭触点断开，使 Y1 失电，小车停止左行。X4 的常开触点接通，使 Y2 和 T0 的线圈得电，开始装料和延时。20s 后 T0 的常开触点闭合，使 Y0 得电，小车右行。小车离开左限位开关后，X4 变为"0"状态，Y2 和 T0 的线圈失电，停止装料，T0 被复位。对右行和卸料过程的分析与上面的基本相同。如果小车正在运行时按停止按钮 X2，小车将停止运动，系统停止工

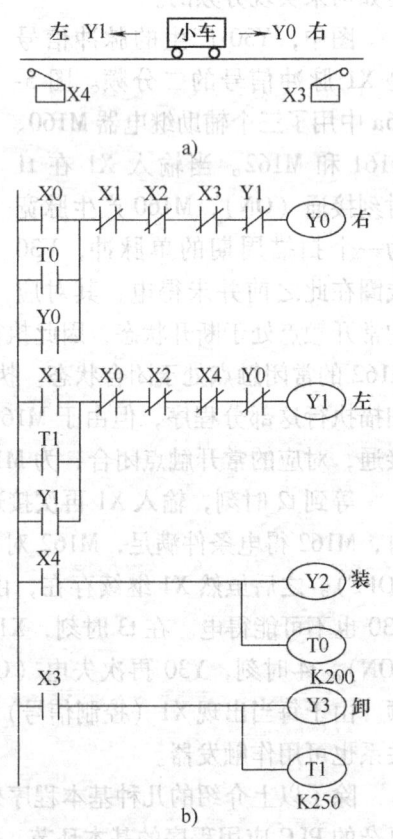

图 5-17　送料小车自动控制
a) 小车运行示意图　b) 梯形图

作。

2. 两处卸料小车自动控制的梯形图程序设计

两处卸料小车运行路线示意图如图 5-18a 所示，小车仍然在限位开关 X4 处装料，但在 X5 和 X3 两处轮流卸料。小车在一个工作循环中有两次右行都要碰到 X5，第一次碰到它时停下卸料，第二次碰到它时继续前进，因此应设置一个具有记忆功能的编程元件，区分是第一次还是第二次碰到 X5。

两处卸料小车自动控制的梯形图如图 5-18b 所示，它是在图 5-17b 的基础上根据新的控制要求修改而成的。小车在第一次碰到 X5 和碰到 X3 时都应停止右行，所以将它们的常闭触点与 Y0 的线圈串联。其中 X5 的触点并联了中间元件 M100 的触点，使 X5 停止右行的作用受到 M100 的约束，M100 的作用是记忆 X5 是第几次被碰到，它的得电条件和失电条件分别是小车碰到限位开关 X5 和 X3，即 M100 在图 5-18a 中虚线所示路线内为 ON，在这段时间内 M100 的常开触点将 Y0 控制电路中 X5 常闭触点短接，因此小车第二次经过 X5 时不会停止右行。

为了实现两处卸料，将 X3 和 X5 的触点并联后驱动 Y3 和 T1。调试时发现小车从 X3 开始左行，经过 X5 时 M100 也被置位，使小车下一次右行到达 X5 时无法停止运行，因此在 M100 的起动电路中串入 Y1 的常闭触点。另外还发现小车往返经过 X5 时，虽然不会停止运动，但是出现了短暂的卸料动作，为此将 Y1 和 Y0 的常闭触点与 Y3 的线圈串联，就可解决这个问题。系统在装料和卸料时按停止按钮不能使系统停止工作，请读者考虑怎样解决这个问题。

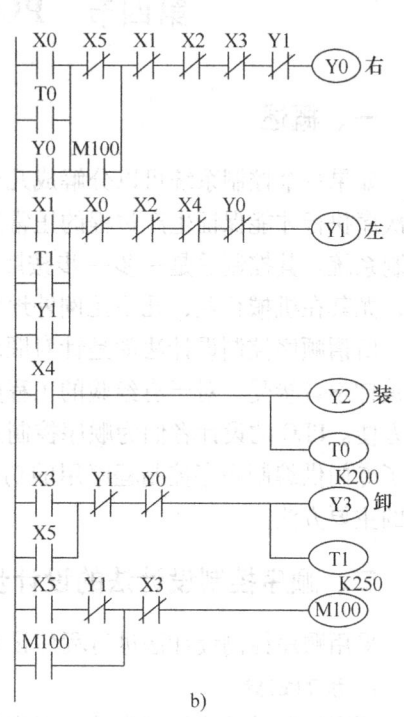

图 5-18 两处卸料小车自动控制
a) 小车运行示意图 b) 梯形图

三、经验设计法的特点

经验设计法对于一些比较简单程序设计是比较奏效的，可以收到快速、简单的效果。但是，由于这种方法主要是依靠设计人员的经验进行设计，所以对设计人员的要求也就比较高，特别是要求设计者有一定的实践经验，对工业控制系统和工业上常用的各种典型环节比较熟悉。经验设计法没有规律可遵循，具有很大的试探性和随意性，往往需经多次反复修改和完善才能符合设计要求，所以设计的结果往往不很规范，因人而异。

经验设计法一般适合于设计一些简单的梯形图程序或复杂系统的某一局部程序（如手动程序等）。如果用来设计复杂系统梯形图，存在以下问题：

(1) 考虑不周，设计麻烦，设计周期长 用经验设计法设计复杂系统的梯形图程序时，要用大量的中间元件来完成记忆、联锁和互锁等功能，由于需要考虑的因素很多，它们往往又交织在一起，分析起来非常困难，并且很容易遗漏一些问题。修改某一局部程序时，很可能会对系统其他部分程序产生意想不到的影响，往往花了很长时间，还得不到一个满意的结果。

(2) 梯形图的可读性差，系统维护困难　用经验设计法设计的梯形图是按设计者的经验和习惯的思路进行设计。因此，即使是设计者的同行，要分析这种程序也非常困难，更不用说维修人员了，这给 PLC 系统的维护和改进带来许多困难。

第四节　PLC 程序的顺序控制设计法

一、概述

如果一个控制系统可以分解成几个独立的控制动作，且这些动作必须严格按照一定的先后次序执行才能保证生产过程的正常运行，这样的控制系统称为顺序控制系统，也称为步进控制系统。其控制总是一步一步按顺序进行。在工业控制领域中，顺序控制系统的应用很广，尤其在机械行业，几乎无例外地利用顺序控制来实现加工的自动循环。

所谓顺序控制设计法就是针对顺序控制系统的一种专门的设计方法。这种设计方法很容易被初学者接受，对于有经验的工程师，也会提高设计的效率，程序的调试、修改和阅读也很方便。PLC 的设计者们为顺序控制系统的程序编制提供了大量通用和专用的编程元件，开发了专门供编制顺序控制程序用的功能表图，使这种先进的设计方法成为当前 PLC 程序设计的主要方法。

二、顺序控制设计法的设计步骤

采用顺序控制设计法进行程序设计的基本步骤及内容如下：

1. 步的划分

顺序控制设计法最基本的思想是将系统的一个工作周期划分为若干个顺序相连的阶段，这些阶段称为步，并且用编程元件（辅助继电器 M 或状态器 S）来代表各步。如图 5-19a 所示，步是根据 PLC 输出状态的变化来划分的，在任何一步之内，各输出状态不变，但是相邻步之间输出状态是不同的。步的这种划分方法使代表各步的编程元件与 PLC 各输出状态之间有着极为简单的逻辑关系。

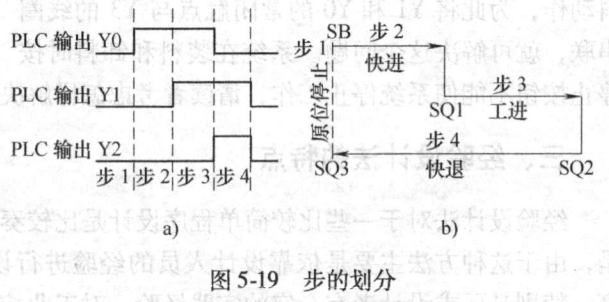

图 5-19　步的划分
a) 划分方法一　　b) 划分方法二

步也可根据被控对象工作状态的变化来划分，但被控对象工作状态的变化应该是由 PLC 输出状态变化引起的。如图 5-19b 所示，某液压滑台的整个工作过程可划分为停止（原位）、快进、工进和快退四步。但这四步的状态改变都必须是由 PLC 输出状态的变化引起的，否则就不能这样划分，例如从快进转为工进与 PLC 输出无关，那么快进和工进只能算一步。

2. 转换条件的确定

使系统由当前步转入下一步的信号称为转换条件。转换条件可能是外部输入信号,如按钮、指令开关和限位开关的接通/断开等,也可能是 PLC 内部产生的信号,如定时器、计数器触点的接通/断开等,转换条件也可能是若干个信号的与、或、非逻辑组合。如图 5-19b 所示的 SB、SQ1、SQ2 和 SQ3 均为转换条件。

顺序控制设计法用转换条件控制代表各步的编程元件,让它们的状态按一定的顺序变化,然后用代表各步的编程元件去控制各输出继电器。

3. 功能表图的绘制

根据以上分析和被控对象工作内容、步骤、顺序和控制要求画出功能表图。绘制功能表图是顺序控制设计法中最为关键的一个步骤。绘制功能表图的具体方法将在后面详细介绍。

4. 梯形图的编制

根据功能表图,按某种编程方式写出梯形图程序。有关编程方式将在本章第五节中介绍。如果 PLC 支持功能表图语言,则可直接使用该功能表图作为最终程序。

三、功能表图的绘制

功能表图又称做状态转移图,它是描述控制系统的控制过程、功能和特性的一种图形,也是设计 PLC 的顺序控制程序的有力工具。功能表图并不涉及所描述的控制功能的具体技术,它是一种通用的技术语言,可以用于进一步设计和不同专业的人员进行技术交流。

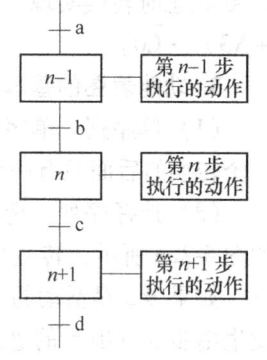

图 5-20 功能表图的一般形式

各个 PLC 厂家都开发了相应的功能表图,各国家也都制定了功能表图的国家标准。我国于 1986 年颁布了功能表图的国家标准(GB6988.6—1986)。

如图 5-20 所示为功能表图的一般形式,它主要由步、有向连线、转换、转换条件和动作(命令)组成。

1. 步与动作

(1)步 在功能表图中用矩形框表示步,方框内是该步的编号。如图 5-20 所示各步的编号为 $n-1$、n、$n+1$。编程时一般用 PLC 内部编程元件来代表各步,因此经常直接用代表该步的编程元件的元件号作为步的编号,如 M300 等,这样在根据功能表图设计梯形图时较为方便。

(2)初始步 与系统的初始状态相对应的步称为初始步。初始状态一般是系统等待起动命令的相对静止的状态。初始步用双线方框表示,每一个功能表图至少应该有一个初始步。

(3)动作 一个控制系统可以划分为被控系统和施控系统,例如在数控车床系统中,数控装置是施控系统,而车床是被控系统。对于被控系统,在某一步中要完成某些"动作",对于施控系统,在某一步中则要向被控系统发出某些"命令",将动作或命令简称为动作,并用矩形框中的文字或符号表示,该矩形框应与相应的步的符号相连。如果某一步有几个动作,可以用如图 5-21 所示的两种画法来表示,但是图中并不隐含这些动作之间的任何顺序。

(4) 活动步 当系统正处于某一步时,该步处于活动状态,称该步为"活动步"。步处于活动状态时,相应的动作被执行。若为保持型动作则该步不活动时继续执行该动作,若为非保持型动作则指该步不活动时,动作也停止执行。一般在功能表图中保持型的动作应该用文字或助记符标注,而非保持型动作不要标注。

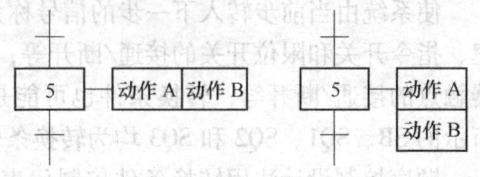

图 5-21 多个动作的表示

2. 有向连线、转换与转换条件

(1) 有向连线 在功能表图中,随着时间的推移和转换条件的实现,将会发生步的活动状态的顺序进展,这种进展按有向连线规定的路线和方向进行。在画功能表图时,将代表各步的方框按它们成为活动步的先后次序顺序排列,并用有向连线将它们连接起来。活动状态的进展方向习惯上是从上到下或从左至右,在这两个方向有向连线上的箭头可以省略。如果不是上述的方向,应在有向连线上用箭头注明进展方向。

(2) 转换 转换是用有向连线上与有向连线垂直的短划线来表示,转换将相邻两步分隔开。步的活动状态的进展是由转换的实现来完成的,并与控制过程的发展相对应。

(3) 转换条件 转换条件是与转换相关的逻辑条件,转换条件可以用文字语言、布尔代数表达式或图形符号标注在表示转换的短线的旁边。转换条件 X 和 $\overline{X}$ 分别表示在逻辑信号 X 为"1"状态和"0"状态时转换实现。符号 $X\uparrow$ 和 $X\downarrow$ 分别表示当 X 从 $0\rightarrow 1$ 状态和从 $1\rightarrow 0$ 状态时转换实现。使用最多的转换条件表示方法是布尔代数表达式,如转换条件 $(X0+X3)\cdot\overline{C0}$。

3. 功能表图的基本结构

(1) 单序列 单序列由一系列相继激活的步组成,每一步的后面仅接有一个转换,每一个转换的后面只有一个步,如图 5-22a 所示。

(2) 选择序列 选择序列的开始称为分支,如图 5-22b 所示,转换符号只能标在水平连线之下。如果步 2 是活动的,并且转换条件 $e=1$,则发生由步 5→步 6 的进展;如果步 5 是活动的,并且 $f=1$,则发生由步 5→步 9 的进展。在某一时刻一般只允许选择一个序列。

选择序列的结束称为合并,如图 5-22c 所示。如果步 5 是活动步,并且转换条件 $m=1$,则发生由步 5→步 12 的进展;如果步 8 是活动步,并且 $n=1$,则发生由步 8→步 12 的进展。

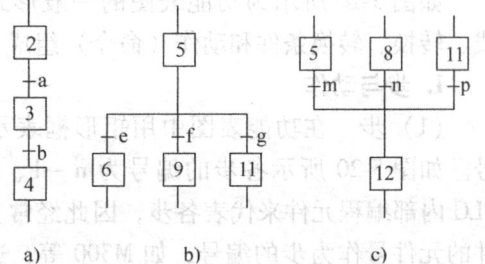

图 5-22 单序列与选择序列
a) 单序列 b) 选择序列开始
c) 选择序列结束

(3) 并行序列 并行序列的开始称为分支,如图 5-23a 所示,当转换条件的实现导致几个序列同时激活时,这些序列称为并行序列。当步 4 是活动步,并且转换条件 $a=1$,则 3、7、9 这三步同时变为活动步,同时步 4 变为不活动步。为了强调转换的同步实现,水平连线用双线表示。步 3、7、9 被同时激活后,每个序列中活动步的进展将是独立的。在表示同步的水平双线之上,只允许有一个转换符号。

并行序列的结束称为合并,如图 5-23b 所示,在表示同步的水平双线之下,只允许有一个转换符号。当直接连在双线上的所有前级步都处于活动状态,并且转换条件 $b=1$ 时,才会发生步3、6、9到步10的进展,即步3、6、9同时变为不活动步,而步10变为活动步。并行序列表示系统的几个同时工作的独立部分的工作情况。

(4) 子步 如图5-24所示,某一步可以包含一系列子步和转换,通常这些序列表示整个系统的一个完整的子功能。子步的使用使系统的设计者在总体设计时容易抓住系统的主要矛盾,用更加简洁的方式表示系统的整体功能和概貌,而不是一开始就陷入某些细节之中。设计者可以从最简单的对整个系统的全面描述开始,然后画出更详细的功能表图,子步中还可以包含更详细的子步,这种设计方法的逻辑性很强,可以减少设计中的错误,缩短总体设计和查错所需要的时间。

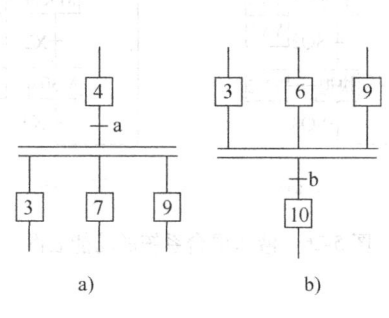

图5-23 并行序列
a) 并行序列开始 b) 并行序列结束

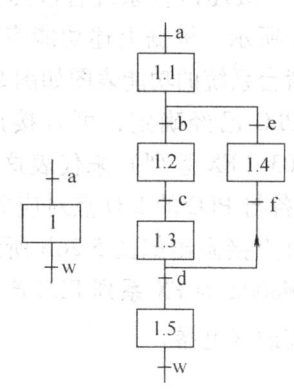

图5-24 子步

4. 转换实现的基本规则

(1) 转换实现的条件 在功能表图中,步的活动状态的进展是由转换的实现来完成的。转换实现必须同时满足两个条件:

1) 该转换所有的前级步都是活动步。

2) 相应的转换条件得到满足。

如果转换的前级步或后续步不止一个,转换的实现称为同步实现,如图5-25所示。

(2) 转换实现应完成的操作 转换实现后应完成两个操作:

1) 使所有由有向连线与相应转换符号相连的后续步都变为活动步。

2) 使所有由有向连线与相应转换符号相连的前级步都变为不活动步。

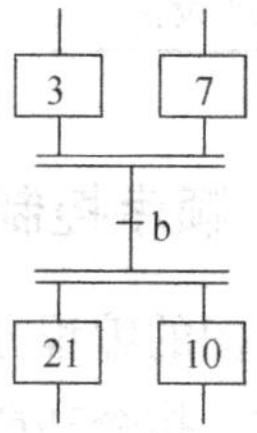

图5-25 转换的同步实现

5. 绘制功能表图应注意的问题

1) 两个步绝对不能直接相连,必须用一个转换将它们隔开。

2) 两个转换也不能直接相连,必须用一个步将它们隔开。

3) 功能表图中初始步是必不可少的,它一般对应于系统等待起动的初始状态,这一步可能没有什么动作执行,因此很容易遗漏这一步。如果没有该步,无法表示初始状态,系统也无法返回停止状态。

4) 只有当某一步所有的前级步都是活动步时,该步才有可能变成活动步。如果用无断电保持功能的编程元件代表各步，则 PLC 开始进入 RUN 方式时各步均处于"0"状态，因此必须要有初始化信号，将初始步预置为活动步，否则功能表图中永远不会出现活动步，系统将无法工作。

6. 绘制功能表图举例

某组合机床液压滑台进给运动示意图如图 5-19 所示，其工作过程分成原位、快进、工进和快退四步，相应的转换条件为 SB、SQ1、SQ2 和 SQ3。液压滑台系统各液压元件动作情况如表 5-1 所示。根据上述功能表图的绘制方法，液压滑台系统的功能表图如图 5-26a 所示。

如果 PLC 已经确定，可直接用编程元件 M300~M303（FX 系列）来代表这四步，设输入/输出设备与 PLC 的 I/O 点对应关系如表 5-2 所示，则可直接画出如图 5-26b 所示的功能表图，图中 M8002 为 FX 系列 PLC 产生初始化脉冲的特殊辅助继电器。

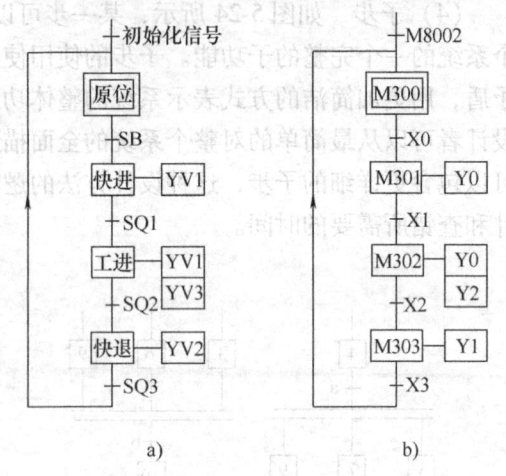

图 5-26 液压滑台系统的功能表图

表 5-1 液压元件动作表

工步 \ 元件	YV1	YV2	YV3
原位	-	-	-
快进	+	-	-
工进	+	-	+
快退	-	+	-

表 5-2 输入/输出设备与 PLC I/O 对应关系

PLC I/O	X0	X1	X2	X3	Y0	Y1	Y2
输入/输出设备	SB	SQ1	SQ2	SQ3	YV1	YV2	YV3

四、顺序控制设计法中梯形图的编程方式

梯形图的编程方式是指根据功能表图设计出梯形图的方法。为了适应各厂家的 PLC 在编程元件、指令功能和表示方法上的差异，下面主要介绍使用通用指令的编程方式、以转换为中心的编程方式、使用 STL 指令的编程方式和仿 STL 指令的编程方式。

为了便于分析，我们假设刚开始执行用户程序时，系统已处于初始步（用初始化脉冲 M8002 将初始步置位），代表其余各步的编程元件均为 OFF，为转换的实现做好了准备。

1. 使用通用指令的编程方式

编程时用辅助继电器来代表步。某一步为活动步时，对应的辅助继电器为"1"状态，转换实现时，该转换的后续步变为活动步。由于转换条件大都是短信号，即它存在的时间比它激活的后续步为活动状态的时间短，因此应使用有记忆（保持）功能的电路来控制代表步的辅助继电器。属于这类的电路有"起保停电路"和使用 SET、RST 指令的电路。

如图 5-27a 所示 M_{i-1}、M_i 和 M_{i+1} 是功能表图中顺序相连的 3 步，X_i 是步 M_i 之前的转换条件。

图 5-27 使用通用指令的编程方式示意图

编程的关键是找出它的起动条件和停止条件。根据转换实现的基本规则，转换实现的条件是它的前级步为活动步，并且满足相应的转换条件，所以步 M_i 变为活动步的条件是 M_{i-1} 为活动步，并且转换条件 $X_i = 1$，在梯形图中则应将 M_{i-1} 和 X_i 的常开触点串联后作为控制 M_i 的起动电路，如图 5-27b 所示。当 M_i 和 X_{i+1} 均为"1"状态时，步 M_{i+1} 变为活动步，这时步 M_i 应变为不活动步，因此可以将 $M_{i+1} = 1$ 作为使 M_i 变为"0"状态的条件，即将 M_{i+1} 的常闭触点与 M_i 的线圈串联。也可用 SET、RST 指令来代替"起保停电路"，如图 5-27c 所示。

这种编程方式仅仅使用与触点和线圈有关的指令，任何一种 PLC 的指令系统都有这一类指令，所以称为使用通用指令的编程方式，可以适用于任意型号的 PLC。

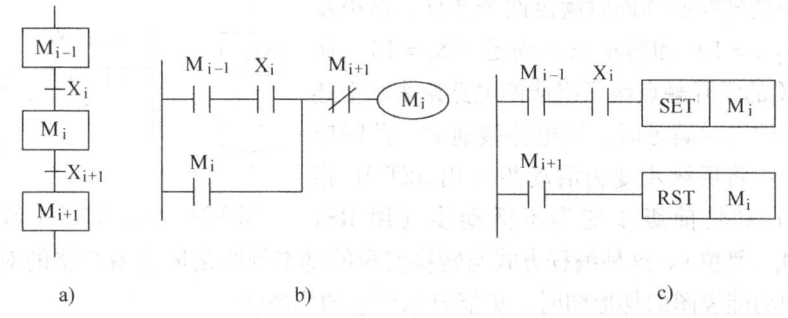

如图 5-28 所示是根据液压滑台系统的功能表图（见图 5-26b）使用通用指令编写的梯形图。开始运行时应将 M300 置为"1"状态，否则系统无法工作，故将 M8002 的常开触点作为 M300 置为"1"条件。M300 的前级步为 M303，后续步为 M301。由于步是根据输出状态的变化来划分的，所以梯形图中输出部分的编程极为简单，可以分为两种情况来处理：

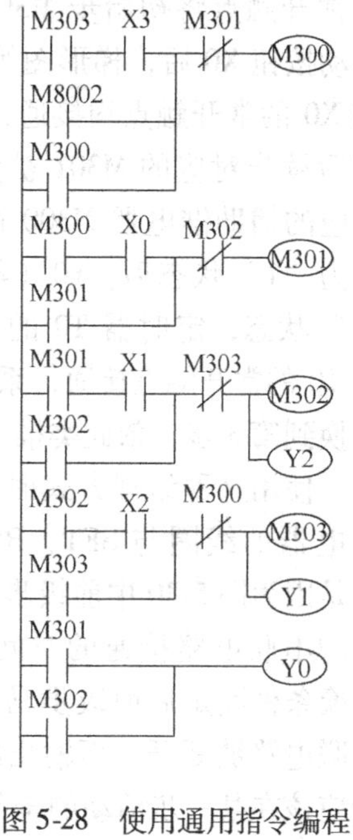

1）某一输出继电器仅在某一步中为"1"状态，如 Y1 和 Y2 就属于这种情况，可以将 Y1 线圈与 M303 线圈并联，Y2 线圈与 M302 线圈并联。看起来用这些输出继电器来代表该步（如用 Y1 代替 M303），可以省去一些编程元件，但 PLC 的辅助继电器数量是充足、够用的，且多用编程元件并不增加硬件费用，所以一般情况下全部用辅助继电器来代表各步，具有概念清楚、编程规范、梯形图易于阅读和容易查错的优点。

图 5-28 使用通用指令编程的液压滑台系统梯形图

2）某一输出继电器在几步中都为"1"状态，应将代表各有关步的辅助继电器的常开触点并联后，驱动该输出继电器的线圈。如 Y0 在快进、工进步均为"1"状态，所以将 M301 和 M302 的常开触点并联后控制 Y0 的线圈。注意，为了避免出现双线圈现象，不能将 Y0 线圈分别与 M301 和 M302 的线圈并联。

2. 以转换为中心的编程方式

如图 5-29 所示为以转换为中心的编程方式设计的梯形图与功能表图的对应关系。图中要实现 X_i 对应的转换必须同时满足两个条件：前级步为活动步（$M_{i-1}=1$）和转换条件满足（$X_i=1$），所以用 M_{i-1} 和 X_i 的常开触点串联组成的电路来表示上述条件。两个条件同时满足时，该电路接通时，此时应完成两个操作：将后续步变为活动步（用 SET M_i 指令将 M_i 置位）和将前级步变为不活动步（用 RST

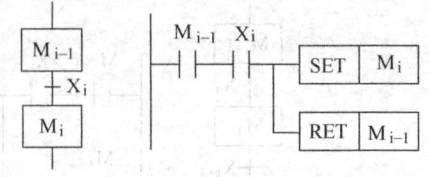

图 5-29 以转换为中心的编程方式

M_{i-1} 指令将 M_{i-1} 复位）。这种编程方式与转换实现的基本规则之间有着严格的对应关系，用它编制复杂的功能表图的梯形图时，更能显示出它的优越性。

如图 5-30 所示为某信号灯控制系统的时序图、功能表图和梯形图。初始步时仅红灯亮，按下起动按钮 X0，4s 后红灯灭、绿灯亮，6s 后绿灯和黄灯亮，再过 5s 后绿灯和黄灯灭、红灯亮。按时间的先后顺序，将一个工作循环划分为 4 步，并用定时器 T0~T3 来为 3 段时间定时。开始执行用户程序时，用 M8002 的常开触点将初始步 M300 置位。按下起动按钮 X0 后，梯形图第 2 行中 M300 和 X0 的常开触点均接通，转换条件 X0 的后续步对应的 M301 被置位，前级步对应的辅助继电器 M300 被复位。M301 变为 "1" 状态后，Y0（红灯）仍然为 "1" 状态，定时器 T0 的线圈通电，4s 后 T0 的常开触点接通，系统将由第 2 步转换到第 3 步，依此类推。

使用这种编程方式时，不能将输出继电器的线圈与 SET、RST 指令并联，这是因为图 5-30 中前级步和转换条件对应的串联电路接通的时间是相当短的，转换条件满足后前级步马上被复位，该串联电路被断开，而输出继电器线圈至少应该在某一步活动的全部时间内接通。

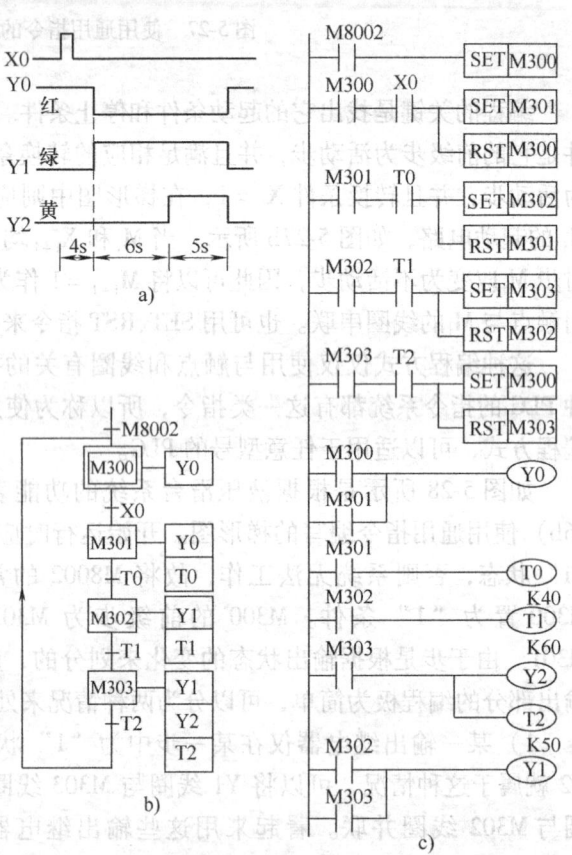

图 5-30 某信号灯控制系统
a) 时序图 b) 功能表图 c) 以转换为中心编程的梯形图

3. 使用 STL 指令的编程方式

许多 PLC 厂家都设计了专门用于编制顺序控制程序的指令和编程元件，如日本东芝公司的步进顺序指令和三菱公司的步进梯形指令等。

步进梯形指令（Step Ladder Instruction）简称为 STL 指令。FX 系列有 STL 指令及 RET

复位指令。利用这两条指令,可以很方便地编制顺序控制梯形图程序。

FX2N 系列 PLC 的状态器 S0~S9 用于初始步,S10~S19 用于返回原点,S20~S499 为通用状态,S500~S899 有断电保持功能,S900~S999 用于报警。用它们编制顺序控制程序时,应与步进梯形指令一起使用。FX 系列还有许多用于步进顺控编程的特殊辅助继电器以及使状态初始化的功能指令 IST,使 STL 指令用于设计顺序控制程序更加方便。

使用 STL 指令的状态器的常开触点称为 STL 触点,它们在梯形图中的元件符号如图 5-31 所示。图中可以看出功能表图与梯形图之间的对应关系,STL 触点驱动的电路块具有三个功能:对负载的驱动处理、指定转换条件和指定转换目标。

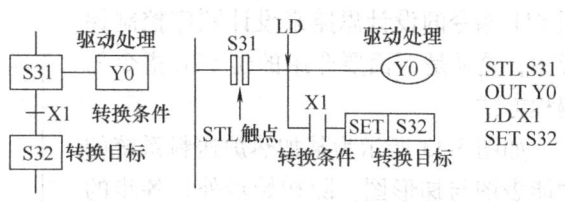

图 5-31 STL 指令与功能表图

除了后面要介绍的并行序列的合并对应的梯形图外,STL 触点是与左侧母线相连的常开触点,当某一步为活动步时,对应的 STL 触点接通,该步的负载被驱动。当该步后面的转换条件满足时,转换实现,即后续步对应的状态器被 SET 指令置位,后续步变为活动步,同时与前级步对应的状态器被系统程序自动复位,前级步对应的 STL 触点断开。

使用 STL 指令时应该注意以下一些问题:

1) 与 STL 触点相连的触点应使用 LD 或 LDI 指令,即 LD 点移到 STL 触点的右侧,直到出现下一条 STL 指令或出现 RET 指令,RET 指令使 LD 点返回左侧母线。各个 STL 触点驱动的电路一般放在一起,最后一个电路结束时一定要使用 RET 指令。

2) STL 触点可以直接驱动或通过别的触点驱动 Y、M、S 和 T 等元件的线圈,STL 触点也可以使 Y、M、S 等元件置位或复位。

3) STL 触点断开时,CPU 不执行它驱动的电路块,即 CPU 只执行活动步对应的程序。在没有并行序列时,任何时候只有一个活动步,因此大大缩短了扫描周期。

4) 由于 CPU 只执行活动步对应的电路块,使用 STL 指令时允许双线圈输出,即同一元件的几个线圈可以分别被不同的 STL 触点驱动。实际上在一个扫描周期内,同一元件的几条 OUT 指令中只有一条被执行。

5) STL 指令只能用于状态寄存器,在没有并行序列时,一个状态寄存器的 STL 触点在梯形图中只能出现一次。

6) STL 触点驱动的电路块中不能使用 MC 和 MCR 指令。

7) 与普通的辅助继电器一样,可以对状态寄存器使用 LD、LDI、AND、ANI、OR、ORI、SET、RST 和 OUT 等指令,这时状态器触点的画法与普通触点的画法相同。

8) 使状态器置位的指令如果不在 STL 触点驱动的电路块内,执行置位指令时系统程序不会自动将前级步对应的状态器复位。

如图 5-32 所示小车一个周期内的运动路线由 4 段组成,它们分别对应于 S31~S34 所代表的 4 步,S0 代表初始步。

假设小车位于原点(最左端),系统处于初始步,S0 为"1"状态。按下起动按钮 X4,系统由初始步 S0 转换到步 S31。S31 的 STL 触点接通,Y0 的线圈"通电",小车右行,行至最右端时,限位开关 X3 接通,使 S32 置位,S31 被系统程序自动置为"0"状态,小车变为左行,小车将这样一步一步地顺序工作下去,最后返回起始点,并停留在初始步。图 5-32 中的梯形图对应的指令表程序如表 5-3 所示。

4. 仿 STL 指令的编程方式

对于没有 STL 指令的 PLC,也可以仿照 STL 指令的设计思路来设计顺序控制梯形图,这就是下面要介绍的仿 STL 指令的编程方式。

如图 5-33 所示为某加热炉送料系统的功能表图与梯形图。除初始步外,各步的动作分别为开炉门、推料、推料机返回和关炉门,分别用 Y0、Y1、Y2 和 Y3 驱动动作。X0 是起动按钮,X1~X4 分别是各动作结束的限位开关。与左侧母线相连的 M300~M304 的触点,其作用与 STL 触点相似,它右边的电路块的作用为驱动负载、指定转换条件和转换目标,以及使前级步的辅助继电器复位。

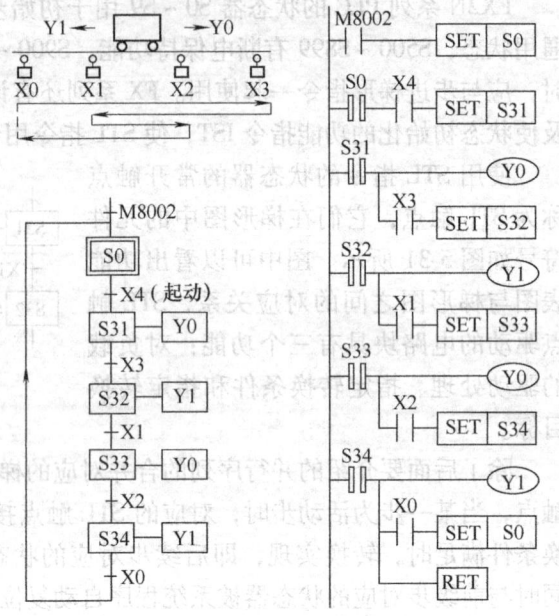

图 5-32 小车控制系统功能表图与梯形图

表 5-3 小车控制系统指令表

LD	M8002	OUT	Y0	SET	S33	OUT	Y1
SET	S0	LD	X3	STL	S33	LD	X0
STL	S0	SET	S32	OUT	Y0	SET	S0
LD	X4	STL	S32	LD	X2	RET	
SET	S31	OUT	Y1	SET	S34		
STL	S31	LD	X1	STL	S34		

由于这种编程方式用辅助继电器代替状态器,用普通的常开触点代替 STL 触点,因此,与使用 STL 指令的编程方式相比,有以下的不同之处:

1) 与代替 STL 触点的常开触点(如图 5-33 中 M300~M304 的常开触点)相连的触点,应使用 AND 或 ANI 指令,而不是 LD 或 LDI 指令。

2) 在梯形图中用 RST 指令来复位前级步的辅助继电器,而不是由系统程序自动完成。

3) 不允许出现双线圈现象,当某一输出继电器在几步中均为 "1" 状态时,应将代表这几步的辅助继电器常开触点并联来控制该输出继电器的线圈。

五、功能表图中几个特殊编程问题

(一)跳步与循环

复杂的控制系统不仅 I/O 点数多,功能表图也相当复杂,除包括前面介绍的功能表图的基本结构外,还包括跳步与循环控制,而且系统往往还要求设置多种工作方式,如手动和自动（包括连续、单周期和单步等）工作方式。手动程序比较简单，一般用经验法设计，自动程序的设计一般用顺序控制设计法。

1. 跳步

如图 5-34 所示用状态器来代表各步，当步 S31 是活动步，并且 X5 变为"1"时，将跳过步 S32，由步 S31 进展到步 S33。这种跳步与 S31→S32→S33 等组成的"主序列"中有向连线的方向相同，称为正向跳步。当步 S34 是活动步，并且转换条件 X4·$\overline{C0}$ = 1 时，将从步 S34 返回到步 S33，这种跳步与"主序列"中有向连线的方向相反，称为逆向跳步。显然，跳步属于选择序列的一种特殊情况。

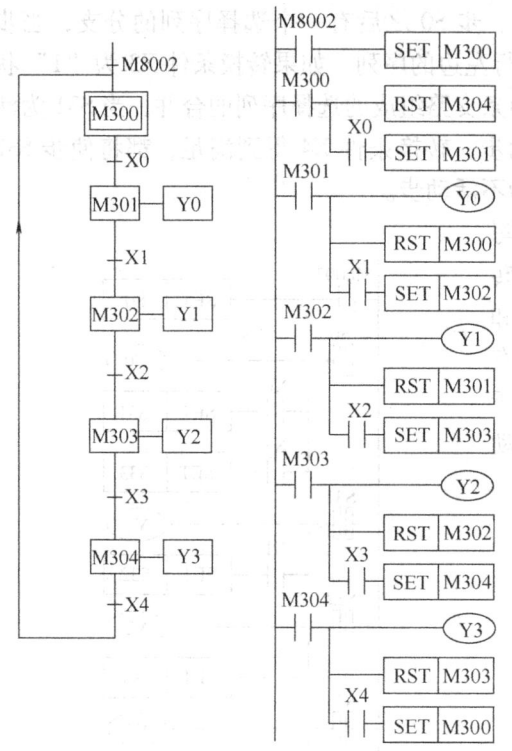

图 5-33 加热炉送料系统的功能表图与梯形图

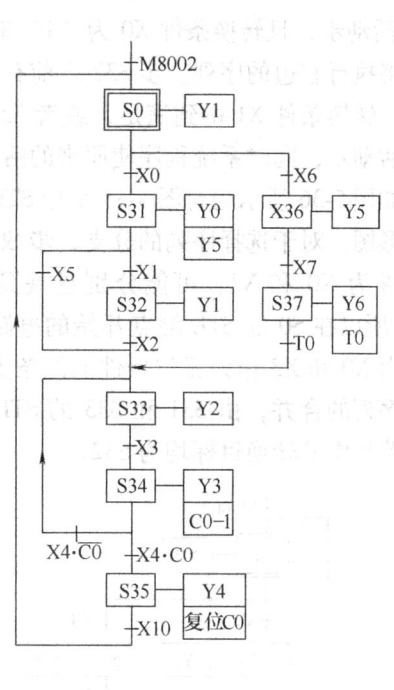

图 5-34 含有跳步和循环的功能表图

2. 循环

在设计梯形图程序时，经常遇到一些需要多次重复的操作，如果一次一次地编程，显然是非常繁琐的。我们常常采用循环的方式来设计功能表图和梯形图，如图 5-34 所示，假设要求重复执行 10 次由步 S33 和步 S34 组成的工艺过程，用 C0 控制循环次数，它的设定值等于循环次数 10。每执行一次循环，在步 S34 中使 C0 的当前值加 1，这一操作是将 S34 的常开触点接在 C0 的计数脉冲输入端来实现的，当步 S34 变为活动步时，S34 的常开触点由断开变为接通，使 C0 的当前值加 1。每次执行循环的最后一步，都根据 C0 的当前值是否为 10 来判别是否应结束循环，图中用步 S34 之后选择序列的分支来实现的。假设 X4 为"1"，如果循环未结束，C0 的常闭触点闭合，转换条件 X4·$\overline{C0}$ 满足并返回步 S33；当 C0 的当前值加到 10，其常开触点接通，转换条件 X4·C0 满足，将由步 S34 进展到步 S35。

在循环程序执行之前或执行完后，应将控制循环的计数器复位，才能保证下次循环时重新开始计数。复位操作应放在循环之外，图 5-34 中计数器复位在步 S0 和步 S35 显然比较方便。

（二）选择序列和并行序列的编程

循环和跳步都属于选择序列的特殊情况。对选择序列和并行序列编程的关键在于对它们的分支和合并的处理，转换实现的基本规则是设计复杂系统梯形图的基本准则。与单序列不同的是，在选择序列和并行序列的分支、合并处，某一步或某一转换可能有几个前级步或几个后续步，在编程时应注意这个问题。

1. 选择序列的编程

（1）使用 STL 指令的编程　如图 5-35 所示，步 S0 之后有一个选择序列的分支，当步 S0 是活动步，且转换条件 X0 为"1"时，将执行左边的序列，如果转换条件 X3 为"1"状态，将执行右边的序列。步 S32 之前有一个由两条支路组成的选择序列的合并，当 S31 为活动步，转换条件 X1 得到满足，或者 S33 为活动步，转换条件 X4 得到满足，都将使步 S32 变为活动步，同时系统程序使原来的活动步变为不活动步。

如图 5-36 所示为对图 5-35 采用 STL 指令编写的梯形图，对于选择序列的分支，步 S0 之后的转换条件为 X0 和 X3，可能分别进展到步 S31 和 S33，所以在 S0 的 STL 触点开始的电路块中，有分别由 X0 和 X3 作为置位条件的两条支路。对于选择序列的合并，由 S31 和 S33 的 STL 触点驱动的电路块中的转换目标均为 S32。

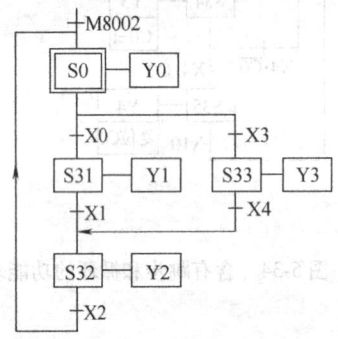

图 5-35　选择序列的功能表图一

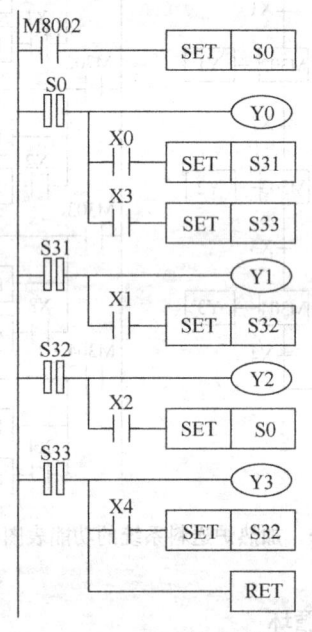

图 5-36　选择序列的梯形图一

在设计梯形图时，其实没有必要特别留意选择序列的如何处理，只要正确地确定每一步的转换条件和转换目标即可。

（2）使用通用指令的编程　如图 5-38 所示对图 5-37 功能表图使用通用指令编写的梯形图，对于选择序列的分支，当后续步 M301 或 M303 变为活动步时，都应使 M300 变为不活动步，所以应将 M301 和 M303 的常闭触点与 M300 线圈串联。对于选择序列的合并，当步 M301 为活动步，并且转换条件 X1 满足，或者步 M303 为活动步，并且转换条件 X4 满足，步 M302 都应变为活动步，M302 的起动条件应为 M301·X1 + M303·X4，对应的起动电路由两条并联支路组成，每条支路分别由 M301、X1 和 M303、X4 的常开触点串联而成。

第五章 可编程序控制器的程序设计方法

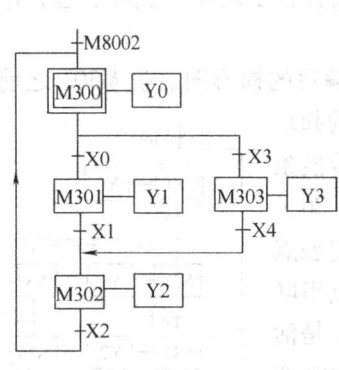

图 5-37 选择序列功能表图二

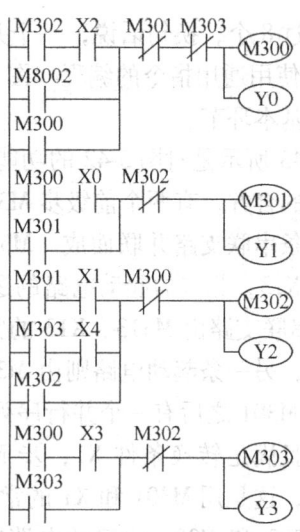

图 5-38 选择序列的梯形图二

(3) 以转换为中心的编程　如图 5-39 所示是对图 5-37 采用以转换为中心的编程方法设计的梯形图。用仿 STL 指令的编程方式来设计选择序列的梯形图，请读者自己编写。

2. 并行序列的编程

(1) 使用 STL 指令的编程　图 5-40 所示为包含并行序列的功能表图，由 S31、S32 和 S34、S35 组成的两个序列是并行工作的，设计梯形图时应保证这两个序列同时开始和同时结束，即两个序列的第一步 S31 和 S34 应同时变为活动步，两个序列的最后一步 S32 和 S35 应同时变为不活动步。并行序列的分支的处理是很简单的，当步 S0 是活动步，并且转换条件 X0 = 1，步 S31 和 S34 同时变为活动步，两个序列开始同时工作。当两个前级步 S32 和 S35 均为活动步且转换条件满足，将实现并行序列的合并，即转换的后续步 S33 变为活动步，转换的前级步 S32 和 S35 同时变为不活动步。

图 5-41 所示是对图 5-40 功能表图采用 STL 指令编写的梯形图。对于并行序列的分支，当 S0 的 STL 触点和 X0 的常开触点均接通时，S31 和 S34 被同时置位，系统程序将前级步 S0 变为不活动步；对于并行序列的合并，用 S32、S35 的 STL 触点和 X2 的常开触点组成的串联电路使 S33 置位。在图 5-41 中，S32 和 S35 的 STL 触点出现了两次，如果不涉及并行序列的合并，同一状态器的 STL 触点只能在梯形图中使用一次，当梯形图中再次使用该状态器时，只能使用该状态器的一般的常开触点和 LD 指令。另外，FX 系列 PLC 规定串联的 STL 触点的个

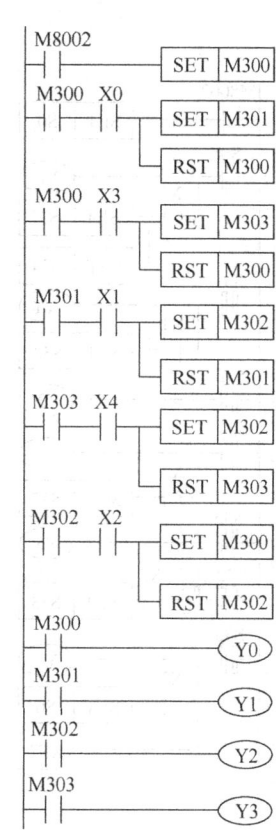

图 5-39 选择序列的梯形图三

数不能超过 8 个，换句话说，一个并行序列中的序列数不能超过 8 个。

(2) 使用通用指令的编程　图 5-42 所示的功能表图包含了跳步、循环、选择序列和并行序列等基本环节。

图 5-43 所示是对图 5-42 的功能表图采用通用指令编写的梯形图。步 M301 之前有一个选择序列的合并，有两个前级步 M300 和 M313，M301 的起动电路由两条串联支路并联而成。M313 与 M301 之间的转换条件为 $\overline{C0} \cdot X13$，相应的起动电路的逻辑表达式为 $M313 \cdot \overline{C0} \cdot X13$，该串联支路由 M313、X13 的常开触点和 C0 的常闭触点串联而成，另一条起动电路则由 M300 和 X0 的常开触点串联而成。步 M301 之后有一个并行序列的分支，当步 M301 是活动步，并且满足转换条件 X1，步 M302 与步 M306 应同时变为活动步，这是用 M301 和 X1 的常开触点组成的串联电路分别作为 M302 和 M306 的起动电路来实现的，与此同时，步 M301 应变为不活动步。步 M302 和 M306 是同时变为活动步的，因此只需要将 M302 的常闭触点与 M301 的线圈串联就行了。

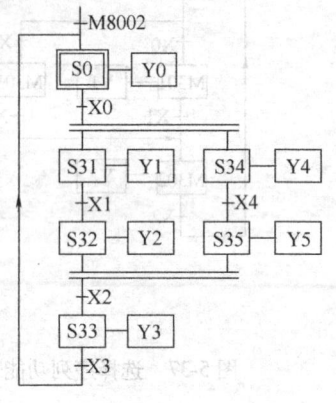

图 5-40　并行序列的功能表图

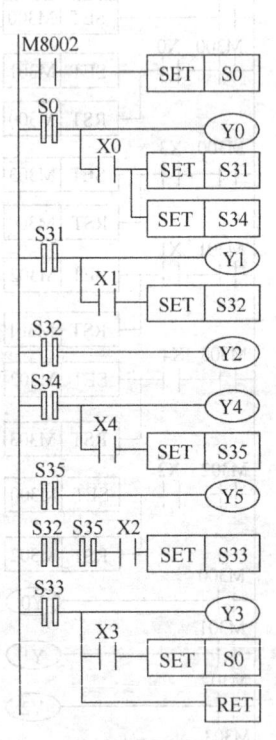

图 5-41　并行序列的梯形图

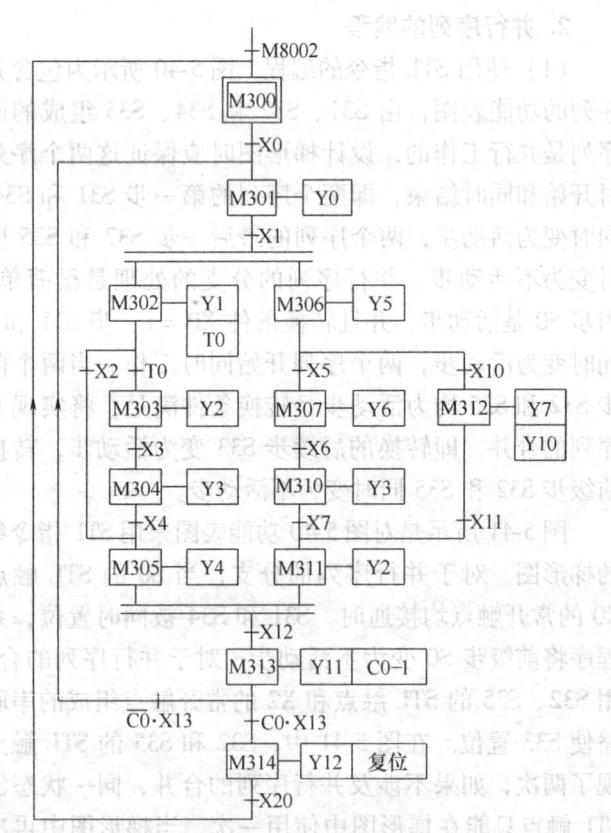

图 5-42　复杂的功能表图

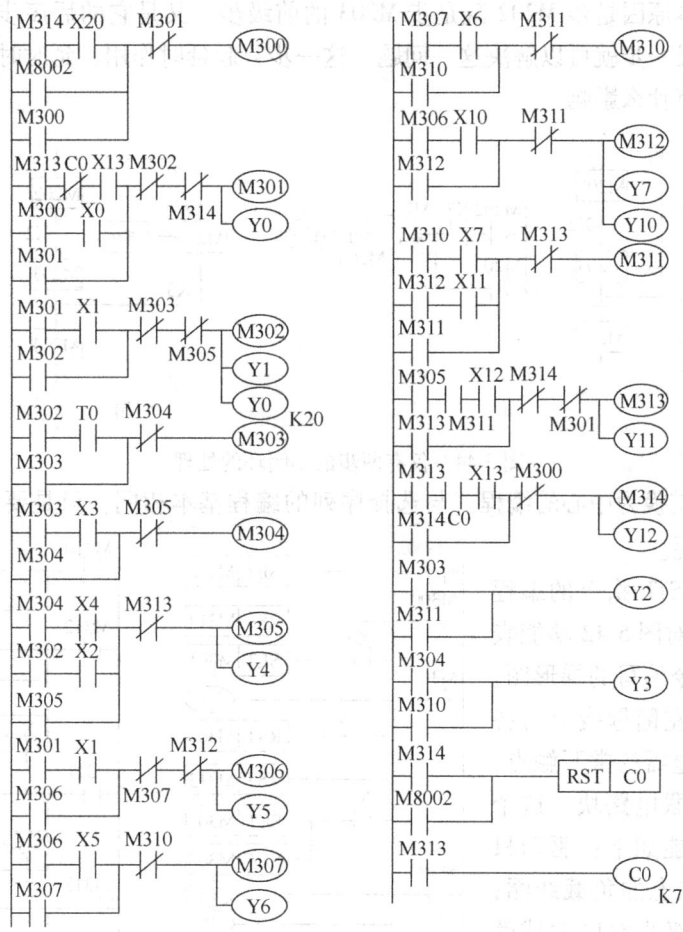

图 5-43 使用通用指令编写的梯形图

步 M313 之前有一个并行序列的合并,该转换实现的条件是所有的前级步(即步 M305 和 M311)都是活动步和转换条件 X12 满足。由此可知,应将 M305、M311 和 X12 的常开触点串联,作为控制 M313 的起动电路。M313 的后续步为步 M314 和 M301,M313 的停止电路由 M314 和 M301 的常闭触点串联而成。

编程时应该注意以下几个问题:

1) 不允许出现双线圈现象。

2) 当 M314 变为 "1" 状态后,C0 被复位(见图 5-43),其常闭触点闭合。下一次扫描开始时 M313 仍为 "1" 状态(因为在梯形图中 M313 的控制电路放在 M314 的上面),使 M301 的控制电路中最上面的一条起动电路接通,M301 的线圈被错误地接通,出现了 M314 和 M301 同时为 "1" 状态的异常情况。为了解决这一问题,将 M314 的常闭触点与 M301 的线圈串联。

3) 如果在功能表图中仅有由两步组成的小闭环,如图 5-44a 所示,则相应的辅助继电器的线圈将不能 "通电"。例如在 M202 和 X2 均为 "1" 状态时,M203 的起动电路接通,但是这时与它串联的 M202 的常闭触点却是断开的,因此 M203 的线圈将不能 "通电"。出现上述问题的根本原因是步 M202 既是步 M203 的前级步，又是它的后序步。如图 5-44b 所示在小闭环中增设一步就可以解决这一问题，这一步只起延时作用，延时时间可以很短，对系统的运行不会有什么影响。

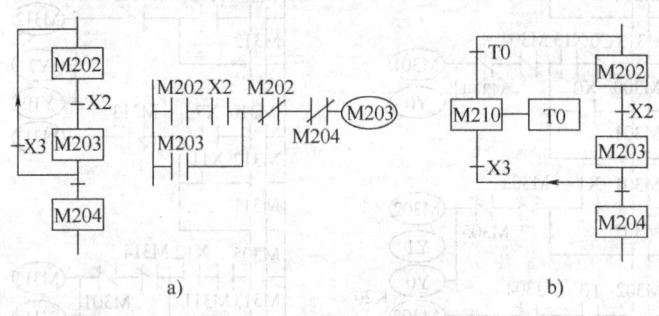

图 5-44　仅有两步的小闭环的处理

（3）使用以转换为中心的编程　与选择序列的编程基本相同，只是要注意并行序列分支与合并处的处理。

（4）使用仿 STL 指令的编程

图 5-45 所示是对图 5-42 功能表图采用仿 STL 指令编写的梯形图。在编程时用接在左侧母线上与各步对应的辅助继电器的常开触点，分别驱动一个并联电路块。这个并联电路块的功能如下：驱动只在该步为"1"状态的负载线圈；将该步所有的前级步对应的辅助继电器复位；指明该步之后的一个转换条件和相应的转换目标。以 M301 的常开触点开始的电路块为例，当 M301 为"1"状态时，仅在该步为"1"状态的负载 Y0 被驱动，前级步对应的辅助继电器 M300 和 M313 被复位。当该步之后的转换条件 X1 为"1"状态时，后续步对应的 M302 和 M306 被置位。

如果某步之后有多个转换条件，可将它们分开处理，例如步 M302 之后有两个转换，其中转换条件 T0 对应的串联电路放在电路块内，接在左侧母线上的 M302 的另一个常开触点和转换条件 X2 的

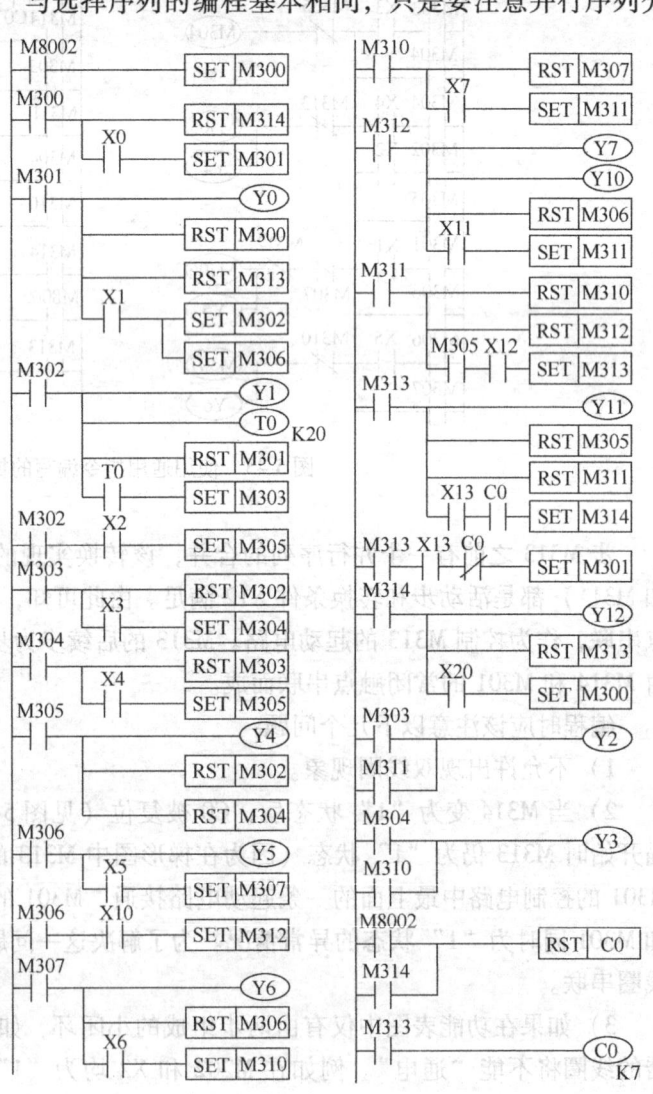

图 5-45　采用仿 STL 指令编写的梯形图

常开触点串联，作为 M305 置位的条件。某一负载如果在不同的步为"1"状态，它的线圈不能放在各对应步的电路块内，而应该用相应辅助继电器的常开触点的并联电路来驱动它。

第五节　PLC 程序的逻辑设计法

逻辑设计方法的是以逻辑组合或逻辑时序的方法和形式来设计 PLC 程序，可分为组合逻辑设计法和时序逻辑设计法两种。这些设计方法既有严密可循的规律性，明确可行的设计步骤，又具有简便、直观和十分规范的特点。

一、PLC 程序的组合逻辑设计法

1. 逻辑函数与梯形图的关系

组合逻辑设计法的理论基础是逻辑代数。逻辑代数的三种基本运算"与""或""非"都有着非常明确的物理意义。逻辑函数表达式的线路结构与 PLC 梯形图相互对应，可以直接转化。

如图 5-46 所示为逻辑函数与梯形图的相关对应关系，其中图 5-46a 是多变量的逻辑"与"运算函数与梯形图，图 5-46b 为多变量"或"运算函数与梯形图，图 5-46c 为多变量"或/与"运算函数与梯形图，图 5-46d 为多变量"与/或"运算函数与梯形图。

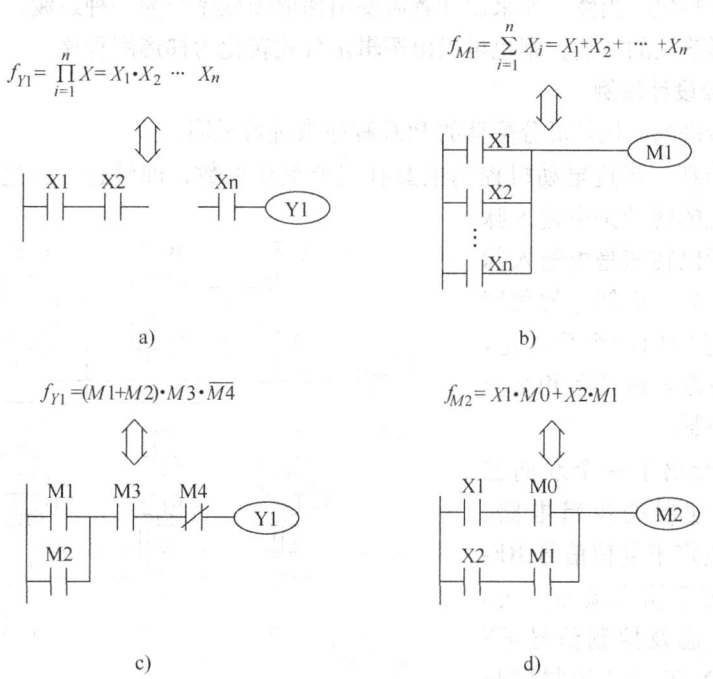

图 5-46　逻辑函数与梯形图
a)"与"运算　b)"或"运算　c)"或/与"运算　d)"与/或"运算

由图 5-46 可知，当一个逻辑函数用逻辑变量的基本运算式表达出来后，实现这个逻辑函数的梯形图也就确定了。

2. 组合逻辑设计法的编程步骤

组合逻辑设计法适合于设计开关量控制程序，它是对控制任务进行逻辑分析和综合，将元件的通、断电状态视为以触点通、断状态为逻辑变量的逻辑函数，对经过化简的逻辑函数，利用 PLC 逻辑指令可顺利地设计出满足要求且较为简练的程序。这种方法设计思路清晰，所编写的程序易于优化。

用组合逻辑设计法进行程序设计一般可分为以下几个步骤：

1）明确控制任务和控制要求，通过分析工艺过程绘制工作循环和检测元件分布图，取得电气执行元件功能表。

2）详细绘制系统状态转换表。通常它由输出信号状态表、输入信号状态表、状态转换主令表和中间记忆装置状态表四个部分组成。状态转换表全面、完整地展示了系统各部分、各时刻的状态和状态之间的联系及转换，非常直观，对建立控制系统的整体联系、动态变化的概念有很大帮助，是进行系统分析和设计的有效工具。

3）根据状态转换表进行系统的逻辑设计，包括列写中间记忆元件的逻辑函数式和列写执行元件（输出量）的逻辑函数式。这两个函数式组，既是生产机械或生产过程内部逻辑关系和变化规律的表达形式，又是构成控制系统实现控制目标的具体程序。

4）将逻辑设计的结果转化为 PLC 程序。逻辑设计的结果（逻辑函数式）能够很方便地过渡到 PLC 程序，特别是语句表形式，其结构和形式都与逻辑函数式非常相似，很容易直接由逻辑函数式转化。当然，如果设计者需要用梯形图程序作为一种过渡，或者选用的 PLC 编程器具有图形输入的功能，则也可以由逻辑函数式转化为梯形图程序。

3. 组合逻辑设计举例

下面通过步进电动机环形分配器的 PLC 程序来进行说明。

（1）工作原理　步进电动机控制主要有三个重要参数，即转速、转过的角度和转向。由于步进电动机的转动是由输入脉冲信号控制，所以转速是由输入脉冲信号的频率决定，而转过的角度由输入脉冲信号的脉冲个数决定。转向通过环形分配器改变各相绕组通电的顺序来控制。

如图 5-47 给出了一个双向三相六拍环形分配器的逻辑电路。电路的输出除决定于复位信号 RESET 外，还决定于输出端 Q_A、Q_B 和 Q_C 的历史状态及控制信号-EN 使能信号、CON 正反转控制信号和输入脉冲信号。其真值表如表 5-4 所示。

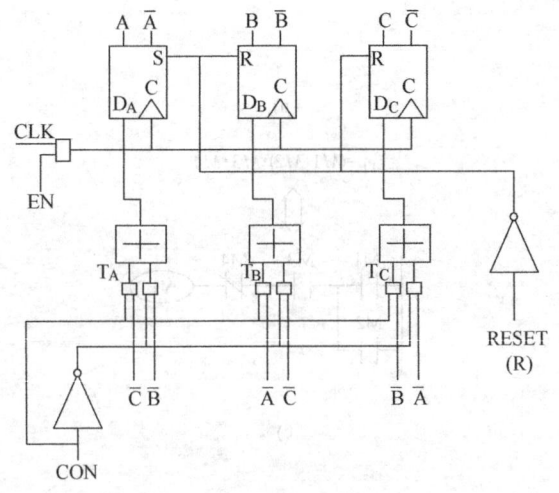

图 5-47　步进电动机环形分配器

表 5-4 真值表

	CON		1			0		
R	EN	CLK	A	B	C	A	B	C
1	Φ	Φ	1	0	0	1	0	0
0	1	↑	1	0	1	1	1	0
0	1	↑	0	0	1	0	1	0
0	1	↑	0	1	1	0	1	1
0	1	↑	0	1	0	0	0	1
0	1	↑	1	1	0	1	0	1
0	1	↑	1	0	0	1	0	0

(2) 程序设计

程序设计采用组合逻辑设计法,由真值表可知:

当 CON = 0 时,输出 Q_A、Q_B 和 Q_C 的逻辑关系为

$$Q_A^n = \overline{Q_B^{n-1}} \quad Q_B^n = \overline{Q_C^{n-1}} \quad Q_C^n = \overline{Q_A^{n-1}}$$

当 CON = 1 时,输出 Q_A、Q_B 和 Q_C 的逻辑关系为

$$Q_A^n = \overline{Q_C^{n-1}} \quad Q_B^n = \overline{Q_A^{n-1}} \quad Q_C^n = \overline{Q_B^{n-1}}$$

当 CON = 0,正转时步进机 A、B 和 C 相线圈的通电相序为

$$A \rightarrow AB \rightarrow B \rightarrow BC \rightarrow C \rightarrow CA \rightarrow A \cdots\cdots$$

当 CON = 1,反转时各相线圈通电相序为

$$A \rightarrow AC \rightarrow C \rightarrow CB \rightarrow B \rightarrow BA \rightarrow A \cdots\cdots$$

Q_A、Q_B 和 Q_C 的状态转换条件为输入脉冲信号上升沿到来,状态由前一状态转为后一状态,所以在梯形图中引入了上升沿微分指令。

PLC 输入/输出元件地址分配见表 5-5。

表 5-5 PLC 输入/输出元件地址分配表

PLC IN	代号	PLC OUT	代号
X0	CLK	Y0	Q_A
X1	EN	Y1	Q_B
X2	RESET	Y2	Q_C
X3	CON		

根据逻辑关系画出步进电动机机环形分配器的 PLC 梯形图,如图 5-48 所示。

梯形图工作原理简单分析如下:设初始状态为 RESET 有效,X2 常开触点闭合,Y0 输出为"1"状态,Y1、Y2 为"0"状态,RESET 无效后,上述三输出状态各自保持原状态。CON = 0 (X3 = 0),当 EN (X1 = 1) 有效,且有输入脉冲信号 CLK (X0) 输入,CLK (X0) 上升沿到来,M0 辅助继电器常开触点闭合一个扫描周期。在此期间,各输出继电器

状态自保持失效，Y0 输出保持为"1"状态，Y1 输出由"0"变"1"，Y2 输出状态为"0"。一个扫描周期过后，M0 常开触点断开，常闭触点闭合，各输出继电器状态恢复自保持，等待下一个输入脉冲信号上升沿的到来。环形分配器剩余状态各输出继电器的工作情况请读者自己分析。

图 5-48 中，由于 Y1、Y2 线圈排列在 Y0 线圈后面，为了保证 Y1 和 Y2 的输出状态不受当前周期 Y0、Y1 输出状态的影响，程序中使用了 M1 和 M2 两个辅助继电器来存储前一扫描周期（$n-1$ 时刻）Y0 和 Y1 的输出状态。

二、PLC 程序的时序逻辑设计法

1. 概述

时序逻辑设计法适用 PLC 各输出信号的状态变化有一定的时间顺序的场合，在程序设计时根据画出的各输出信号的时序图，理顺各状态转换的时刻和转换条件，找出输出与输入及内部触点的对应关系，并进行适当化简。一般来讲，时序逻辑设计法应与经验法配合使用，否则将可能使逻辑关系过于复杂。

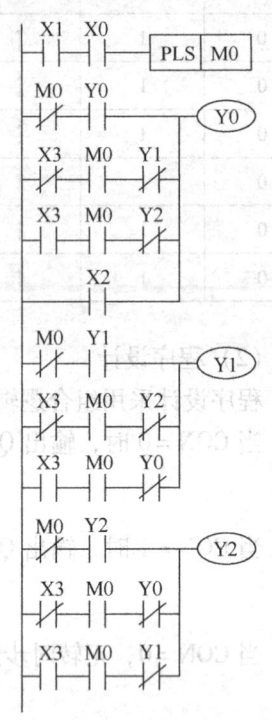

图 5-48 环形分配器的梯形图

2. 时序逻辑设计法的编程步骤

1）根据控制要求，明确输入/输出信号个数。

2）明确各输入和各输出信号之间的时序关系，画出各输入和输出信号的工作时序图。

3）将时序图划分成若干个时间区段，找出区段间的分界点，弄清分界点处输出信号状态的转换关系和转换条件。

4）对 PLC 的 I/O、内部辅助继电器和定时器/计数器等进行分配。

5）列出输出信号的逻辑表达式，根据逻辑表达式画出梯形图。

6）通过模拟调试，检查程序是否符合控制要求，结合经验设计法进一步修改程序。

3. 时序逻辑设计举例

（1）控制要求 有 A1 和 A2 两台电动机，按下启动按钮后，A1 运转 10min，停止 5min，A2 与 A1 相反，即 A1 停止时 A2 运行，A1 运行时 A2 停止，如此循环往复，直至按下停车按钮。

（2）I/O 分配 X0 为启动按钮、X1 为停车按钮、Y0 为 A1 电动机接触器线圈、Y1 为 A2 电动机接触器线圈。

（3）画时序图 为了使逻辑关系清晰，用中间继电器 M0 作为运行控制继电器，且用 T0 控制 A1 运行时间，T1 控制 A1 停车时间。根据要求画出时序图如图 5-49 所示，由该图可以看出，T0 和 T1 组成闪烁电路，其逻辑关系表达式为

$$Y0 = M0 \cdot \overline{T0} \qquad Y1 = M0 \cdot \overline{Y0}$$

（4）设计梯形图 结合逻辑关系画出的梯形图如图 5-50 所示。最后，还应分析一下所画梯形图是否符合控制要求。

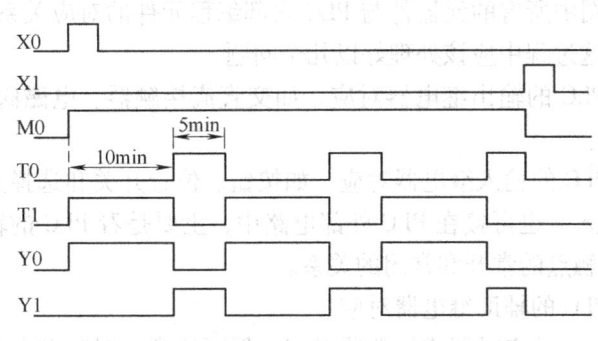
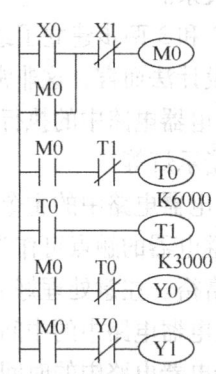

图 5-49　两台电动机顺序控制时序图　　图 5-50　两台电动机顺序控制梯形图

第六节　PLC 程序的移植设计法

一、概述

PLC 控制取代继电器控制已是大势所趋，如果用 PLC 改造继电器控制系统，根据原有的继电器电路图来设计梯形图显然是一条捷径。这是由于原有的继电器控制系统经过长期的使用和考验，已经被证明能完成系统要求的控制功能，而继电器电路图又与梯形图有很多相似之处，因此可以将继电器电路图经过适当的"翻译"，从而设计出具有相同功能的 PLC 梯形图程序，所以将这种设计方法称为"移植设计法"或"翻译法"。

在分析 PLC 控制系统的功能时，可以将 PLC 想象成一个继电器控制系统中的控制箱。PLC 外部接线图描述的是这个控制箱的外部接线，PLC 的梯形图程序是这个控制箱内部的"线路图"，PLC 输入继电器和输出继电器是这个控制箱与外部联系的"中间继电器"，这样就可以用分析继电器电路图的方法来分析 PLC 控制系统。

我们可以将输入继电器的触点想象成对应的外部输入设备的触点，将输出继电器的线圈想象成对应的外部输出设备的线圈。外部输出设备的线圈除了受 PLC 的控制外，可能还会受外部触点的控制。用上述的思想就可以将继电器电路图转换为功能相同的 PLC 外部接线图和梯形图。

二、移植设计法的编程步骤

1. 分析原有系统的工作原理

了解被控设备的工艺过程和机械的动作情况，根据继电器电路图分析和掌握控制系统的工作原理。

2. PLC 的 I/O 分配

确定系统的输入设备和输出设备，进行 PLC 的 I/O 分配，画出 PLC 外部接线图。

3. 建立其他元器件的对应关系

确定继电器电路图中的中间继电器、时间继电器等器件与 PLC 中的辅助继电器和定时器的对应关系。

以上 2 和 3 两步建立了继电器电路图中所有的元器件与 PLC 内部编程元件的对应关系，对于移植设计法而言，这非常重要。在这过程中应该处理好以几个问题。

1）继电器电路中的执行元件应与 PLC 的输出继电器对应，如交直流接触器、电磁阀、电磁铁和指示灯等。

2）继电器电路中的主令电器应与 PLC 的输入继电器对应，如按钮、位置开关和选择开关等。热继电器的触点可作为 PLC 的输入，也可接在 PLC 外部电路中，主要是看 PLC 的输入点是否富裕。注意处理好 PLC 内、外触点的常开和常闭的关系。

3）继电器电路中的中间继电器与 PLC 的辅助继电器对应。

4）继电器电路中的时间继电器与 PLC 的定时器或计数器对应，但要注意：时间继电器有通电延时型和断电延时型两种。

4. 设计梯形图程序

根据上述的对应关系，将继电器电路图"翻译"成对应的"准梯形图"，再根据梯形图的编程规则将"准梯形图"转换成结构合理的梯形图。对于复杂的控制电路可划整为零，先进行局部的转换，最后再综合起来。

5. 仔细校对、认真调试

对转换后的梯形图一定要仔细校对、认真调试，以保证其控制功能与原图相符。

三、举例

1. 卧式镗床继电器控制系统分析

如图 5-51 所示为某卧式镗床继电器控制系统的电路图，包括主电路、控制电路、照明电路和指示电路。镗床的主轴电动机 M1 是双速异步电动机，中间继电器 KA1 和 KA2 控制主轴电动机的起动和停止，接触器 KM1 和 KM2 控制主轴电动机的正反转，接触器 KM4、KM5 和时间继电器 KT 控制主轴电动机的变速，接触器 KM3 用来短接串在定子回路的制动电阻。SQ1、SQ2 和 SQ3、SQ4 是变速操纵盘上的限位开关，SQ5 和 SQ6 是主轴进刀与工作台移动互锁限位开关，SQ7 和 SQ8 是镗头架和工作台的正、反向快速移动开关。

2. 绘制 PLC 外部接线图

改造后的 PLC 控制系统的外部接

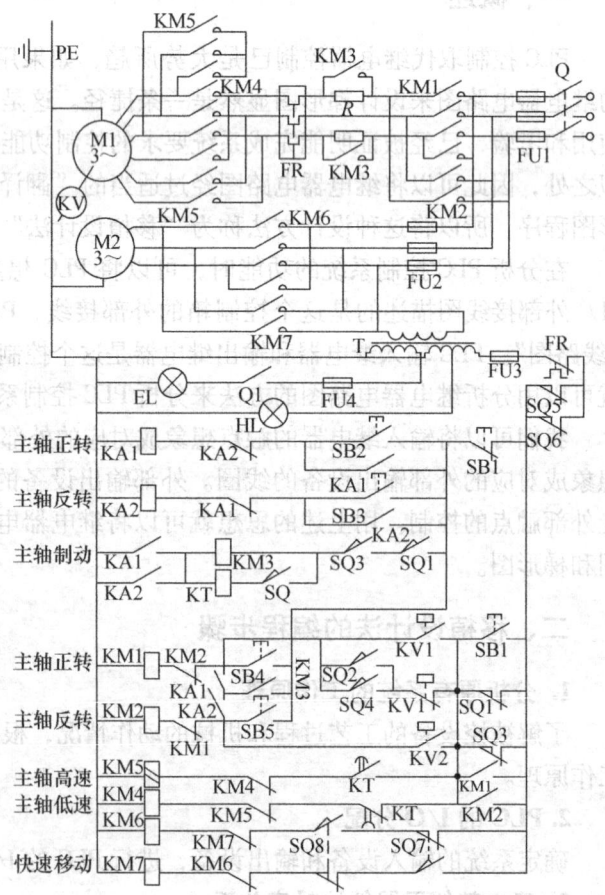

图 5-51 卧式镗床的继电器控制电路

线图中，主电路、照明电路和指示电路同原电路不变，控制电路的功能由 PLC 实现，PLC 的 I/O 接线图如图 5-52 所示。

3. 设计梯形图

根据 PLC 的 I/O 对应关系，再加上原控制电路（图 5-51）中 KA1、KA2 和 KT 分别与 PLC 内部的 M300、M301 和 T0 相对应，可设计出 PLC 的梯形图如图 5-53 所示。

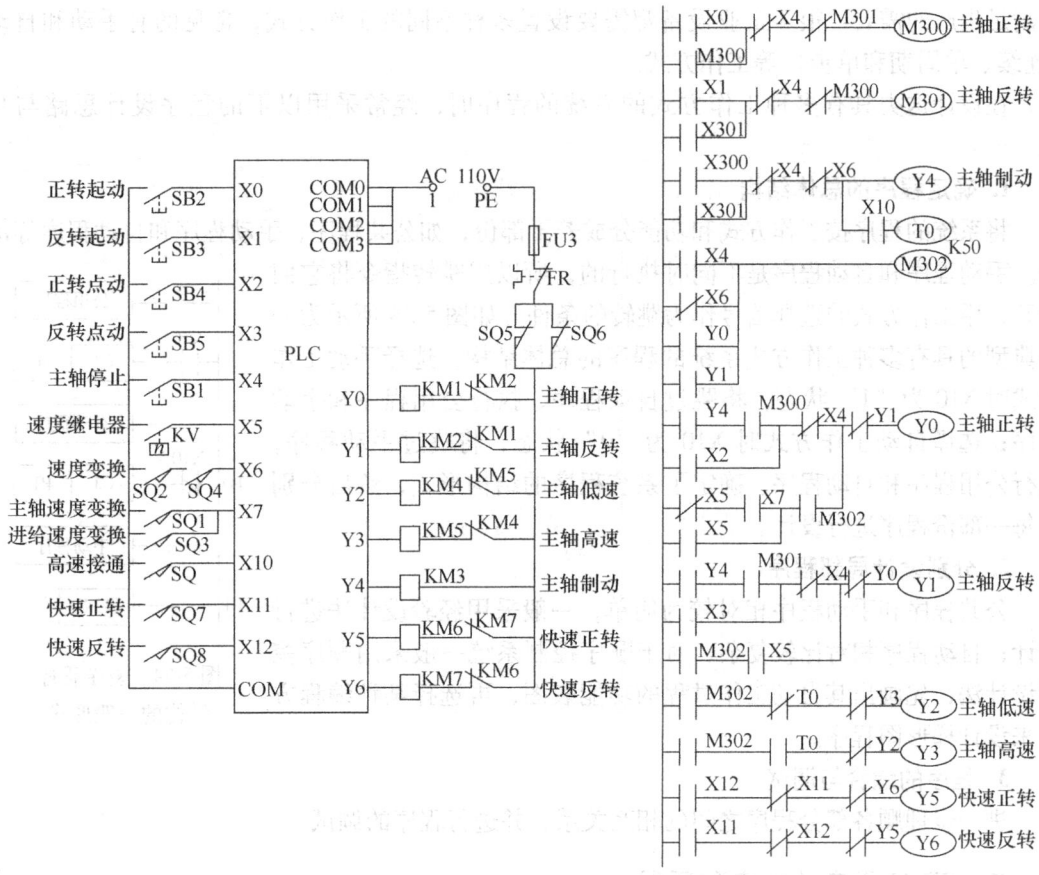

图 5-52　卧式镗床 PLC 控制系统 I/O 接线图　　　图 5-53　卧式镗床 PLC 控制系统的梯形图

设计过程中应注意梯形图与继电器电路图的区别。梯形图是一种软件，是 PLC 图形化的程序，PLC 梯形图是串行工作的，而在继电器电路图中，各电器可以同时动作（并行工作）。

移植设计法主要是用来对原有机电控制系统进行改造，这种设计方法没有改变系统的外部特性，对于操作工人来说，除了控制系统的可靠性提高之外，改造前后的系统没有什么区别，他们不用改变长期形成的操作习惯。这种设计方法一般不需要改动控制面板及器件，因此可以减少硬件改造的费用和改造的工作量。

第七节　PLC 程序及调试说明

一、复杂程序的设计方法

实际的 PLC 应用系统往往比较复杂，复杂系统不仅需要 PLC 输入/输出点数多，而且为了满足生产的需要，很多工业设备都需要设置多种不同的工作方式，常见的有手动和自动（连续、单周期和单步）等工作方式。

在设计这类具有多种工作方式的系统的程序时，经常采用以下的程序设计思路与步骤。

1. 确定程序的总体结构

将系统的程序按工作方式和功能分成若干部份，如公共程序、手动程序和自动程序等部份。手动程序和自动程序是不同时执行的，所以用跳转指令将它们分开，用工作方式的选择信号作为跳转的条件。如图 5-54 所示为一个典型的具有多种工作方式系统的程序的总体结构。选择手动工作方式时 X10 为 "1" 状态，将跳过自动程序，执行公用程序和手动程序；选择自动工作方式时 X10 为 "0" 状态，将跳过手动程序，执行公用程序和自动程序。确定了系统程序的结构形式，然后分别对每一部份程序进行设计。

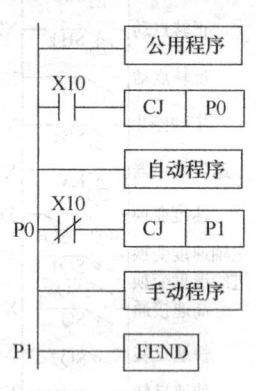

图 5-54　复杂程序结构的一般形式

2. 分别设计局部程序

公共程序和手动程序相对较为简单，一般采用经验设计法进行设计；自动程序相对比较复杂，对于顺序控制系统一般采用顺序控制设计法，先画出其自动工作过程的功能表图，再选择某种编程方式来设计梯形图程序。

3. 程序的综合与调试

进一步理顺各部分程序之间的相互关系，并进行程序的调试。

二、PLC 程序的内容和质量

1. PLC 程序的内容

PLC 应用程序应最大限度地满足被控对象的控制要求，在构思程序主体的框架后，要以它为主线，逐一编写实现各控制功能或各子任务的程序。经过不断地调整和完善，使程序能完成所要求的控制功能。另外，PLC 应用程序通常还应包括以下几个方面的内容。

（1）初始化程序　在 PLC 上电后，一般都要做一些初始化的操作。其作用是为启动作必要的准备，并避免系统发生误动作。初始化程序的主要内容为：将某些数据区、计数器进行清零；使某些数据区恢复所需数据；对某些输出量置位或复位；显示某些初始状态等。

（2）检测、故障诊断和显示程序　应用程序一般都设有检测、故障诊断和显示程序等内容。这些内容可以在程序设计基本完成时再进行添加。它们也可以是相对独立的程序段。

（3）保护、连锁程序　各种应用程序中，保护和连锁是不可缺少的部分。它可以杜绝由于非法操作而引起的控制逻辑混乱，保证系统的运行更安全、可靠。因此要认真考虑保护和连锁的问题。通常在 PLC 外部也要设置连锁和保护措施。

2. PLC 程序的质量

对同一个控制要求，即使选用同一个机型的 PLC，用不同设计方法所编写的程序，其结构也可能不同。尽管几种程序都可以实现同一控制功能，但是程序的质量却可能差别很大。程序的质量可以由以下几个方面来衡量。

（1）程序的正确性　应用程序的好坏，最根本的一条就是正确。所谓正确的程序必须能经得起系统运行实践的考验，离开这一条对程序所做的评价都是没有意义的。

（2）程序的可靠性好　好的应用程序可以保证系统在正常和非正常（短时掉电再复电，某些被控量超标，某个环节有故障等）工作条件下都能安全可靠地运行，也能保证在出现非法操作（如按动或误触动了不该动作的按钮）等情况下不至于出现系统控制失误。

（3）参数的易调整性好　PLC 控制的优越性之一就是灵活性好，容易通过修改程序或参数而改变系统的某些功能。例如，有的系统在一定情况下需要变动某些控制量的参数（如定时器或计数器的设定值等），在设计程序时必须考虑怎样编写才能易于修改。

（4）程序要简练　编写的程序应尽可能简练，减少程序的语句，一般可以减少程序扫描时间，提高 PLC 对输入信号的响应速度。当然，如果过多地使用那些执行时间较长的指令，有时虽然程序的语句较少，但是其执行时间也不一定短。

（5）程序的可读性好　程序不仅仅给设计者自己看，系统的维护人员也要读。另外，为了有利于交流，也要求程序有一定的可读性。

三、PLC 程序的调试

PLC 程序的调试可以分为模拟调试和现场调试两个调试过程，在此之前首先对 PLC 外部接线作仔细检查，这一个环节很重要。外部接线一定要准确无误。也可以用事先编写好的试验程序对外部接线做扫描通电检查来查找接线故障。不过，为了安全考虑，最好将主电路断开。当确认接线无误后再连接主电路，将模拟调试好的程序送入用户存储器进行调试，直到各部分的功能都正常，并能协调一致地完成整体的控制功能为止。

1. 程序的模拟调试

将设计好的程序写入 PLC 后，首先逐条仔细检查，并改正写入时出现的错误。用户程序一般先在实验室模拟调试，实际的输入信号可以用钮子开关和按钮来模拟，各输出量的通/断状态用 PLC 上有关的发光二极管来显示，一般不用接 PLC 实际的负载（如接触器、电磁阀等）。可以根据功能表图，在适当的时候用开关或按钮来模拟实际的反馈信号，如限位开关触点的接通和断开。对于顺序控制程序，调试程序的主要任务是检查程序的运行是否符合功能表图的规定，即在某一转换条件实现时，是否发生步的活动状态的正确变化，即该转换的所有前级步是否变为不活动步，所有后续步是否变为活动步，以及各步被驱动的负载是否发生相应的变化。

在调试时应充分考虑各种可能的情况，对系统各种不同的工作方式，有选择序列的功能表图中的每一条支路，各种可能的进展路线，都应逐一检查，不能遗漏。发现问题后应及时修改梯形图和 PLC 中的程序，直到在各种可能的情况下输入量与输出量之间的关系完全符合要求。

如果程序中某些定时器或计数器的设定值过大，为了缩短调试时间，可以在调试时将它们减小,模拟调试结束后再写入它们的实际设定值。

在设计和模拟调试程序的同时,可以设计、制作控制台或控制柜,PLC 之外的其他硬件的安装、接线工作也可以同时进行。

2. 程序的现场调试

完成上述的工作后,将 PLC 安装在控制现场进行联机总调试,在调试过程中将暴露出系统中可能存在的传感器、执行器和硬接线等方面的问题,以及 PLC 的外部接线图和梯形图程序设计中的问题,应对出现的问题及时加以解决。如果调试达不到指标要求,则对相应硬件和软件部分作适当调整,通常只需要修改程序就可能达到调整的目的。全部调试通过后,经过一段时间的考验,系统就可以投入实际的运行了。

习 题

5-1 用 PLC 设计一个输入优先电路。辅助继电器 M200~203 分别表示接受 X0~X3 的输入信号(若 X0 有输入,M200 线圈接通,依此类推)。电路功能如下:

1) 当未加复位信号时(X4 无输入),这个电路仅接受最先输入的信号,而对以后的输入不予接收。

2) 当有复位信号时(X4 加一短脉冲信号),该电路复位,可重新接受新的输入信号。

5-2 编程实现"通电"和"断电"均延时的继电器功能。具体要求是:若 X0 由断变通,延时 10s 后 Y1 得电,若 X0 由通变断,延时 5s 后 Y1 断电。

5-3 按一下启动按钮,灯亮 10s,暗 5s,重复 3 次后停止工作。试设计梯形图。

5-4 某广告牌上有六个字,每个字显示 1s 后六个字一起显示 2s,然后全灭。1s 后再从第一个字开始显示,重复上述过程。试用 PLC 实现该功能。

5-5 粉末冶金制品压制机如图 5-55 所示。装好粉末后,按一下启动按钮 X0,冲头下行。将粉末压紧后,压力继电器 X1 接通。保压延时 5s 后,冲头上行至 X2 接通。然后模具下行至 X3 接通。取走成品后,工人按一下按钮 X5,模具上行至 X4 接通,系统返回初始状态。画出功能表图并设计出梯形图(要使用三种不同的编程方式将功能表图转换成梯形图)。

5-6 某动力头按如图 5-56a 所示的步骤动作:快进、工进 1、工进 2 和快退。输出 Y0~Y3 在各步的状态如图 5-56b 所示,表中的"1"、"0"分别表示接通和断开。设计该动力头控制系统的梯形图程序,要求设置手动、连续、单周期和单步 4 种工作方式。

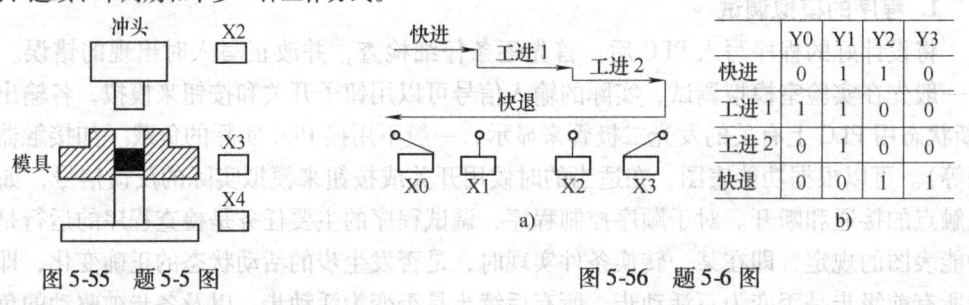

图 5-55 题 5-5 图　　　　图 5-56 题 5-6 图

5-7 用移植设计法改造第一章中的继电器控制系统。

第六章 可编程序控制器控制系统的设计

在对 PLC 的基本工作原理和编程技术有了一定的了解之后，我们就可以用 PLC 来构成一个实际的控制系统。PLC 控制系统的设计主要包括系统设计、程序设计、施工设计和安装调试等四方面的内容。本章主要介绍 PLC 控制系统的设计步骤和内容、设计与实施过程中应该注意的事项，使读者初步掌握 PLC 控制系统的设计方法。要达到能顺利地完成 PLC 控制系统的设计，更重要的是需要不断地实践。

第一节 PLC 控制系统设计的基本原则与内容

一、PLC 控制系统设计的基本原则

任何一种控制系统都是为了实现被控对象的工艺要求，以提高生产效率和产品质量。因此，在设计 PLC 控制系统时，应遵循以下基本原则。

1. 最大限度地满足被控对象的控制要求

充分发挥 PLC 的功能，最大限度地满足被控对象的控制要求，是设计 PLC 控制系统的首要前提，也是设计中最重要的一条原则。这就要求设计人员在设计前就要深入现场进行调查研究，收集控制现场的资料，收集相关先进的国内、国外资料。同时要注意和现场的工程管理人员、工程技术人员和现场操作人员紧密配合，拟定控制方案，共同解决设计中的重点问题和疑难问题。

2. 保证 PLC 控制系统安全可靠

保证 PLC 控制系统能够长期安全、可靠和稳定运行，是设计控制系统的重要原则。这就要求设计者在系统设计、元器件选择和软件编程上要全面考虑，以确保控制系统安全可靠。例如：应该保证 PLC 程序不仅在正常条件下运行，而且在非正常情况下（如突然掉电再上电、按钮按错等），也能正常工作。

3. 力求简单、经济、使用及维修方便

一个新的控制工程固然能提高产品的质量和数量，带来巨大的经济效益和社会效益，但新工程的投入、技术的培训和设备的维护也将导致运行资金的增加。因此，在满足控制要求的前提下，一方面要注意不断地扩大工程的效益，另一方面也要注意不断地降低工程的成本。这就要求设计者不仅应该使控制系统简单、经济，而且要使控制系统的使用和维护方便、成本低，不宜盲目追求自动化和高指标。

4. 适应发展的需要

由于技术的不断发展，控制系统的要求也将会不断地提高，设计时要适当考虑到今后控制系统发展和完善的需要。这就要求在选择 PLC、输入/输出模块、I/O 点数和内存容量时，要适当留有裕量，以满足今后生产的发展和工艺的改进。

二、PLC 控制系统设计与调试的步骤

图 6-1 所示为 PLC 控制系统设计与调试的一般步骤。

1. 分析被控对象并提出控制要求

详细分析被控对象的工艺过程及工作特点，了解被控对象机、电、液之间的配合，提出被控对象对 PLC 控制系统的控制要求，确定控制方案，拟定设计任务书。

2. 确定输入/输出设备

根据系统的控制要求，确定系统所需的全部输入设备（如按钮、位置开关、转换开关及各种传感器等）和输出设备（如接触器、电磁阀、信号指示灯及其他执行器等），从而确定与 PLC 有关的输入/输出设备，以确定 PLC 的 I/O 点数。

3. 选择 PLC

PLC 选择包括对 PLC 的机型、容量、I/O 模块和电源等的选择，详见本章第二节。

4. 分配 I/O 点并设计 PLC 外围硬件线路

（1）分配 I/O 点

画出 PLC 的 I/O 点与输入/输出设备的连接图或对应关系表，该部分也可在第 2 步中进行。

（2）设计 PLC 外围硬件线路

画出系统其他部分的电气线路图，包括主电路和未进入 PLC 的控制电路等。

由 PLC 的 I/O 连接图和 PLC 外围电气线路图组成系统的电气原理图。到此为止系统的硬件电气线路已经确定。

5. 程序设计

（1）程序设计

根据系统的控制要求，采用合适的设计方法（见第六章）来设计 PLC 程序。程序要以满足系统控制要求为主线，逐一编写实

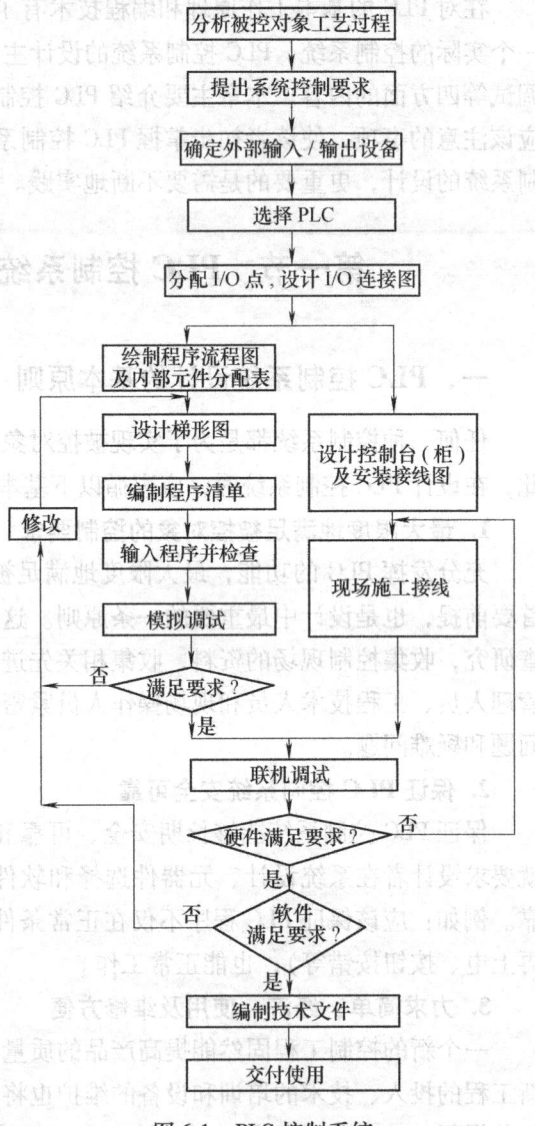

图 6-1 PLC 控制系统设计与调试的一般步骤

现各控制功能或各子任务的程序，逐步完善系统指定的功能。除此之外，程序通常还应包括以下内容：

1）初始化程序。在 PLC 上电后，一般都要做一些初始化的操作，为启动作必要的准备，避免系统发生误动作。初始化程序的主要内容有：对某些数据区、计数器等进行清零，对某些数据区所需数据进行恢复，对某些继电器进行置位或复位，对某些初始状态进行显示

等。

2）检测、故障诊断和显示等程序。这些程序相对独立，一般在程序设计基本完成时再添加。

3）保护和连锁程序。保护和连锁是程序中不可缺少的部分，必须认真加以考虑。它可以避免由于非法操作而引起的控制逻辑混乱。

（2）程序模拟调试

程序模拟调试的基本思想是，以方便的形式模拟生产现场实际状态，为程序的运行创造必要的环境条件。根据生产现场信号的方式不同，模拟调试有硬件模拟法和软件模拟法两种形式。

1）硬件模拟法是使用一些硬件设备（如用另一台 PLC 或一些输入器件等）模拟产生现场的信号，并将这些信号以硬接线的方式连到 PLC 系统的输入端，其时效性较强。

2）软件模拟法是在 PLC 中另外编写一套模拟程序，模拟提供现场信号，其简单易行，但时效性不易保证。模拟调试过程中，可采用分段调试的方法，并利用编程器的监控功能。

6. 硬件实施

硬件实施方面主要是进行控制柜（台）等硬件的设计及现场施工。主要内容有：

1）设计控制柜和操作台等部分的电器布置图及安装接线图。

2）设计系统各部分之间的电气互连图。

3）根据施工图纸进行现场接线，并进行详细检查。

由于程序设计与硬件实施可同时进行，因此 PLC 控制系统的设计周期可大大缩短。

7. 联机调试

联机调试是将通过模拟调试的程序进一步进行在线统调。联机调试过程应循序渐进，从 PLC 只连接输入设备，再连接输出设备，再接上实际负载等逐步进行调试。如不符合要求，则对硬件和程序作调整。通常只需修改部分程序即可。

全部调试完毕后，交付试运行。经过一段时间运行，如果工作正常，程序不需要修改，应将程序固化到 EPROM 中，以防程序丢失。

8. 整理和编写技术文件

技术文件包括设计说明书、硬件原理图、安装接线图、电气元件明细表、PLC 程序以及使用说明书等。

第二节 PLC 的选择

随着 PLC 技术的发展，PLC 产品的种类也越来越多。不同型号的 PLC，其结构形式、性能、容量、指令系统、编程方式和价格等也各有不同，适用的场合也各有侧重。因此，合理选用 PLC，对于提高 PLC 控制系统的技术经济指标有着重要意义。

PLC 的选择主要应从 PLC 的机型、容量、I/O 模块、电源模块、特殊功能模块和通信联网能力等方面加以综合考虑。

一、PLC 机型的选择

PLC 机型选择的基本原则是在满足功能要求及保证可靠、维护方便的前提下，力争最佳

的性能价格比。选择时主要考虑以下几点:

1. 合理的结构型式

PLC 主要有整体式和模块式两种结构型式。

整体式 PLC 的每一个 I/O 点的平均价格比模块式的便宜，且体积相对较小，一般用于系统工艺过程较为固定的小型控制系统中；而模块式 PLC 的功能扩展灵活方便，在 I/O 点数、输入点数与输出点数的比例和 I/O 模块的种类等方面选择余地大，且维修方便，一般用于较复杂的控制系统。

2. 安装方式的选择

PLC 系统的安装方式分为集中式、远程 I/O 式以及多台 PLC 联网的分布式。

集中式不需要设置驱动远程 I/O 硬件，系统反应快、成本低；远程 I/O 式适用于大型系统，系统的装置分布范围很广，远程 I/O 可以分散安装在现场装置附近，连线短，但需要增设驱动器和远程 I/O 电源；多台 PLC 联网的分布式适用于多台设备分别独立控制，又要相互联系的场合，可以选用小型 PLC，但必须要附加通信模块。

3. 相应的功能要求

一般小型（低档）PLC 具有逻辑运算、定时和计数等功能，对于只需要开关量控制的设备都可满足。

对于以开关量控制为主，带少量模拟量控制的系统，可选用能带 A/D 和 D/A 转换单元，具有加减算术运算、数据传送功能的增强型低档 PLC。

对于控制较复杂，要求实现 PID 运算、闭环控制和通信联网等功能，可视控制规模大小及复杂程度，选用中档或高档 PLC。但是中、高档 PLC 价格较贵，一般用于大规模过程控制和集散控制系统等场合。

4. 响应速度要求

PLC 是为工业自动化设计的通用控制器，不同档次 PLC 的响应速度一般都能满足其应用范围内的需要。如果要跨范围使用 PLC，或者某些功能或信号有特殊的速度要求时，则应该慎重考虑 PLC 的响应速度，可选用具有高速 I/O 处理功能的 PLC，或选用具有快速响应模块和中断输入模块的 PLC 等。

5. 系统可靠性的要求

对于一般系统 PLC 的可靠性均能满足。对可靠性要求很高的系统，应考虑是否采用冗余系统或热备用系统。

6. 机型尽量统一

一个企业，应尽量做到 PLC 的机型统一。主要考虑到以下三方面问题:

1) 机型统一，其模块可互为备用，便于备品备件的采购和管理。

2) 机型统一，其功能和使用方法类似，有利于技术力量的培训和技术水平的提高。

3) 机型统一，其外部设备通用，资源可共享，易于联网通信，配上上位计算机后易于形成一个多级分布式控制系统。

二、PLC 容量的选择

PLC 的容量包括 I/O 点数和用户存储容量两个方面。

1. I/O 点数的选择

PLC 平均的 I/O 点的价格还比较高，因此应该合理选用 PLC 的 I/O 点的数量，在满足控制要求的前提下力争使用的 I/O 点最少，但必须留有一定的裕量。

通常 I/O 点数是根据被控对象的输入、输出信号的实际需要，再加上 10%～15% 的裕量来确定。

2. 存储容量的选择

用户程序所需的存储容量大小不仅与 PLC 系统的功能有关，而且还与功能实现的方法、程序编写水平有关。一个有经验的程序员和一个初学者，在完成同一复杂功能时，其程序量可能相差 25% 之多，所以对于初学者应该在存储容量估算时多留裕量。

PLC 的 I/O 点数的多少，在很大程序上反映了 PLC 系统的功能要求，因此可在 I/O 点数确定的基础上，按下式估算存储容量后，再加 20%～30% 的裕量。

存储容量（字节）＝开关量 I/O 点数×10 + 模拟量 I/O 通道数×100

另外，在存储容量选择的同时，注意对存储器的类型的选择。

三、I/O 模块的选择

一般 I/O 模块的价格占 PLC 价格的一半以上。PLC 的 I/O 模块有开关量 I/O 模块、模拟量 I/O 模块及各种特殊功能模块等。不同的 I/O 模块，其电路及功能也不同，直接影响 PLC 的应用范围和价格，应当根据实际需要加以选择。

1. 开关量 I/O 模块的选择

（1）开关量输入模块的选择

开关量输入模块是用来接收现场输入设备的开关信号，将信号转换为 PLC 内部接受的低电压信号，并实现 PLC 内、外信号的电气隔离。选择时主要应考虑以下几个方面。

1）输入信号的类型及电压等级。开关量输入模块有直流输入、交流输入和交流/直流输入三种类型。选择时主要根据现场输入信号和周围环境因素等。直流输入模块的延迟时间较短，还可以直接与接近开关、光电开关等电子输入设备连接；交流输入模块可靠性好，适合于有油雾、粉尘的恶劣环境下使用。

开关量输入模块的输入信号的电压等级有：直流 5V、12V、24V、48V 和 60V 等；交流 110V、220V 等。选择时主要根据现场输入设备与输入模块之间的距离来考虑。一般 5V、12V 和 24V 用于传输距离较近场合，如 5V 输入模块最远不得超过 10m。距离较远的应选用输入电压等级较高的模块。

2）输入接线方式。开关量输入模块主要有汇点式和分组式两种接线方式，如图 6-2 所示。

汇点式的开关量输入模块所有输入点共用一个公共端（COM）；而分组

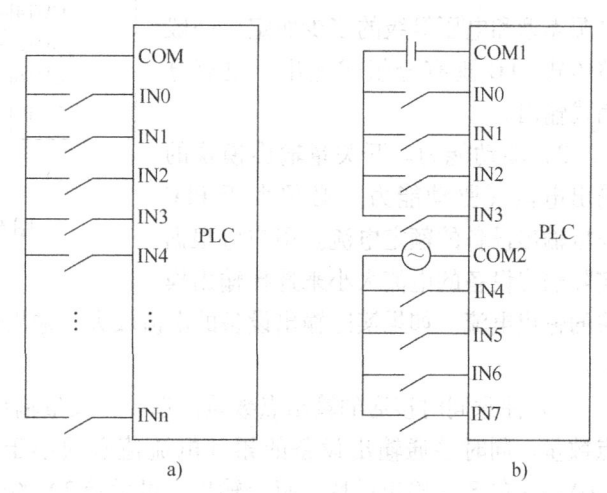

图 6-2 开关量输入模块的接线方式
a）汇点式输入 b）分组式输入

式的开关量输入模块是将输入点分成若干组,每一组(几个输入点)有一个公共端,各组之间是分隔的。分组式的开关量输入模块价格较汇点式的高,如果输入信号之间不需要分隔,一般选用汇点式的。

3) 注意同时接通的输入点数量。对于选用高密度的输入模块(如32点、48点等),应考虑该模块同时接通的点数一般不要超过输入点数的60%。

4) 输入门槛电平。为了提高系统的可靠性,必须考虑输入门槛电平的大小。门槛电平越高,抗干扰能力越强,传输距离也越远,具体可参阅PLC说明书。

(2) 开关量输出模块的选择

开关量输出模块是将PLC内部低电压信号转换成驱动外部输出设备的开关信号,并实现PLC内外信号的电气隔离。选择时主要应考虑以下几个方面:

1) 输出方式。开关量输出模块有继电器输出、晶闸管输出和晶体管输出三种方式。

继电器输出的价格便宜,既可以用于驱动交流负载,又可用于直流负载,而且适用的电压大小范围较宽、导通压降小,同时承受瞬时过电压和过电流的能力较强,但其属于有触点元件,动作速度较慢(驱动感性负载时,触点动作频率不得超过1HZ)、寿命较短、可靠性较差,只能适用于不频繁通断的场合。

对于频繁通断的负载,应该选用晶闸管输出或晶体管输出,它们属于无触点元件。但晶闸管输出只能用于交流负载,而晶体管输出只能用于直流负载。

2) 输出接线方式。开关量输出模块主要有分组式和分隔式两种接线方式,如图6-3所示。

分组式输出是几个输出点为一组,一组有一个公共端,各组之间是分隔的,可分别用于驱动不同电源的外部输出设备;分隔式输出是每一个输出点就有一个公共端,各输出点之间相互隔离。选择时主要根据PLC输出设备的电源类型和电压等级的多少而定。一般整体式PLC既有分组式输出,也有分隔式输出。

3) 驱动能力。开关量输出模块的输出电流(驱动能力)必须大于PLC外接输出设备的额定电流。用户应根据实际输出设备的电流大小来选择输出模

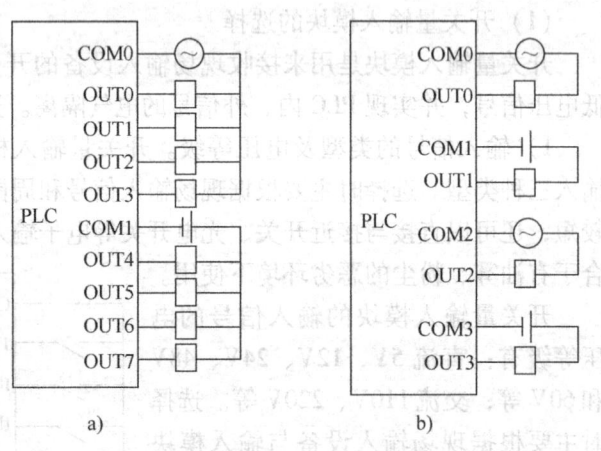

图6-3 开关量输出模块的接线方式
a) 分组式输出 b) 分隔式输出

块的输出电流。如果实际输出设备的电流较大,输出模块无法直接驱动,可增加中间放大环节。

4) 注意同时接通的输出点数量。选择开关量输出模块时,还应考虑能同时接通的输出点数量。同时接通输出设备的累计电流值必须小于公共端所允许通过的电流值,如一个220V/2A的8点输出模块,每个输出点可承受2A的电流,但输出公共端允许通过的电流并不是16A(8×2A),通常要比此值小得多。一般来讲,同时接通的点数不要超出同一公共端输出点数的60%。

5) 输出的最大电流与负载类型、环境温度等因素有关。开关量输出模块的技术指标与不同的负载类型密切相关，特别是输出的最大电流。另外，晶闸管的最大输出电流随环境温度升高会降低，在实际使用中也应注意。

2. 模拟量 I/O 模块的选择

模拟量 I/O 模块的主要功能是数据转换，并与 PLC 内部总线相连，同时为了安全也有电气隔离功能。模拟量输入（A/D）模块是将现场由传感器检测而产生的连续的模拟量信号转换成 PLC 内部可接受的数字量；模拟量输出（D/A）模块是将 PLC 内部的数字量转换为模拟量信号输出。

典型模拟量 I/O 模块的量程为 $-10V \sim +10V$、$0 \sim +10V$ 和 $4 \sim 20mA$ 等，可根据实际需要选用，同时还应考虑其分辨率和转换精度等因素。

一些 PLC 制造厂家还提供特殊模拟量输入模块，可用来直接接收低电平信号（如 RTD、热电偶等信号）。

3. 特殊功能模块的选择

目前，PLC 制造厂家相继推出了一些具有特殊功能的 I/O 模块，有的还推出了自带 CPU 的智能型 I/O 模块，如高速计数器、凸轮模拟器、位置控制模块、PID 控制模块和通信模块等。

四、电源模块及其他外设的选择

1. 电源模块的选择

电源模块选择仅对于模块式结构的 PLC 而言，对于整体式 PLC 不存在电源的选择。电源模块的选择主要考虑电源输出额定电流和电源输入电压。电源模块的输出额定电流必须大于 CPU 模块、I/O 模块和其他特殊模块等消耗电流的总和，同时还应考虑今后 I/O 模块的扩展等因素；电源输入电压一般根据现场的实际需要而定。

2. 编程器的选择

对于小型控制系统或不需要在线编程的系统，一般选用价格便宜的简易编程器。对于由中、高档 PLC 构成的复杂系统或需要在线编程的 PLC 系统，可以选配功能强、编程方便的智能编程器，但智能编程器价格较贵。如果有现成的个人计算机，也可以选用 PLC 的编程软件，在个人计算机上实现编程器的功能。

3. 写入器的选择

为了防止由于干扰或锂电池电压不足等原因破坏 RAM 中的用户程序，可选 EPROM 写入器，通过它将用户程序固化在 EPROM 中。有些 PLC 或其编程器本身就具有 EPROM 写入的功能。

第三节 PLC 与输入输出设备的连接

PLC 常见的输入设备有按钮、行程开关、接近开关、转换开关、拨码器和各种传感器等，输出设备有继电器、接触器、电磁阀等。正确地连接输入和输出电路，是保证 PLC 安全可靠工作的前提。

一、PLC 与常用输入设备的连接

1. PLC 与主令电器类设备的连接

如图 6-4 所示是 PLC 与按钮、行程开关和转换开关等主令电器类输入设备的接线示意图。图中的 PLC 为直流汇点式输入，即所有输入点共用一个公共端 COM，同时 COM 端内带有 DC24V 电源。若是分组式输入，也可参照图 6-4 的方法进行分组连接。

2. PLC 与拨码开关的连接

如果 PLC 控制系统中的某些数据需要经常修改，可使用多位拨码开关与 PLC 连接，在 PLC 外部进

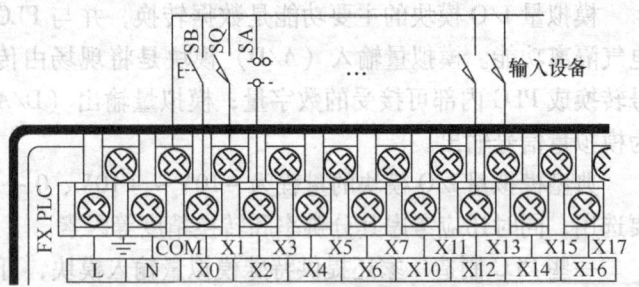

图 6-4　PLC 与主令电器类输入设备的连接

行数据设定。如图 6-5 所示为一位拨码开关的示意图，一位拨码开关能输入一位十进制数的 0～9，或一位十六进制数的 0～F。

如图 6-6 所示为 4 位拨码开关组装在一起，把各位拨码开关的 COM 端连在一起，接在 PLC 输入侧的 COM 端子上。每位拨码开关的 4 条数据线按一定顺序接在 PLC 的 4 个输入点上。由图可见，使用拨码开关要占用许多 PLC 输入点，所以不是十分必要的场合，一般不要采用这种方法。

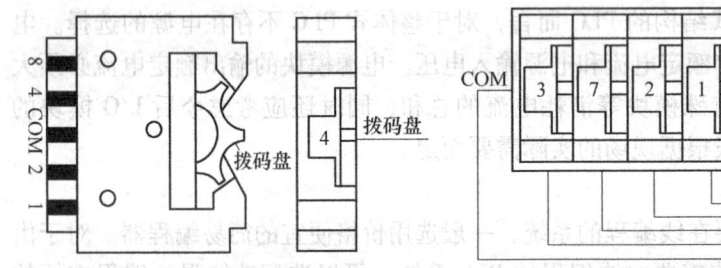

图 6-5　一位拨码开关的示意图　　　图 6-6　4 位拨码开关与 PLC 的连接

输入采用拨码开关时，可采用下节将介绍的分组输入法或矩阵输入法，以提高 PLC 输入点的利用率。

3. PLC 与旋转编码器的连接

旋转编码器是一种光电式旋转测量装置，它将被测的角位移直接转换成数字信号（高速脉冲信号）。因此可将旋转编码器的输出脉冲信号直接输入给 PLC，利用 PLC 的高速计数器对其脉冲信号进行计数，以获得测量结果。不同型号的旋转编码器，其输出脉冲的相数也不同，有的旋转编码器输出 A、B、Z 三相脉冲，有的只有 A、B 相两相，最简单的只有 A 相。

如图 6-7 所示是输出两相脉冲的旋转编码器与 FX 系列 PLC 的连接示意图。编码器有 4 条引线，其中 2 条是脉冲输出线，1 条是 COM 端线，1 条是电源线。编码器的电源可以是外接电源，也可直接使用 PLC 的 DC24V 电源。电源"－"端要与编码器的 COM 端连接，

"+"与编码器的电源端连接。编码器的 COM 端与 PLC 输入 COM 端连接,A、B 两相脉冲输出线直接与 PLC 的输入端连接,连接时要注意 PLC 输入的响应时间。有的旋转编码器还有一条屏蔽线,使用时要将屏蔽线接地。

4. PLC 与传感器类设备的连接

传感器的种类很多,其输出方式也各不相同。当采用接近开关、光电开关等两线式传感器时,由于传感器的漏电流较大,可能出现错误的输入信号而导致 PLC 的误动作,此时可在 PLC 输入端并联旁路电阻 R,如图 6-8 所示。当漏电流不足 1mA 时可以不考虑其影响。

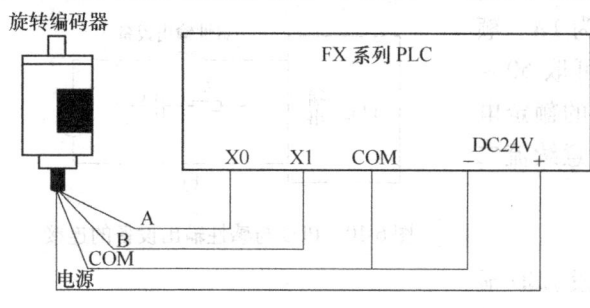

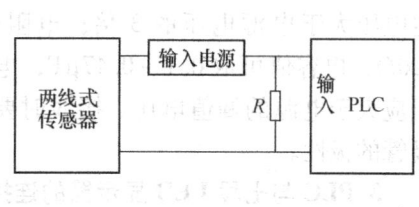

图 6-7 旋转编码器与 PLC 的连接　　　　图 6-8 PLC 与两线式传感器的连接

旁路电阻 R（kΩ）的估算公式为

$$R < \frac{R_\text{C} U_\text{OFF}}{IR_\text{C} - U_\text{OFF}}$$

式中,I 为传感器的漏电流（mA）,U_OFF 为 PLC 输入电压低电平的上限值（V）,R_C 为 PLC 的输入阻抗（kΩ）,R_C 的值根据输入点不同有差异。

二、PLC 与常用输出设备的连接

1. PLC 与输出设备的一般连接方法

PLC 与输出设备连接时,不同组（不同公共端）的输出点,其对应输出设备（负载）的电压类型、等级可以不同,但同组（相同公共端）的输出点,其电压类型和等级应该相同。要根据输出设备电压的类型和等级来决定是否分组连接。如图 6-9 所示以 FX2N 为例说明 PLC 与输出设备的连接方法。图中接法是输出设备具有相同电源的情况,所以各组的公共端连在一起,否则要分组连接。图中只画出 Y0~Y7 输出点与输出设备的连接,其他输出点的连接方法相似。

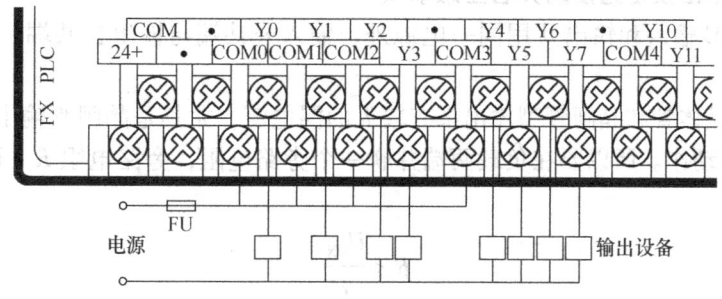

图 6-9 PLC 与输出设备的连接

2. PLC 与感性输出设备的连接

PLC 的输出端经常连接的是感性输出设备（感性负载），为了抑制感性电路断开时产生的电压使 PLC 内部输出元件造成损坏。因此当 PLC 与感性输出设备连接时，如果是直流感性负载，应在其两端并联续流二极管；如果是交流感性负载，应在其两端并联阻容吸收电路。如图 6-10 所示。

图中，续流二极管可选用额定电流为 1A、额定电压大于电源电压的 3 倍；电阻值可取 50 ~ 120Ω，电容值可取 0.1 ~ 0.47μF，电容的额定电压应大于电源的峰值电压。接线时要注意续流二极管的极性。

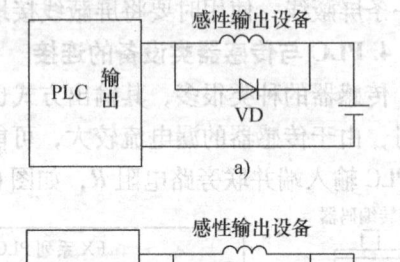

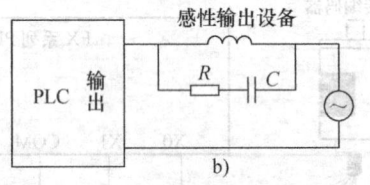

图 6-10 PLC 与感性输出设备的连接

3. PLC 与七段 LED 显示器的连接

PLC 可直接用开关量输出接口与七段 LED 显示器的连接，但如果 PLC 控制的是多位 LED 七段显示器，所需的输出点是很多的。

如图 6-11 所示电路中，采用具有锁存、译码、驱动功能的芯片 CD4513 驱动共阴极 LED 七段显示器，两只 CD4513 的数据输入端 A ~ D 共用 PLC 的 4 个输出端，其中 A 为最低位，D 为最高位。LE 是锁存使能输入端，在 LE 信号的上升沿将数据输入端输入的 BCD 数锁存在片内的寄存器中，并将该数译码后显示出来。如果输入的不是十进制数，显示器熄灭。LE 为高电平时，显示的数不受数据输入信号的影响。显然，N 个显示器占用的输出点数为 P = 4 + N。

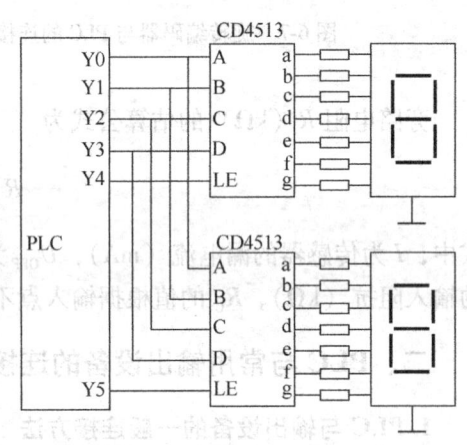

图 6-11 PLC 与两位七段 LED 显示器的连接

如果 PLC 使用继电器输出模块，应在与 CD4513 相连的 PLC 各输出端接一下拉电阻，以避免在输出继电器的触点断开时 CD4513 的输入端悬空。PLC 输出继电器的状态变化时，其触点可能抖动，因此应先送数据输出信号，待该信号稳定后，再用 LE 信号的上升沿将数据锁存进 CD4513。

4. PLC 与输出设备连接的其它注意事项

1) 除了 PLC 输入和输出共用同一电源外，输入公共端与输出公共端一般不能接在一起；

2) PLC 的晶体管和晶闸管型输出都有较大的漏电流，尤其是晶闸管输出，将可能会出现输出设备的误动作。所以要在负载两端并联一个旁路电阻，旁路电阻 R（kΩ）的阻值估算可由下式确定

$$R < \frac{U_{ON}}{I}$$

其中，U_{ON} 是负载的开启电压（V），I 是输出漏电流（mA）。

第四节 减少 I/O 点数的措施

PLC 在实际应用中常碰到这样两个问题：一是 PLC 的 I/O 点数不够，需要扩展，然而增加 I/O 点数将要提高成本；二是已选定的 PLC 可扩展的 I/O 点数有限，无法再增加。因此，在满足系统控制要求的前提下，合理使用 I/O 点数，尽量减少所需的 I/O 点数是很有意义的。下面将介绍几种常用的减少 I/O 点数的措施。

一、减少输入点数的措施

1. 分组输入

一般系统都存在多种工作方式，但系统同时又只选择其中一种工作方式运行，也就是说，各种工作方式的程序不可能同时执行。因此，可将系统输入信号按其对应的工作方式不同分成若干组，PLC 运行时只会用到其中的一组信号，所以各组输入可共用 PLC 的输入点，这样就使所需的输入点减少。

如图 6-12 所示，系统有"自动"和"手动"两种工作方式，其中 S1～S8 为自动工作方式用到的输入信号、Q1～Q8 为手动工作方式用到的输入信号。两组输入信号共用 PLC 的输入点 X0～X7，如 S1 与 Q1 共用输入点 X0。用"工作方式"选择开关 SA 来切换"自动"和"手动"信号的输入电路，并通过 X10 让 PLC 识别是"自动"，还是"手动"，从而执行自动程序或手动程序。在梯形图程序中应该用 X10 常开触点和 X0 常开触点的串联，来表示 Q1 提供的输入信号；用 X10 常闭触点和 X0 常开触点的串联，来表示 S1 提供的输入信号。其他输入信号的识别以此类推。

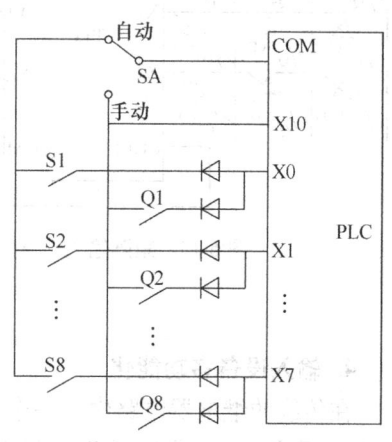

图 6-12 分组输入

图中的二极管是为了防止出现寄生回路，产生错误输入信号而设置的。例如当 SA 扳到"自动"位置，若 S1 闭合，S2 断开，虽然 Q1、Q2 闭合，也应该是 X0 有输入，而 X1 无输入，但如果无二极管隔离，则电流从 X1 流出，经 Q2→Q1→S1→COM 形成寄生回路，从而使得 X1 错误地接通。因此，必须串入二极管切断寄生回路，避免错误输入信号的产生。

2. 矩阵输入

如图 6-13 所示为 3×3 矩阵输入电路，用 PLC 的三个输出点 Y0、Y1、Y2 和三个输入点 X0、X1、X2 来实现 9 个开关量输入设备的输入。图中，输出 Y0、Y1、Y2 的公共端 COM 与输入继电器的公共端 COM 连在一起。当 Y0、Y1、Y2 轮流导通，则输入端 X0、X1、X2 也轮流得到不同的三组输入设备的状态，即 Y0 接通时读入 Q1、Q2、Q3 的通断状态，Y1 接通时读入 Q4、Q5、Q6 的通断状态，Y2 接通时读入 Q7、Q8、Q9 的通断状态。

当 Y0 接通时，如果 Q1 闭合，则电流从 X0 端流出，经过 VD1→Q1→Y0 端，再经过 Y0 的触点，从输出公共端 COM 流出，最后流回输入 COM 端，从而使输入继电器 X0 接通。在梯形图程序中应该用 Y0 常开触点和 X0 常开触点的串联，来表示 Q1 提供的输入信号。

图中二极管也是起切断寄生回路的作用。

采用矩阵输入方法除了要按图 6-13 的硬件连接外，还必须编写对应的 PLC 程序。由于矩阵输入的信号是分时被读入 PLC 的，所以读入的输入信号为一系列断续的脉冲信号，在使用时应注意这个问题。另外，应保证输入信号的宽度要大于 Y0、Y1、Y2 轮流导通一遍的时间，否则可能会丢失输入信号。

3. 组合输入

对于不会同时接通的输入信号，可采用组合编码的方式输入。如图 6-14a 所示，三个输入信号 Q1、Q2、Q3 只要占用两个输入点，再通过如图 6-14b 所示程序的译码，又还原成与 Q1、Q2、Q3 对应的 M0、M1、M2 三个信号。采用这种方法应特别注意要保证各输入开关信号不会同时接通。

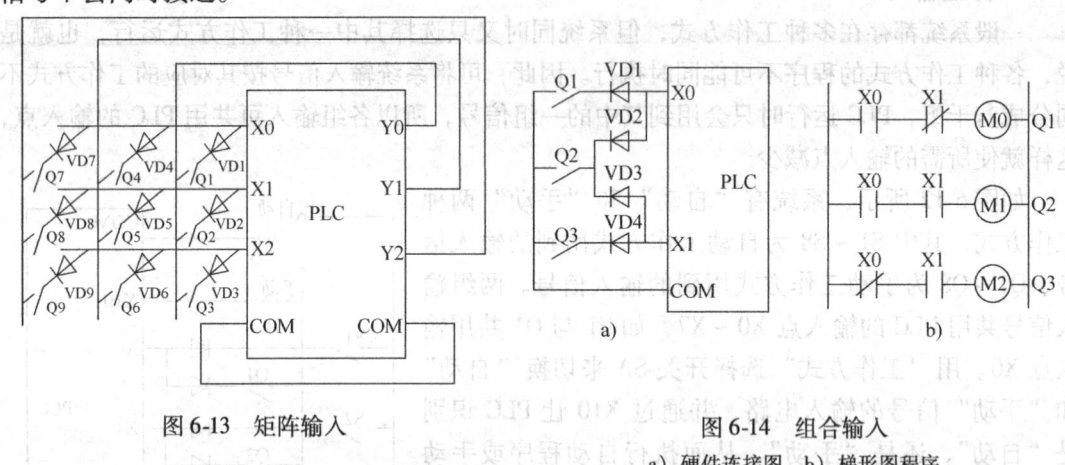

图 6-13 矩阵输入　　　　　　　　图 6-14 组合输入
　　　　　　　　　　　　　　　　a) 硬件连接图　b) 梯形图程序

4. 输入设备多功能化

在传统的继电器电路中，一个主令电器（开关、按钮等）只产生一种功能的信号。而在 PLC 系统中，可借助于 PLC 强大的逻辑处理功能，来实现一个输入设备在不同条件下，产生的信号作用不同。下面通过一个简单的例子来说明。

如图 6-15 所示的梯形图只用一个按钮通过 X0 输入去控制输出 Y0 的通与断。

图中，当 Y0 断开时，按下按钮（X0 接通），M0 得电，使 Y0 得电并自锁；再按一下按钮，M0 得电，由于此时 Y0 已得电，所以 M1 也得电，其常闭触点使 Y0 断开。即按一下按钮，X0 接通一下，Y0 得电；再按一下按钮，X0 又接通下，Y0 失电。改变了传统继电器控制中要用两个按钮（起动按钮和停止按钮）的作法，从而减少了 PLC 的输入点数。

同样道理，我们可以用这种思路来实现一个输入具有三种或三种以上的功能。

5. 合并输入

将某些功能相同的开关量输入设备合并输入。如果是几个常闭触点，则串联输入；如果是几个常开触点，则并联输入。因此，几个输入设备就可共用 PLC 的一个输入点。

6. 某些输入设备可不进 PLC

系统中有些输入信号功能简单、涉及面很窄，如某些手动按钮、电动机过载保护的热继电器触点等，有时就没有必要作为 PLC 的输入，将它们放在外部电路中同样可以满足要求，如图 6-16 所示。

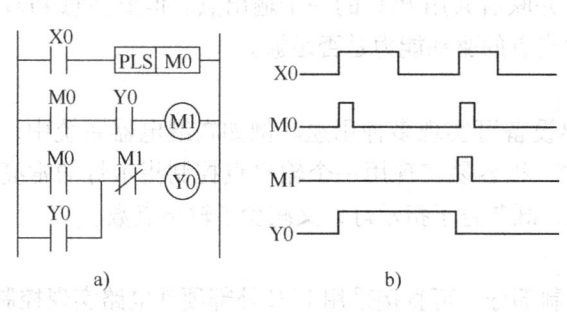
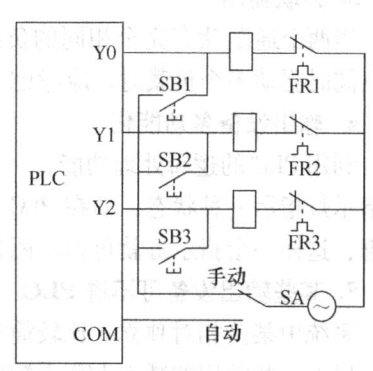

图 6-15 用一个按钮控制的起动、保持和停止电路

图 6-16 输入信号设在 PLC 外部

二、减少输出点数的措施

1. 矩阵输出

图 6-17 中采用 8 个输出组成 4×4 矩阵,可接 16 个输出设备(负载)。要使某个负载接通工作,只要控制它所在的行与列对应的输出继电器接通即可,例如:要使负载 KM1 得电工作,必须控制 Y0 和 Y4 输出接通。

应该特别注意:当只有某一行对应的输出继电器接通,各列对应的输出继电器才可任意接通,或者当只有某一列对应的输出继电器接通,各行对应的输出继电器才可任意接通,否则将会出现错误接通负载。因此,采用矩阵输出时,必须要将同一时间段接通的负载安排在同一行或同一列中,否则无法控制。

2. 分组输出

当两组输出设备或负载不会同时工作,可通过外部转换开关或通过受 PLC 控制的电器触点进行切换,所以 PLC 的每个输出点可以控制两个不同时工作的负载。如图 6-18 所示,KM1、KM3、KM5 与 KM2、KM4、KM6 两组不会同时接通,用转换开关 SA 进行切换。

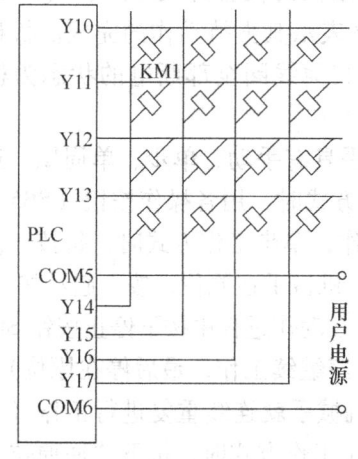
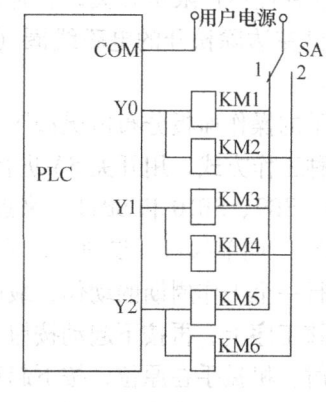

图 6-17 矩阵输出

图 6-18 分组输出

3. 并联输出

当两个通断状态完全相同的负载，可并联后共用 PLC 的一个输出点。但要注意 PLC 输出点同时驱动多个负载时，应考虑 PLC 输出点的驱动能力是否足够。

4. 输出设备多功能化

利用 PLC 的逻辑处理功能，一个输出设备可实现多种用途。例如在继电器系统中，一个指示灯指示一种状态，而在 PLC 系统中，很容易实现用一个输出点控制指示灯的常亮和闪烁，这样一个指示灯就可指示两种状态，既节省了指示灯，又减少了输出点数。

5. 某些输出设备可不进 PLC

系统中某些相对独立、比较简单的控制部分，可直接采用 PLC 外部硬件电路实现控制。

以上一些常用的减少 I/O 点数的措施，仅供读者参考，实际应用中应该根据具体情况，灵活使用。同时应该注意不要过份去减少 PLC 的 I/O 点数，使外部附加电路变得复杂，从而影响系统的可靠性。

第五节　PLC 在开关量控制系统中的应用

由于 PLC 的高可靠性及应用的简便性，广泛应用于各种生产机械和生产过程的自动控制中，特别是在开关量控制系统中的应用，更显出它的优越性。本节通过 PLC 在机械手中的应用实例，来说明 PLC 在开关量控制系统中的应用设计。

一、机械手及其控制要求

如图 6-19 所示是一台传送工件的气动机械手的动作示意图，其作用是将工件从 A 点传递到 B 点。气动机械手的升降和左右移行工作分别由两个具有双线圈的两位电磁阀驱动气缸来完成，其中上升与下降对应电磁阀的线圈分别为 YV1 与 YV2，左行、右行对应电磁阀的线圈分别为 YV3 与 YV4。一旦电磁阀线圈通电，就一直保持现有的动作，直到相对的另一线圈通电为止。气动机械手的夹紧、松开的动作由只有一个线圈的两位电磁阀驱动的气缸完成，线圈（YV5）断电夹住工件，线圈（YV5）通电，松开工件，以防止停电时的工件跌落。机械手的工作臂设有上、下限位和左、右限位的位置开关 SQ1、SQ2 和 SQ3、SQ4，夹持装置不带限位开关，它是通过一定的延时来表示其夹持动作的完成。机械手在最上面、最左边除松开的电磁线圈（YV5）通电外，其他线圈全部断电的状态为机械手的原位。

机械手的操作面板分布情况如图 6-20 所示，机械手具有手动、单步、单周期、连续和回原位五种工作方式，用开关 SA 进行选择。手动工作方式时，用各操作按钮（SB5、SB6、SB7、SB8、SB9、SB10 和 SB11）来点动执行相应的动作；单步工作方式时，每按一次起动按钮（SB3），向前执行一步动作；单周期工作方式时，机械手在原位，按下起动按钮 SB3，自动地执行一个工作周期的动作，最后返回原位（如果在动作过程中按下停止按钮 SB4，机械手停在该工序上，再按下起动按钮 SB3，则又从该工序继续工作，最后停在原位）；连续工作方式时，机械手在原位，按下起动按钮（SB3），机械手就连续重复进行工作（如果按下停止按钮 SB4，机械手运行到原位后停止）；返回原位工作方式时，按下"回原位"按钮 SB11，机械手自动回到原位状态。

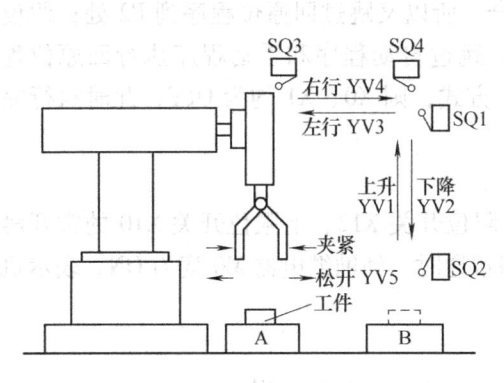

图 6-19 机械手示意图

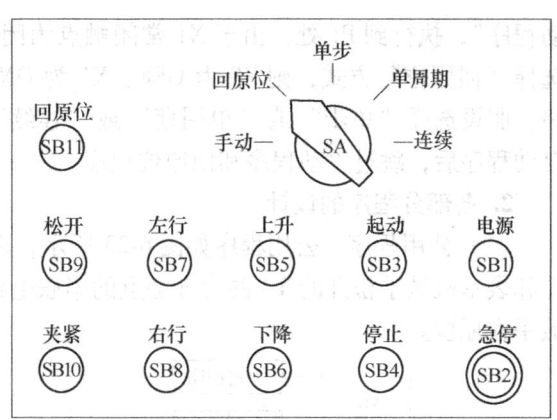

图 6-20 机械手操作面板示意图

二、PLC 的 I/O 分配

如图 6-21 所示为 PLC 的 I/O 接线图，选用 FX2N—48MR 的 PLC，系统共有 18 个输入设备和 5 个输出设备分别占用 PLC 的 18 个输入点和 5 个输出点，请读者考虑是否可以用本章第四节介绍的方法来减少占用 PLC 的 I/O 点数。为了保证在紧急情况下（包括 PLC 发生故障时），能可靠地切断 PLC 的负载电源，设置了交流接触器 KM。在 PLC 开始运行时按下"电源"按钮 SB1，使 KM 线圈得电并自锁，KM 的主触点接通，给输出设备提供电源；出现紧急情况时，按下"急停"按钮 SB2，KM 触点断开电源。

三、PLC 程序设计

1. 程序的总体结构

图 6-22 所示为机械手系统的 PLC 梯形图程序的总体结构，将程序分为公用程序、自动程序、手动程序和回原位程序四个部分，其中自动程序包括单步、单周期和连续工作的程序，这是因为它们的工作都是按照同样的

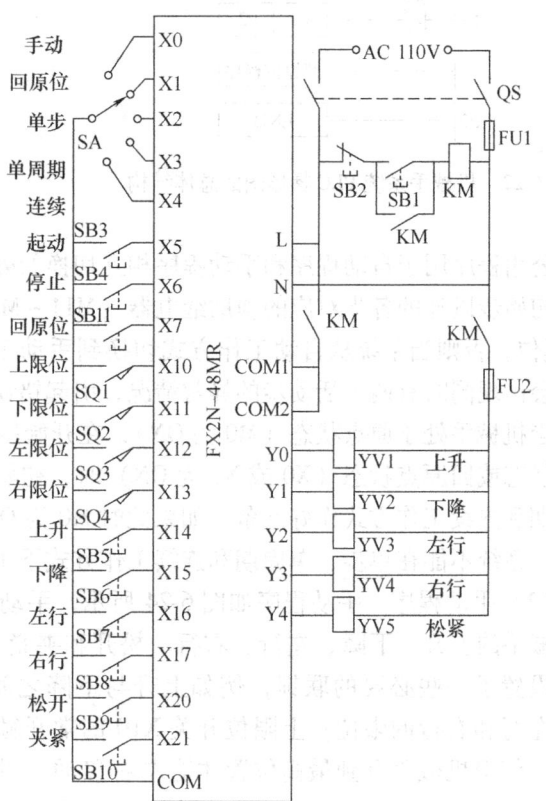

图 6-21 机械手控制系统 PLC 的 I/O 接线图

顺序进行，所以将它们合在一起编程更加简单。梯形图中使用跳转指令使得自动程序、手动程序和回原位程序不会同时执行。假设选择"手动"方式，则 X0 为 ON、X1 为 OFF，此时 PLC 执行完公用程序后，将跳过自动程序到 P0 处，由于 X0 常闭触点为断开，故执行"手

动程序",执行到 P1 处,由于 X1 常闭触点为闭合,所以又跳过回原位程序到 P2 处;假设选择"回原位"方式,则 X0 为 OFF、X1 为 ON,跳过自动程序和手动程序执行回原位程序;假设选择"单步"或"单周期"或"连续"方式,则 X0、X1 均为 OFF,此时执行完自动程序后,跳过手动程序和回原位程序。

2. 各部分程序的设计

(1) 公用程序　公用程序如图 6-23 所示,左限位开关 X12、上限位开关 X10 的常开触点和表示机械手松开的 Y4 的常开触点的串联电路接通时,辅助继电器 M0 变为 ON,表示机械手在原位。

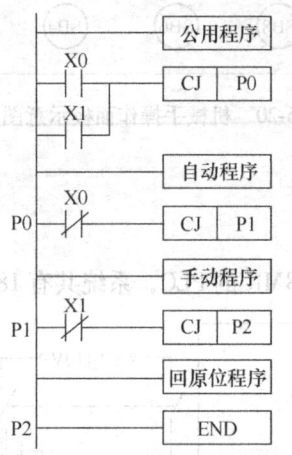

图 6-22　机械手系统 PLC 梯形图的总体结构

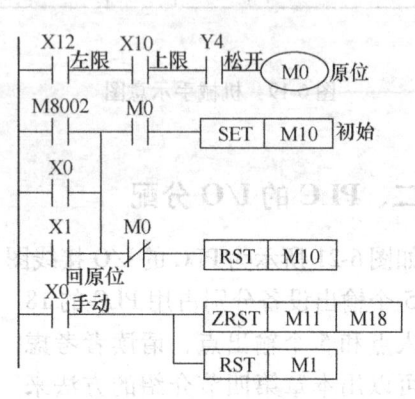

图 6-23　公用程序

公用程序用于自动程序和手动程序相互切换的处理,当系统处于手动工作方式时,必须将除初始步以外的各步对应的辅助继电器（M11~M18）复位,同时将表示连续工作状态的 M1 复位,否则当系统从自动工作方式切换到手动工作方式,然后又返回自动工作方式时,可能会出现同时有两个活动步的异常情况,引起错误的动作。

当机械手处于原点状态（M0 为 ON）,在开始执行用户程序（M8002 为 ON）、系统处于手动状态或回原点状态（X0 或 X1 为 ON）时,初始步对应的 M10 将被置位,为进入单步、单周期和连续工作方式作好准备。如果此时 M0 为 OFF 状态,M10 将被复位,初始步为不活动步,系统不能在单步、单周期和连续工作方式下工作。

(2) 手动程序　手动程序如图 6-24 所示,手动工作时用 X14~X21 对应的 6 个按钮控制机械手的上升、下降、左行、右行、松开和夹紧。为了保证系统的安全运行,在手动程序中设置了一些必要的联锁,例如上升与下降之间、左行与右行之间的互锁;上升、下降、左行和右行的限位;上限位开关 X10 的常开触点与控制左、右行的 Y2 和 Y3 的线圈串联,使得机械手升到最高位置才能左右移动,以防止机械手在较低位置运行时与别的物体碰撞。

(3) 自动程序　如图 6-25 所示为机械手系统自动程序的功能表图,图中 Y4（-）表示从 M12 步开始 Y4 保持断电状态,Y4（+）表示从 M16 步开始 Y4 保持得电状态。使用通用指令的编程方式设计出的自动程序如图 6-26 所示,也可采用其他编程方式编程,在此不再赘述。

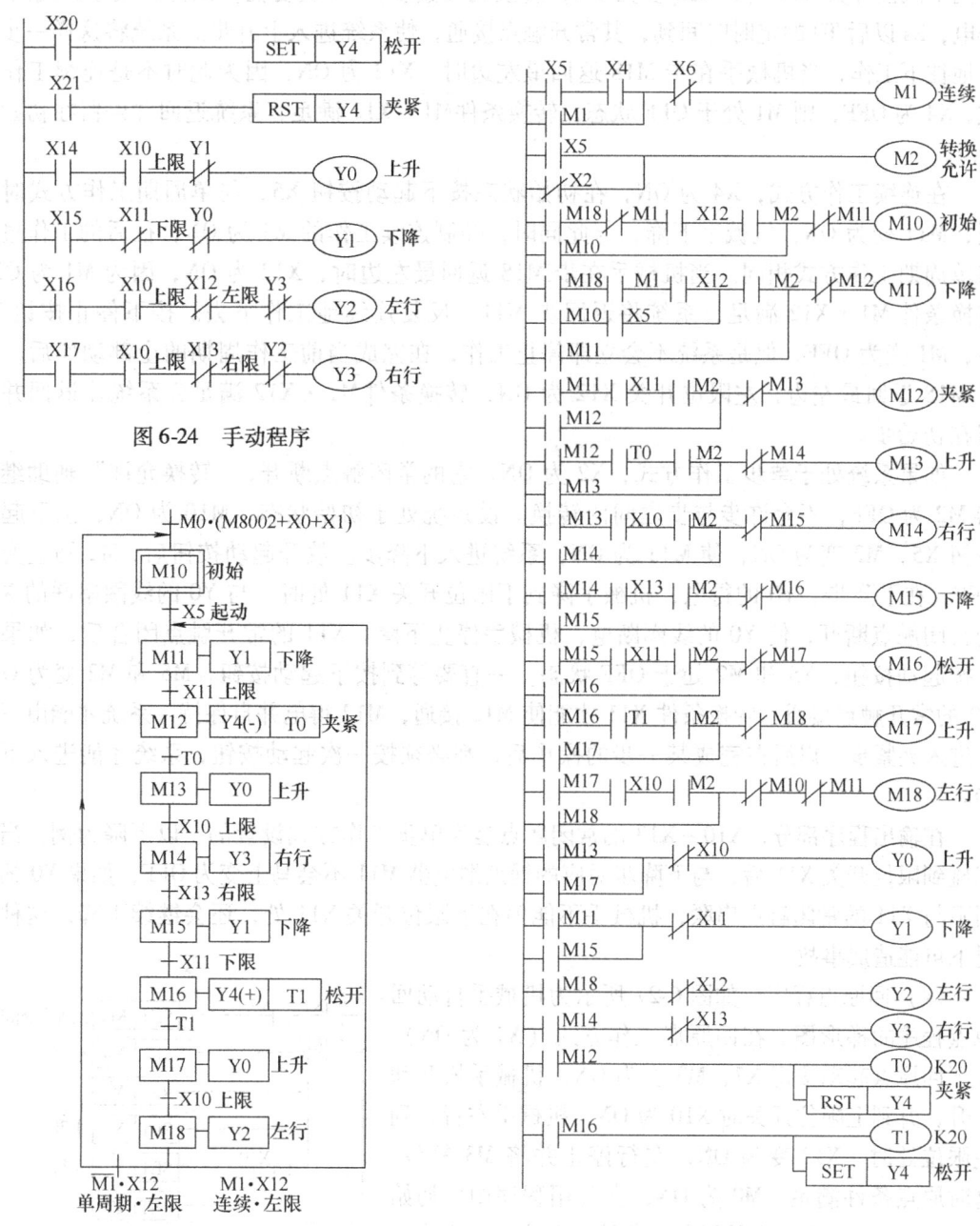

图 6-24 手动程序

图 6-25 自动程序的功能表图

图 6-26 自动程序

系统工作在连续、单周期（非单步）工作方式时，X2 的常闭触点接通，使 M2（转换允许）ON，串联在各步电路中的 M2 的常开触点接通，允许步与步之间的转换。

假设选择的是单周期工作方式，此时 X3 为 ON，X1 和 X2 的常闭触点闭合，M2 为 ON，允许转换。在初始步时按下起动按钮 X5，在 M11 的电路中，M10、X5、M2 的常开触点和 M12 的常闭触点均接通，使 M11 为 ON，系统进入下降步，Y1 为 ON，机械手下降；机械手碰到下限位开关X11时，M12变为ON，转换到夹紧步，Y4被复位，工件被夹紧；同时T0得电，2s以后T0的定时时间到，其常开触点接通，使系统进入上升步。系统将这样一步一步地往下工作，当机械手在步M18返回最左边时，X12为ON，因为此时不是连续工作方式，X4为OFF，则M1处于OFF状态，转换条件$\overline{M1}\cdot X12$满足，系统返回并停留在初始步M10。

在连续工作方式，X4为ON，在初始状态按下起动按钮X5，与单周期工作方式时相同，M11变为ON，机械手下降，与此同时，控制连续工作的M1为ON，往后的工作过程与单周期工作方式相同。当机械手在步M18返回最左边时，X12为ON，因为M1为ON，转换条件M1·X12满足，系统将返回步M11，反复连续地工作下去。按下停止按钮X6后，M1变为OFF，但是系统不会立即停止工作，在完成当前工作周期的全部动作后，在步M18返回最左边，左限位开关X12为ON，转换条件$\overline{M1}\cdot X12$满足，系统才返回并停留在初始步。

如果系统处于单步工作方式，X2为ON，它的常闭触点断开，"转换允许"辅助继电器M2为OFF，不允许步与步之间的转换。设系统处于初始状态，M10为ON，按下起动按钮X5，M2变为ON，使M11为ON，系统进入下降步。放开起动按钮后，M2马上变为OFF。在下降步，Y0的得电，机械手降到下限位开关X11处时，与Y0的线圈串联的X11的常闭触点断开，使Y0的线圈断电，机械手停止下降。X11的常开触点闭合后，如果没有按起动按钮，X5和M2处于OFF状态，一直要等到按下起动按钮，M5和M2变为ON，M2的常开触点接通，转换条件X11才能使M12接通，M12得电并自保持，系统才能由下降步进入夹紧步。以后在完成某一步的操作后，都必须按一次起动按钮，系统才能进入下一步。

在输出程序部分，X10～X13的常闭触点是为单步工作方式设置的。以下降为例，当小车碰到限位开关X11后，与下降步对应的辅助继电器M11不会马上变为OFF，如果Y0的线圈不与X11的常闭触点串联，机械手不能停在下限位开关X11处，还会继续下降，这种情况下可能造成事故。

(4) 回原点程序 如图6-27所示为机械手自动回原点程序的梯形图。在回原点工作方式（X1为ON），按下回原点起动按钮X7，M3变为ON，机械手松开和上升，升到上限位开关时X10为ON，机械手左行，到左限位处时，X12变为ON，左行停止并将M3复位。这时原点条件满足，M0为ON，在公用程序中，初始步M0被置位，为进入单周期、连续和单步工作方式作好了准备。

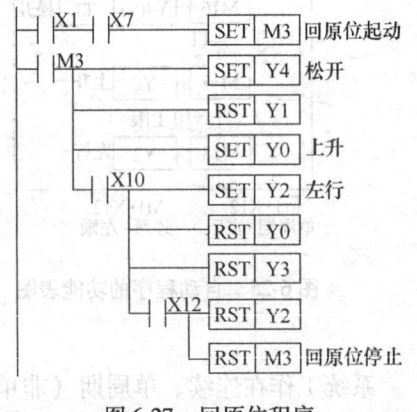

图6-27 回原位程序

3. 程序综合与模拟调试

由于在各部分程序设计时已经考虑各部分之间的相互关系，因此只要将公用程序（图6-23）、手动程序（图6-24）、自动程序（图6-26）和回原位程序（图6-27）按照机械手程序总体结构（图6-22）综合起来即为机械手控制系统的PLC程序。

模拟调试时各部分程序可先分别调试，然后再进行全部程序的调试，也可直接进行全部程序的调试。

四、现场施工与联机调试（略）

第六节　PLC 在模拟量闭环控制中的应用

PLC 虽然是在开关量控制的基础上发展起来的工业控制装置，但为了适应现代工业控制系统的需要，其功能在不断增强，第二代 PLC 就能实现模拟量控制。发展到第四代 PLC 已增加了许多模拟量处理的功能，完全能胜任各种较为复杂的模拟量控制，除具有较强的 PID 控制外，还具有各种各样专用的过程控制模块等。近年来 PLC 在模拟量控制系统中的应用也越来越广泛，已成功地应用于冶金、化工和机械等行业的模拟量控制系统中。

一、PLC 模拟量闭环控制系统的基本原理

输入信号和输出信号均为模拟量的控制系统称为模拟量控制系统。过程控制系统是指被控制量为温度、压力、流量、液位和成份等这一类慢连续变化的模拟量控制系统。

如图 6-28 所示为典型的模拟量闭环控制系统结构框图。图中，虚线部分可由 PLC 的基本单元加上模拟量输入/输出扩展单元来承担。即由 PLC 自动采样来自检测元件或变送器的模拟输入信号，同时将采样的信号转换为数字量，存在指定的数据寄存器中，经过 PLC 运算处理后输出给执行机构去执行。

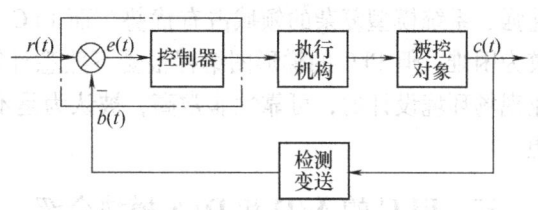

图 6-28　典型模拟量闭环控制系统的结构框图

因此，要将 PLC 应用于模拟量闭环控制系统中，首先要求 PLC 必须具有 A/D 和 D/A 转换功能，能对现场的模拟量信号与 PLC 内部的数字量信号进行转换；其次 PLC 必须具有数据处理能力，特别是应具有较强的算术运算功能，能根据控制算法对数据进行处理，以实现控制目的；同时还要求 PLC 有较高的运行速度和较大的用户程序存储容量。现在的 PLC 一般都有 A/D 和 D/A 模块，许多 PLC 还设有 PID 功能指令，在大、中型 PLC 中还配有专门的 PID 过程控制模块。

二、PLC 与其他模拟量控制装置的比较

传统的模拟量控制系统主要采用电动组合仪表，常用的有 DDZ—Ⅱ型和 DDZ—Ⅲ型仪表。其特点是结构简单、价格便宜，但体积大、功耗大、安装复杂、通用性和灵活性较差，控制精度和稳定性较差。另外，其控制运算功能简单，不能实现复杂的过程控制。随着电子技术的发展，新型的过程控制计算机不断涌现，较为流行的有工业控制计算机（IPC）、可编程调节器（PSC）和集散控制系统（DCS）。

1. PLC 与 PSC

可编程调节器（PSC）是在 DDZ—Ⅲ型仪表的基础上，采用微处理器技术发展起来的第四代仪表。它的强大功能、灵活性、可靠性、控制精度和数字通信能力是传统的电动组合仪

表无法比拟的。PSC 与 PLC 都是智能化的工业装置，各有特色。PLC 以开关量控制为主，模拟量控制为辅；而 PSC 则以闭环模拟量控制为主，开关量控制为辅，并能进行显示、报警和手动操作。因此，在模拟量控制系统中采用 PSC 更适于各种过程控制的要求。而 PLC 的可靠性、灵活性、强大的开关量控制能力和通信联网能力，在模拟量控制上也富有特色。特别在开关量、模拟量混合控制系统中更显示出其独特的优越性。

2. PLC 与 DCS

集散控制系统（DCS）是 1975 年问世的，它是 3C（computer、communications、control）技术的产物，它将顺序控制装置、数据采集装置、过程控制的模拟量仪表和过程监控装置有机地结合在一起，产生了满足各种不同要求的 DCS。而今天的 PLC 加强了模拟量控制功能，多数配备了各种智能模块，具有了 PID 调节功能和构成网络、组成分级控制的功能，也实现了 DCS 所能完成的功能。就发展趋势来看，控制系统将综合 PLC 和 DCS 各自的优势，并把两者有机地结合起来，形成一种新型的全分布式计算机控制系统。

3. PLC 与 IPC

工业控制计算机（IPC）是由通用微机的推广应用而发展起来的，其硬件结构和总线的标准化程度高，品种兼容性强，软件资源丰富，特别是有实时操作系统的支持，在要求实时性强、系统模型复杂的领域占有优势。而 PLC 的标准化程度较差，产品不能兼容，故开发较为困难。但 PLC 的梯形图编程很受不熟悉计算机的电气技术人员欢迎，同时 PLC 专为工业现场环境设计的，可靠性非常高，被认为是不会损坏的设备，而 IPC 在可靠性上还不够理想。

三、PLC 的 A/D 和 D/A 模块介绍

FX2N 系列中有关模拟量的特殊功能模块有 FX2N—2AD（2 路模拟量输入）、FX2N—4AD（4 路模拟量输入）、FX2N—8AD（8 路模拟量输入）、FX2N—4AD—PT（4 路热电阻直接输入）、FX2N—4AD—TC（4 路热电偶直接输入）、FX2N—2DA（2 路模拟量输出）、FX2N—4DA（4 路模拟量输出）和 FX2N—2LC（2 路温度 PID 控制模块）等。

下面主要介绍常用的模拟量输入模块 FX2N—4AD 和模拟量输出模块 FX2N—2DA。

（一）FX—4AD 模拟量输入模块

1. FX—4AD 概述

FX—4AD 模拟量输入模块是 FX 系列专用的模拟量输入模块。该模块有 4 个输入通道（CH），通过输入端子变换，可以任意选择电压或电流输入状态。电压输入时，输入信号范围为 DC -10 ~ +10V，输入阻抗为 200kΩ，分辨率为 5mV；电流输入时，输入信号范围为 DC -20 ~ +20mA 或 4 ~ 20mA，输入阻抗为 250Ω，分辨率为 20μA。

FX—4AD 将接收的模拟信号转换成 12 位二进制的数字量，并以补码的形式存于 16 位数据寄存器中，数值范围是 -2048 ~ +2047。它的传输速率为 15ms/kbit，综合精度为量程的 1%。

FX—4AD 的工作电源为 DC24V，模拟量与数字量之间采用光电隔离技术，但各通道之间没有隔离。FX—4AD 消耗 PLC 主单元或有源扩展单元 5V 电源槽 30mA 的电流。FX—4AD 占用基本单元的 8 个映像表，即在软件上占 8 个 I/O 点数，在计算 PLC 的 I/O 时可以将这 8 个点作为 PLC 的输入点来计算。

2. FX—4AD 的接线

FX—4AD 的接线如图 6-29 所示,图中模拟输入信号采用双绞屏蔽电缆与 FX—4AD 连接,电缆应远离电源线或其他可能产生电气干扰的导线。如果输入有电压波动,或在外部接线中有电气干扰,可以接一个 0.1~0.47μF(25V)的电容。如果是电流输入,应将端子 V+ 和 I+ 连接。FX2N—4AD 接地端与 PLC 基本单元接地端连接,如果存在过多的电气干扰,再将外壳地端 FG 和 FX—4AD 接地端连接。

3. FX—4AD 缓冲寄存器(BFM)的分配

FX—4AD 模拟量模块内部有一个数据缓冲寄存器区,它由 32 个 16 位的寄存器组成,编号为 BFM#0 - #31,其内容与作用如表 6-1 所示。数据缓冲寄存器区内容,可以通过 PLC 的 FROM 和 TO 指令来读、写。

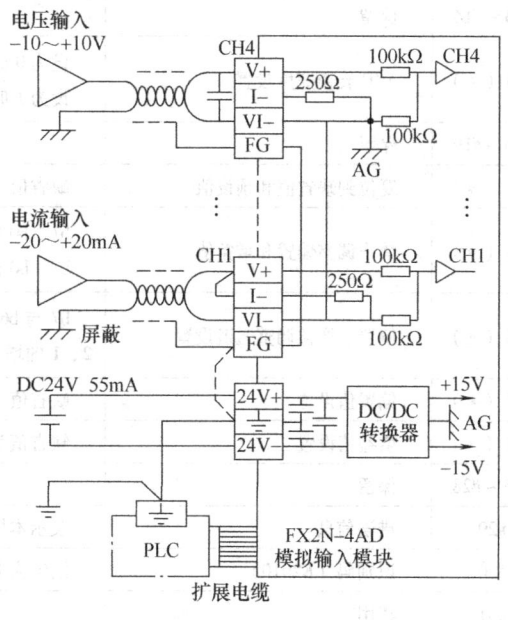

图 6-29 FX—4AD 的接线图

表 6-1 FX—4AD 缓冲寄存器(BFM)的分配

BFM 编号	内 容		备 注
#0(*)	通道初始化,用 4 位十六进制数字 H××××表示,4 位数字从右至左分别控制 1、2、3、4 四个通道		每位数字取值范围为 0~3,其含义如下: 0 表示输入范围为 -10~+10V 1 表示输入范围为 +4~+20mA 2 表示输入范围为 -20~+20mA 3 表示该通道关闭 缺省值为 H0000
#1(*)	通道 1	采样次数设置	采样次数是用于得到平均值,其设置范围为 1~4096,缺省值为 8
#2(*)	通道 2		
#3(*)	通道 3		
#4(*)	通道 4		
#5	通道 1	平均值存放单元	根据#1~#4 缓冲寄存器的采样次数,分别得出的每个通道的平均值
#6	通道 2		
#7	通道 3		
#8	通道 4		
#9	通道 1	当前值存放单元	每个输入通道读入的当前值
#10	通道 2		
#11	通道 3		
#12	通道 4		

(续)

BFM 编号	内容	备注
#13 ~ #14	保留	
#15（*）	A/D 转换速度设置	设为 0 时：正常速度，15ms/通道（缺省值） 设为 1 时：高速度，6ms/通道
#16 ~ #19	保留	
#20（*）	复位到缺省值和预设值	缺省值为 0；设为 1 时，所有设置将复位缺省值
#21（*）	禁止调整偏置和增益值	b1、b0 位设为 1、0 时，禁止 b1、b0 位设为 0、1 时，允许（缺省值）
#22（*）	偏置、增益调整通道设置	b7 与 b6、b5 与 b4、b3 与 b2、b1 与 b0 分别表示调整通道 4、3、2、1 的增益与偏置值
#23（*）	偏置值设置	缺省值为 0000，单位为 mV 或 μA
#24（*）	增益值设置	缺省值为 5000，单位为 mV 或 μA
#25 ~ #28	保留	
#29	错误信息	表示本模块的出错类型
#30	识别码（K2010）	固定为 K2010，可用 FROM 读出识别码来确认此模块
#31	禁用	

注：带（*）的缓冲寄存器可用 TO 指令写入，其他可用 FROM 指令读出；偏置值是指当数字输出为 0 时的模拟量输入值；增益值是指当数字输出为 +1000 时的模拟量输入值。

（二）FX—2DA 模拟量输出模块

1. FX—2DA 概述

FX—2DA 模拟量输出模块也是 FX 系列专用的模拟量输出模块。该模块将 12 位的数字值转换成相应的模拟量输出。FX—2DA 有 2 路输出通道，通过输出端子变换，也可任意选择电压或电流输出状态。电压输出时，输出信号范围为 DC −10 ~ +10V，可接负载阻抗为 1kΩ ~ 1MΩ，分辨率为 5mV，综合精度 0.1V；电流输出时，输出信号范围为 DC +4 ~ +20mA，可接负载阻抗不大于 250Ω，分辨率为 20μA，综合精度 0.2mA。

FX—2DA 模拟量模块的工作电源为 DC24V，模拟量与数字量之间采用光电隔离技术。FX—2AD 模拟量模块的 2 个输出通道，要占用基本单元的 8 个映像表，即在软件上占 8 个 I/O 点数，在计算 PLC 的 I/O 时可以将这 8 个点作为 PLC 的输出点来计算。

2. FX—2DA 的接线

FX—2DA 的接线如图 6-30 所示，图中模拟输出信号采用双绞屏蔽电缆与外部执行机构连接，电缆应远离电源线或其他可能产生电气干扰的导线。当电压输出有波动或存在大量噪声干扰时，可以接一个 0.1 ~ 0.47μF（25V）的电容。对于电压输出，应将端子 I+ 和 VI− 连接。FX2N—2DA 接地端与 PLC 主单元接地端连接。

3. FX—2DA 的缓冲寄存器（BFM）分配

FX—2DA 模拟量模块内部有一个数据缓冲寄存器区，它由 32 个 16 位的寄存器组成，编号为 BFM#0 ~ #31，其内容与作用如表 6-2 所示。数据缓冲寄存器区内容可以通过 PLC 的 FROM 和 TO 指令来读、写。

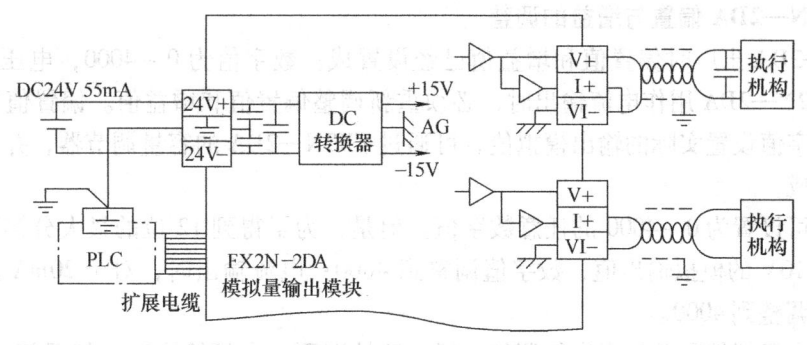

图 6-30 FX—2DA 的接线图

表 6-2 FX—2DA 缓冲寄存器（BFM）的分配

BFM 编号	内　　容	备　　注
#0	通道初始化，用 2 位十六进制数字 H××表示，2 位数字从右至左分别控制 CH1、CH2 两个通道	每位数字取值范围为 0、1，其含义如下： 0 表示输出范围为 –10 ~ +10V 1 表示输入范围为 +4 ~ +20mA
#1	通道 1　存放输出数据	
#2	通道 2	
#3 ~ #4	保留	
#5	输出保持与复位 缺省值为 H00	H00 表示 CH2 保持、CH1 保持 H01 表示 CH2 保持、CH1 复位 H10 表示 CH2 复位、CH1 保持 H11 表示 CH2 复位、CH1 复位
#6 ~ #15	保留	
#16	输出数据的当前值	8 位数据存于 b7 ~ b0
#17	转换通道设置	将 b0 由 1 变成 0，CH2 的 D/A 转换开始 将 b1 由 1 变成 0，CH1 的 D/A 转换开始 将 b2 由 1 变成 0，D/A 转换的低 8 位数据保持
#18 ~ #19	保留	
#20	复位到缺省值和预设值	默认值为 0；设为 1 时，所有设置将复位缺省值
#21	禁止调整偏置和增益值	b1、b0 位设为 1、0 时，禁止 b1、b0 位设为 0、1 时，允许（缺省值）
#22	偏置、增益调整通道设置	b3 与 b2、b1 与 b0 分别表示调整 CH2、CH1 的增益与偏置值
#23	偏置值设置	默认值为 0000，单位为 mV 或 μA
#24	增益值设置	默认值为 5000，单位为 mV 或 μA
#25 ~ #28	保留	
#29	错误信息	表示本模块的出错类型
#30	识别码（K3010）	固定为 K3010，可用 FROM 读出识别码来确认此模块
#31	禁用	

4. FX2N—2DA 偏置与增益的调整

FX2N—2DA 出厂时偏置值和增益值已经设置成：数字值为 0~4000，电压输出为 0~10V。当 FX2N—2DA 用作电流输出时，必须重新调整偏置值和增益值。偏置值和增益值的调节是对数字值设置实际的输出模拟值，可通过 FX2N—2DA 的容量调节器，并使用电压和电流表来完成。

增益值可设置为 0~4000 的任意数字值。但是，为了得到 12 位的最大分辨率，电压输出时，对于 10V 的模拟输出值，数字值调整到 4000；电流输出时，对于 20mA 的模拟输出值，数字值调整到 4000。

偏置值也可根据需要任意进行调整。但一般情况下，电压输入时，偏置值设为 0V；电流输入时，偏置值设为 4mA。

调整偏置与增益时应该注意以下几个问题：

1）对通道 1 和通道 2 分别进行偏置调整和增益调整。
2）反复交替调整偏置值和增益值，直到获得稳定的数值。
3）当调整偏置、增益时，按照增益调整和偏置调整的顺序进行。

（三）模拟量模块的编程

1. 特殊功能模块的编号

模拟量输入、模拟量输出等特殊功能模块都可与 PLC 基本单元的扩展总线直接连接。各模块与基本单元连接时统一编号，从最靠近基本单元的模块开始，按连接顺序从 0~7 对各特殊功能模块进行编号。最多可连接 8 个特殊功能模块。如图 6-31 所示的连接方式，FX2N—4AD、FX2N—2DA 和 FX2N—4AD—TC 的编号分别为 0、1、2。

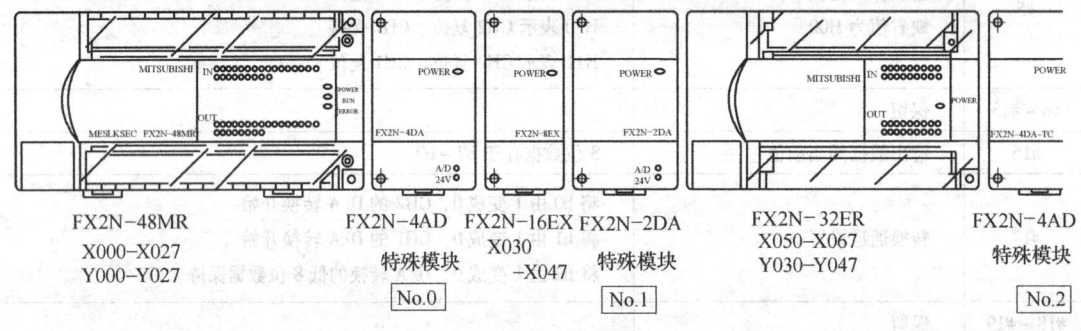

图 6-31 特殊功能模块的连接与编号

2. 特殊功能模块的读/写指令

特殊功能模块读指令 FROM（FNC78）的目标操作数 [D.] 为 KnY，KnM，KnS，T，C，D，V 和 Z。m1 为特殊功能模块的编号，m1 = 0~7；m2 为该特殊功能模块中缓冲寄存器（BFM）的编号，m2 = 0~32767；n 是待传送数据的字数，n = 1~32（16 位操作）或 1~16（32 位操作）。如图 6-32 所示，当 X0 为 ON 时，将编号为 0 的特殊功能模块中编号从 29 开始的 2 个缓冲寄存器（BFM29、BFM30）的数据读入 PLC，并存入 D4 开始的 2 个数

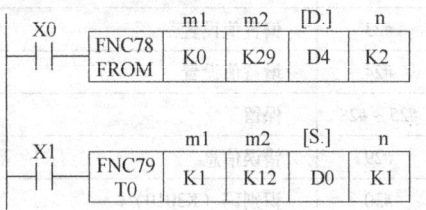

图 6-32 特殊功能模块读/写指令

据寄存器中（即 D4、D5）。

特殊功能模块写指令 TO（FNC79）的源操作数 [S.] 可取所有的数据类型，m1、m2 和 n 的取值范围与 FROM 指令相同。如图 6-32 所示，当 X1 为 ON 时，将 PLC 基本单元中从 D0 指定的元件开始的 1 个字的数据写到编号为 1 的特殊功能模块中编号 12 开始的 1 个缓冲寄存器中。

当 M8028 为 ON 时，在 FROM 和 TO 指令执行过程中禁止中断，在此期间发生的中断在 FROM 和 TO 指令执行完后再执行；M8028 为 OFF 时，指令执行过程中不禁止中断。

3. 编程举例

【例1】 FX2N—4AD 模块在 0 号位置，其通道 CH1 和 CH2 作为电压输入，CH3、CH4 关闭，平均值采样次数为 4，数据存储器 D1 和 D2 用于接收 CH1、CH2 输入的平均值。程序如图 6-33 所示，虽然前两行程序对完成模拟量读入来说不是必需的，但它确实是有用的检查，因此推荐使用。

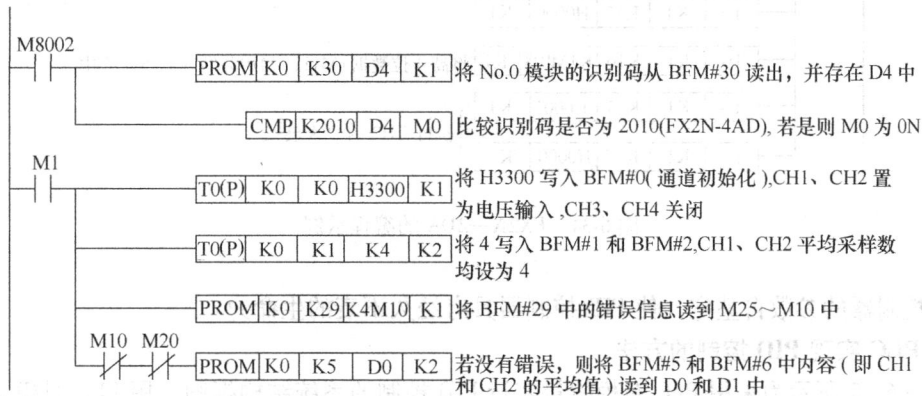

图 6-33 FX2N—4AD 的编程示例

【例2】 FX2N—2DA 模块在 1 号位置，其通道 CH1 和 CH2 作为电压输出，将数据存储器 D1 和 D2 的内容通过 CH1、CH2 输出。程序如图 6-34 所示，X000 接通时，通道 1（CH1）执行数字量到模拟量的转换；X001 接通时，通道 2（CH2）执行数字量到模拟量的转换。

四、PLC 的 PID 功能介绍

1. PID 控制

在工业控制中，PID 控制（比例-积分-微分控制）得到了广泛的应用，这是因为 PID 控制具有以下优点：

1）不需要知道被控对象的数学模型。实际上大多数工业对象准确的数学模型是无法获得的，对于这一类系统，使用 PID 控制可以得到比较满意的效果。据日本统计，目前 PID 及变型 PID 约占总控制回路数的 90% 左右。

2）PID 控制器具有典型的结构，程序设计简单，参数调整方便。

3）有较强的灵活性和适应性，根据被控对象的具体情况，可以采用各种 PID 控制的变种和改进的控制方式，如 PI、PD、带死区的 PID、积分分离式 PID、变速积分 PID 等。随着智能控制技术的发展，PID 控制与模糊控制、神经网络控制等现代控制方法相结合，可以实

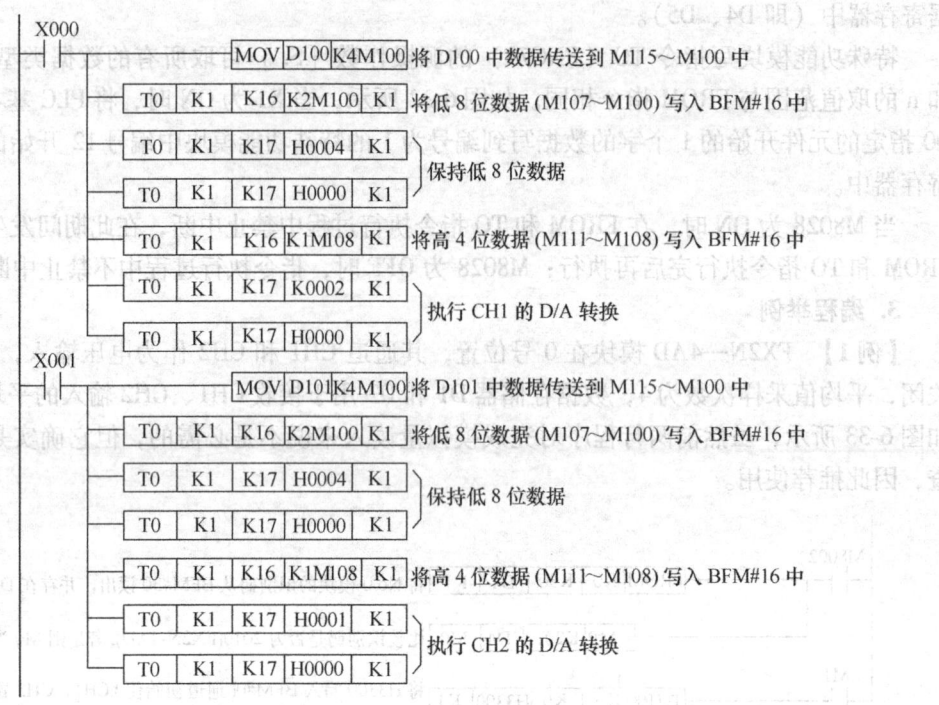

图 6-34 FX2N—2DA 的编程示例

现 PID 控制器的参数自整定，使 PID 控制器具有经久不衰的生命力。

2. PLC 实现 PID 控制的方法

如图 6-35 所示为采用 PLC 对模拟量实行 PID 控制的系统结构框图。用 PLC 对模拟量进行 PID 控制时，可以采用以下几种方法。

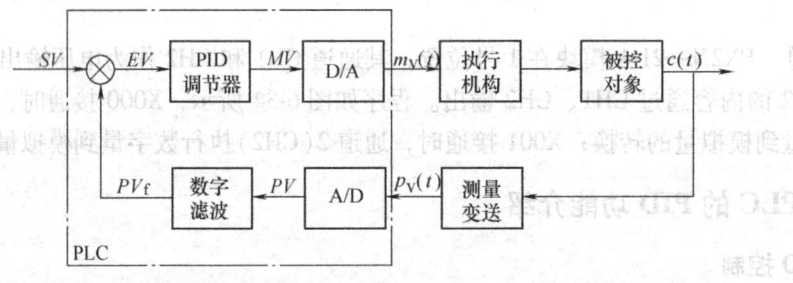

图 6-35 用 PLC 实现模拟量 PID 控制的系统结构框图

1) 使用 PID 过程控制模块。这种模块的 PID 控制程序是 PLC 生产厂家设计的，并存放在模块中，用户在使用时只需要设置一些参数，使用起来非常方便，一块模块可以控制几路甚至几十路闭环回路。但是这种模块的价格昂贵，一般在大型控制系统中使用。如三菱的 A 系列、Q 系列 PLC 的 PID 控制模块。

2) 使用 PID 功能指令。现在很多中小型 PLC 都提供 PID 控制用的功能指令，如 FX2N 系列 PLC 的 PID 指令。它们实际上是用于 PID 控制的子程序，与 A/D、D/A 模块一起使用，可以得到类似于使用 PID 过程控制模块的效果，价格却便宜得多。

3) 使用自编程序实现 PID 闭环控制。有的 PLC 没有有 PID 过程控制模块和 PID 控制指令，有时虽然有 PID 控制指令，但用户希望采用变型 PID 控制算法。在这些情况下，都需要由用户自己编制 PID 控制程序。

3. FX2N 的 PID 指令

PID 指令的编号为 FNC88，如图 6-36 所示源操作数 [S1]、[S2]、[S3] 和目标操作数 [D] 均为数据寄存器 D，16 位指令，占 9 个程序步。[S1] 和 [S2] 分别用来存放给定值 SV 和当前测量到的反馈值 PV；源操作数 [S3] 占用从 [S3] 开始的 25 个数据寄存器（本例中为 D100~D124），其中 [S3] ~ [S3] +6 的 7 个数据寄存器用来存放控制参数的值；运算结果 MV 存放在 [D] 中。

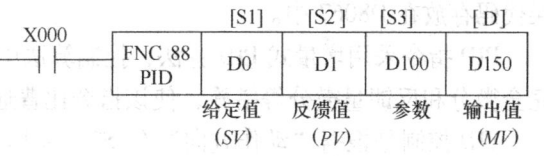

图 6-36　PID 指令

PID 指令是用来调用 PID 运算程序，在 PID 运算开始之前，应使用 MOV 指令将参数（见表 6-3）设定值预先写入对应的数据寄存器中。如果使用有断电保持功能的数据寄存器，不需要重复写入。如果目标操作数 [D] 有断电保持功能，应使用初始化脉冲 M8002 的常开触点将其复位。

表 6-3　PID 控制参数及设定

源操作数	参　数	设定范围或说明	备　注
[S3]	采样周期(T_S)	1~32767ms	不能小于扫描周期
[S3] +1	动作方向(ACT)	Bit0：0 为正作用、1 为反作用 Bit1：0 为无输入变化量报警 　　　1 为有输入变化量报警 Bit2：0 为无输出变化量报警 　　　1 为有输出变化量报警	Bit3 ~ Bit15 不用
[S3] +2	输入滤波常数(L)	0~99(%)	对反馈量的一阶惯性数字滤波环节
[S3] +3	比例增益(K_P)	1~32767(%)	
[S3] +4	积分时间(T_I)	0~32767(×100ms)	0 与 ∞ 作同样处理
[S3] +5	微分增益(K_D)	0~100(%)	
[S3] +6	微分时间(T_D)	0~32767(×10ms)	0 为无微分
[S3] +7 ~ [S3] +19	—	—	PID 运算占用
[S3] +20	输入变化量(增方)警报设定值	0~32767	由用户设定 ACT([S3] +1) 为 K2~K7 时有效，即 ACT 的 Bit1 和 Bit2 至少有一个为 1 时 才有效； 当 ACT 的 Bit1 和 Bit2 都为 0 时，[S3] +20 ~ [S3] +24 无 效
[S3] +21	输入变化量(减方)警报设定值	0~32767	
[S3] +22	输出变化量(增方)警报设定值	0~32767	
[S3] +23	输出变化量(减方)警报设定值	0~32767	
[S3] +24	警报输出	Bit0：输入变化量(增方)超出 Bit1：输入变化量(减方)超出 Bit2：输出变化量(增方)超出 Bit3：输出变化量(减方)超出	

PID 指令可以同时多次使用，但是用于运算的［S3］、［D］的数据寄存器元件号不能重复。

PID 指令可以在定时中断、子程序、步进指令和转移指令内使用，但是应将［S3］+7 清零（采用脉冲执行的 MOV 指令）之后才能使用。

控制参数的设定和 PID 运算中的数据出现错误时，"运算错误"标志 M8067 为 ON，错误代码存放在 D8067 中。

PID 指令采用增量式 PID 算法，控制算法中还综合使用了反馈量一阶惯性数字滤波、不完全微分和反馈量微分等措施，使该指令比普通的 PID 算法具有更好的控制效果。

PID 控制是根据"动作方向"（［S3］+1）的设定内容，进行正作用或反作用的 PID 运算。PID 运算公式为

$$\Delta MV = K_p \left\{ (EV_n - EV_{n-1}) + \frac{T_s}{T_I} EV_n + D_n \right\}$$

$$EV_n = PV_{nf} - SV \text{（正动作）} \quad EV_n = SV - PV_{nf} \text{（反动作）}$$

$$D_n = \frac{T_D}{T_S + \alpha_D T_D} (2PV_{nf-1} - PV_{nf} - PV_{nf-2}) + \frac{\alpha_D T_D}{T_S + \alpha_D \cdot T_D} D_{n-1}$$

$$PV_{nf} = PV_n + L(PV_{nf-1} - PV_n)$$

$$MV_n = \Sigma \Delta MV$$

式中，ΔMV 是本次和上一次采样时 PID 输出量的差值，MV_n 是本次的 PID 输出量；EV_n 和 EV_{n-1} 分别是本次和上一次采样时的误差，SV 为设定值；PV_n 是本次采样的反馈值，PV_{nf}、PV_{nf-1} 和 PV_{nf-2} 分别是本次、前一次和前两次滤波后的反馈值，L 是惯性数字滤波的系数；D_n 和 D_{n-1} 分别是本次和上一次采样时的微分部分；K_p 是比例增益，T_S 是采样周期，T_I 和 T_D 分别是积分时间和微分时间，α_D 是不完全微分的滤波时间常数与微分时间 T_D 的比值。

4. PID 参数的整定

PID 控制器有 4 个主要的参数 K_p、T_I、T_D 和 T_S 需整定，无论哪一个参数选择得不合适都会影响控制效果。在整定参数时应把握住 PID 参数与系统动态、静态性能之间的关系。

在 P（比例）、I（积分）和 D（微分）这三种控制作用中，比例部分与误差信号在时间上是一致的，只要误差一出现，比例部分就能及时地产生与误差成正比的调节作用，具有调节及时的特点。比例系数 K_p 越大，比例调节作用越强，系统的稳态精度越高；但是对于大多数系统，K_p 过大会使系统的输出量振荡加剧，稳定性降低。

积分作用与当前误差的大小和误差的历史情况都有关系，只要误差不为零，控制器的输出就会因积分作用而不断变化，一直要到误差消失，系统处于稳定状态时，积分部分才不再变化。因此，积分部分可以消除稳态误差，提高控制精度，但是积分作用的动作缓慢，可能给系统的动态稳定性带来不良影响。积分时间常数 T_I 增大时，积分作用减弱，系统的动态性能（稳定性）可能有所改善，但是消除稳态误差的速度减慢。

微分部分是根据误差变化的速度，提前给出较大的调节作用。微分部分反映了系统变化的趋势，它较比例调节更为及时，所以微分部分具有超前和预测的特点。微分时间常数 T_D 增大时，超调量减小，动态性能得到改善，但是抑制高频干扰的能力下降。

选取采样周期 T_S 时，应使它远远小于系统阶跃响应的纯滞后时间或上升时间。为使采

样值能及时反映模拟量的变化，T_S 越小越好。但是 T_S 太小会增加 CPU 的运算工作量，相邻两次采样的差值几乎没有什么变化，所以也不宜将 T_S 取得过小。

第七节 提高 PLC 控制系统可靠性的措施

虽然 PLC 具有很高的可靠性，并且有很强的抗干扰能力，但在过于恶劣的环境或安装使用不当等情况下，都有可能引起 PLC 内部信息的破坏而导致控制混乱，甚至造成内部元件损坏。为了提高 PLC 系统运行的可靠性，使用时应注意以下几个方面的问题。

一、适合的工作环境

1. 环境温度适宜

各生产厂家对 PLC 的环境温度都有一定的规定。通常 PLC 允许的环境温度约在 0～55℃。因此，安装时不要把发热量大的元件放在 PLC 的下方；PLC 四周要有足够的通风散热空间；不要把 PLC 安装在阳光直接照射或离暖气、加热器和大功率电源等发热器件很近的场所；安装 PLC 的控制柜最好有通风的百叶窗，如果控制柜温度太高，应该在柜内安装风扇强迫通风。

2. 环境湿度适宜

PLC 工作环境的空气相对湿度一般要求小于 85%，以保证 PLC 的绝缘性能。湿度太大也会影响模拟量输入/输出装置的精度。因此，不能将 PLC 安装在结露、雨淋的场所。

3. 注意环境污染

不宜把 PLC 安装在有大量污染物（如灰尘、油烟和铁粉等）、腐蚀性气体和可燃性气体的场所，尤其是有腐蚀性气体的地方，易造成元件及印刷线路板的腐蚀。如果只能安装在这种场所，在温度允许的条件下，可以将 PLC 封闭；或将 PLC 安装在密闭性较高的控制室内，并安装空气净化装置。

4. 远离振动和冲击源

安装 PLC 的控制柜应当远离有强烈振动和冲击场所，尤其是连续、频繁的振动。必要时可以采取相应措施来减轻振动和冲击的影响，以免造成接线或插件的松动。

5. 远离强干扰源

PLC 应远离强干扰源，如大功率晶闸管装置、高频设备和大型动力设备等，同时 PLC 还应该远离强电磁场和强放射源，以及易产生强静电的地方。

二、合理的安装与布线

1. 注意电源安装

电源是干扰进入 PLC 的主要途径。PLC 系统的电源有两类：外部电源和内部电源。

外部电源是用来驱动 PLC 输出设备（负载）和提供输入信号的，又称用户电源，同一台 PLC 的外部电源可能有多种规格。外部电源的容量与性能由输出设备和 PLC 的输入电路决定。由于 PLC 的 I/O 电路都具有滤波、隔离功能，所以外部电源对 PLC 性能影响不大。因此，对外部电源的要求不高。

内部电源是 PLC 的工作电源，即 PLC 内部电路的工作电源。它的性能好坏直接影响到

PLC 的可靠性。因此，为了保证 PLC 的正常工作，对内部电源有较高的要求。一般 PLC 的内部电源都采用开关式稳压电源或原边带低通滤波器的稳压电源。

在干扰较强或可靠性要求较高的场合，应该用带屏蔽层的隔离变压器，对 PLC 系统供电。还可以在隔离变压器二次侧串接 LC 滤波电路。同时，在安装时还应注意以下问题：

1) 隔离变压器与 PLC 和 I/O 电源之间最好采用双绞线连接，以控制串模干扰。

2) 系统的动力线应足够粗，以降低大容量设备起动时引起的线路压降。

3) PLC 输入电路用外接直流电源时，最好采用稳压电源，以保证正确的输入信号。否则可能使 PLC 接收到错误的信号。

2. 远离高压

PLC 不能在高压电器和高压电源线附近安装，更不能与高压电器安装在同一个控制柜内。在柜内 PLC 应远离高压电源线，二者间距离应大于 200mm。

3. 合理的布线

1) I/O 线、动力线及其他控制线应分开走线，尽量不要在同一线槽中布线。

2) 交流线与直流线、输入线与输出线最好分开走线。

3) 开关量与模拟量的 I/O 线最好分开走线，对于传送模拟量信号的 I/O 线最好用屏蔽线，且屏蔽线的屏蔽层应一端接地。

4) PLC 的基本单元与扩展单元之间电缆传送的信号小、频率高，很容易受干扰，不能与其他的连线敷埋在同一线槽内。

5) PLC 的 I/O 回路配线，必须使用压接端子或单股线，不宜用多股绞合线直接与 PLC 的接线端子连接，否则容易出现火花。

6) 与 PLC 安装在同一控制柜内，虽不是由 PLC 控制的感性元件，也应并联 RC 或二极管消弧电路。

三、正确的接地

良好的接地是 PLC 安全可靠运行的重要条件。为了抑制干扰，PLC 一般最好单独接地，与其他设备分别使用各自的接地装置，如图 6-37a 所示；也可以采用公共接地，如图 6-37b 所示；但禁止使用如图 6-37c 所示的串联接地方式，因为这种接地方式会产生 PLC 与设备之间的电位差。

PLC 的接地线应尽量短，使接地点尽量靠近 PLC。同时，接地电阻要小于 100Ω，接地线的截面应大于 2mm^2。

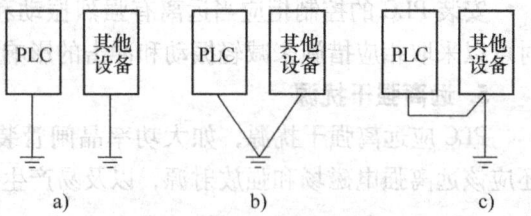

图 6-37 PLC 的接地
a) 分别接地　b) 公共接地　c) 串联接地

另外，PLC 的 CPU 单元必须接地，若使用了 I/O 扩展单元等，则 CPU 单元应与它们具有共同的接地体，而且从任一单元的保护接地端到地的电阻都不能大于 100Ω。

四、必须的安全保护环节

1. 短路保护

当 PLC 输出设备短路时，为了避免 PLC 内部输出元件损坏，应该在 PLC 外部输出回路中装上熔断器,进行短路保护。最好在每个负载的回路中都装上熔断器。

2. 互锁与联锁措施

除在程序中保证电路的互锁关系,PLC 外部接线中还应该采取硬件的互锁措施,以确保系统安全可靠地运行,如电动机正、反转控制,要利用接触器 KM1、KM2 常闭触点在 PLC 外部进行互锁。在不同电动机或电器之间有联锁要求时,最好也在 PLC 外部进行硬件联锁。采用 PLC 外部的硬件进行互锁与联锁,这是 PLC 控制系统中常用的做法。

3. 失电压保护与紧急停车措施

PLC 外部负载的供电线路应具有失电压保护措施,当临时停电再恢复供电时,不按下"启动"按钮,PLC 的外部负载就不能自行启动。这种接线方法的另一个作用是,当特殊情况下需要紧急停机时,按下"停止"按钮就可以切断负载电源,而与 PLC 毫无关系。

五、必要的软件措施

有时硬件措施不一定能完全消除干扰的影响,采用一定的软件措施加以配合,对提高 PLC 控制系统的抗干扰能力和可靠性起到很好的作用。

1. 消除开关量输入信号抖动

在实际应用中,有些开关输入信号接通时,由于外界的干扰而出现时通时断的"抖动"现象。这种现象在继电器系统中由于继电器的电磁惯性一般不会造成什么影响,但在 PLC 系统中,由于 PLC 扫描工作的速度快,扫描周期比实际继电器的动作时间短得多,所以抖动信号就可能被 PLC 检测到,从而造成错误的结果。因此,必须对某些"抖动"信号进行处理,以保证系统正常工作。

如图 6-38a 所示,输入 X0 抖动会引起输出 Y0 发生抖动,可采用计数器或定时器,经过适当编程,以消除这种干扰。

如图 6-38b 所示为消除输入信号抖动的梯形图程序。当抖动干扰 X0 断开时间间隔 $\Delta t < K \times 0.1 \mathrm{s}$,计数器 C0 不会动作,输出继电器 Y0 保持接通,干扰不会影响正常工作;只有当 X0 抖动断开时间 $\Delta t \geqslant K \times 0.1 \mathrm{s}$ 时,计数器 C0 计满 K 次动作,C0 常闭断开,输出继电器 Y0 才断开。K 为计数常数,实际调试时可根据干扰情况而定。

2. 故障的检测与诊断

PLC 的可靠性很高且本身有很完善的自诊断功能,如果 PLC 出现故障,借助自诊断程序可以方便地找到故障的原因,排除后就可以恢复正常工作。

大量的工程实践表明,PLC 外部输入、输出设备的故障率远远高于 PLC 本身的故障率,而这些设备出现故障后,PLC 一般不能觉察出来,可能使故障扩大,直至强电保护装置动作后才停机,有时甚至会造成设备和人身事故。停机

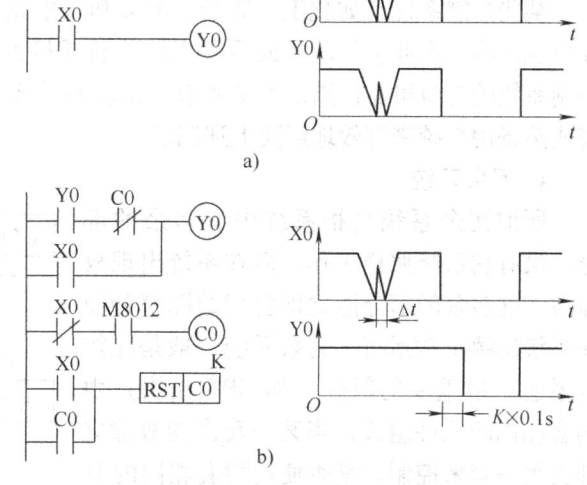

图 6-38 输入信号抖动的影响及消除
a) 抖动现象的影响 b) 消除抖动的方法

后，查找故障也要花费很多时间。为了及时发现故障，在没有酿成事故之前使 PLC 自动停机和报警，也为了方便查找故障，提高维修效率，可用 PLC 程序实现故障的自诊断和自处理。

现代的 PLC 拥有大量的软件资源，如 FX2N 系列 PLC 有几千点辅助继电器、几百点定时器和计数器，有相当大的裕量，可以把这些资源利用起来，用于故障检测。

（1）超时检测　机械设备在各工步的动作所需的时间一般是不变的，即使变化也不会太大，因此可以以这些时间为参考，在 PLC 发出输出信号，相应的外部执行机构开始动作时启动一个定时器定时，定时器的设定值比正常情况下该动作的持续时间长 20% 左右。例如某执行机构（如电动机）在正常情况下运行 50s 后，它驱动的部件使限位开关动作，发出动作结束信号。若该执行机构的动作时间超过 60s（即对应定时器的设定时间），PLC 还没有接收到动作结束信号，定时器延时接通的常开触点发出故障信号，该信号停止正常的循环程序，启动报警和故障显示程序，使操作人员和维修人员能迅速判别故障的种类，及时采取排除故障的措施。

（2）逻辑错误检测　在系统正常运行时，PLC 的输入、输出信号和内部的信号（如辅助继电器的状态）相互之间存在着确定的关系，如出现异常的逻辑信号，则说明出现了故障。因此，可以编制一些常见故障的异常逻辑关系，一旦异常逻辑关系为 ON 状态，就应按故障处理。例如某机械部件运动过程中先后有两个限位开关动作，这两个信号不会同时为 ON 状态，若它们同时为 ON，说明至少有一个限位开关被卡死，应停机进行处理。

3. 消除预知干扰

某些干扰是可以预知的，如 PLC 的输出命令使执行机构（如大功率电动机、电磁铁）动作，常常会伴随产生火花、电弧等干扰信号，它们产生的干扰信号可能使 PLC 接收错误的信息。在容易产生这些干扰的时间内，可用软件封锁 PLC 的某些输入信号，在干扰易发期过去后，再取消封锁。

六、采用冗余系统或热备用系统

某些控制系统（如化工、造纸、冶金和核电站等）要求有极高的可靠性，如果控制系统出现故障，由此引起停产或设备损坏将造成极大的经济损失。因此，仅仅通过提高 PLC 控制系统的自身可靠性满足不了要求。在这种要求极高可靠性的大型系统中，常采用冗余系统或热备用系统来有效地解决上述问题。

1. 冗余系统

所谓冗余系统是指系统中有多余的部分，没有它系统照样工作，但在系统出现故障时，这多余的部分能立即替代故障部分而使系统继续正常运行。冗余系统一般是在控制系统中最重要的部分（如 CPU 模块）由两套相同的硬件组成，当某一套出现故障立即由另一套来控制。是否使用两套相同的 I/O 模块，取决于系统对可靠性的要求程度。

如图 6-39a 所示，两套 CPU 模块使用相

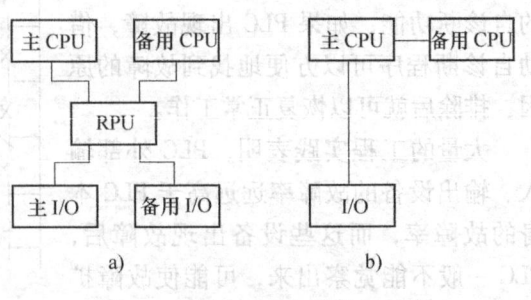

图 6-39　冗余系统与热备用系统
a) 冗余系统　b) 热备用系统

同的程序并行工作，其中一套为主 CPU 模块，一块为备用 CPU 模块。在系统正常运行时，备用 CPU 模块的输出被禁止，由主 CPU 模块来控制系统的工作。同时，主 CPU 模块还不断通过冗余处理单元（RPU）同步地对备用 CPU 模块的 I/O 映像寄存器和其他寄存器进行刷新。当主 CPU 模块发出故障信息后，RPU 在 1~3 个扫描周期内将控制功能切换到备用 CPU。I/O 系统的切换也是由 RPU 来完成。

2. 热备用系统

热备用系统的结构较冗余系统简单，虽然也有两个 CPU 模块在同时运行一个程序，但没有冗余处理单元 RPU。系统两个 CPU 模块的切换，是由主 CPU 模块通过通信口与备用 CPU 模块进行通信来完成的。如图 6-39b 所示，两套 CPU 通过通信接口连在一起。当系统出现故障时，由主 CPU 通知备用 CPU，并实现切换，其切换过程一般较慢。

第八节　PLC 控制系统的维护和故障诊断

一、PLC 控制系统的维护

PLC 的可靠性很高，但环境的影响及内部元件的老化等因素，也会造成 PLC 不能正常工作。如果等到 PLC 报警或故障发生后再去检查、修理，总归是被动的。如果能经常定期地做好维护、检修，就可以做到系统始终工作在最佳状态下。因此，定期检修与做好日常维护是非常重要的。一般情况下检修时间以每 6 个月至 1 年 1 次为宜，当外部环境条件较差时，可根据具体情况缩短检修间隔时间。

PLC 日常维护检修的一般内容如表 6-4 所示。

表 6-4　PLC 维护检修项目、内容

序号	检修项目	检　修　内　容
1	供电电源	在电源端子处测电压变化是否在标准范围内
2	外部环境	环境温度（控制柜内）是否在规定范围 环境湿度（控制柜内）是否在规定范围 积尘情况（一般不能积尘）
3	输入输出电源	在输入、输出端子处测电压变化是否在标准范围内
4	安装状态	各单元是否可靠固定、有无松动 连接电缆的连接器是否完全插入旋紧 外部配件的螺钉是否松动
5	寿命元件	锂电池寿命等

二、PLC 的故障诊断

任何 PLC 都具有自诊断功能，当 PLC 异常时应该充分利用其自诊断功能以分析故障原因。一般当 PLC 发生异常时，首先请检查电源电压、PLC 及 I/O 端子的螺丝和接插件是否松动，以及有无其他异常。然后再根据 PLC 基本单元上设置的各种 LED 的指示灯状况，检查 PLC 自身和外部有无异常。

下面以 FX 系列 PLC 为例，来说明如何根据 LED 指示灯状况以诊断 PLC 故障原因的方法。

1. 电源指示（[POWER] LED 指示）

当向 PLC 基本单元供电时，基本单元表面上设置的 [POWER] LED 指示灯会亮。如果电源合上但 [POWER] LED 指示灯不亮，请确认电源接线。另外，若同一电源有驱动传感器等时，请确认有无负载短路或过电流。若不是上述原因，则可能是 PLC 内混入导电性异物或其他异常情况，使基本单元内的保险丝熔断，此时可通过更换保险丝来解决。

2. 出错指示（[EPROR] LED 闪烁）

当程序语法错误（如忘记设定定时器或计数器的常数等），或有异常噪声、导电性异物混入等原因而引起程序内存的内容变化时，[EPROR] LED 会闪烁，PLC 处于 STOP 状态，同时输出全部变为 OFF。在这种情况下，应检查程序是否有错，检查有无导电性异物混入和高强度噪声源。

发生错误时，8009、8060～8068 其中之一的值被写入特殊数据寄存器 D8004 中，假设写入 D8004 中内容是 8064，则通过查看 D8064 的内容便可知道出错代码。与出错代码相对应的实际出错内容参见 PLC 使用手册的错误代码表。

3. 出错指示（[EPROR] LED 灯亮）

由于 PLC 内部混入导电性异物或受外部异常噪声的影响，导致 CPU 失控或运算周期超过 200ms，则 WDT 出错，[EPROR] LED 灯亮，PLC 处于 STOP，同时输出全部都变为 OFF。此时可进行断电复位，若 PLC 恢复正常，请检查一下有无异常噪声发生源和导电性异物混入的情况。另外，请检查 PLC 的接地是否符合要求。

检查过程如果出现 [EPROR] LED 灯亮→闪烁的变化，请进行程序检查。如果 [EPROR] LED 依然一直保持灯亮状态时，请确认一下程序运算周期是否过长（监视 D8012 可知最大扫描时间）。

如果进行了全部的检查之后，[EPROR] LED 的灯亮状态仍不能解除，应考虑 PLC 内部发生了某种故障，请与厂商联系。

4. 输入指示

不管输入单元的 LED 灯亮还是灭，请检查输入信号开关是否确实在 ON 或 OFF 状态。如果输入开关的额定电流容量过大或由于油侵入等原因，容易产生接触不良。当输入开关与 LED 灯用电阻并联时，即使输入开关 OFF 但并联电路仍导通，仍可对 PLC 进行输入。如果使用光传感器等输入设备，由于发光/受光部位粘有污垢等，引起灵敏度变化，有可能不能完全进入"ON"状态。在比 PLC 运算周期短的时间内，不能接收到 ON 和 OFF 的输入。如果在输入端子上外加不同的电压时，会损坏输入回路。

5. 输出指示

不管输出单元的 LED 灯亮还是灭，如果负载不能进行 ON 或 OFF 时，主要是由于过载、负载短路或容量性负载的冲击电流等，引起继电器输出接点粘合，或接点接触面不好导致接触不良。

另外，也可根据 PLC 的出错代码来诊断故障原因，FX 系列 PLC 出错代码一览表见附录 B，在此不再赘述。

习 题

6-1 PLC 控制系统与继电器控制系统的设计过程相比，有何特点？

6-2 在什么情况下需要将 PLC 的用户程序固化到 EPROM 中？

6-3 选择 PLC 的主要依据是什么？

6-4 PLC 的开关量输入单元一般有哪几种输入方式？它们分别适用于什么场合？

6-5 PLC 的开关量输出单元一般有哪几种输出方式？各有什么特点？

6-6 PLC 输入输出有哪几种接线方式？为什么？

6-7 某系统有自动和手动两种工作方式。现场的输入设备有：6 个行程开关（SQ1～SQ6）和 2 个按钮（SB1、SB2）仅供自动时使用；6 个按钮（SB3～SB8）仅供手动时使用；3 个行程开关（SQ7～SQ9）为自动、手动共用。是否可以使用一台输入只有 12 点的 PLC？若可以，试画出 PLC 的输入接线图。

6-8 用一个按钮（X1）来控制三个输出（Y1、Y2、Y3）。当 Y1、Y2、Y3 都为 OFF 时，按一下 X1，Y1 为 ON，再按一下 X1，Y1、Y2 为 ON，再按一下 X1，Y1、Y2、Y3 都为 ON，再按 X1，回到 Y1、Y2、Y3 都为 OFF 状态。再操作 X1，输出又按以上顺序动作。试用两种不同的程序设计方法设计其梯形图程序。

6-9 用定时器设计一个消除输入信号抖动的梯形图程序。

6-10 PLC 控制系统安装布线时应注意哪些问题？

6-11 如何提高 PLC 控制系统的可靠性？

6-12 设计一个可用于四支比赛队伍的抢答器。系统至少需要 4 个抢答按钮、1 个复位按钮和 4 个指示灯。试画出 PLC 的 I/O 接线图、设计出梯形图并加以调试。

6-13 设计一个十字路口交通指挥信号灯控制系统，其示意图如图 6-40 所示。具体控制要求是：设置一个控制开关，当它闭合时，信号灯系统开始工作；当它断开时，信号灯全部熄灭。信号灯工作循环如图 6-40b 所示。试画出 PLC 的 I/O 接线图、设计出梯形图并加以调试。

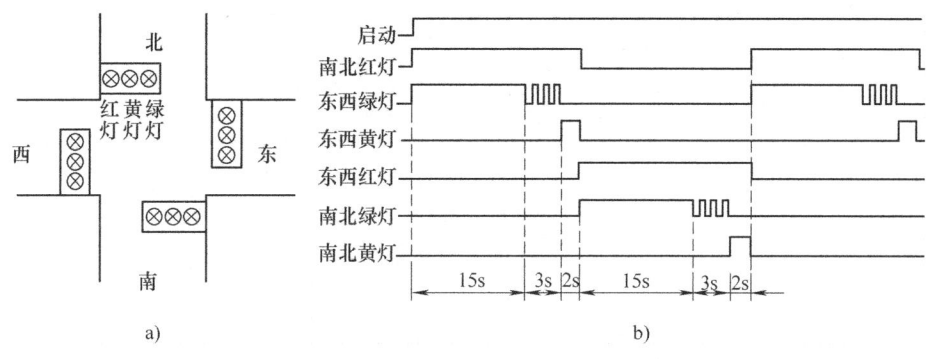

图 6-40 题 6-13 图
a）示意图 b）时序图

6-14 设计一个车库自动门控制系统，其示意图如图 6-41 所示。具体控制要求是：当汽车到达车库门前，超声波开关接收到来车的信号，门电动机正转，门上升，当门升到顶点碰到上限开关，门停止上升，汽车驶入车库后，光电开关发出信号，门电动机反转，门下降，当下降到下限开关后门电动机停止。试画出 PLC 的 I/O 接线图、设计出梯形图程序并加以调试。

6-15 如图 6-42 所示为一台机械手用来分选大、小球的工作示意图。系统设有手动、单周期、单步、连续和回原点 5 种工作方式，机械手在最上面、最左边且电磁吸盘断电时，称为系统处于原点状态（或称初始状态）。手动时应设有左行、右行、上升、下降、吸合和释放六个操作按钮；回原点工作方式时应设有回原点起动按钮；单周期、单步和连续工作方式时应设有起动和停止按钮。系统还应该设有起动和急停按钮。图中 SQ 为用来检测大小球的光电开关，SQ 为 ON 时为小球，SQ 为 OFF 时为大球。

根据以上要求，试为该大、小球分选系统设计一套 PLC 控制系统。

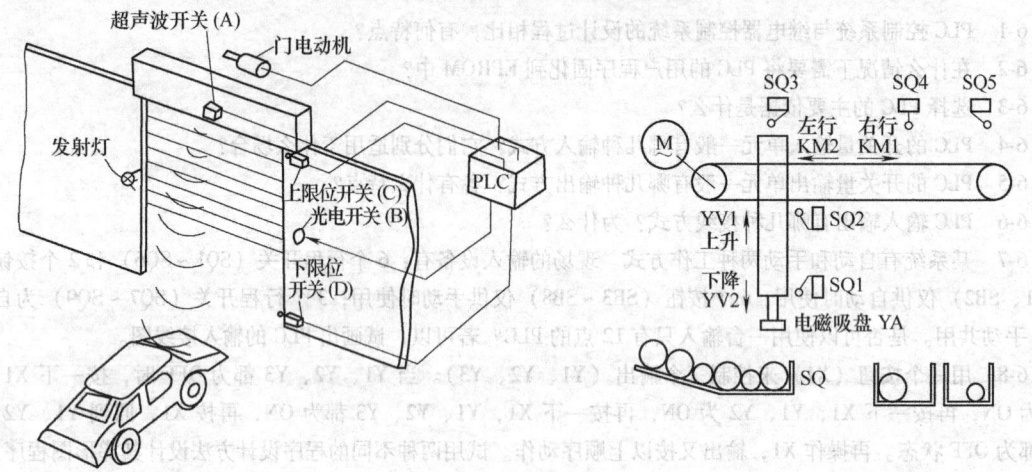

图 6-41　题 6-14 图　　　　　　　　　　图 6-42　题 6-15 图

第七章　可编程序控制器通信与网络技术

近年来，工厂自动化网络得到了迅速的发展，相当多的企业已经在大量地使用可编程设备，如 PLC、工业控制计算机、变频器、机器人和柔性制造系统等。将不同厂家生产的这些设备连在一个网络上，相互之间进行数据通信，由企业集中管理，已经是很多企业必须考虑的问题。本章主要介绍有关 PLC 的通信与工厂自动化通信网络方面的初步知识。

第一节　PLC 通信基础

当任意两台设备之间有信息交换时，它们之间就产生了通信。PLC 通信是指 PLC 与 PLC、PLC 与计算机、PLC 与现场设备或远程 I/O 之间的信息交换。

PLC 通信的任务就是将地理位置不同的 PLC、计算机和各种现场设备等，通过通信介质连接起来，按照规定的通信协议，以某种特定的通信方式高效率地完成数据的传送、交换和处理。本节就通信方式、通信介质、通信协议及常用的通信接口等内容加以介绍。

一、通信方式

1. 并行通信与串行通信

数据通信主要有并行通信和串行通信两种方式。

并行通信是以字长为单位的数据传输方式，每次可同时传送 8 位、16 位、32 位甚至更高的位数，除了需要 8 根、16 根或 32 根数据线外，还需要公共线和控制线。并行通信的传送速度快，但是传输线的根数多，成本高，一般用于近距离的数据传送。并行通信一般用于 PLC 的内部，如 PLC 内部元件之间、PLC 主机与扩展模块之间或近距离智能模块之间的数据通信。

串行通信是以二进制的位（bit）为单位的数据传输方式，每次只传送一位，除了地线外，在一个数据传输方向上只需要一根数据线，这根线既作为数据线又作为通信联络控制线，数据和联络信号在这根线上按位进行传送。串行通信需要的信号线少，最少的只需要两三根线，适用于距离较远的场合。计算机和 PLC 都备有通用的串行通信接口，工业控制中一般使用串行通信。串行通信多用于 PLC 与计算机之间、多台 PLC 之间的数据通信。

在串行通信中，传输速率常用比特率（每秒传送的二进制位数）来表示，其单位是比特/秒（bit/s）或 bps。传输速率是评价通信速度的重要指标。常用的标准传输速率有 300bit/s、600bit/s、1200bit/s、2400bit/s、4800bit/s、9600bit/s 和 19200bit/s 等。不同的串行通信的传输速率差别极大，有的只有数百 bit/s，有的可达 100Mbit/s。

2. 单工通信与双工通信

串行通信按信息在设备间的传送方向又分为单工、双工两种方式。

单工通信方式只能沿单一方向发送或接收数据。双工通信方式的信息可沿两个方向传送，每一个站既可以发送数据，也可以接收数据。

双工方式又分为全双工和半双工两种方式。数据的发送和接收分别由两根或两组不同的数据线传送，通信的双方都能在同一时刻接收和发送信息，这种传送方式称为全双工方式；用同一根线或同一组线接收和发送数据，通信的双方在同一时刻只能发送数据或接收数据，这种传送方式称为半双工方式。在 PLC 通信中常采用半双工和全双工通信。

3. 异步通信与同步通信

在串行通信中，通信的速率与时钟脉冲有关，接收方和发送方的传送速率应相同，但是实际的发送速率与接收速率之间总是有一些微小的差别，如果不采取一定的措施，在连续传送大量的信息时，将会因积累误差造成错位，使接收方收到错误的信息。为了解决这一问题，需要使发送和接收同步。按同步方式的不同，可将串行通信分为异步通信和同步通信。

异步通信的信息格式如图 7-1 所示，发送的数据字符由一个起始位、7~8 个数据位、1 个奇偶校验位（可以没有）和停止位（1 位、1.5 或 2 位）组成。通信双方需要对所采用的信息格式和数据的传输速率作相同的约定。接收方检测到停止位和起始位之间的下降沿后，将它作为接收的起始点，在每一位的中点接收信息。由于一个字符中包含的位数不多，即使发送方和接收方的收发频率略有不同，也不会因两台机器之间的时钟周期的误差积累而导致错位。异步通信传送附加的非有效信息较多，它的传输效率较低，一般用于低速通信，PLC 一般使用异步通信。

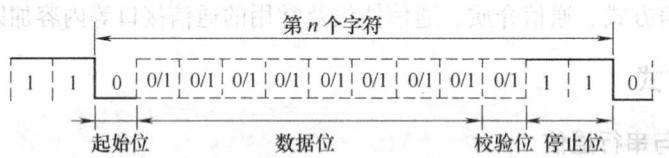

图 7-1　异步通信的信息格式

同步通信以字节为单位（一个字节由 8 位二进制数组成），每次传送 1~2 个同步字符、若干个数据字节和校验字符。同步字符起联络作用，用它来通知接收方开始接收数据。在同步通信中，发送方和接收方要保持完全的同步，这意味着发送方和接收方应使用同一时钟脉冲。在近距离通信时，可以在传输线中设置一根时钟信号线。在远距离通信时，可以在数据流中提取出同步信号，使接收方得到与发送方完全相同的接收时钟信号。由于同步通信方式不需要在每个数据字符中加起始位、停止位和奇偶校验位，只需要在数据块（往往很长）之前加一两个同步字符，所以传输效率高，但是对硬件的要求较高，一般用于高速通信。

4. 基带传输与频带传输

基带传输是按照数字信号原有的波形（以脉冲形式）在信道上直接传输，它要求信道具有较宽的通频带。基带传输不需要调制解调，设备花费少，适用于较小范围的数据传输。基带传输时，通常对数字信号进行一定的编码，常用数据编码方法有非归零码 NRZ、曼彻斯特编码和差动曼彻斯特编码等。后两种编码不含直流分量、包含时钟脉冲、便于双方自同步，所以应用广泛。

频带传输是一种采用调制解调技术的传输形式。发送端采用调制手段，对数字信号进行某种变换，将代表数据的二进制 "1" 和 "0"，变换成具有一定频带范围的模拟信号，以适应在模拟信道上传输；接收端通过解调手段进行相反变换，把模拟的调制信号复原为 "1"或 "0"。常用的调制方法有频率调制、振幅调制和相位调制。具有调制、解调功能的装置称为调制解调器,即 Modem。频带传输较复杂,传送距离较远,若通过市话系统配备 Modem,则传送距离可不受限制。

PLC 通信中,基带传输和频带传输两种传输形式都有采用,但多采用基带传输。

二、通信介质

通信介质就是在通信系统中位于发送端与接收端之间的物理通路。通信介质一般可分为导向性和非导向性介质两种。导向性介质有双绞线、同轴电缆和光纤等,这种介质将引导信号的传播方向;非导向性介质一般通过空气传播信号,它不为信号引导传播方向,如短波、微波和红外线通信等。

以下仅简单介绍几种常用的导向性通信介质。

1. 双绞线

双绞线是一种廉价而又广为使用的通信介质,它由两根彼此绝缘的导线按照一定规则以螺旋状绞合在一起的,如图 7-2 所示。这种结构能在一定程度上减弱来自外部的电磁干扰及相邻双绞线引起的串音干扰。但在传输距离、带宽和数据传输速率等方面双绞线仍有一定的局限性。因此,常用于建筑物内局域网数字信号传输。

在实际应用中,通常将许多对双绞线捆扎在一起,用起保护作用的塑料外皮将其包裹起来制成电缆。采用上述方法制成的电缆就是非屏蔽双绞线电缆,如图 7-3 所示。为了便于识别导线和导线间的配对关系,双绞线电缆中每根导线使用不同颜色的绝缘层。为了减少双绞线间的相互串扰,电缆中相邻双绞线一般采用不同的绞合长度。非屏蔽双绞线电缆价格便宜,直径小节省空间,使用方便灵活,易于安装,是目前最常用的通信介质。

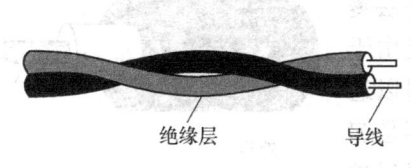

图 7-2 双绞线示意图

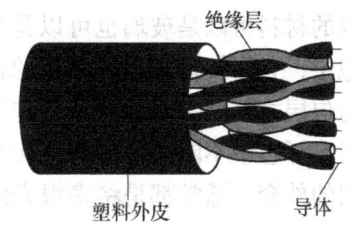

图 7-3 双绞线电缆

按照电气性能的不同,双绞线可分为 3 类、5 类、超 5 类、6 类、超 6 类和 7 类。除了传统的语音系统仍然使用 3 类双绞线以外,目前网络综合布线基本上使用超 5 类或 6 类非屏蔽双绞线。超 5 类线的传输频率为 155MHz,数据传输率高达 1000Mbit/s,但是需要价格高昂的特殊设备的支持。因此,通常只被应用于百兆以太网。6 类线的传输频率为 250MHz,数据传输率可达 1000Mbit/s。6 类线虽然价格较高,但可以非常好地支持千兆以太网,并实现 100m 的传输距离,因此被广泛应用于服务器机房的布线。

非屏蔽双绞线易受干扰,缺乏安全性。因此,往往采用金属包皮或金属网包裹以进行屏蔽,这种双绞线就是屏蔽双绞线。屏蔽双绞线抗干扰能力强,有较高的传输速率,适用于有电磁干扰的环境以及对数据传输安全性要求较高的地方,但价格相对较贵,需要配置相应的连接器,安装时要比非屏蔽双绞线电缆困难。

2. 同轴电缆

如图 7-4 所示，同轴电缆由内、外层两层导体组成。内层导体是由一层绝缘体包裹的单股实心线或绞合线（通常是铜制的），位于外层导体的中轴上；外层导体是由绝缘层包裹的金属包皮或金属网。同轴电缆的最外层是能够起保护作用的塑料外皮。同轴电缆的外层导体不仅能够充当导体的一部分，而且还起到屏蔽作用。这种屏蔽一方面能防止外部环境造成的干扰，另一方面能阻止内层导体的辐射能量干扰其他导线。

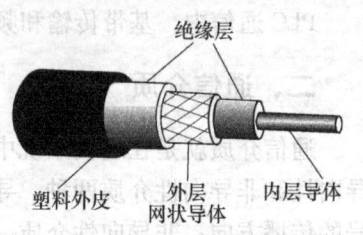

图 7-4 同轴电缆

与双绞线相比，同轴电线抗干扰能力强，能够应用于频率更高、数据传输速率更快的情况。对其性能造成影响的主要因素来自衰损和热噪声，采用频分复用技术时还会受到交调噪声的影响。虽然目前同轴电缆大量被光纤取代，但它仍广泛应用于有线电视和某些局域网中。

目前得到广泛应用的同轴电缆主要有 50Ω 电缆和 75Ω 电缆这两类。50Ω 电缆用于基带数字信号传输，又称基带同轴电缆。电缆中只有一个信道，数据信号采用曼彻斯特编码方式，数据传输速率可达 10Mbit/s，这种电缆主要用于局域以太网。75Ω 电缆是 CATV 系统使用的标准，它既可用于传输宽带模拟信号，也可用于传输数字信号。对于模拟信号而言，其工作频率可达 400MHz。若在这种电缆上使用频分复用技术，则可以使其同时具有大量的信道，每个信道都能传输模拟信号。

3. 光纤

光纤是一种传输光信号的传输媒介。光纤的结构如图 7-5 所示，处于光纤最内层的纤芯是一种横截面积很小、质地脆、易断裂的光导纤维，制造这种纤维的材料可以是玻璃也可以是塑料。纤芯的外层裹有一个包层，它由折射率比纤芯小的材料制成。正是由于在纤芯与包层之间存在着折射率的差异，光信号才得以通过全反射在纤芯中不断向前传播。在光纤的最外层则是起保护作用的外套。通常都是将多根光纤扎成束并裹以保护层制成多芯光缆。

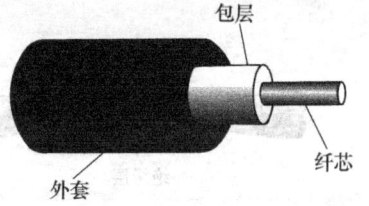

图 7-5 光纤的结构

从不同的角度考虑，光纤有多种分类方式。根据制作材料的不同，光纤可分为石英光纤、塑料光纤和玻璃光纤等；根据传输模式不同，光纤可分为多模光纤和单模光纤；根据纤芯折射率的分布不同，光纤可以分为突变型光纤和渐变型光纤；根据工作波长的不同，光纤可分为短波长光纤、长波长光纤和超长波长光纤。

单模光纤的带宽最宽，多模渐变光纤次之，多模突变光纤的带宽最窄；单模光纤适于大容量远距离通信，多模渐变光纤适于中等容量中等距离的通信，而多模突变光纤只适于小容量的短距离通信。

在实际光纤传输系统中，还应配置与光纤配套的光源发生器件和光检测器件。目前最常见的光源发生器件是发光二极管（LED）和注入激光二极管（ILD）。光检测器件是在接收端能够将光信号转化成电信号的器件，目前使用的光检测器件有光电二极管（PIN）和雪崩光电二极管（APD），光电二极管的价格较便宜，然而雪崩光电二极管却具有较高的灵敏度。

与一般的导向性通信介质相比，光纤具有很多优点：

1）光纤支持很宽的带宽，其范围大约在 $10^{14} \sim 10^{15}$ Hz 之间，这个范围覆盖了红外线和可见光的频谱。

2）具有很快的传输速率，当前限制其所能实现的传输速率的因素来自信号生成和接收技术。

3）光纤抗电磁干扰能力强，由于光纤中传输的是不受外界电磁干扰的光束，而光束本身又不向外辐射，因此它适用于长距离的信息传输及安全性要求较高的场合。

4）光纤衰减较小，中继器的间距较大。采用光纤传输信号时，在较长距离内可以不设置信号放大设备，如多模光纤的传输距离为几百米，单模光纤的传输距离为几十千米甚至上百千米。

当然光纤也存在一些缺点，如系统成本较高、不易安装与维护、质地脆易断裂等。

三、PLC 常用通信接口

（一）串行异步通信接口

PLC 主要采用串行异步通信，其常用的通信接口标准有 RS-232C、RS-422A 和 RS-485 等。串行异步通信最重要的参数是波特率、数据位、停止位和奇偶校验，对于两个进行通信的端口，这些参数必须匹配。

1. RS-232C

RS-232C 是美国电子工业协会 EIA 于 1969 年公布的通信协议，它的全称是"数据终端设备（DTE）和数据通信设备（DCE）之间串行二进制数据交换接口技术标准"。RS-232C 接口标准是目前计算机和 PLC 中最常用的一种串行通信接口。

RS-232C 采用负逻辑，用 $-5 \sim -15$V 表示逻辑"1"，用 $+5 \sim +15$V 表示逻辑"0"。噪声容限为 2V，即要求接收器能识别低至 +3V 的信号作为逻辑"0"，高到 -3V 的信号作为逻辑"1"。RS-232C 只能进行一对一的通信，RS-232C 可使用 9 针或 25 针的 D 型连接器，表 7-1 列出了 RS-232C 接口各引脚信号的定义以及 9 针与 25 针引脚的对应关系。PLC 一般使用 9 针的连接器。

表 7-1 RS-232C 接口引脚信号的定义

引脚号（9针）	引脚号（25针）	信号	方向	功　能
1	8	DCD	IN	数据载波检测
2	3	RxD	IN	接收数据
3	2	TxD	OUT	发送数据
4	20	DTR	OUT	数据终端装置（DTE）准备就绪
5	7	GND		信号公共参考地
6	6	DSR	IN	数据通信装置（DCE）准备就绪
7	4	RTS	OUT	请求传送
8	5	CTS	IN	清除传送
9	22	CI（RI）	IN	振铃指示

如图7-6a所示为两台计算机都使用RS-232C直接进行连接的典型连接；如图7-6b所示为通信距离较近时只需3根连接线。

如图7-7所示RS-232-C的电气接口采用单端驱动、单端接收的电路，容易受到公共地线上的电位差和外部引入的干扰信号的影响，同时还存在以下不足之处：

1）传输速率较低，最高传输速度速率为20kbit/s。

2）传输距离短，最大通信距离为15m。

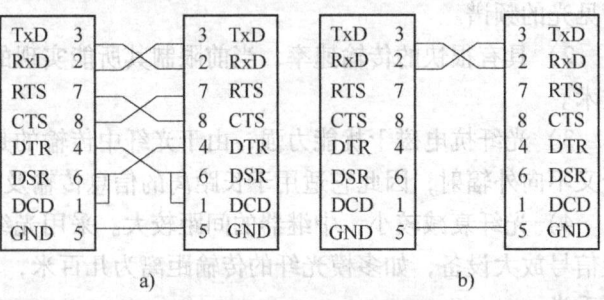

图7-6 两个RS-232C数据终端设备的连接

3）接口的信号电平值较高，易损坏接口电路的芯片，又因为与TTL电平不兼容故需使用电平转换电路方能与TTL电路连接。

2. RS-422

针对RS-232C的不足，EIA于1977年推出了串行通信标准RS-499，对RS-232C的电气特性作了改进，RS-422A是RS-499的子集。

如图7-8所示，由于RS-422A采用平衡驱动、差分接收电路，从根本上取消了信号地线，大大减少了地电平所带来的共模干扰。平衡驱动器相当于两个单端驱动器，其输入信号相同，两个输出信号互为反相信号，图中的小圆圈表示反相。外部输入的干扰信号是以共模方式出现的，两极传输线上的共模干扰信号相同，因接收器是差分输入，共模信号可以互相抵消。只要接收器有足够的抗共模干扰能力，就能从干扰信号中识别出驱动器输出的有用信号，从而克服外部干扰的影响。

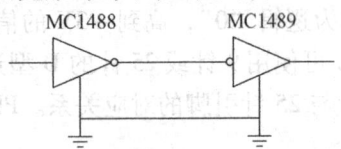

图7-7 单端驱动单端接收的电路

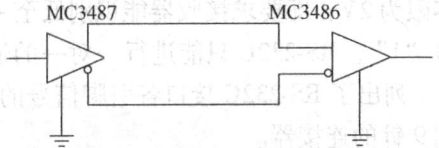

图7-8 平衡驱动差分接收的电路

RS-422在最大传输速率10Mbit/s时，允许的最大通信距离为12m。传输速率为100kbit/s时，最大通信距离为1200m。一台驱动器可以连接10台接收器。

3. RS-485

RS-485是RS-422的变形，RS-422A是全双工，两对平衡差分信号线分别用于发送和接收，所以采用RS-422接口通信时最少需要4根线。RS-485为半双工，只有一对平衡差分信号线，不能同时发送和接收，最少只需二根连线。

如图7-9所示，使用RS-485通信接口和双绞线可组成串行通信网络，构成分布式系统，系统最多可连接128个站，其网络拓扑一般采用终端匹配的总线型结构，不支持环形或星形网络。

RS-485的逻辑"1"以两线间的电压差为2~6V表示，逻辑"0"以两线间的电压差为-6~-2V表示。接口信号电平比RS-232C降低了，就不易损坏接口电路的芯片，且该电平与 TTL 电平兼容，可方便与 TTL 电路连接。由于 RS-485 接口具有良好的抗噪声干扰性、高传输速率（10Mbit/s）、长的传输距离（1200m）和多站能力（最多 128 站）等优点，所以在工业控制中广泛应用。

RS-422/RS485 接口一般采用 9 针的 D 型连接器。普通个人计算机一般不配备 RS-422 和 RS-485 接口，但工业控制微机基本上都有配置。如图 7-10 所示 RS-232C/RS-422 转换器的电路原理图。

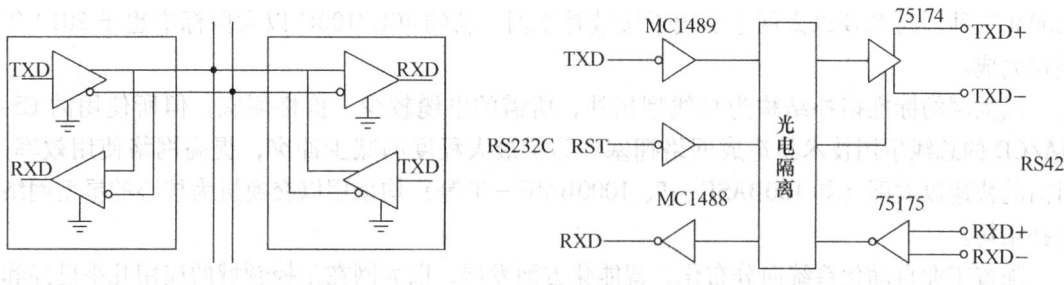

图 7-9　采用 RS-485 的网络　　　　图 7-10　RS232C/RS422 转换的电路原理

（二）通用串行总线（USB）接口

USB 是 Universal Serial Bus 的缩写，即通用串行总线，它是在 1994 年底由 Intel、Compaq、IBM 和 Microsoft 等多家公司联合开发的一种新的外设连接技术，集快速、价廉和热插拔等特征于一身，已成为计算机领域发展最快的技术之一。

USB 接口具有 4 根引脚，其中两根用于给外设提供电源，可提供不高于 +5V、900mA 的总线电源；另外两根为差分双绞线，采用串行方式传输信号，但 USB 并不完全是个串口，而是一种串行总线。如图 7-11 所示，USB 采用分层的星形拓扑结构可同时连接 127 个外设，所有外设将共享总线带宽。

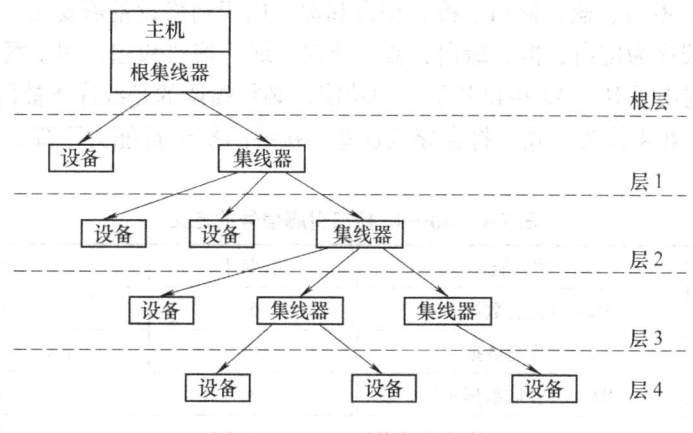

图 7-11　USB 系统拓扑结构

USB 具有 4 种总线速率：超高速（5Gbit/s）、高速（480Mbit/s）、全速（12Mbit/s）和低速（1.5Mbit/s）。对于目前所发布的 USB 规范而言，USB3.0 主机支持这 4 种传输模式，USB2.0 主机支持低速、全速和高速 3 种传输模式，而 USB1.1 以下主机只支持低速和全速模式。

PLC 提供的 USB 标准接口主要用于与安装有编程工具的计算机连接，实现程序的编辑、传送和监控，一般情况下都处于被动接收状态。

（三）以太网通信接口

以太网（Ethernet）是当今应用最为普遍的局域网技术，它遵循 IEEE 802.3 标准，采用带冲突检测的载波帧听多路访问（CSMA/CD）机制。目前最常见的以太网有 10M、100M 和 1000M 三种，而 10G 以太网主要用于城域骨干网，新的 40G/100G 以太网标准也于 2010 年制定完成。

以太网的标准拓扑结构为总线型拓扑，所需的电缆较少、价格便宜，但所使用的 CSMA/CD 的总线争用技术易造成网络拥塞。为了最大程度的减少冲突，提高网络使用效率，目前的快速以太网（如 100BASE—T、1000BASE—T 等）均采用以交换机为核心的星型网络拓扑结构。

随着工业自动化系统向分布化、智能化方面发展，以太网在工控领域的应用几乎已经和 PLC 一样普及，以太网可以实现管理-控制网络的一体化。目前，不少厂商都为其生产的 PLC 及其远程 I/O 模块提供与以太网连接的接口。通过以太网可以将 PLC 与计算机或工作站等上位系统连接，既容易形成企业内部局域网络体系，也便于实现对 PLC 数据的收集/变更、程序的远程写入/读出/核对、软元件值的监控/测试以及通过 Web 浏览器进行远程监控等功能。

应用于工业控制领域的工业以太网在技术上与商用以太网（即 IEEE 802.3 标准）兼容，但是实际产品和应用却又完全不同。这主要是因为工业以太网是面向生产过程的，对产品的强度、适用性以及实时性、可靠性、安全性和数据完整性方面要求更高。

PLC 上最常用的以太网接口类型为 RJ—45，它是符合 IEC（60）603—7 标准的 8 针模块化插孔。EIA/TIA 的布线标准规定了 RJ—45 接口的两种网线排序方式，第一种是 T568A，线序为绿白、绿、橙白、蓝、蓝白、橙、棕白和棕，用于网络设备需要交叉互连的场合；另一种是 T568B，线序为橙白、橙、绿白、蓝、蓝白、绿、棕白和棕，用于网络设备直接互连的场合。表 7-2 列出了 RJ—45 接口各引脚的功能，必须强调的是线序不能随意改动，如将 1 和 3 作为发送，2 和 4 作为接收，将会导致这些连接线的抗干扰能力下降，就无法保证网络的正常工作。

表 7-2 RJ—45 接口引脚信号的定义

引脚号	功　能	引脚号	功　能
1	TX +（发送数据 +）	5	未使用
2	TX -（发送数据 -）	6	RX -（接收数据 -）
3	RX +（接收数据 +）	7	未使用
4	未使用	8	未使用

四、计算机通信标准

（一）开放系统互连模型

为了实现不同厂家生产的智能设备之间的通信，国际标准化组织 ISO 提出了如图 7-12

所示开放系统互连模型 OSI（Open System Interconnection），作为通信网络国际标准化的参考模型，它详细描述了软件功能的 7 个层次。7 个层次自下而上依次为：物理层、数据链路层、网络层、传送层、会话层、表示层和应用层。每一层都尽可能自成体系，均有明确的功能。

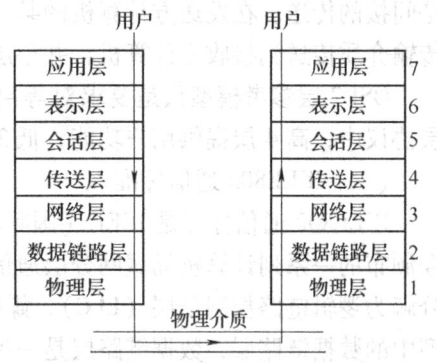

图 7-12　开放系统互连（OSI）参考模型

1. 物理层（Physical Layer）

物理层是为建立、保持和断开在物理实体之间的物理连接，提供机械的、电气的、功能性的和规程的特性。它是建立在传输介质之上，负责提供传送数据比特位"0"和"1"码的物理条件。同时，定义了传输介质与网络接口卡的连接方式以及数据发送和接收方式。常用的串行异步通信接口标准 RS-232C、RS-422 和 RS-485 等就属于物理层。

2. 数据链路层（Datalink Layer）

数据链路层通过物理层提供的物理连接，实现建立、保持和断开数据链路的逻辑连接，完成数据的无差错传输。为了保证数据的可靠传输，数据链路层的主要控制功能是差错控制和流量控制。在数据链路上，数据以帧格式传输，帧是包含多个数据比特位的逻辑数据单元，通常由控制信息和传输数据两部分组成。常用的数据链路层协议是面向比特的串行同步通信协议——同步数据链路控制协议/高级数据链路控制协议（SDLC/HDLC）。

3. 网络层（Network Layer）

网络层完成站点间逻辑连接的建立和维护，负责传输数据的寻址，提供网络各站点间进行数据交换的方法，完成传输数据的路由选择和信息交换的有关操作。网络层的主要功能是报文包的分段、报文包阻塞的处理和通信子网内路径的选择。常用的网络层协议有 X.25 分组协议和 IP 协议。

4. 传输层（Transport Layer）

传输层是向会话层提供一个可靠的端到端（end-to-end）的数据传送服务。传输层的信号传送单位是报文（Message），它的主要功能是流量控制，差错控制，连接支持。典型的传输层协议是因特网 TCP/IP 协议中的 TCP 协议。

5. 会话层（Session Layer）

两个表示层用户之间的连接称为会话，对应会话层的任务就是提供一种有效的方法，组织和协调两个层次之间的会话，并管理和控制它们之间的数据交换。网络下载中的断点续传就是会话层的功能。

6. 表示层（Presentation Layer）

表示层用于应用层信息内容的形式变换，如数据加密/解密、信息压缩/解压和数据兼容，把应用层提供的信息变成能够共同理解的形式。

7. 应用层（Application Layer）

应用层作为参考模型的最高层，为用户的应用服务提供信息交换，为应用接口提供操作标准。七层模型中所有其他层的目的都是为了支持应用层，它直接面向用户，为用户提供网络服务。常用的应用层服务有电子邮件（E-mail）、文件传输（FTP）和 Web 服务等。

OSI 7层模型中，除了物理层和物理层之间可直接传送信息外，其他各层之间实现的都是间接的传送。在发送方计算机的某一层发送的信息，必须经过该层以下的所有低层，通过传输介质传送到接收方计算机，并层层上送直至到达接收方中与信息发送层相对应的层。

OSI 7层参考模型只是要求对等层遵守共同的通信协议，并没有给出协议本身。OSI 7层协议中，高4层提供用户功能，低3层提供网络通信功能。

（二）IEEE802通信标准

IEEE802通信标准是IEEE（国际电工与电子工程师学会）的802分委员会从1981年至今颁布的一系列计算机局域网分层通信协议标准草案的总称。它把OSI参考模型的底部两层分解为逻辑链路控制子层（LLC）、媒体访问子层（MAC）和物理层。前两层对应于OSI模型中的数据链路层，数据链路层是一条链路（Link）两端的两台设备进行通信时所共同遵守的规则和约定。

IEEE802的媒体访问控制子层对应于多种标准，其中最常用的为三种，即带冲突检测的载波侦听多路访问（CSMA/CD）协议、令牌总线（Token Bus）和令牌环（Token Ring）。

1. CSMA/CD 协议

CSMA/CD（Carrier-sense Multiple Access With Collision Detection）通信协议的基础是XEROX公司研制的以太网（Ethernet），各站共享一条广播式的传输总线，每个站都是平等的，采用竞争方式发送信息到传输线上。当某个站识别到报文上的接收站名与本站的站名相同时，便将报文接收下来。由于没有专门的控制站，两个或多个站可能因同时发送信息而发生冲突，造成报文作废，因此必须采取措施来防止冲突。

发送站在发送报文之前，先监听一下总线是否空闲，如果空闲，则发送报文到总线上，称之为"先听后讲"。但是这样做仍然有发生冲突的可能，因为从组织报文到报文在总线上传输需一段时间，在这一段时间内，另一个站通过监听也可能会认为总线空闲并发送报文到总线上，这样就会因两站同时发送而发生冲突。

为了防止冲突，可以采取两种措施：一种是发送报文开始的一段时间，仍然监听总线，采用边发送边接收的办法，把接收到的信息和自己发送的信息相比较，若相同则继续发送，称之为"边听边讲"；若不相同则发生冲突，立即停止发送报文，并发送一段简短的冲突标志。通常把这种"先听后讲"和"边听边讲"相结合的方法称为CSMA/CD，其控制策略是竞争发送、广播式传送、载体监听、冲突检测、冲突后退和再试发送；另一种措施是准备发送报文的站先监听一段时间，如果在这段时间内总线一直空闲，则开始作发送准备，准备完毕，真正要将报文发送到总线上之前，再对总线作一次短暂的检测，若仍为空闲，则正式开始发送；若不空闲，则延时一段时间后再重复上述的二次检测过程。

2. 令牌总线

令牌总线是IEEE802标准中的工厂媒质访问技术，其编号为802.4。它吸收了GM公司支持的MAP（Manufacturing Automation Protocol，即制造自动化协议）系统的内容。

在令牌总线中，媒体访问控制是通过传递一种称为令牌的特殊标志来实现的。按照逻辑顺序，令牌从一个装置传递到另一个装置，传递到最后一个装置后，再传递给第一个装置，如此周而复始，形成一个逻辑环。令牌有"空""忙"两个状态，任何一个要发送信息的站都要等到令牌传给自己，判断为"空"令牌时才发送信息。发送站首先把令牌置成"忙"，并写入要传送的信息、发送站名和接收站名，然后将载有信息的令牌送入逻辑环传输。令牌沿逻辑环循环一周后返回发送站时，信息已被接收站复制，发送站将令牌置为"空"，送上逻辑环继续传送，以供其他站使用。如果在传送过程中令牌丢失，由监控站向网中注入一个新的令牌。

令牌传递式总线能在很重的负荷下提供实时同步操作，传送效率高，适于频繁、较短的数据传送，因此它最适合于需要进行实时通信的工业控制网络。

3. 令牌环

令牌环媒质访问方案是 IBM 开发的，它在 IEEE802 标准中的编号为 802.5，它有些类似于令牌总线。在令牌环上，最多只能有一个令牌绕环运动，不允许两个站同时发送数据。令牌环从本质上看是一种集中控制式的环，环上必须有一个中心控制站负责网的工作状态的检测和管理。

第二节　PC 与 PLC 通信的实现

个人计算机（以下简称 PC）具有较强的数据处理功能，配备着多种高级语言，若选择适当的操作系统，则可提供优良的软件平台，开发各种应用系统，特别是动态画面显示等。随着工业 PC 的推出，PC 在工业现场运行的可靠性问题也得到了解决，用户普遍感到，把 PC 连入 PLC 应用系统可以带来一系列的好处。

一、概述

1. PC 与 PLC 实现通信的意义

把 PC 连入 PLC 应用系统具有以下四个方面作用：

1）构成以 PC 为上位机，单台或多台 PLC 为下位机的小型集散系统，可用 PC 实现操作站功能。

2）在 PLC 应用系统中，把 PC 开发成简易工作站或者工业终端，可实现集中显示、集中报警功能。

3）把 PC 开发成 PLC 编程终端，可通过编程器接口接入 PLC，进行编程、调试及监控。

4）把 PC 开发成网间连接器，进行协议转换，可实现 PLC 与其他计算机网络的互联。

2. PC 与 PLC 实现通信的方法

为了实现 PC 与 PLC 的通信，用户应当做如下工作：

1）判别 PC 上配置的通信口是否与要连入的 PLC 匹配，若不匹配，则增加通信模板。

2）要清楚 PLC 的通信协议，按照协议的规定及帧格式编写 PC 的通信程序。PLC 中配有通信机制，一般不需用户编程。若 PLC 厂家有 PLC 与 PC 的专用通信软件出售，则此项任务较容易完成。

3）选择适当的操作系统提供的软件平台，利用与 PLC 交换的数据编制用户要求的画面。

4）若要远程传送，可通过以太网接口接入广域网。若要 PC 具有编程功能，应配置编程软件。

3. PC 与 PLC 实现通信的条件

从原则上讲，PC 连入 PLC 网络并没有什么困难。只要为 PC 配备该种 PLC 网专用的通信卡以及通信软件，按要求对通信卡进行初始化，并编制用户程序即可。用这种方法把 PC 连入 PLC 网络存在的唯一问题是价格问题。在 PC 上配置 PLC 制造厂生产的专用通信卡及专用通信软件常会使 PC 的价格数倍升高。

用户普遍感兴趣的问题是，能否利用 PC 中已普遍配有的异步串行通信适配器加上自己编写的通信程序把 PC 连入 PLC 网络，这也正是本节所要重点讨论的问题。

带异步通信适配器的 PC 与 PLC 通信并不一定行得通，只有满足如下条件才能实现通信。

1) 只有带有异步通信接口的 PLC 及采用异步方式通信的 PLC 网络才有可能与带异步通信适配器的 PC 互连。同时还要求双方采用的总线标准一致，都是 RS-232C，或者都是 RS-422 (RS-485)，否则要通过"总线标准变换单元"变换之后才能互连。

2) 要通过对双方的初始化，使波特率、数据位数、停止位数和奇偶校验都相同。

3) 用户必须熟悉互联的 PLC 采用的通信协议。严格地按照协议规定为 PC 编写通信程序。在 PLC 一方不需用户编写通信程序。

满足上述三个条件，PC 就可以与 PLC 互联通信。如果不能满足这些条件则应配置专用网卡及通信软件实现互联。

4. PC 与 PLC 互联的结构形式

带异步通信适配器的 PC 与 PLC 互联通信时通常采用如图 7-13 所示的两种结构形式。一种为点对点结构，利用 PC 的 COM 口与 PLC 的编程器接口或其他异步通信口实现点对点链接，如图 7-13a 所示。另一种为多点结构，PC 与多台 PLC 共同连在同一条串行总线上，如图 7-13b 所示。多点结构采用主从式存取控制方法，通常以 PC 为主站，多台 PLC 为从站，按所采用的协议进行通信管理。

5. PC 与 PLC 互联通信方式

目前 PC 与 PLC 互联通信方式主要有以下几种：

1) 通过 PLC 开发商提供的系统协议和网络适配器，构成特定公司产品的内部网络，其通信协议不公开。互联通信必须使用开发商提供的上位组态软件，并采用支持相应协议的外设。这种方式的显示画面和功能往往难以满足不同用户的需要。

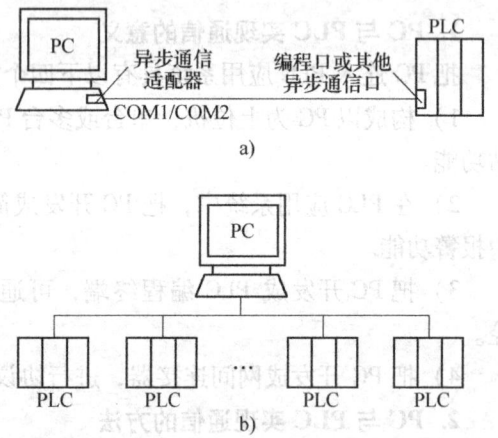

图 7-13 PC 与 PLC 互联通信的
常用结构形式
a) 点对点结构 b) 多点结构

2) 购买通用的上位组态软件，实现 PC 与 PLC 的通信。这种方式除了要增加系统投资外，其应用的灵活性也受到一定的局限。

3) 利用 PLC 厂商提供的标准通信口或由用户自定义的自由通信口实现 PC 与 PLC 互联通信。这种方式不需要增加投资，有较好的灵活性，特别适合于小规模控制系统。

本节主要介绍利用标准通信口或由用户自定义的自由通信口实现 PC 与 PLC 的通信。

二、PC 与 FX 系列 PLC 通信的实现

1. 硬件连接

一台 PC 可与一台或最多 16 台 FX 系列 PLC 通信，PC 与 PLC 之间不能直接连接。如图 7-14a、b 为点对点结构的连接，图 7-14a 是通过 FX-232AW 单元进行 RS-232C/RS-422 转换后与 PLC 编程口连接，图 7-14b 通过在 PLC 内部安装的通信功能扩展板 FX-232-BD 与 PC 连接；如图 7-14c 所示为多点结构的连接，FX-485-BD 为安装在 PLC 内部的通信功能扩展板，FX-485PC-IF 为 RS-232C 和 RS-485 的转换接口。除此之外还可以通过其他通信模块进行连接，不再一一赘述。

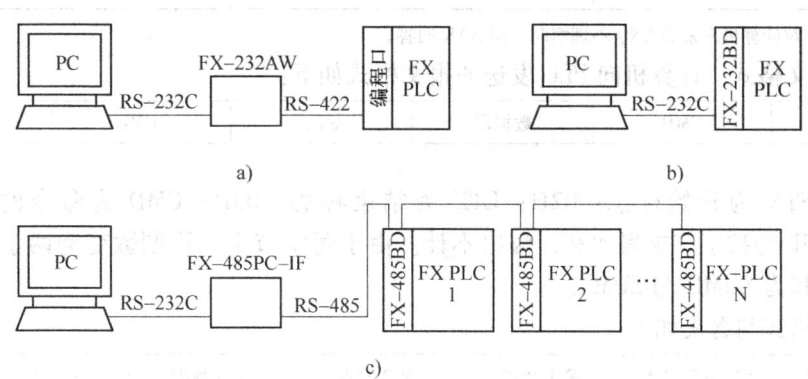

图 7-14 PC 与 FX 的硬件连接图

2. FX 系列 PLC 通信协议

下面以 PC 与 PLC 之间点对点通信为例，解释如何依据 PLC 的通信规程来编写 PC 的通信协议，所以我们先要熟悉 FX 系列 PLC 的通信协议。

（1）数据格式 FX 系列 PLC 采用异步格式，由 1 位起始位、7 位数据位、1 位偶校验位及 1 位停止位组成，比特率为 9600bit/s，字符为 ASCII 码。数据格式如图 7-15 所示。

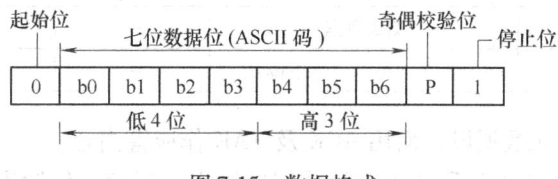

图 7-15 数据格式

（2）通信命令 FX 系列 PLC 有 4 条通信命令，分别是读命令、写命令、强制通命令和强制断命令，见表 7-3。

表 7-3 FX 系列 PLC 的通信命令表

命令	命令代码	目标软继电器	功　能
读命令	'0'即 ASCII 码'30H'	X, Y, M, S, T, C, D	读取软继电器状态、数据
写命令	'1'即 ASCII 码'31H'	X, Y, M, S, T, C, D	把数据写入软继电器
强制通命令	'7'即 ASCII 码'37H'	X, Y, M, S, T, C	强制某位 on
强制断命令	'8'即 ASCII 码'38H'	X, Y, M, S, T, C	强制某位 off

(3) 通信控制字符　FX 系列 PLC 采用面向字符的传输规程，用到 5 个通信控制字符，见表 7-4。

表 7-4　FX 系列 PLC 通信控制字符表

控制字符	ASCII 码	功能说明
ENQ	05H	PC 发出请求
ACK	06H	PLC 对 ENQ 的确认回答
NAK	15H	PLC 对 ENQ 的否认回答
STX	02H	信息帧开始标志
ETX	03H	信息帧结束标志

注：当 PLC 对计算机发来的 ENQ 不理解时，用 NAK 回答。

(4) 报文格式　计算机向 PLC 发送的报文格式如下：

STX	CMD	数据段	ETX	SUMH	SUML

其中，STX 为开始标志：02H；ETX 为结束标志：03H；CMD 为命令的 ASCII 码；SUMH、SUML 为按字节求累加和，溢出不计。由于每字节十六进制数变为两字节的 ASCII 码，故校验和为 SUMH 与 SUML。

数据段格式与含义如下：

字节 1~字节 4		字节 5/字节 6		第 1 数据		第 2 数据		第 3 数据		…	第 N 数据	
软继电器首址		读/写字节数		上位	下位	上位	下位	上位	下位	…	上位	下位

注：写命令的数据段有数据，读命令数据段则无数据。

PLC 向 PC 发送的应答报文格式如下：

STX	数据段	ETX	SUMH	SUML

注：读命令的应答报文数据段为要读取的数据，一个数据占两字节，分上位和下位。

数据段格式如下：

第 1 数据		第 2 数据		…	第 N 数据	
上位	下位	上位	下位	…	上位	下位

写命令的应答报文无数据段，而用 ACK 及 NAK 作应答内容。

(5) 传输规程　PC 与 FX 系列 PLC 间采用应答方式通信，传输出错，则组织重发。其传输过程如图 7-16 所示。

PLC 根据 PC 的命令，在每个循环扫描结束处的 END 语句后组织自动应答，无需用户在 PLC 一方编写程序。

3. PC 通信程序的编写

PC 的通信程序可采用汇编语言编写，或采用各种高级语言编写，也可以采用工控组态软件，或直接采用 PLC 厂家的通信软件（如三菱的 MELSE MEDOC 等）进行通信参数的设定。

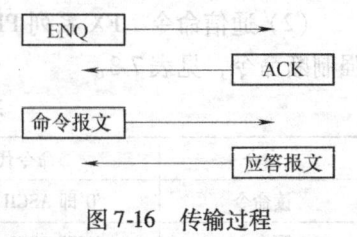

图 7-16　传输过程

下面以一个简单的例子来说明编写通信程序的要点。假设 PC 要求从 PLC 中读入从

D123 开始的 4 个字节的数据（D123、D124），其传输应答过程及报文如图 7-17 所示。

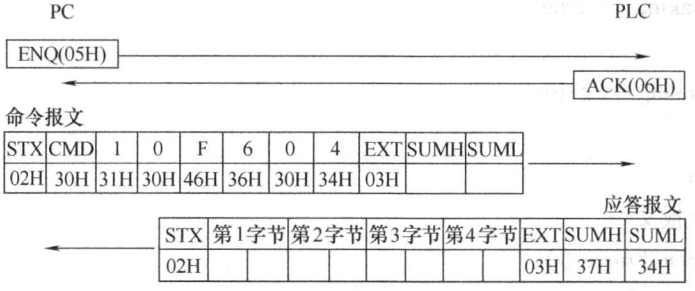

图 7-17　传输应答过程及命令报文

命令报文中 10F6H 为 D123 的地址，04H 表示要读入 4 个字节的数据。校验和 SUM = 30H + 31H + 30H + 46H + 36H + 30H + 34H + 03H = 174H，溢出部分不计，故 SUMH = 7，SUAIL = 4，相应的 ASCII 码为"37H"，"34H"。应答报文中 4 个字节的十六进制数，其相应的 ASCII 码为 8 个字节，故应答报文长度为 12 个字节。

根据 PC 与 FX 系列 PLC 的传输应答过程，利用 VB 的 MSComm 控件可以编写如下通信程序实现 PC 与 FX 系列 PLC 之间的串行通信，以完成数据的读取。MSComm 控件可以采用轮询或事件驱动的方法从端口获取数据。在这个例子中使用了轮询方法。

1）通信口初始化

```
Private Sub Initialize( )
MSComm1. CommPort = 1
MSComm1. Settings = "9600,E,7,1"
MSComm1. InBufferSize = 1024
MSComm1. OutBuffersize = 1024
MSComm1. InputLen = 0
MSComm1. InputMode = comInputText
MSComm1. Handshaking = comNone
MSComm1. PortOpen = True
End Sub
```

2）请求通信与确认

```
Private Function MakeHandshaking( ) As Boolean
Dim InPackage As String
MSComm1. OutBufferCount = 0
MSComm1. InBufferCount = 0
MSComm1. OutPut = Chr( &H5)
Do
DoEvents
Loop Until MSComm1. InBufferCount = 1
InPackage = MSComm1. Input
```

```
If InPackage = Chr(&H6) Then
MakeHandShaking = True
Else
MakeHandshaking = False
End If
End Function
```

3）发送命令报文

```
Private Sub SendFrame ( )
Dim Outstring As String
MSComm1. OutBufferCount = 0
MSComm1. InBufferCount = 0
Outstrin = Chr(&H2) +"on" +"10F604" + Chr(&H3) +"74"
MSComm1. Output = Outstring
End Sub
```

4）读取应答报文

```
Private Sub ReceiveFrame( )
Dim Instring As String
Do
DoEvents
Loop Until MSComm1. InBufferCount = 12
InString = MSComm1. Inpult
End Sub
```

三、PC 与 S7-200 系列 PLC 通信的实现

S7-200 系列 PLC 支持多种多种通信协议，包括通用协议和公司专用协议。通用协议主要是支持 TCP/IP 协议的以太网通信；专用协议包括点对点接口（PPI）协议，多点接口（MPI）协议，PROFIBUS 协议和自由口协议。其中，自由口通信协议是 S7-200 PLC 一项非常有特色的功能，用户可以通过程序控制通信端口的操作模式和通信协议，实现 PLC 与外设的通信。以下采用自由口通信方式，实现 PC 与 S7-200 系列 PLC 通信。

1. PC 与 S7-200 系列 PLC 通信连接

PC 可通过 RS232 接口或 USB 接口与 S7-200 系列 PLC 进行通信，但需要分别采用 PC/PPI 电缆或 USB/PPI 电缆与 PLC 建立通信连接。当进行自由口通信时，就只能采用 PC/PPI 电缆（设置到自由口通信模式）。此时，PC 为 RS232 接口，S7-200 的自由口为 RS485 接口，西门子公司提供的 PC/PPI 电缆带有 RS232/RS485 转换器。因此，在不增加任何硬件的情况下，可以很方便地进行 PLC 和 PC 的连接，如图 7-18 所示。

图 7-18 PC 与 S7-200 系列 PLC 的连接

2. S7-200 系列 PLC 自由通信口初始化及通信指令

在该通信方式下，通信端口完全由用户程序所控制，通信协议也由用户设定。PC 与 PLC 之间是主从关系，PC 始终处于主导地位。PLC 的通信编程首先是对串口初始化，对 S7-200PLC 的初始化是通过对特殊标志位 SMB30（端口 0）、SMB130（端口 1）写入通信控制字，设置通信的波特率、奇偶校验位、停止位和字符长度。显然，这些设定必须与 PC 的设定相一致。SMB30 和 SMB130 的各位及含义如下：

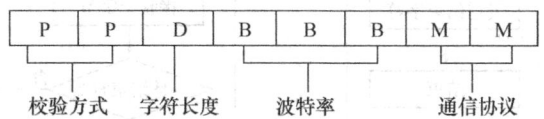

其中，校验方式：00 和 11 均为无校验、01 为偶校验、10 为奇校验；字符长度：0 为传送字符的有效数据是 8 位、1 为有效数据是 7 位；波特率：000 为 38400baud、001 为 19200baud、010 为 9600baud、011 为 4800baud、100 为 2400baud、101 为 1200baud、110 为 600baud、111 为 300baud；通信协议：00 为 PPI 协议从站模式、01 为自由口协议、10 为 PPI 协议主站模式、11 为保留，缺省设置为 PPI 协议从站模式。

XMT 及 RCV 命令分别用于 PLC 向外界发送与接收数据。当 PLC 处于 RUN 状态下时，通信命令有效，当 PLC 处于 STOP 状态时通信命令无效。

XMT 命令将指定存储区内的数据通过指定端口传送出去，当存储区内最后一个字节传送完毕，PLC 将产生一个中断，命令格式为 XMT TABLE, PORT，其中 PORT 指定 PLC 用于发送的通信端口，TABLE 为是数据存储区地址，其第一个字节存放要传送的字节数，即数据长度，最大为 255。

RCV 命令从指定的端口读入数据并存放在指定的数据存储区内，当最后一个字节接收完毕，PLC 将产生一个中断，命令格式为 RCV TABLE, PORT，PLC 通过 PORT 端口接收数据，并将数据存放在 TBL 数据存储区内，TABLE 的第一个字节为接收的字节数。

在自由口通信方式下，还可以通过字符中断控制来接收数据，即 PLC 每接收一个字节的数据都将产生一个中断。因而，PLC 每接收一个字节的数据都可以在相应的中断程序中对接收的数据进行处理。

3. 通信程序流程图及工作过程

在上述通信方式下，由于只用两根线进行数据传送，所以不能够利用硬件握手信号作为检测手段。因而在 PC 与 PLC 通信中发生误码时，将不能通过硬件判断是否发生误码，或者当 PC 与 PLC 工作速率不一样时，就会发生冲突。这些通信错误将导致 PLC 控制程序不能正常工作，所以必须使用软件进行握手，以保证通信的可靠性。

由于通信是在 PC 以及 PLC 之间协调进行的，所以 PC 以及 PLC 中的通信程序也必须相互协调，即当一方发送数据时另一方必须处于接收数据的状态。如图 7-19、图 7-20 所示分别是 PC、PLC 的通信程序流程。

通信程序的工作过程：PC 每发送一个字节前首先发送握手信号，PLC 收到握手信号后将其传送回 PC，PC 只有收到 PLC 传送回来的握手信号后才开始发送一个字节数据。PLC 收到这个字节数据以后也将其回传给 PC，PC 将原数据与 PLC 传送回来的数据进行比较，若两者不同，则说明通信中发生了误码，PC 将重新发送该字节数据；若两者相同，则说明 PLC

收到的数据是正确的,PC 发送下一个握手信号,PLC 收到这个握手信号后将前一次收到的数据存入指定的存储区。这个工作过程不断重复一直持续到所有的数据传送完成。

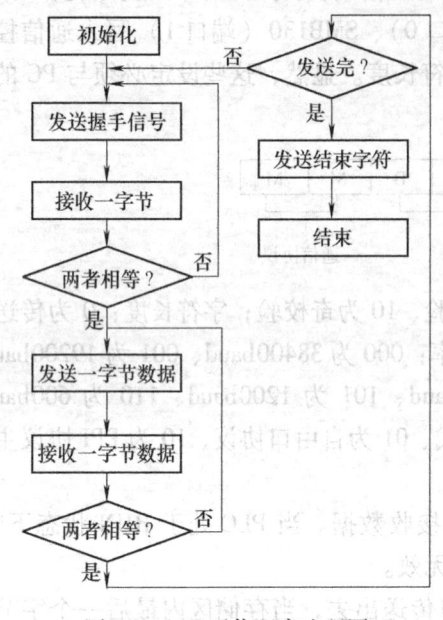
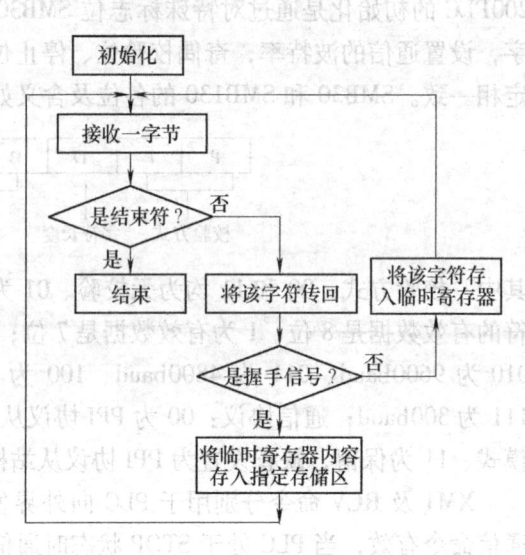

图 7-19　PC 通信程序流程图　　　　　　　图 7-20　S7—PLC 通信程序流程图

采用软件握手以后,不管 PC 与 PLC 的速度相差多远,发送方永远也不会超前于接收方。软件握手的缺点是大大降低了通信速度,因为传送每一个字节,在传送线上都要来回传送两次,并且还要传送握手信号。但是考虑到控制的可靠性以及控制的时间要求,牺牲一点速度是值得的,也是可行的。

PLC 方的通信程序只是 PLC 整个控制程序中的一小部分,可将通信程序编制成 PLC 的中断程序,当 PLC 接收到 PC 发送的数据以后,在中断程序中对接收的数据进行处理。PC 方的通信程序可以采用 VB、VC 等语言,也可直接采用西门子专用组态软件,如 STEP7、WinCC。

四、PC 与 CP1E 系列 PLC 通信的实现

1. PC 与 CP1E 系列 PLC 的连接

PC 可通过 USB 接口、RS-232C 接口、RS422/485 接口以及以太网接口与 CP1E 系列 PLC 建立通信连接。CP1E 所有型号的 CPU 单元均内置 1 个 USB 接口,使用普通的 USB 电缆即可连接计算机,但 USB 接口通常仅作为编程接口,实现程序下载,程序上传,程序监控等功能。目前,只有 CP1E—N/NA 标准型的部分 CPU 单元通过选项板扩展后才配置有 RS-422/485 接口或以太网接口,而且 RS-422/485 接口与 PC 的 RS-232C 串口的连接还得增加通信适配器,比较麻烦。CP1E—N/NA 系列的全部 CPU 单元均内置 1 个 RS-232C 接口(CP1E—E 系列不支持),只需通过 9 针 D 型串口电缆即可与 PC 建立通信连接,下面将重点介绍如何通过 RS-232C 接口实现 PC 与 CP1E 系列 PLC 的通信。

图 7-21a 所示的点对点结构的连接方式称为 1∶1HOST Link 通信方式,上位机可对 PLC

传送程序,并监控 PLC 的数据区和控制 PLC 的工作状况;图 7-21b 所示为多点结构的连接方式,称为 1∶NHOST Link 通信方式,一台上位机最多可以连接 32 台 PLC,可以用一台上位机监控多台 PLC 的工作状态,实现集散控制。

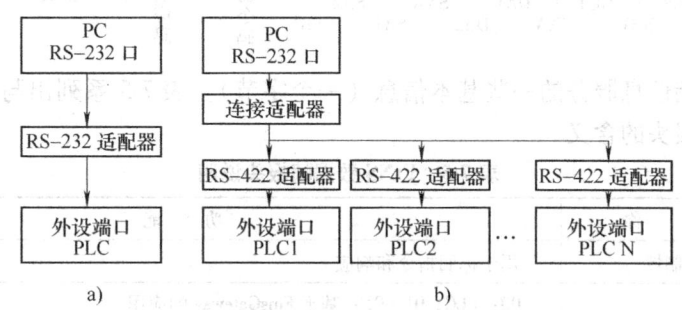

图 7-21　PC 与 CPM1A 系列 PLC 的连接
a) 1∶1HOST Link 通信方式　b) 1∶NHOST Link 通信方式

2. 通信协议

HOST Link 协议是欧姆龙公司开发的一种常用通信协议,它适合一台上位机与一台或多台 PLC 通过串口进行链接。HOST Link 包括两种指令格式:一种是 C-mode,另一种是 FINS。C-mode 指令采用的是 ASCII 码,FINS 指令采用的二进制码。虽然 C-mode 比较指令简单,但 FINS 指令在传送数据的速度,以及发送数据的长度方面均优于 C-mode 指令。下面将介绍基于 FINS 指令的 HOST Link 协议的通信。

3. 通信过程

HOST Link 协议采用的是问答式的通信方式。当主机没有向 PLC 发送任何指令时,PLC 设备除了内部程序执行发送数据指令外是不会通过串口对外发送数据的。当通信开始时,先由上位机向 PLC 发送命令帧,PLC 接收到数据后,首先判断是不是自己的设备号,若不是,就不予理睬,若是,则先进行校验(FCS),没有问题的情况下取出 FINS 的指令部分,转换成二进制码执行相关操作,执行结束后返回响应信息给主机,完成一次通信过程。

4. HOST Link(FINS)数据帧格式

基于 FINS 指令的 HOST Link 协议的通信就是在 HOST Link 通信数据帧中嵌入 FINS 命令。

(1) FINS 数据帧格式

FINS 帧分为命令帧和响应帧两种形式,它们都由一个报头、一个指令码以及一个参数/数据域组成。

FINS 命令帧的基本格式为

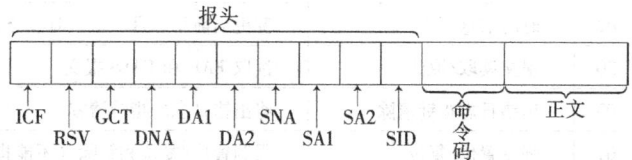

FINS 响应帧的基本格式为

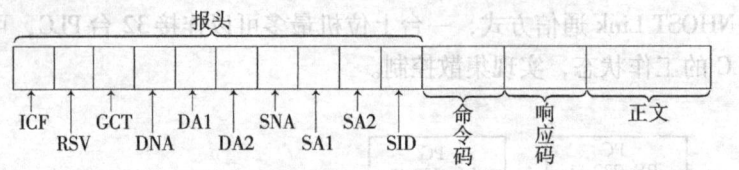

其中报头用于存储信息服务的一些基本信息（一个字节）。表 7-5 系列出与 HOST Link 协议有关的几种关键报头的含义。

表 7-5 FINS 数据帧报头说明

报头代码	名 称	功 能
ICF	信息控制域	用于标明指令和响应
DA2	目的单元地址	00：PLC；01～0F：基于 FinsGateway 的应用 10～1F：CPU 总线单元；FE：连接到指定网络的单元或板
SA2	源单元地址	00：PLC；01～0F：基于 FinsGateway 的应用 10～1F：CPU 总线单元
SID	服务标识	用来识别数据出自何处，取值范围 00～FF

其中，命令码用于指定该帧的通信命令类型（两个字节）。FINS 指令种类及功能如表 7-6 所示。

表 7-6 FINS 指令种类及功能

类型	命令代码		名 称	功 能
I/O 存储区访问	01	01	I/O 存储区读取	读取连续 I/O 存储区的内容
	01	02	I/O 存储区写入	写入连续 I/O 存储区的内容
	01	03	I/O 存储区一次写入	在 I/O 存储区的指定范围内写入相同的数据
	01	04	I/O 存储区复合读取	读取不连续的 I/O 存储区的内容
参数区访问	02	01	参数区读取	读取连续参数区的内容
	02	02	参数区写入	写入连续参数区的内容（不能在 MONITOR 或 RUN 模式下执行）
	02	03	参数区一次写入（清除）	在参数区的指定范围内写入相同的数据
运行模式变更	04	01	开始运行	将 CPU 单元的运行模式变更为 RUN 或 MONITOR 模式
	04	02	停止运行	将 CPU 单元的运行模式变更为 PROGRAM
系统配置读取	05	01	CPU 单元信息读取	读取 CPU 单元的信息
状态读取	06	01	CPU 单元状态读取	读取 CPU 单元的状态信息
	06	20	循环时间读取	读取循环时间（MAX、MIN、AVERAGE）
时间信息访问	07	01	时间信息读取	读取当前年、月、日、时、分、秒、星期
	07	02	时间信息写入	变更当前年、月、日、时、分、秒、星期
相关报文显示	09	20	报文读取/取消	读取 FAL 和 FALS 报文
相关调试信息	21	03	出错日志指针清除	将出错日志的指针清零
	23	01	强制置位/复位	强制置位/复位和解除（不能指定多个位）
	23	02	所有位解除	解除所有位的强制置位/复位状态

其中，响应码用于显示命令执行的结果（两个字节）。正文设置命令参数，包含上位机要访问的存储区地址以及数目等信息，必须以字为单位访问。

（2）HOST Link（FINS）数据帧格式

HOST Link（FINS）数据帧以起始符及设备号开始，内嵌 FINS 命令，最后以校验码（FCS）及结束符结束，分为命令帧和响应帧。

HOST Link（FINS）命令帧的基本格式为

@	设备号	FA	等待时间	ICF	DA2	SA2	SID	FINS 命令码	正文	FCS	结束符

HOST Link（FINS）响应帧的基本格式为

@	设备号	FA	等待时间	ICF	DA2	SA2	SID	FINS 命令码	FINS 响应码	正文	FCS	结束符

其中，@为帧开始标志；设备号为指定通信的 PLC 地址（一个字节）；FA 为头码；等待时间为响应延迟时间，PLC 收到命令帧后，等待此时间后再作出响应，一般设置为 0 即可，允许设置范围为 0~F，单位 10ms；IFC、DA2、SA2 和 SID 为 FINS 报头，在 HOST Link（FINS）数据帧中不需要使用完整 FINS 报头，而只需要使用其中几个关键的报头；FINS 命令码为该帧的通信命令（两个字节）；FINS 响应码为返回命令结束有无错误等状态信息（两个字节）；正文为设置命令参数，仅在上位机有读数据时生效；FCS 为帧校验码（一个字节），它是从@开始到正文结束的所有字符按位异或运算的结果；结束符为命令结束（一个字节），设置"＊"和"回车"两个字符表示命令结束。

第三节 PLC 网络

一、生产金字塔结构与工厂计算机控制系统模型

PLC 制造厂家常用生产金字塔 PP（Productivity Pyramid）结构来描述它的产品所能提供的功能。如图 7-22 所示为美国 A-B 公司和德国 SIEMENS 公司的生产金字塔。尽管这些生产金字塔结构层数不同，各层功能有所差异，但它们都表明 PLC 及其网络在工厂自动化系统中，由上到下，在各层都发挥着作用。这些金字塔的共同特点是：上层负责生产管理，下层负责现场控制与检测，中间层负责生产过程的监控及优化。

美国国家标准局曾为工厂计算机控制系统提出过一个如图 7-23 所示的 NBS 模型，

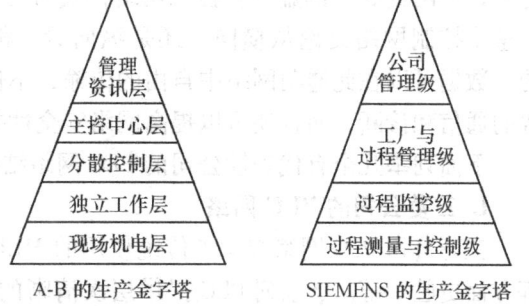

图 7-22 生产金字塔结构示意图

它分为 6 级，并规定了每一级应当实现的功能，这一模型获得了国际广泛的承认。

国际标准化组织（ISO）对企业自动化系统的建模进行了一系列研究，也提出了一个如

图 7-24 所示的 6 级模型。尽管它与 NBS 模型各级内涵，特别是高层内涵有所差别，但两者在本质上是相同的，这说明现代工业企业自动化系统应当是一个既负责企业管理经营又负责控制监控的综合自动化系统。它的高 3 级负责经营管理，低 3 级负责生产控制与过程监控。

二、PLC 网络的拓扑结构

PLC 及其网络发展到现在，已经能够实现 NBS 或 ISO 模型要求的大部分功能，至少可以实现 4 级以下 NBS 模型或 ISO 模型功能。

Corporate	公司级
Plant	工厂级
Area	区间级
Cell/Supervisory	单元 / 监控级
Equipment	设备级
Device	装置级

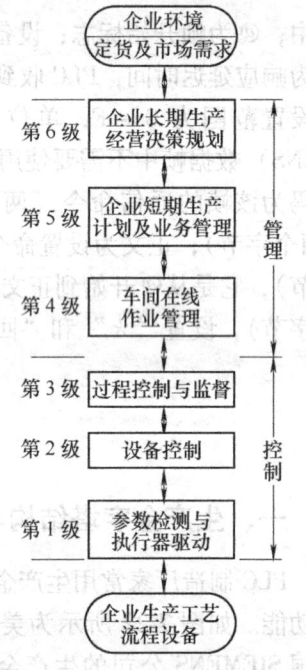

图 7-23　NBS 模型

由于 NBS 或 ISO 模型不同层所实现的功能不同，所承担的任务的性质不同，导致它们对通信的要求也就不一样。在上层所传送的主要是些生产管理信息，通信报文长，每次传输的信息量大，要求通信的范围也比较广，但对通信实时性的要求却不高。而在底层传送的主要是些过程数据及控制命令，报文不长，每次通信量不大，通信距离也比较近，但对实时性及可靠性的要求却比较高。中间层对通信的要求正好居于两者之间。由于各层对通信的要求相差甚远，如果采用单级子网，只配置一种通信协议，容易顾此失彼，因此许多厂家采用多级通信子网，构成复合型拓扑结构的 PLC 网络。

图 7-24　ISO 企业自动化模型

随着以太网技术的发展，特别是冲突检测机制的改进，解决了以太网的实时性问题（高性能网络的响应时间可以小于 1ms），使得以太网可以深入到现场层，支持实时工业控制信号的传输。而以太网作为一种成熟的网络通信技术，在 IT 应用、商业领域已经形成绝对的统治性地位，其可靠性更是毋庸置疑。目前，工业以太网可以最高效、最大程度地实现各种网络与网络之间的通信，并能提供现场层、控制层、管理层的垂直管控架构的透明化数据通路，因此“多网合一，一网到底”的扁平化控制网络将成为发展趋势。这使得整个控制网络无论从横向，还是纵向看，都是无缝连接的，数据可以在此透明网络中自由的传输，不仅能够实现一致的通信和诊断，而且还可以提高网络安全性并降低总成本。

下面列举几个有代表性公司的 PLC 网络结构。

1. 三菱公司的 PLC 网络

三菱公司 PLC 网络继承了传统使用的 MELSEC 网络，并使其在性能、功能和使用简便等方面更胜一筹。Q 系列 PLC 提供层次清晰的三层网络，针对各种用途提供最合适的网络产品，如图 7-25 所示。

（1）信息层/Ethernet（以太网）　信息层为网络系统中最高层，主要是在 PLC、设备控制器以及生产管理用 PC 之间传输生产管理信息、质量管理信息及设备的运转情况等数据，信息层使用最普遍的 Ethernet。它不仅能够连接 Windows 系统的 PC、UNIX 系统的工作站等，而且还能连接各种 FA 设备。Q 系列 PLC 的 Ethernet 模块具有了日益普及的因特网电子邮件收发功能，使用户无论在世界的任何地方都可以方便地收发生产信息邮件，构筑远程监视管理系统。同时，利用因特网的 FTP 服务器功能及 MELSEC 专用协议可以很容易地实现程序的上传/下载和信息的传输。

（2）控制层/MELSECNET/10(H) 控制层是整个网络系统的中间层，是在 PLC、CNC 等控制设备之间方便且高速地进行数据互传的控制网络。作为 MELSEC 控制网络的 MELSECNET/10，以它良好的实时性、简单的网络设定、无程序的网络数据共享概念，以及冗余回路等特点获得了很高的市场评价，被采用的设

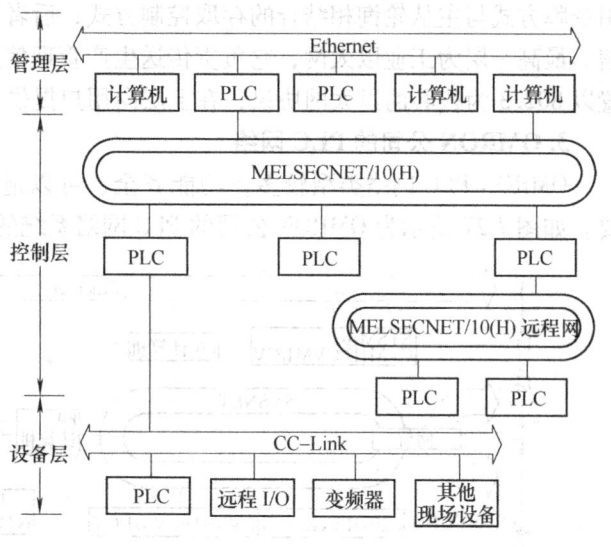

图 7-25 三菱公司的 PLC 网络

备台数在日本达到最高，在世界上也是屈指可数的。而 MELSECNET/H 不仅继承了 MELSECNET/10 优秀的特点，还使网络的实时性更好，数据容量更大，进一步适应市场的需要。但目前 MELSECNET/H 只有 Q 系列 PLC 才可使用。

（3）设备层/现场总线 CC-Link 设备层是把 PLC 等控制设备和传感器以及驱动设备连接起来的现场网络，为整个网络系统最低层的网络。采用 CC-Link 现场总线连接，布线数量大大减少，提高了系统可维护性。而且，不仅可以连接 ON/OFF 等开关量设备，还可连接 ID 系统、条形码阅读器、变频器和人机界面等智能化设备，从完成各种数据的通信，到终端生产信息的管理均可实现，加上对机器动作状态的集中管理，使维修保养的工作效率也大有提高。在 Q 系列 PLC 中，CC-Link 的功能更好，而且使用更简便。

在三菱的 PLC 网络中进行通信时，不会感觉到有网络种类的差别和间断，可进行跨网络间的数据通信和程序的远程监控、修改和调试等工作，而无需考虑网络的层次和类型。

MELSECNET/H 和 CC-Link 使用循环通信的方式，周期性自动地收发信息，不需要专门的数据通信程序，只需简单的参数设定即可。MELSECNET/H 和 CC-Link 是使用广播方式进行循环通信发送和接收的，这样就可做到网络上的数据共享。

2. SIEMENS 公司的 PLC 网络

西门子 PLC 的网络是适合不同的控制需要制定的，也为各个网络层次之间提供了互连模块或装置，利用它们可以设计出满足各种应用需求的控制管理网络。西门子 S7 系列 PLC 网络如图 7-26 所示，它采用 3 级总线复合型结构，最底一级为远程 I/O 链路，负责与现场设备通信，在远程 I/O 链路中配置周期 I/O 通信机制。中间一级为 Profibus 现

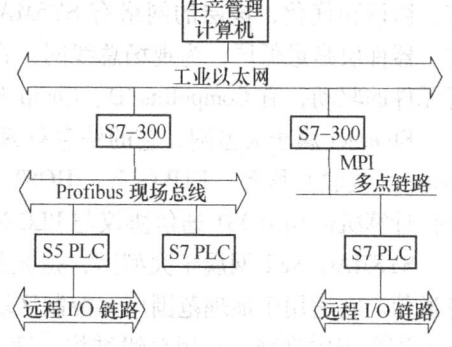

图 7-26 SIEMENS 公司的 PLC 网络

场总线或主从式多点链路。前者是一种现场总线，可承担现场、控制和监控三级的通信，采用令牌方式与主从轮询相结合的存取控制方式；后者为一种主从式总线，采用主从轮询式通信。最高一层为工业以太网，它负责传送生产管理信息。在工业以太网通信协议的下层中配置以 802.3 为核心的以太网协议，在上层向用户提供 TF 接口，实现 AP 协议与 MMS 协议。

3. OMRON 公司的 PLC 网络

OMRON PLC 网络类型较多，功能齐全，可以适用各种层次工业自动化网络的不同需要。如图 7-27 所示为 OMRON 公司的 PLC 网络系统的结构体系示意图。

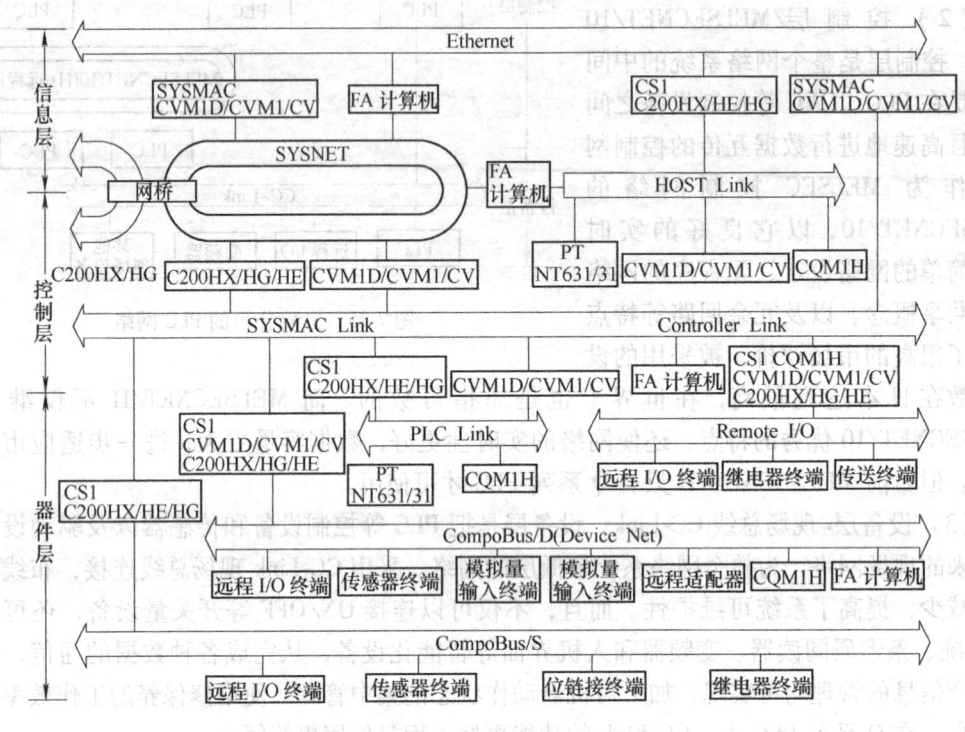

图 7-27　OMRON 公司的 PLC 网络

OMRON 的 PLC 网络结构体系大体分为三个层次：信息层、控制层和器件层。信息层是最高层，负责系统的管理与决策，除了 Ethernet 网外，HOST Link 网也可算在其中，因为 HOST Link 网主要用于计算机对 PLC 的管理和监控。控制层是中间层，负责生产过程的监控、协调和优化，该层的网络有 SYSMAC NET、SYSMAC Link、Controller Link 和 PLC Link 网。器件层是最低层，为现场总线网，直接面对现场器件和设备，负责现场信号的采集及执行元件的驱动，有 CompoBus/D、CompoBus/S 和 Remote I/O 网。

Ethernet 属于大型网，它的信息处理功能很强，支持 FINS 通信、TCP/IP 和 UDP/IP 的 Socket（接驳）服务、FTP 服务。HOST Link 网是 OMRON 推出较早，使用较广的一种网。上位计算机使用 HOST 通信协议与 PLC 通信，可以对网中的各台 PLC 进行管理与监控。

SYSMAC NET 网属于大型网，是光纤环网，主要是实现有大容量数据链接和节点间信息通信。它适用于地理范围广，控制区域大的场合，是一种大型集散控制的网络。SYSMAC Link 网属于中型网，采用总线结构，适用于中规模集散控制的网络。Controller Link 网（控制器网）是 SYSMAC Link 网的简化，相比而言，规模要小一些，但实现简单。PLC Link 网的主要功能是为各台 PLC 建立数据链接（容量较小），实现数据信息共享，它适用于控制范围较大，需要多台 PLC 参与控制且控制环节相互关联的场合。

CompoBus/D 是一种开放、多主控的器件网，开放性是其特色。它采用了美国 AB 公司制定的 DeviceNet 通信规约，只要符合 DeviceNet 标准，就可以接入其中。其主要功能有远程开关量和远程模拟量的 I/O 控制及信息通信。这是一种较为理想的控制功能齐全，配置灵活，实现方便的控制网络。CompoBus/S 也为器件网，是一种高速 ON/OFF 现场控制总线，使用 CompoBus/S 专用通信协议。CompoBus/S 的功能虽不及 CompoBus/D，但它实现简单，通信速度更快，主要功能有远程开关量的 I/O 控制。Remote I/O 网实际上是 PLC I/O 点的远程扩展，适用于工业自动化的现场控制。

Controller Link 网推出时间较晚，只有某些型号 PLC（如 C200H、CV、CS1 和 CQM1H 等）才能入网，随着 Controller Link 网的不断发展和完善，其功能已覆盖了控制层其他三种网络。

目前，在信息层、控制层和器件层这三个网络层次上，OMRON 主推 Ethernet、Controller Link 和 CompoBus/D 三种网。

三、PLC 网络各级子网通信协议配置的规律

通过以上典型 PLC 网络的介绍，可以看出 PLC 网络各级子网通信协议配置的规律如下：

1）PLC 网络通常采用 3 级或 4 级子网构成的复合型拓扑结构，各级子网中配置不同的通信协议，以适应不同的通信要求。

2）在 PLC 网络中配置的通信协议分两类：一类是通用协议，一类是公司专用协议。

3）在 PLC 网络的高层子网中配置的通用协议主要有两种，一种是 MAP 规约（全 MAP3.0），一种是 Ethernet 协议，这反映 PLC 网络标准化与通用化的趋势。PLC 网的互联，PLC 网与其他局域网的互联将通过高层进行。

4）在 PLC 网络的低层子网及中间层子网采用公司专用协议。其最底层由于传递过程数据及控制命令，这种信息很短，对实时性要求又较高，常采用周期 I/O 方式通信；中间层负责传送监控信息，信息长度居于过程数据及管理信息之间，对实时性要求也比较高，其通信协议常用令牌方式控制通信，也有采用主从方式控制通信的。

5）PC 加入不同级别的子网，必须按所连入的子网配置通信模板，并按该级子网配置的通信协议编制用户程序，一般在 PLC 中不需编制程序。对于协议比较复杂的干网，可购置厂家供应的通信软件装入 PC 中，将使用户通信程序编制变得比较简单方便。

6）PLC 网络低层子网对实时性要求较高，其采用的协议大多为塌缩结构，只有物理层、链路层及应用层；而高层子网传送管理信息，与普通网络性质接近，又要考虑异种网互联，因此高层子网的通信协议大多为 7 层。

四、PLC 网络中常用的通信方式

PLC 网络是由几级子网复合而成，各级子网的通信过程是由通信协议决定的，而通信方式是通信协议最核心的内容。通信方式包括存取控制方式和数据传送方式。所谓存取控制（也称访问控制）方式是指如何获得共享通信介质使用权的问题，而数据传送方式是指一个站取得了通信介质使用权后如何传送数据的问题。

1. 周期 I/O 通信方式

周期 I/O 通信方式常用于 PLC 的远程 I/O 链路中。远程 I/O 链路按主从方式工作，PLC 远程 I/O 主单元为主站，其他远程 I/O 单元皆为从站。在主站中设立一个"远程 I/O 缓冲区"，采用信箱结构，划分为几个分箱与每个从站一一对应，每个分箱再分为两格，一格管发送，一格管接收。主站中通信处理器采用周期扫描方式，按顺序与各从站交换数据，把与其对应的分箱中发送分格的数据送给从站，从从站中读取数据放入与其对应的分箱的接收分格中。这样周而复始，使主站中的"远程 I/O 缓冲区"得到周期性的刷新。

在主站中 PLC 的 CPU 单元负责用户程序的扫描，它按照循环扫描方式进行处理，每个周期都有一段时间集中进行 I/O 处理，这时它对本地 I/O 单元及远程 I/O 缓冲区进行读写操作。PLC 的 CPU 单元对用户程序的周期性循环扫描，与 PLC 通信处理器对各远程 I/O 单元的周期性扫描是异步进行的。尽管 PLC 的 CPU 单元没有直接对远程 I/O 单元进行操作，但是由于远程 I/O 缓冲区获得周期性刷新，PLC 的 CPU 单元对远程 I/O 缓冲区的读写操作，就相当于直接访问了远程 I/O 单元。这种通信方式简单、方便，但要占用 PLC 的 I/O 区，因此只适用于少量数据的通信。

2. 全局 I/O 通信方式

全局 I/O 通信方式是一种串行共享存储区的通信方式，它主要用于带有链接区的 PLC 之间的通信。

全局 I/O 方式的通信原理如图 7-28 所示。在 PLC 网络的每台 PLC 的 I/O 区中各划出一块来作为链接区，每个链接区都采用邮箱结构。相同编号的发送区与接收区大小相同，占用相同的地址段。每个链接区只有一个为发送区，其他皆为接收区，采用广播方式通信。PLC1 把 1#发送区的数据在 PLC 网络上广播，PLC2、PLC3 收听到后把它接收下来存入各自

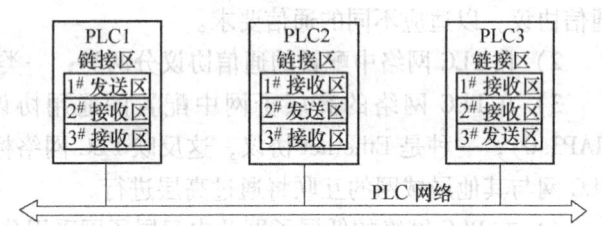

图 7-28　全局 I/O 方式的通信原理

的 1#接收区中。PLC2 把 2#发送区数据在 PLC 网上广播，PLC1、PLC3 把它接收下来存入各自的 2#接收区中。PLC3 把 3#发送区数据在 PLC 网上广播，PLC1、PLC2 把它接收下来存入各自的 3#接收区中。显然通过上述广播通信过程，PLC1、PLC2 和 PLC3 的各链接区中数据是相同的，这个过程称为等值化过程。通过等值化通信使得 PLC 网络中的每台 PLC 的链接区中的数据保持一致。它既包含着自己送出去的数据，也包含着其他 PLC 送来的数据。由于每台 PLC 的链接区大小一样，占用的地址段相同，每台 PLC 只要访问自己的链接区，就等于访问了其他 PLC 的链接区，也就相当于与其他 PLC 交换了数据。这样链接区就变成了名符其实的共享存储区，共享区成为各 PLC 交换数据的中介。

链接区可以采用异步方式刷新（等值化），也可以采用同步方式刷新。异步方式刷新与 PLC 中用户程序无关，由各 PLC 的通信处理器按顺序进行广播通信，周而复始，使其所有链接区保持等值化；同步方式刷新是由用户程序对链接区发送指令时启动一次刷新，这种方式只有当链接区的发送区数据变化时才刷新。

全局 I/O 通信方式中，PLC 直接用读写指令对链接区进行读写操作，简单、方便、快速，但应注意在一台 PLC 中对某地址的写操作在其他 PLC 中对同一地址只能进行读操作。

与周期 I/O 方式一样，全局 I/O 方式也要占用 PLC 的 I/O 区，因而只适用于少量数据的通信。

3. 主从总线通信方式

主从总线通信方式又称为 1:N 通信方式，是指在总线结构的 PLC 子网上有 N 个站，其中只有 1 个主站，其他皆是从站。

1:N 通信方式采用集中式存取控制技术分配总线使用权，通常采用轮询表法。所谓轮询表是一张从站机号排列顺序表，该表配置在主站中，主站按照轮询表的排列顺序对从站进行询问，看它是否要使用总线，从而达到分配总线使用权的目的。

对于实时性要求比较高的站，可以在轮询表中让其从站机号多出现几次，赋予该站较高的通信优先权。在有些 1:N 通信中把轮询表法与中断法结合使用，紧急任务可以打断正常的周期轮询，获得优先权。

1:N 通信方式中，当从站获得总线使用权后有两种数据传送方式。一种是只允许主从通信，不允许从从通信，从站与从站要交换数据，必须经主站中转；另一种是既允许主从通信也允许从从通信，从站获得总线使用权后先安排主从通信，再安排自己与其他从站之间的通信。

4. 令牌总线通信方式

令牌总线通信方式又称为 N:N 通信方式，它是指在总线结构的 PLC 子网上有 N 个站，它们地位平等没有主站与从站之分，也可以说 N 个站都是主站。

N:N 通信方式采用令牌总线存取控制技术。在物理总线上组成一个逻辑环，让一个令牌在逻辑环中按一定方向依次流动，获得令牌的站就取得了总线使用权。令牌总线存取控制方式限定每个站的令牌持有时间，保证在令牌循环一周时每个站都有机会获得总线使用权，并提供优先级服务，因此令牌总线存取控制方式具有较好的实时性。

取得令牌的站有两种数据传送方式，即无应答数据传送方式和有应答数据传送方式。采用无应答数据传送方式时，取得令牌的站可以立即向目的站发送数据，发送结束，通信过程也就完成了；而采用有应答数据传送方式时，取得令牌的站向目的站发送完数据后并不算通信完成，必须等目的站获得令牌并把应答帧发给发送站后，整个通信过程才结束。后者比前者的响应时间明显增长，实时性下降。

5. 浮动主站通信方式

浮动主站通信方式又称 N:M 通信方式，适用于总线结构的 PLC 网络，是指在总线上有 M 个站，其中 N（N<M）为主站，其余为从站。

N:M 通信方式采用令牌总线与主从总线相结合的存取控制技术。首先把 N 个主站组成逻辑环，通过令牌在逻辑环中依次流动，在 N 个主站之间分配总线使用权，这就是浮动主站的含义。获得总线使用权的主站再按照主从方式来确定在自己的令牌持有时间内与哪些站通信。一般在主站中配置有一张轮询表，可按轮询表上排列的其他主站号及从站号进行轮询。获得令牌的主站对于用户随机提出的通信任务可按优先级安排在轮询之前或之后进行。

获得总线使用权的主站可以采用多种数据传送方式与目的站通信，其中以无应答无连接方式速度最快。

6. CSMA/CD 通信方式

CSMA/CD 通信方式是一种随机通信方式，适用于总线结构的 PLC 网络，总线上各站地位平等，没有主从之分，采用 CSMA/CD 存取控制方式，即"先听后讲，边讲边听"。

CSMA/CD 存取控制方式不能保证在一定时间周期内，PLC 网络上每个站都可获得总线使用权，因此这是一种不能保证实时性的存取控制方式。但是它采用随机方式，方法简单，而且见缝插针，只要总线空闲就抢着上网，通信资源利用率高，因而在 PLC 网络中 CSMA/CD 通信法适用于上层生产管理子网。

CSMA/CD 通信方式的数据传送方式可以选用有连接、无连接、有应答、无应答及广播通信中的每一种，可按对通信速度及可靠性的要求进行选择。

以上是 PLC 网络中常用的通信方式，此外还有少量的 PLC 网络采用其他通信方式，如令牌环的通信方式等。另外，在新近推出的 PLC 网络中，常常把多种通信方式集成配置在某一级子网上，这也是今后技术发展的趋势。

第四节 现场总线技术

随着控制、计算机、通信和网络等技术的发展，信息交换沟通的领域正在迅速覆盖从工厂的现场设备层到控制、管理的各个层次，覆盖从工段、车间、工厂和企业乃至世界各地的市场。信息技术的飞速发展，引起了自动化系统结构的变革，逐步形成以网络集成自动化系统为基础的企业信息系统。现场总线（Fieldbus）就是顺应这一形势发展起来的新技术。

一、现场总线概述

20 世纪 80 年代中期开始发展起来的现场总线被誉为自动化领域的计算机局域网。它的出现，标志着工业控制技术领域又一新时代的开始，并将对该领域的发展产生重要影响。

1. 什么是现场总线

现场总线（Fieldbus）是应用在生产现场、在测量控制设备之间实现双向、串行和多点数字通信的系统，也被称为开放式、数字化和多点通信的底层控制网络。它在制造业、流程工业、交通和楼宇等方面的自动化系统中具有广泛的应用前景。

现场总线技术将通用或专用微处理器置入传统的测量控制仪表，使它们具有数字计算和数字通信能力，采用一定的通信介质作为总线，按照公开、规范的通信协议，在位于现场的多个微机化测量控制设备之间及现场仪表与远程监控计算机之间，实现数据传输与信息交换，形成适应实际需要的自控系统。简而言之，它把分散的测量控制设备变成网络节点，以现场总线为纽带，把它们连接成可以相互沟通信息，共同完成自控任务的网络系统。现场总线将控制功能彻底下放到现场，降低了安装成本和维护费用。

基于现场总线的控制系统被称为现场总线控制系统（FCS，Fieldbus Control System）。FCS 实质是一种开放的、具有互操作性的、彻底分散的分布式控制系统。

2. 现场总线的国际标准

从 1984 年 IEC（国际电工委员会）开始制定现场总线国际标准至今，争夺现场总线国际标准的大战持续了 16 年之久。先后经过 9 次投票表决，最后通过协商、妥协，在第一版标准的基础上，于 2000 年 1 月 IEC TC65（负责工业测量和控制的第 65 标准化技术委员会）通过了 8 种类型的现场总线作为新的 IEC61158 国际标准。

1）类型 1 IEC 技术报告（即 FF 的 H1）。

2）类型 2 ControlNet（美国 Rockwell 公司支持）。

3）类型 3 Profibus（德国 Siemens 公司支持）。

4）类型 4 P—Net（丹麦 Process Data 公司支持）。

5）类型 5 FF HSE（即原 FF 的 H2，Fisher-Rosemount 等公司支持）。

6）类型 6 Swift Net（美国波音公司支持）。

7）类型 7 World FIP（法国 Alstom 公司支持）。

8）类型 8 Interbus（德国 Phoenix Conact 公司支持）。

长期以来，关于现场总线的问题争论不休，互连、互通与互操作问题很难解决，于是现场总线开始转向以太网。经过近几年的努力，以太网技术已经被工业自动化系统广泛接受。为了反映现场总线与工业以太网技术的最新发展，IEC 执委会对 IEC61158 第二版标准进行了扩充和修订，并于 2003 年 4 月发布了 IEC61158 第三版的现场总线国际标准，除原有的 8 种类型外，还增加了 Type9 FF H1 现场总线和 Type10 PROFINET 现场总线。

近些年来，为了满足高实时性能应用的需要，各大公司和标准组织纷纷提出各种提升工业以太网实时性的技术解决方案，从而产生了实时以太网 RTE（real-time Ethernet）。按照 IEC SC65C（IEC TC65 中负责工业网络通信的工作组）的定义，实时以太网是建立在 IEEE 802.3 标准的基础上，通过对其和相关标准的实时扩展提高实时性，并且做到与标准以太网完全无缝连接的工业以太网。为了规范实时以太网的工作，IEC SC65C 于 2007 年 7 月出版了 IEC 61158 第四版标准，采纳了经过市场考验的 20 种主要类型的现场总线和以太网，其中实时以太网有 11 种，具体类型如下所示：

1）类型 2 EtherNet/IP（美国 Rockwell 公司支持）。

2）类型 4 P-NET/IP（丹麦 Process-Data 公司支持）。

3）类型 8 INTERBUS TCP/IP（德国 Phoenix Contact 公司支持）。

4）类型 10 PROFINET（德国 Siemens 公司支持）。

5）类型 11 TCNet（日本 Toshiba 公司支持）。

6）类型 12 EtherCAT（德国 Beckhoff 公司支持）。

7）类型 13 EtherNet Powerlink（奥地利 B&R 公司支持）。

8）类型 14 EPA（中国浙大中控公司支持）。

9）类型 15 Modbus-RTPS（美国 Schneider 公司支持）。

10）类型 17 VNET/IP（日本 Yokogawa 公司支持）。

11）类型 19 SERCOSⅢ（德国电力电子协会与机床协会支持）。

3. 现场总线的发展趋势

虽然现场总线的标准统一还有种种问题，但现场总线控制系统的发展却已经是一个不争的事实。随着现场总线思想的日益深入人心，基于现场总线的产品和应用的不断增多，现场总线控制系统体系结构日益清晰，具体发展趋势表现在以下几个方面。

（1）网络结构趋向简单化　早期的 MAP 模型由 7 层组成，现在 Rockwell 公司提出了 3 层结构自动化，Fisher Rosemount 公司提出了 2 层自动化，还有的公司甚至提出 1 层结构，由以太网一通到底。目前比较达成共识的是 3 层设备、2 层网络的 3+2 结构。3 层设备是位于底层的现场设备，如传感器/执行器以及各种分布式 I/O 设备等，位于中间的控制设备，如 PLC、工业控制计算机和专用控制器等；位于上层的是操作设备，如操作站、工程师站、数据服务器和一般工作站等；2 层网络是现场设备与控制设备之间的控制网，以及控制设备与操作设备之间的管理网。

(2) 大量采用成熟、开放和通用的技术 在管理网的通信协议上，越来越多的企业采用最流行的 TCP/IP 协议加以太网，操作设备一般采用工业 PC 甚至普通 PC，控制设备一般采用标准的 PLC 或者是工业控制计算机等，而控制网络就是各种现场总线的应用领域。

由此可见，新型的现场总线控制系统与传统的控制系统（如 DCS、PLC）之间并不是完全取而代之的关系，而是继承、融合、提高的关系。

二、现场总线的特点与优点

1. FCS 与 DCS 的比较

如图 7-29 所示，FCS 打破了传统 DCS（集散控制系统）的结构形式。DCS 中位于现场的设备与位于控制室的控制器之间均为一对一的物理连接。FCS 采用了智能设备，把原 DCS 中处于控制室的控制模块、输入/输出模块置于现场设备中，加上现场设备具有通信能力，现场设备之间可直接传送信号，因而控制系统的功能可不依赖于控制室里的计算机或控制器，直接在现场完成，实现了彻底的分散控制。另外，

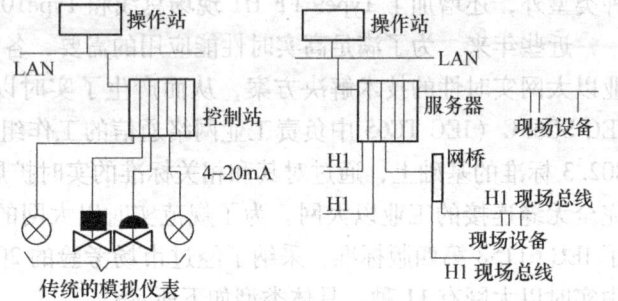

图 7-29 DCS 与 FCS 结构比较

由于 FCS 采用数字信号代替模拟信号，可以实现一对电线上传输多个信号，同时又为多个设备供电。这为简化系统结构、节约硬件设备、节约连接电缆与各种安装、维护费用创造了条件。表 7-7 详细说明了 FCS 与 DCS 的对比。

表 7-7 DCS 与 FCS 的比较

	DCS	FCS
结构	一对一：一对传输线接一台仪表，单向传输一个信号	一对多：一对传输线接多台仪表，双向传输多个信号
可靠性	可靠性差：模拟信号传输不仅精度低，而且容易受干扰	可靠性好：数字信号传输抗干扰能力强，精度高
失控状态	操作员在控制室既不了解模拟仪表的工作状况，也不能对其进行参数调整，更不能预测故障，导致操作员对仪表处于"失控"状态	操作员在控制室既可以了解现场设备或现场仪表的工作状况，也能对设备进行参数调整，还可以预测或寻找故障，始终处于操作员的远程监视与可控状态之中
互换性	尽管模拟仪表统一了信号标准（4~20）mA DC，可是大部分技术参数仍由制造厂自定，致使不同品牌的仪表无法互换	用户可以自由选择不同制造商提供的性能价格比最优的现场设备和仪表，并将不同品牌的仪表互连。即使某台仪表故障，换上其他品牌的同类仪表照样工作，实现"即接即用"
仪表	模拟仪表只具有检测、变换、补偿等功能	智能仪表除了具有模拟仪表的检测、变换、补偿等功能外，还具有数字通信能力，并且具有控制和运算的能力
控制	所有的控制功能集中在控制站中	控制功能分散在各个智能仪表中

2. 现场总线的特点

现场总线系统打破了传统控制系统的结构形式,其在技术上具有以下特点:

(1) 系统的开放性　现场总线致力于建立统一的工厂底层网络的开放系统。用户可根据自己的需要,通过现场总线把来自不同厂商的产品组成大小随意的开放互连系统。

(2) 互操作性与互用性　互操作性是指实现互连设备间、系统间的信息传送与沟通;而互用性则意味着不同生产厂家的性能类似的设备可实现相互替换。

(3) 现场设备的智能化与功能自治性　它将传感测量、补偿计算、工程量处理与控制等功能分散到现场设备中完成,仅靠现场设备即可完成自动控制的基本功能,并可随时诊断设备的运行状态。

(4) 系统结构的高度分散性　现场总线构成一种新的全分散式控制系统的体系结构,从根本上改变了集中与分散相结合的 DCS 体系,简化了系统结构,提高了可靠性。

(5) 对现场环境的适应性　现场总线是专为现场环境而设计的,支持各种通信介质,具有较强的抗干扰能力,能采用两线制实现供电与通信,并可满足本质安全防爆要求等。

3. 现场总线的优点

由于现场总线系统结构的简化,使控制系统从设计、安装、投运到正常生产运行及检修维护,都体现出优越性。现场总线的优点如下:

(1) 节省硬件数量与投资　由于分散在现场的智能设备能直接执行多种传感、测量、控制、报警和计算功能,因而可减少变送器的数量,不再需要单独的调节器、计算单元等,也不再需要 DCS 系统的信号调理、转换和隔离等功能单元及其复杂接线,还可以用工控 PC 机作为操作站,从而节省了一大笔硬件投资,并可减少控制室的占地面积。

(2) 节省安装费用　现场总线系统的接线十分简单,一对双绞线或一条电缆上通常可挂接多个设备,因而电缆、端子、槽盒和桥架的用量大大减少,连线设计与接头校对的工作量也大大减少。当需要增加现场控制设备时,无需增设新的电缆,可就近连接在原有的电缆上,既节省了投资,又减少了设计、安装的工作量。据有关典型试验工程的测算资料表明,可节约安装费用 60% 以上。

(3) 节省维护开销　现场控制设备具有自诊断与简单故障处理的能力,并通过数字通信将相关的诊断维护信息送往控制室,用户可以查询所有设备的运行,诊断维护信息,以便早期分析故障原因并快速排除,缩短了维护停工时间,同时由于系统结构简化,连线简单而减少了维护工作量。

(4) 用户具有高度的系统集成主动权　用户可以自由选择不同厂商所提供的设备来集成系统。避免因选择了某一品牌的产品而限制了使用设备的选择范围,不会为系统集成中不兼容的协议、接口而一筹莫展,使系统集成过程中的主动权牢牢掌握在用户手中。

(5) 提高了系统的准确性与可靠性　现场设备的智能化、数字化,与模拟信号相比,从根本上提高了测量与控制的精确度,减少了传送误差。简化的系统结构,设备与连线减少,现场设备内部功能加强,减少了信号的往返传输,提高了系统的工作可靠性。

此外,由于它的设备标准化,功能模块化,因而还具有设计简单,易于重构等优点。

三、几种有影响的现场总线

1. FF

基金会现场总线(FF, Foundation Fieldbus)是目前最具发展前景、最具竞争力的现场总线之一。以 Fisher-Rosemount 公司为首,联合 80 家公司组成的 ISP 组织和以 Honeywell 公司为首,联合欧洲 150 家公司组成的 WorldFIP 北美分部,这两大集团于 1994 年合并,成立现场总线基金会,致力于开发统一的现场总线标准。FF 目前拥有 120 多个成员,包括世界上最主要的自动化设备供应商:A-B、ABB、Foxboro、Honeywell、Smar 和 FUJI Electric 等。

FF 的通信模型以 ISO/OSI 开放系统模型为基础,采用了物理层、数据链路层和应用层,并在其上增加了用户层,各厂家的产品在用户层的基础上实现。FF 总线采用的是令牌总线通信方式,可分为周期通信和非周期通信。FF 目前有高速和低速两种通信速率,其中低速总线协议 H1 已于 1996 年发表,现在已应用于工作现场,高速协议原定为 H2 协议,但目前 H2 很有可能被 HSE 取而代之。H1 的传输速率为 31.25kbit/s,传输距离可达 1900m,可采用中继器延长传输距离,并可支持总线供电,支持本质安全防爆环境;HSE 目前的通信速率为 10Mbit/s,更高速的以太网正在研制中。FF 可采用总线型、树型和菊花链等网络拓扑结构,网络中的设备数量取决于总线带宽、通信段数、供电能力和通信介质的规格等因素。FF 支持双绞线、同轴电缆、光缆和无线发射等传输介质,物理传输协议符合 IEC1157—2 标准,编码采用曼彻斯特编码。FF 总线拥有非常出色的互操作性,这在于 FF 采用了功能模块和设备描述语言(DDL, Device Description Language)使得现场节点之间能准确、可靠地实现信息互通。

2. PROFIBUS

PROFIBUS 是 Process Field Bus 的缩写,它是 1989 年由以 Siemens 为首的 13 家公司和 5 家科研机构在联合开发的项目中制定的标准化规范。1996 年 PROFIBUS 成为德国国家标准 DIN19245,同时又是欧洲标准 EN50170。PROFIBUS 在实际应用中业绩斐然,在众多总线中居于前列,广泛应用于各种行业,也是最具竞争力的现场总线之一。

目前的 PROFIBUS 有 3 种系列:PROFIBUS-DP、PROFIBUS-PA 和 PROFIBUS-FMS。PROFIBUS-DP 的最大传输速率为 12Mbit/s,应用于现场级,高速、廉价的传输形式适于自控系统与现场设备之间的实时通信。PROFIBUS-FMS 用于车间级,即中、下层,要求面向对象,提供较大数据量的通信服务,它有被以太网取代的趋势。PROFIBUS-PA 专为过程自动化设计,它采用 IEC1157-2 传输技术,可用于有爆炸危险的环境中。PROFIBUS-DP 和 PROFIBUS-FMS 使用同样的传输技术和总线访问协议,它们可以在同一根电缆上同时操作,而 PROFIBUS-PA 设备通过分段耦合器也可方便地集成到 PROFIBUS-DP 网络。

PROFIBUS 有 3 种传输类型:PROFIBUS-DP 和 PROFIBUS-FMS 的 RS-485(H2)、PROFIBUS-PA 的 IEC1157-2(H1)、光纤(FO)。

PROFIBUS 参考模型遵循 ISO/OSI 模型,它同 FF 一样也省略了(3~6)层,增加了用户层。PROFIBUS-DP 使用第 1 层、第 2 层和用户接口。PROFIBUS-FMS 对 1 层、2 层和 7 层均加以定义,PROFIBUS-PA 的数据传输沿用 PROFIBUS-DP 的协议,只是在上层增加了描述现场设备行为的 PA 行规。它的总线访问方式为:主站之间通信采用令牌传输,主站和从站之间采用主从方式。PROFIBUS 可以采用总线型、树型和星型等网络拓扑,总线上最多可挂接 127 个站点。PROFIBUS 行规的制定为遵循 PROFIBUS 协议的设备之间的互操作奠定了基础。通过对设备指定符合 PROFIBUS 行规的过程参数、工作参数和厂家特定参数，设备之间就可以实现互操作。

3. CAN

CAN 是控制器局域网络（Controller Area NetWork）的简称。它是德国 Bosch 公司及几个半导体集成电路制造商开发出来的，起初是专门为汽车工业设计的，目的是为了节省接线的工作量，后来由于自身的特点被广泛地应用于各行各业。它的芯片由摩托罗拉、Intel 等公司生产。国际 CAN 的用户及制造商组织（简称 CIA）于 1993 年在欧洲成立，其主要是为了解决 CAN 总线实际应用中的问题，提供 CAN 产品及开发工具，推广 CAN 总线的应用。目前 CAN 已由 ISO TC22 技术委员会批准为国际标准，在现场总线中，它是唯一被国际标准化组织批准的现场总线。

CAN 协议也遵循 ISO/OSI 模型，采用了其中的物理层、数据链路层与应用层。CAN 采用多主工作方式，节点之间不分主从，但节点之间有优先级之分，通信方式灵活，可实现点对点、一点对多点及广播方式传输数据，无需调度。CAN 采用的是非破坏性总线仲裁技术，按优先级发送，可以大大节省总线冲突仲裁时间，在重负荷下表现出良好的性能。CAN 采用短帧结构传输，每帧有效字节为 8 个，传输时间短，受干扰的概率低。而且每帧信息都有 CRC 校验和其他检错措施，保证数据出错率极低。当节点严重错误时，具有自动关闭功能，使总线上其他节点不受影响，所以 CAN 是所有总线中最为可靠的。CAN 总线可采用双绞线、同轴电缆或光纤作为传输介质。它的直接通信距离最远可达 10km，通信速率最高达 1Mbit/s（通信距离为 40m 时），总线上可挂设备数主要取决于总线驱动电路，最多可达 110 个。

4. HART

HART 是 Highway Addressable Remote Transducer 的编写。最早由 Rosemonut 公司开发并得到 80 多家著名仪表公司的支持，于 1993 年成立了 HART 通信基金会。这种被称为可寻址远程传感器高速通道的开放通信协议，其特点是在现有模拟信号传输线上实现数字信号通信，属于模拟系统向数字系统转变过程中的过渡性产品，因而在当前的过渡时期具有较强的市场竞争能力，得到了较快发展。

HART 规定了一系列命令，按命令方式工作。它有 3 类命令，第 1 类称为通用命令，这是所有设备都理解、执行的命令；第 2 类称为一般行为命令，所提供的功能可以在许多现场设备（尽管不是全部）中实现，这类命令包括最常用的现场设备的功能库；第 3 类称为特殊设备命令，以便在某些设备中实现特殊功能，这类命令既可以在基金会中开放使用，又可以为开发此命令的公司所独有。在一个现场设备中通常可发现同时存在这 3 类命令。

HART 采用统一的设备描述语言 DDL。现场设备开发商采用这种标准语言来描述设备特性，由 HART 基金会负责登记管理这些设备描述并把它们编为设备描述字典，主设备运用 DDL 技术来理解这些设备的特性参数而不必为这些设备开发专用接口。但这种模拟数字混合信号制，导致难以开发出一种能满足各公司要求的通信接口芯片。HART 能利用总线供电，可满足本质防爆要求，并可组成由手持编程器与管理系统主机作为主设备的双主设备系统。

四、几种有影响的实时以太网

根据美国 IMS 和 ARC 两大公司对工业以太网市场占有情况的调研,大约 3/4 的工业以太网使用 Ethernet/IP、PROFINET 和 Modbus/TCP,其次为 EtherNet Powerlink 和 EtherCAT。

Modbus/TCP 的用户组织 ODVA 已经表明它将被集成到 EtherNet/IP 网络中,而 Ethernet/IP 主要应用于流程工业领域,其实时性并不是特别高,一般在 5~100ms 等级。PROFINET 按照其实现和对实时性支持能力分为 PROFINET CBA、PROFINET RT 和 PROFINET IRT 三个版本。其中 PROFINET CBA 和 PROFINET RT 是无法满足高速运动控制的需求,通常用于软实时或没有实时性要求的应用场合;PROFINET IRT 为了满足更快速的运动控制,采用了专用的芯片来大幅度提高速度,可以达到 100 个伺服 100μs 的数据刷新能力,但这也导致了应用架构的复杂性。因此,在市场占有量较高的五种工业以太网中,Powerlink 和 EtherCAT 才是真正意义上的实时以太网,特别适合硬实时性要求。另外,虽然 SERCOSIII 的市场份额比较小,但是它在高速运动控制领域扮演着非常重要的角色。

1. EtherNet Powerlink

Powerlink 最初由 B&R 开发并于 2001 年投入使用,其标准化组织 EPSG 在 2007 年宣布放弃对 Powerlink 所有专利的拥有,从而使 Powerlink 技术成为实时以太网技术里第一个 "Open Source Technology"。

Powerlink 在技术方面采用了 SCNM 时间槽通信管理机制,能够准确预测数据通信的时间,利用纯软件方式的协议却可达到硬实时的性能。它集成了完整的 CANopen 机制,并充分满足 IEEE802.3 以太网标准,能够满足所有标准的以太网功能,包括交叉通信和热插拔,允许网络以任意方式进行拓扑。

Powerlink 分为同步通信和异步通信阶段,指定网络中的 PLC 或工业 PC 作为管理节点(MN),所有其他运行设备为受控节点(CN)。在同步通信阶段,采用时隙的调度和轮询混合方式,由 MN 以固定的时间序列逐次向 CN 发送 "轮询请求帧 PReq"。每个 CN 以 PRes 方式立即响应这个请求并传输数据,实现实时数据的交换。异步通信阶段用于传输大容量、非时间苛刻的数据包。

2. EtherCAT

EtherCAT(以太网控制自动化技术)由德国 Beckhoff 开发,其设计目标是支持标准的以太网,支持几乎所有的拓扑结构,并且能够以最小的硬件成本在实时控制领域开展使用。它是一个开放源代码的高性能系统,不需要通过交换机就可以建立通信,与 100 个伺服轴的通信只需 100μs,在此期间,可以向所有轴提供设置值和控制数据,并报告它们的实际位置和状态,同时分布式时钟技术保证了这些轴之间的同步偏差小于 1μs。

EtherCAT 是基于集束帧方法,采用边传输边处理的方式工作。EtherCAT 主站发送的以太网帧包含了所有从站的数据,这个帧按照顺序通过网络上的节点时,EtherCAT 从站设备将提取本站数据并将响应数据插入到帧中,整个过程报文仅有几纳秒的延迟。最后一个从站负责将经过充分处理的报文返回给主站。因此,EtherCAT 网络拓扑总是构成一个逻辑环。

由于 EtherCAT 发送和接收的以太网帧压缩了大量的设备数据,可用数据率高达 90% 以上,100Mbit/s TX 的全双工特性完成得以利用,因此,有效数据的传输 > 100Mbit/s。为了支持 100Mbit/s 的波特率,必须使用专用的 ASIC 或基于 FPGA 的硬件来高速处理数据。

EtherCAT 对数据的传输和处理是一个循环过程，缺乏直接交叉通信，因此它对小数据量的系统比较快速，而对大数据量、节点数较多的网络反倒速度较低。

3. SRCOSⅢ

SERCOS（串行实时通信协议）是由德国 Bosch Rexroth 于 1996 年推出的运动控制领域的专用总线。SERCOSⅢ是其最新版本，2007 年发布，其设计目标是用于实时环境下的标准化闭环数据的高速串行通信，能够实现工业控制计算机与数字伺服系统、传感器和可编程序控制器 I/O 口之间的实时数据通信，其网络节点必须采用菊花链或封闭的环形拓扑。

SERCOSⅢ采用集束帧方式传输数据，在一个 SERCOSⅢ的数据包中包含了 M/S 同步数据与 CC 直接交叉通信数据以及 Safety 数据，由 Sync 同步管理机制来控制各种数据的传输。SERCOSⅢ的主站和从站均采用特定硬件，这不仅减轻了主 CPU 的通信压力，还能确保快速的实时数据处理和基于硬件的同步（<100ns 的高精度时钟同步偏移）。除了实时通道，SERCOSⅢ也使用时间槽方式进行无碰撞的数据传输，提供了可选的非实时通道来传递异步数据。

五、PROFIBUS-DP 现场总线

PROFIBUS 的最大优点在于具有稳定的国际标准 EN50170 作保证，并经实际应用验证具有普遍性。目前已广泛应用于制造业自动化、流程工业自动化和楼宇、交通电力等领域。

PROFIBUS 由 3 个兼容部分组成，即 PROFIBUS-DP（Decentralized Periphery，分布 I/O 系统）、PROFIBUS-PA（Process Automation，现场总线信息规范）和 PROFIBUS-FMS（Fieldbus Message Specification，过程自动化）。

PROFIBUS-DP 是一种高速、低成本通信，专门用于设备级控制系统与分散式 I/O 的通信。使用 PROFIBUS-DP 可取代 24V DC 或 4~20mA 信号传输。PORFIBUS-PA 专为过程自动化设计，可使传感器和执行机构连在一根总线上，并有本质安全规范。PROFIBUS-FMS 用于车间级监控网络，是一个令牌结构的实时多主网络。

1. PROFIBUS 的协议结构

PROFIBUS 协议结构是根据 ISO7498 国际标准，以 OSI 作为参考模型的。PROFIBUS-DP 定义了第 1、2 层和用户接口。第 3 到 7 层未加描述。用户接口规定了用户及系统以及不同设备可调用的应用功能，并详细说明了各种不同 PROFIBUS-DP 设备的设备行为。PROFIBUS-FMS 定义了第 1、2、7 层，应用层包括现场总线信息规范（FMS）和底层接口（LLI）。FMS 包括了应用协议并向用户提供了可广泛选用的强有力的通信服务；LLI 协调不同的通信关系并提供不依赖设备的第 2 层访问接口。PROFIBUS-PA 的数据传输采用扩展的 PROFIBUS-DP 协议。另外，PA 还描述了现场设备行为的 PA 行规。根据 IEC1157—2 标准，PA 的传输技术可确保其本质安全性，而且可通过总线给现场设备供电。使用连接器可在 DP 上扩展 PA 网络。

2. PROFIBUS 的传输技术

PROFIBUS 提供了三种数据传输型式：RS-485 传输、IEC1157—2 传输和光纤传输。

(1) RS-485 传输技术

RS-485 传输是 PROFIBUS 最常用的一种传输技术，通常称之为 H2。RS-485 传输技术用于 PROFIBUS-DP 与 PROFIBUS-FMS。

RS-485 传输技术基本特征是：网络拓扑为线性总线，两端有有源的总线终端电阻；传输速率为 9.6kbit/s～12Mbit/s；介质为屏蔽双绞电缆，也可取消屏蔽，取决于环境条件；不带中继时每分段可连接 32 个站，带中继时可多到 127 个站。

RS-485 传输设备安装要点：全部设备均与总线连接；每个分段上最多可接 32 个站（主站或从站）；每段的头和尾各有一个总线终端电阻，确保操作运行不发生误差；两个总线终端电阻必须一直有电源；当分段站超过 32 个时，必须使用中继器用以连接各总线段，串联的中继器一般不超过 4 个；传输速率可选用 9.6kbit/s～12Mbit/s，一旦设备投入运行，全部设备均需选用同一传输速率。电缆最大长度取决于传输速率。

采用 RS-485 传输技术的 PROFIBUS 网络最好使用 9 针 D 型插头。当连接各站时，应确保数据线不要拧绞，系统在高电磁发射环境下运行应使用带屏蔽的电缆，屏蔽可提高电磁兼容性（EMC）。如用屏蔽编织线和屏蔽箔，应在两端与保护接地连接，并通过尽可能的大面积屏蔽接线来复盖，以保持良好的传导性。

（2）IEC1157—2 传输技术

IEC1157—2 的传输技术用于 PROFIBUS-PA，能满足化工和石油化工业的要求。它可保持其本质安全性，并通过总线对现场设备供电。IEC1157—2 是一种位同步协议，可进行无电流的连续传输，通常称为 H1。

（3）光纤传输技术

PROFIBUS 系统在电磁干扰很大的环境下应用时，可使用光纤导体，以增加高速传输的距离。可使用两种光纤导体：一种是价格低廉的塑料纤维导体，供距离小于 50m 情况下使用；另一种是玻璃纤维导体，供距离小于 1km 情况下使用。

许多厂商提供专用总线插头可将 RS-485 信号转换成光纤导体信号或将光纤导体信号转换成 RS-485 信号。

3. PROFIBUS 总线存取控制技术

PROFIBUS-DP、FMS 和 PA 均采用一样的总线存取控制技术，它是通过 OSI 参考模型第 2 层（数据链路层）来实现的，它包括保证数据可靠性技术及传输协议和报文处理。在 PROFIBUS 中，第 2 层称之为现场总线数据链路层（FDL，Fieldbus Data Link）。介质存取控制（MAC，Medium Access Control）是具体控制数据传输的程序，MAC 必须确保在任何一个时刻只有一个站点发送数据。PROFIBUS 协议的设计要满足介质存取控制的两个基本要求：

1）在复杂的自动化系统（主站）间的通信，必须保证在确切限定的时间间隔中，任何一个站点要有足够的时间来完成通信任务。

2）在复杂的程序控制器和简单的 I/O 设备（从站）间通信，应尽可能快速又简单地完成数据的实时传输。

因此 PROFIBUS 主站之间采用令牌传送方式，主站与从站之间采用主从方式。令牌传递程序保证每个主站在一个确切规定的时间内得到总线存取权（令牌），令牌在所有主站中循环一周的最长时间是事先规定的。在 PROFIBUS 中，令牌传递仅在各主站之间进行。主站得到总线存取令牌时可依照主-从通信关系表与所有从站通信，向从站发送或读取信息，也可依照主-主通信关系表与所有主站通信。所以可能有 3 种系统配置：纯主-从系统、纯主-主系统和混合系统。

在总线系统初建时，主站介质存取控制 MAC 的任务是制定总线上的站点分配并建立逻辑环。在总线运行期间，断电或损坏的主站必须从环中排除，新上电的主站必须加入逻辑环。

第 2 层的另一重要工作任务是保证数据的高度完整性。PROFIBUS 在第 2 层按照非连接的模式操作，除提供点对点逻辑数据传输外，还提供多点通信，包括广播和选择广播功能。

4. PROFIBUS-DP 基本功能

PROFIBUS-DP 用于现场设备级的高速数据传送，主站周期地读取从站的输入信息并周期地向从站发送输出信息。总线循环时间必须要比主站（PLC）程序循环时间短。除周期性用户数据传输外，PROFIBUS-DP 还提供智能化设备所需的非周期性通信以进行组态、诊断和报警处理。

（1）PROFIBUS-DP 基本功能　采用 RS-485 双绞线、双线电缆或光缆传输，传输速率从 9.6kbit/s 到 12Mbit/s。各主站间令牌传递，主站与从站间为主-从传送。支持单主或多主系统，总线上最多站点（主-从设备）数为 126。采用点对点（用户数据传送）或广播（控制指令）通信。循环主-从用户数据传送和非循环主-主数据传送。控制指令允许输入和输出同步。同步模式为输出同步；锁定模式为输入同步。

PROFIBUS-DP 的功能有：DP 主站和 DP 从站间的循环用户数据传送；各 DP 从站的动态激活和撤销；DP 从站配置的检查；强大的诊断功能，三级诊断信息；输入或输出的同步；通过总线给 DP 从站赋予地址；通过总线对 DP 主站（DPM1）进行配置，每个 DP 从站的输入和输出数据最大为 246 字节。DP 从站带看门狗定时器（Watchdog Timer）。DP 主站上带可变定时器的用户数据传送监视。

每个 PROFIBUS-DP 系统包括 3 种类型设备：第一类 DP 主站（DPM1）、第二类 DP 主站（DPM2）和 DP 从站。DPM1 是中央控制器，它在预定的周期内与分散的站（如 DP 从站）交换信息。典型的 DPM1 如 PLC、PC 等；DPM2 是编程器、组态设备或操作面板，在 DP 系统组态操作时使用，完成系统操作和监视目的；DP 从站是进行输入和输出信息采集和发送的外围设备，是带二进制值或模拟量输入输出的 I/O 设备、驱动器和阀门等。

经过扩展的 PROFIBUS-DP 诊断能对故障进行快速定位。诊断信息在总线上传输并由主站采集。诊断信息分 3 级：本站诊断操作，即本站设备的一般操作状态，如温度过高、压力过低；模块诊断操作，即一个站点的某具体 I/O 模块故障；通道诊断操作，即一个单独输入/输出位的故障。

（2）PROFIBUS-DP 允许构成单主站或多主站系统　在同一总线上最多可连接 126 个站点。系统配置的描述包括：站数、站地址、输入/输出地址、输入/输出数据格式、诊断信息格式及所使用的总线参数。

PROFIBUS-DP 单主站系统中，在总线系统运行阶段，只有一个活动主站。如图 7-30 所示为 PROFIBUS-DP 单主站系统，PLC 作为主站。

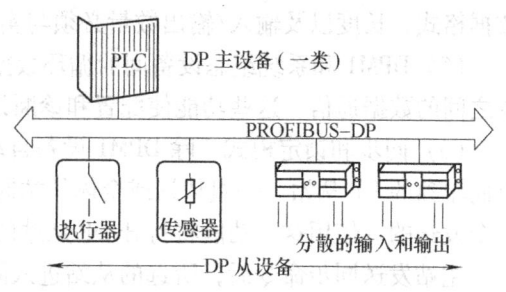

图 7-30　PROFIBUS-DP 单主站系统

PROFIBUS-DP 多主站系统中总线上连有多个主站。总线上的主站与各自从站构成相互独立的子系统。如图 7-31 所示，任何一个主站均可读取 DP 从站的输入/输出映像，但只有一个 DP 主站允许对 DP 从站写入数据。

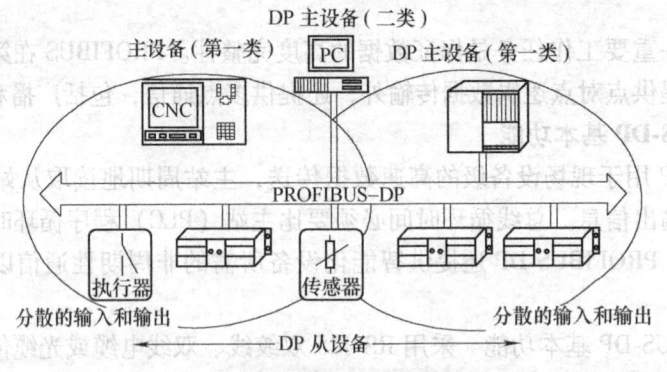

多主设备由 DP 从设备读取数据

图 7-31 PROFIBUS-DP 多主站系统

(3) PROFIBUS-DP 系统行为　PROFIBUS-DP 系统行为主要取决于 DPM1 的操作状态，这些状态由本地或总线的配置设备所控制，主要有运行、清除和停止 3 种状态。在运行状态下，DPM1 处于输入和输出数据的循环传输，DPM1 从 DP 从站读取输入信息并向 DP 从站写入输出信息；在清除状态下，DPM1 读取 DP 从站的输入信息并使输出信息保持在故障安全状态；在停止状态下，DPM1 和 DP 从站之间没有数据传输。

DPM1 设备在一个预先设定的时间间隔内，以有选择的广播方式将其本地状态周期性地发送到每一个有关的 DP 从站。如果在 DPM1 的数据传输阶段中发生错误，DPM1 将所有相关的 DP 从站的输出数据立即转入清除状态，而 DP 从站将不再发送用户数据。在此之后，DPM1 转入清除状态。

(4) DPM1 和 DP 从站间的循环数据传输　DPM1 和相关 DP 从站之间的用户数据传输是由 DPM1 按照确定的递归顺序自动进行。在对总线系统进行组态时，用户对 DP 从站与 DPM1 的关系作出规定，确定哪些 DP 从站被纳入信息交换的循环周期，哪些被排斥在外。

DMP1 和 DP 从站之间的数据传送分为参数设定、组态和数据交换 3 个阶段。在参数设定阶段，每个从站将自己的实际组态数据与从 DPM1 接受到的组态数据进行比较。只有当实际数据与所需的组态数据相匹配时，DP 从站才进入用户数据传输阶段。因此，设备类型、数据格式、长度以及输入/输出数量必须与实际组态一致。

(5) DPM1 和系统组态设备间的循环数据传输　除主-从功能外，PROFIBUS-DP 允许主-主之间的数据通信，这些功能使配置和诊断设备通过总线对系统进行配置。

(6) 同步和锁定模式　除 DPM1 设备自动执行的用户数据循环传输外，DP 主站设备也可向单独的 DP 从站、一组从站或全体从站同时发送控制命令。这些命令通过有选择的广播命令发送的。使用这一功能将打开 DP 从站的同级锁定模式，用于 DP 从站的事件控制同步。

主站发送同步命令后，所选的从站进入同步模式。在这种模式中，所编址的从站输出数据锁定在当前状态下。在这之后的用户数据传输周期中，从站存储接收到的输出数据，但它的输出状态保持不变；当接收到下一同步命令时，所存储的输出数据才发送到外围设备上。用户可通过非同步命令退出同步模式。

锁定控制命令使得编址的从站进入锁定模式。锁定模式将从站的输入数据锁定在当前状态下，直到主站发送下一个锁定命令时才可以更新。用户可以通过非锁定命令退出锁定模式。

（7）保护机制　对 DP 主站 DPM1 使用数据控制定时器对从站的数据传输进行监视。每个从站都采用独立的控制定时器，在规定的监视间隔时间中，如数据传输发生差错，定时器就会超时，一旦发生超时，用户就会得到这个信息。如果错误自动反应功能"使能"，DPM1 将脱离操作状态，并将所有关联从站的输出置于故障安全状态，并进入清除状态。

5. PROFIBUS 控制系统的几种形式

根据现场设备是否具备 PROFIBUS 接口，控制系统的配置有总线接口型、单一总线型、混合型 3 种形式。

（1）总线接口型　现场设备不具备 PROFIBUS 接口，采用分散式 I/O 作为总线接口与现场设备连接。这种形式在应用现场总线技术初期容易推广。如果现场设备能分组，组内设备相对集中，这种模式会更好地发挥现场总线技术的优点。

（2）单一总线型　现场设备都具备 PROFIBUS 接口，这是一种理想情况。可使用现场总线技术，实现完全的分布式结构，可充分获得这一先进技术所带来的利益。新建项目若能具有这种条件，就目前来看，这种方案设备成本会较高。

（3）混合型　现场设备部分具备 PROFIBUS 接口，这将是一种相当普遍的情况。这时应采用 PROFIBUS 现场设备加分散式 I/O 混合使用的办法。无论是旧设备改造还是新建项目，希望全部使用具备 PROFIBUS 接口现场设备的场合可能不多，分散式 I/O 可作为通用的现场总线接口，是一种灵活的集成方案。

根据实际应用需要及经费情况，通常有以下 6 种结构类型：

（1）结构类型 1　以 PLC 或控制器做 1 类主站，不设监控站，但调试阶段配置一台编程设备。这种结构类型，PLC 或控制器完成总线通信管理、从站数据读写、从站远程参数化工作。

（2）结构类型 2　以 PLC 或控制器做 1 类主站，监控站通过串口与 PLC 一对一的连接。这种结构类型，监控站不在 PROFIBUS 网上，不是 2 类主站，不能直接读取从站数据和完成远程参数化工作。监控站所需的从站数据只能从 PLC 控制器中读取。

（3）结构类型 3　以 PLC 或其他控制器做 1 类主站，监控站（2 类主站）连接 PROFIBUS 总线上。这种结构类型，监控站在 PROFIBUS 网上作为 2 类主站，可完成远程编程、参数化及在线监控功能。

（4）结构类型 4　使用 PC 机加 PROFIBUS 网卡做 1 类主站，监控站与 1 类主站一体化。这是一个低成本方案，但 PC 机应选用具有高可靠性、能长时间连续运行的工业级 PC 机。对于这种结构类型，PC 机故障将导致整个系统瘫痪。另外，通信厂商通常只提供一个模板的驱动程序，总线控制、从站控制程序和监控程序可能要由用户开发，因此应用开发工作量可能会较大。

（5）结构类型 5　坚固式 PC 机（OMOPACT COMPUTER）＋PROFIBUS 网卡＋SOFTPLC 的结构形式。由于采用坚固式 PC 机（COMOPACT COMPUTER），系统可靠性将大大增强，足以使用户信服。但这是一台监控站与 1 类主站一体化控制器工作站，要求它的软件完成如下功能：主站应用程序的开发、编辑和调试，执行应用程序，从站远程参数化设置，主/从站故障报警及记录，监控程序的开发、调试，设备在线图形监控、数据存储及统计和报表等。

近来出现一种称为 SOFTPLC 的软件产品，是将通用型 PC 机改造成一台由软件（软逻辑）实现的 PLC。这种软件将 PLC 的编程（IEC1131）及应用程序运行功能和操作员监控站的图形监控开发、在线监控功能集成到一台坚固式 PC 机上，形成一个 PLC 与监控站一体的控制器工作站。

(6) 结构类型6 使用两级网络结构，这种方案充分考虑了未来扩展需要，比如要增加几条生产线即扩展出几条 DP 网络，车间监控要增加几个监控站等，都可以方便进行扩展。采用了两级网络结构形式，充分考虑了扩展余地。

六、CC-Link 现场总线

融合了控制与信息处理的现场总线 CC-Link（Control & Communication Link）是一种省配线、信息化的网络，它不但具备高实时性、分散控制、与智能设备通信和 RAS 等功能，而且依靠与诸多现场设备制造厂商的紧密联系，提供开放式的环境。Q 系列 PLC 的 CC-Link 模块 QJ61BT11，在继承 A/QnA 系列特长的同时，还采用了远程设备站初始设定等方便的功能。

为了将各种各样的现场设备直接连接到 CC-Link 上，与国内外众多的设备制造商建立了合作伙伴关系，使用户可以很从容地选择现场设备，以构成开放式的网络。2000 年 10 月，Woodhead、Contec、Digital、NEC、松下电工和三菱等 6 家常务理事公司发起，在日本成立了独立的非盈利性机构"常务-Link 协会"（CC-Link Partner Association，简称 CLPA），旨在有效地在全球范围内推广和普及 CC-Link 技术。到 2001 年 12 月 CLPA 成员数量为 230 多家公司，拥有 360 多种兼容产品。

1. CC-Link 系统的构成

CC-Link 系统只有 1 个主站，可以连接远程 I/O 站、远程设备站、本地站、备用主站和智能设备站等总计 64 个站。CC-Link 站的类型如表 7-8 所示。

表 7-8 CC-Link 站的类型

CC-Link 站的类型	内　容
主　站	控制 CC-Link 上全部站，并需设定参数的站。每个系统中必须有 1 个主站。如 A/QnA/Q 系列 PLC 等
本 地 站	具有 CPU 模块，可以与主站及其他本地站进行通信的站。如 A/QnA/Q 系列 PLC 等
备用主站	主站出现故障时，接替作为主站，并作为主站继续进行数据链接的站。如 A/QnA/Q 系列 PLC 等
远程 I/O 站	只能处理位信息的站，如远程 I/O 模块、电磁阀等
远程设备站	可处理位信息及字信息的站，如 A/D、D/A 转换模块、变频器等
智能设备站	可处理位信息及字信息，而且也可完成不定期数据传送的站，如 A/QnA/Q 系列 PLC、人机界面等

CC-Link 系统可配备多种中继器，可在不降低通信速度的情况下，延长通信距离，最长可达 13.2km。例如，可使用光中继器，在保持 10Mbit/s 通信速度的情况下，将总距离延长至 4300m。另外，T 型中继器可完成 T 型连接，更适合现场的连接要求。

2. CC-Link 的通信方式

（1）循环通信方式 CC-Link 采用广播循环通信方式。在 CC-Link 系统中，主站、本地站的循环数据区与各个远程 I/O 站、远程设备站和智能设备站相对应，远程输入输出及远程寄存器的数据将被自动刷新。而且，因为主站向远程 I/O 站、远程设备站和智能设备站发出的信息也会传送到其他本地站，所以在本地站也可以了解远程站的动作状态。

（2）CC-Link 的链接元件 每一个 CC-Link 系统可以进行总计 4096 点的位，加上总计 512 点的字的数据的循环通信，通过这些链接元件可以完成与远程 I/O、模拟量模块、人机界面和变频器等 FA（工业自动化）设备产品间高速的通信。

CC-Link 的链接元件有远程输入（RX）、远程输出（RY）、远程寄存器（RWw）和远程寄存器（RWr）四种，如表 7-9 所示。远程输入（RX）是从远程站向主站输入的开/关信号（位数据）；远程输出（RY）是从主站向远程站输出的开/关信号（位数据）；远程寄存器（RWw）是从主站向远程站输出的数字数据（字数据）；远程寄存器（RWr）是从远程站向主站输入的数字数据（字数据）。

表 7-9 链接元件一览表

项　目		规　格	项　目		规　格
整个 CC-Link 系统最大链接点数	远程输入（RX）	2048 点	每个站的链接点数	远程输入（RX）	32 点
	远程输出（RY）	2048 点		远程输出（RY）	32 点
	远程寄存器（RWw）	256 点		远程寄存器（RWw）	4 点
	远程寄存器（RWr）	256 点		远程寄存器（RWr）	4 点

注：CC-Link 中的每个站可根据其站的类型，分别定义为 1 个、2 个、3 个或 4 个站，即通信量可为表 7-8 中"每个站的链接点数"的 1~4 倍。

（3）瞬时传送通信 在 CC-Link 中，除了自动刷新的循环通信之外，还可以使用不定期收发信息的瞬时传送通信方式。瞬时传送通信可以由主站、本地站和智能设备站发起，可以进行以下的处理：

1）某一 PLC 站读写另一 PLC 站的软元件数据。
2）主站 PLC 对智能设备站读写数据。
3）用 GX Developer 软件对另一 PLC 站的程序进行读写或监控。
4）上位 PC 等设备读写一台 PLC 站内的软元件数据。

3. CC-Link 的特点

（1）通信速度快 CC-Link 达到了行业中最高的通信速度（10Mbit/s），可确保需高速响应的传感器输入和智能化设备间的大容量数据的通信。可以选择对系统最合适的通信速度及总的距离见表 7-10。

表 7-10 CC-Link 通信速度和距离的关系

通信速度	10Mbit/s	5Mbit/s	2.5Mbit/s	625kbit/s	156kbit/s
通信距离	≤100m	≤160m	≤400m	≤900m	≤1200m

注：可通过中继器延长通信距离。

（2）高速链接扫描 在只有主站及远程 I/O 站的系统中，通过设定为远程 I/O 网络模式的方法，可以缩短链接扫描时间。

表 7-11 为全部为远程 I/O 站的系统所使用的远程 I/O 网络模式和有各种站类型的系

所使用的远程网络模式（普通模式）的链接扫描时间的比较。

表 7-11　链接扫描时间的比较（通信速度为 10Mbit/s 时）

站数	链接扫描时间/ms	
	远程 I/O 网络模式	远程网络模式（普通模式）
16	1.02	1.57
32	1.77	2.32
64	3.26	3.81

（3）备用主站功能　使用备用主站功能时，当主站发生了异常时，备用主站接替作为主站，使网络的数据链接继续进行。而且在备用主站运行过程中，原先的主站如果恢复正常时，则将作为备用主站回到数据链路中。在这种情况下，如果运行中主站又发生异常时，则备用主站又将接替作为主站继续进行数据链接。

（4）CC-Link 自动起动功能　在只有主站和远程 I/O 站的系统中，如果不设定网络参数，当接通电源时，也可自动开始数据链接。缺省参数为 64 个远程 I/O 站。

（5）远程设备站初始设定功能　使用 GX Developer 软件，无需编写顺序控制程序，就可完成握手信号的控制、初始化参数的设定等远程设备站的初始化。

（6）中断程序的起动（事件中断）　当从网络接收到数据，设定条件成立时，可以起动 CPU 模块的中断程序。因此，可以符合有更高速处理要求的系统。中断程序的起动条件，最多可以设定 16 个。

（7）远程操作　通过连接在 CC-Link 中的一个 PLC 站上的 GX Developer 软件可以对网络中的其他 PLC 进行远程编程。也可通过专门的外围设备连接模块（作为一个智能设备站）来完成编程。

第五节　PLC 网络应用实例——三菱 PLC 网络在汽车总装线上的应用

1. 汽车总装线系统构成与要求

汽车总装线由车身储存工段、底盘装配工段、车门分装输送工段、最终装配工段、动力总成分装、合装工段、前梁分装工段、后桥分装工段、仪表板总装工段和发动机总装工段等构成。

车身储存工段是汽车总装的第一个工序，它采用 ID 系统进行车身型号和颜色的识别。在上件处，由 ID 读写器将车型和颜色代码写入安装在吊具上的存储载体内，当吊具运行到各道岔处由 ID 读写器读出存储载体内的数据，以决定吊具进入不同的储存段。出库时，ID 读写器读出存储载体内的数据，以决定车身送到下件处或重新返回存储段。在下件处，清除存储载体的数据。在上下线间，应在必要的地方增加 ID 读写器，以确定车身信息，防止误操作。采用人机界面以分页显示该工段各工位的运行状况、车身存储情况、饱和程度和故障点等信息。

总装线的所有工段都分为自动操作和手动操作两种形式。自动时，全线由 PLC 程序控制；手动时，操作人员在现场进行操作。整条线在必要的工位应有急停及报警装置。

整个系统以三菱 PLC 及现场总线 CC-Link 为核心控制设备，采用接近或光电开关监测执行结构的位置，调速部分采用三菱 FR—E500 系列变频器进行控制，现场的各种控制信号及执行元件均通过 CC-Link 由 PLC 进行控制。

2. 系统配置

汽车总装线的系统配置如图 7-32 所示。

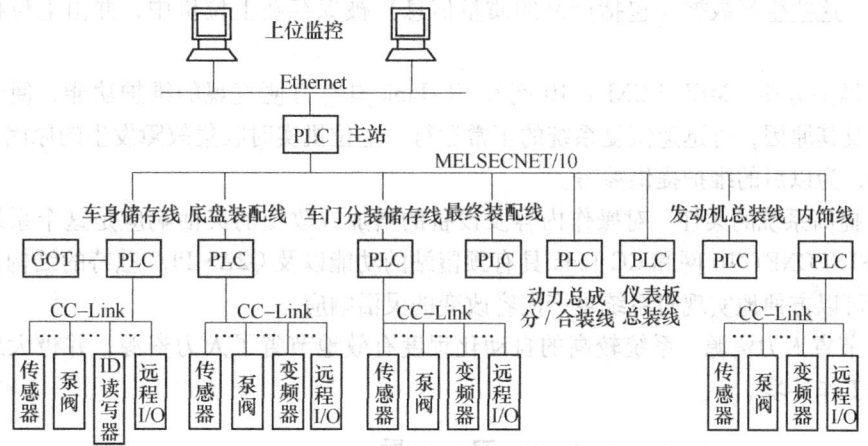

图 7-32 汽车总装线的系统配置

3. 系统功能

本总装线电控系统总体上采用"集中监管，分散控制"的模式，整个系统分三层，即信息层、控制层和设备层。

信息层由安装在中央控制室的操作员站和工程师站构成，操作站的主要作用是向现场的设备及执行机构发送控制指令，并对现场的生产数据、运行状况和故障信息等进行收集监控；工程师站的主要作用是制定生产计划、管理生产信息。它们的连接采用 Ethernet，并通过安装在 MELSECNET/10 网主站 PLC 上的 Ethernet 模块实现与设备控制层各 PLC 间的数据交换。在必要的时候，可以通过工程师站与管理层的计算机网络进行连接，使得管理者可以在办公室对所需要的信息进行查阅。

控制层采用三菱的 MELSECNET/10 网，将总装线各工段上（除前桥和后桥分装工段外）的 8 套 Q2AS PLC 相连接实现数据共享。它具有传输速度高（10Mbit/s）、编程简单（无需专用网络指令）、可靠性高、维护方便和信息容量大等特点。车身储存工段采用一台三菱 A975GOT 人机界面，实现对该工段现场信息的高速响应。

设备层采用四套 CC-Link，分别挂在车身储存工段、底盘装配工段、车门分装储存工段和内饰工段的 PLC 上。CC-Link 现场总线具有传输速度高（最高 10Mbit/s）、传输距离长（1200m）、设定简单、可靠性高、维护方便和成本低等特点。它通过双绞线将现场的传感器、泵、阀、ID 读写器、变频器及远程 I/O 等设备连接起来，实现了分散控制集中管理。这样变频器的参数、报警信息等数据不但可以方便地由 PLC 进行读写，而且可由上位机和 GOT 通过 PLC 方便地进行监控和参数调整。使用 ID 读写器容易进行车体跟踪，减少了信息交流量，使生产线结构实现高度柔性化，并且有效地提高了自动化程度，节省人力资源。

4. 系统优点

（1）保持稳定的自动化生产　本系统内的任何设备发生故障，都不会影响其他操作、过程和设备的运行。即使此系统中的任何一个设备发生故障,甚至掉线,仅仅故障发生处的设备不能进行自动操作,其他所有设备都将连续工作。当故障排除后,设备能够自动恢复运行而不需将整条生产线重新上电。

(2) 确保产品质量　生产数据被实时收集并监控,并根据这些生产数据可进行必要的修补操作。这些生产数据(包括产品的质量信息)被保存在上位机中,并由上位机进行管理。

(3) 维护方便　MELSECNET/10 网和 CC-Link 具有方便直观的维护功能,便于查清故障发生点及其原因,可迅速恢复系统的正常运行。上位机实时收集故障发生的原因、时间等历史数据,为以后的维护提供参考。

(4) 提高系统的柔性　对操作内容及设备的增加或改变的灵活响应是这个系统的显著特点。MELSECNET/10 网和 CC-Link 具有预留站的功能以及 Q2AS PLC 独特的结构化编程的理念,均可以方便地实现对系统生产内容改变的灵活响应。

(5) 节省人力资源　系统较高的自动化程度有效地节省了人力资源,并极大地改善了操作者的工作环境。

习　题

7-1　简述 RS-232C、RS-422 和 RS-485 在原理、性能上的区别。

7-2　异步通信中为什么需要起始位和停止位?

7-3　如何实现 PC 与 PLC 的通信?有几种互联方式?

7-4　试说明 FX 或 S7-200 或 CPM1A 系列 PLC 与 PC 实现通信的原理。

7-5　通过对三菱、西门子和欧姆龙 PLC 网络的比较,说明 PLC 网络的特点。

7-6　PLC 网络中常用的通信方式有哪几种?

7-7　现场总线有哪些优点?

7-8　通过对 FCS 与 DCS 的比较来说明现场总线的特点?

7-9　试比较 PROFIBUS-DP 和 CC-Link 两种现场总线,说明它们的特点。

第八章 可编程序控制器应用实践

掌握 PLC 技术的关键在于动手实践，因此本章从 PLC 应用实践指导的角度出发，主要介绍 PLC 编程器的使用、实验、工程实践以及施工设计等内容。

第一节 PLC 编程软件的使用

三菱 PLC 的编程软件种类很多，目前适用于 FX 系列 PLC 的最新版编程软件是 GX Works2，它与传统的 GX Developer 相比，提高了功能及操作性能，变得更加容易使用。

一、概述

1. GX Works2 编程软件的功能

GX Works2 基于 Windows 运行的，是以工程为单位，对三菱可编程序控制器的程序及参数进行管理的编程工具。在该软件中，可通过梯形图、指令表、SFC 符号及 ST 功能（类似于 C 语言的文本语言）来编写 PLC 程序。创建的程序可在串行系统中与 PLC 进行通信、实现文件传送、操作监控以及功能测试，也可将其存储为文件，用打印机打印出来。

2. 编程系统的构成与配置

GX Works2 编程系统主要由以下部分构成：系统操作软件（CD-ROM）、操作手册、授权许可证书、接口转换器及连接电缆（任选）等。

GX Works2 通过计算机的 USB/串行端口与 FX PLC 进行连接时常用的接口转换器与电缆如表 8-1 所示。

表 8-1 接口转换器与电缆配置情况

PC 接口类型	PC 侧电缆类型	转换器	PLC 侧电缆类型	PLC 接口类型	适用 PLC 型号
USB	USB A 型-USB miniB 型	FX3U-USB-BD	无	功能扩展板接口	FX3U/FX3UC
		FX-USB-AW	转换器自带	RS-422	FX
		无	无	USB	FX3S/FX3G/FX3GC
RS-232C	F2-232CAB F2-232CAB-1 F2-232CAB-2 C30N2A	FX-232AW FX-232AWC FX-232AWC-H	FX-422CAB FX-422CAB-150	RS-422	FX1/FXU/FX2C
					FX0S/FX0/FX0N/FX1S/FX1N/FX1NC/FX2N/FX2NC/FX3S/FX3G/FX3GC/FX3U/FX3UC
			FX-422CAB0		
		FX3U-422-BD	无	功能扩展板接口	FX3U/FX3UC
		FX3G-422-BD			FX3S/FX3G
		FX2N-422-BD			FX2N
		FX1N-422-BD			FX1S/FX1N

GX Works2 软件运行所要求的 PC（个人电脑）环境如下：IBM PC/AT（兼容）；CPU：Intel Core™ 2 Duo Processor 2GHz 以上；内存：1GB 以上；硬盘可用空间：虚拟内存的可用空间 512MB 以上；显示器：分辨率 1024×768 以上。

3. GX Works2 编程软件的运行

安装好软件后，在计算机桌面上自动形成 GX Works2 的图标，用鼠标双击该图标，可打开编程软件。执行菜单中［工程］-［退出］，将退出编程软件。GX Works2 的画面构成情况如图 8-1 所示。

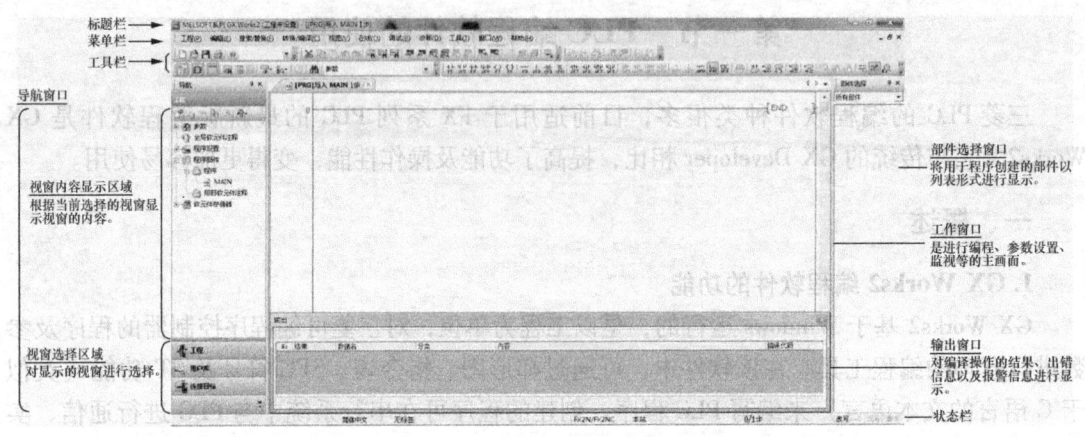

图 8-1　GX Works2 的画面构成

GX Works2 软件的主要功能有梯形图编辑、指令表编辑、SFC 编辑、标签编辑、寄存器编辑以及文件打印、PLC 操作、监控、检测和帮助等等。

二、梯形图编程操作

下面着重介绍梯形图编辑功能的具体操作方法。

1. 梯形图剪切

功能：将电路块单元剪切掉。

操作方法：通过拖动鼠标选择电路块，再通过执行［编辑］-［剪切］菜单或按［Ctrl］+［X］键，被选中的电路块被剪切并保存在剪切板中。

2. 梯形图粘贴

功能：粘贴电路块单元。

操作方法：通过执行［编辑］-［粘贴］菜单或按［Ctrl］+［V］键，把选择的电路块粘贴上去；被粘贴上的电路块数据来自于执行剪切或拷贝命令时存储在剪切板中的数据。

3. 梯形图的行删除

功能：在行单元中删除线路块。

操作方法：通过执行［编辑］-［行删除］菜单或按［Ctrl］+［Delete］键，把光标所在行的线路块删除。

第八章 可编程序控制器应用实践

4. 梯形图的行插入

功能：在梯形图中插入一行。

操作方法：通过执行［编辑］-［行插入］菜单，在光标位置上插入一行。

5. 软元件注释

功能：在进行梯形图编辑时输入元件注释，有全局软元件注释及局部软元件注释。

操作方法：全局软元件注释是在创建新工程时系统自动创建的数据，可以对各软元件的注释进行汇总创建。在"工程视窗"中执行［全局软元件注释］菜单时，"软元件注释COMMENT"输入对话框被打开，如图8-2所示，在软元件名右边的注释栏中输入元件注释，再按［Enter］键，则程序中对应软元件的下方将出现注释内容。

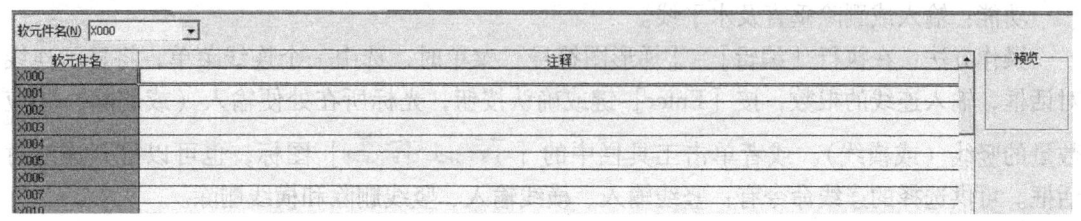

图8-2 全局软元件注释窗口

局部软元件注释是用户任意创建的软元件注释，在创建新工程时不存在，需通过执行［工程］-［数据操作］-［新建数据］来创建，数据创建窗口如图8-3所示。局部软元件注释是与各程序建立关联后使用的软元件注释，因此常用与程序文件名相同的数据名进行命名。

局部软元件注释文件创建后，在"工程视窗"中将出现［局部软元件注释］-［MAIN］选项，双击该选项，"软元件注释 MAIN"输入对话框被打开，即可进行局部软元件注释的编辑。

软元件注释不得超过32个半角字符，可通过执行［工具］-［选项］-［软元件注释编辑器］菜单切换成16个半角字符。

6. 触点

功能：输入电路符号中的触点符号。

操作方法：在执行［编辑］-［梯形图符号］菜单时，选中一个触点菜单，将显示元件输入对话框，输入软元件号，按［Enter］键或确认按钮后，光标所在处便出现相应编号的触点。或者单击工具栏中的 [图标] 等图标，也可以打开元件输入对话框。可供选择的触点符号有：常开触点、常闭触点、常开触点 OR、常闭触点 OR 和脉冲触点。

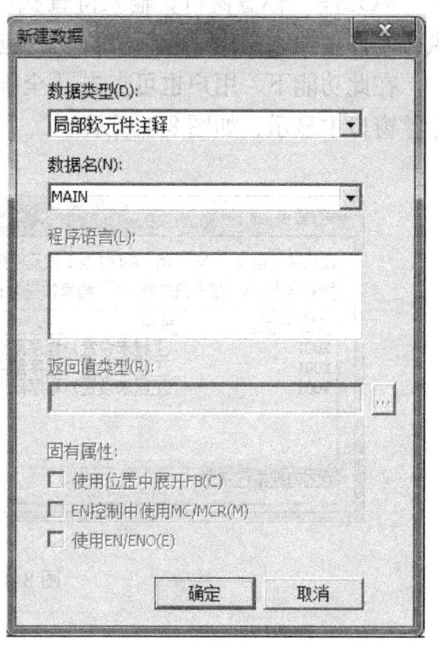

图8-3 数据创建窗口

7. 线圈

功能：输入电路符号中的输出线圈。

操作方法：执行［编辑］-［梯形图符号］-［-（ ）-］菜单或单击工具栏中的［ ］图标时，显示元件输入对话框，输入软元件号，按［Enter］键或确认按钮，光标所在处便出现相应编号的线圈。

8. 应用指令

功能：输入电路符号中的应用指令等。

操作方法：执行［编辑］-［梯形图符号］-［应用指令］菜单或单击工具栏中的［ ］图标时，显示元件输入对话框，输入应用指令，按［Enter］键或确认按钮，光标所在处便出现相应的指令。

9. 连线

功能：输入或删除垂直及水平线。

操作方法：在执行［编辑］-［梯形图符号］菜单时，选中一个连线菜单，将显示连线对话框，输入连线的根数，按［Enter］键或确认按钮，光标所在处便输入（或删除）相应数量的竖线（或横线）。或者单击工具栏中的［ ］图标，也可以打开连线对话框。可供选择的连线命令有：竖线输入、横线输入、竖线删除和横线删除。

10. 元件名搜索

功能：在字符串单元中查找元件名。

操作方法：执行［搜索/替换］-［软元件搜索］菜单，将显示"搜索/替换"对话框中的"软元件"标签窗口，输入待查找的元件名，点击［搜索下一个］按钮或［Enter］键，执行元件名搜索操作，光标将移动到包含元件名的字符串所在的位置。

在此功能下，用户也可点击［全部搜索］按钮，执行成批搜索，搜索结果将在"结果"标签窗口中显示，如图8-4所示。

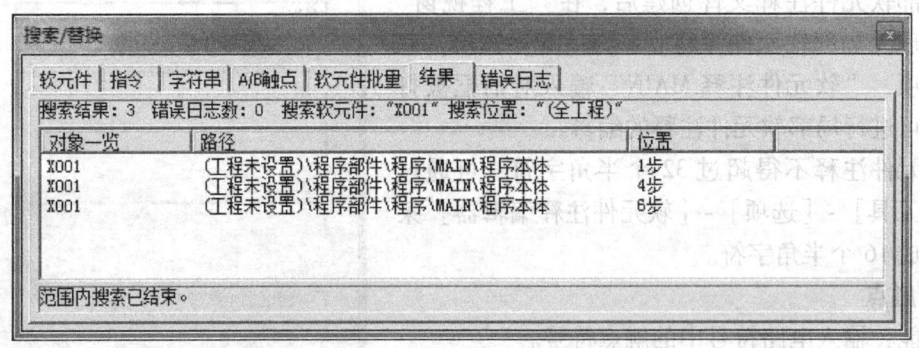

图8-4 软元件搜索结果窗口

11. 触点/线圈搜索

功能：确认并查找一个任意的触点或线圈。

操作方法：通过执行［搜索/替换］-［触点/线圈搜索］菜单，将显示"搜索/替换"对话框中的"指令"标签窗口，选择搜索"触点"或"线圈"指令，并输入待查找的元件名，点击［搜索下一个］按钮或［Enter］键，执行触点（或线圈）查找操作，光标将移动到已寻找到的触点或线圈所在的位置。

在此功能下，用户也可点击［全部搜索］按钮，执行成批搜索，搜索结果将在"结果"标签窗口中显示。

12. 查找指定步数

功能：确认并查找一个任意程序步。

操作方法：通过执行［搜索/替换］-［跳转］菜单，将显示"程序步跳转"对话框，输入待查的程序步，点击［确认］按钮或按［Enter］键，执行步号查找指令，光标移动到待查步所在位置。

13. 改变元件号

功能：改变指定软元件地址。

操作方法：通过执行［搜索/替换］-［软元件替换］菜单操作，将显示"搜索/替换"对话框中的"软元件"标签窗口，输入待搜索的软元件、欲替换的软元件以及软元件点数（指定被替换的同类元件范围），点击［替换］按钮或［Enter］键，执行替换操作，光标将移动到被替换的软元件所在的位置。

在此功能下，用户也可点击［全部替换］按钮，执行成批替换，替换结果将在"结果"标签窗口中显示。

14. 常开/常闭触点更改

功能：将常开触更改为常闭触点，将常闭触点更改为常开触点。

操作方法：通过执行［搜索/替换］-［A/B触点更改］菜单操作，将显示"搜索/替换"对话框中的"A/B触点"标签窗口，输入待替换的软元件及软元件点数（指定被替换的同类元件范围），点击［替换］按钮或［Enter］键，执行常开/常闭触点替换操作，光标将移动到被替换的软元件所在的位置。

在此功能下，用户也可点击［全部替换］按钮，执行成批替换，替换结果将在"结果"标签窗口中显示。

15. 转换/编译

功能：通过转换/编译，使程序变为PLC可识别的代码程序。

操作方法：通过执行［转换/编译］-［转换］菜单或按F4键，未转换的梯形图块将被转换。

如果转换过程中未发现程序和标签的设置错误，则转换前显示为灰色的梯形图程序将转换成白色；如果转换过程中发现有误，则梯形图程序仍然保持为灰色，检查结果将被显示到输出窗口中。如果对输出窗口中显示的结果（仅限出错/报警）进行双击，将直接跳转至出错的相应位置。

16. 程序检查

功能：对创建的程序中是否存在双线圈或软元件范围等的出错进行检查。

操作方法：通过执行［工具］-［程序检查］菜单，打开"程序检查"选择窗口，进行检查内容（如指令检查、双线圈检查、梯形图检查、软元件检查和一致性检查等）和检查对象（如所有程序或当前程序）的选择，程序的检查结果将被显示在输出窗口中。

17. 程序监视

功能：在显示屏上监视PLC的操作状态。

操作方法：通过执行［在线］-［监视］-［监视模式］菜单或单击工具栏中的［🔍］

图标时，[PRG] MAIN 工作窗口将从程序编辑状态转换到监视状态，同时在画面中显示梯形图程序各软元件的操作状态（ON/OFF）。

18. 软元件批量监视

功能：指定软元件并进行监视。

操作方法：通过执行 [在线] - [监视] - [软元件/缓冲存储器批量监视] 菜单，将显示"软元件/缓冲存储器批量监视"窗口，通过列表形式批量显示指定类型的所有软元件当前的操作状态（ON/OFF）和数值。在工作窗口中可以同时打开多个软元件/缓冲存储器批量监视画面，但最多只能打开 64 个。

三、工程操作

1. 创建新工程

功能：用于完成新工程的创建设置。

操作方法：通过执行 [工程] - [新建] 菜单或按 [Ctrl] + [O] 键，打开创建新工程的对话框，选择目标工程的 PLC 系列、PLC 机型、工程类型和程序语言后，单击 [确认] 按钮。

GX Works2 可创建"简单工程"和"结构化工程"两种类型的工程。其中，简单工程是利用三菱 PLC 编程指令创建顺控程序，所有的程序都在一个主程序里；结构化工程是指用户程序由若干个子程序（功能块）组成，每个子程序（功能块）负责一个功能，需要的时候再通过主程序调用。本书是以简单工程为例介绍 GX Works2 的使用。

2. 打开工程

功能：读取计算机硬盘中保存的工程。

操作方法：执行 [工程] - [打开] 菜单或按 [Ctrl] + [O] 键，在打开的对话框中选择一个所需的应用工程。如果文件的保存目标路径过长，"文件的位置"栏可能为空栏，在这种情况下，选择文件夹/文件后，可以正常打开文件。

3. 保存工程

功能：将工程保存到计算机的硬盘等中。

操作方法：执行 [工程] - [保存] 菜单或按 [Ctrl] + [S] 键，即可保存当前应用工程、注释数据以及其他在同一工程名下的数据。如果是第一次保存，屏幕将显示"工程另存为"对话框，用来指定当前工程的文件名、保存路径及保存格式。

注意：文件夹路径名 + 工作区名 + 工程名的输入字符数的合计应在 200 个字符以内，标题最多可输入 128 个字符。在输入文件名时可不必输入文件扩展名，所有文件被自动加以扩展名。

四、打印操作

1. 显示画面打印

功能：对激活的画面中显示的数据进行打印。

操作方法：执行 [工程] - [显示画面打印] 菜单，在"显示画面打印"对话框中可设定打印的内容及范围，诸如软元件注释、触点使用目标和线圈使用目标等等打印条件，点击确认按钮或按 [Enter] 键开始打印。如果要终止打印，可点击 [正在打印] 对话框中的取消键或敲击 Esc 键。

注意：在打印过程中，确认打印机与计算机或网络相连，在［打印设置］中设置好驱动程序。

2. 批量打印

功能：一次性对工程内的多个数据进行打印。

操作方法：执行［工程］-［打印］菜单或按［Ctrl］+［P］键，在"打印"对话框中选择打印项目及项目设置，依照打印项目登录顺序依次打印，点击确认按钮或按［Enter］键后开始打印。

五、数据操作

1. CPU 数据的传送

功能：将已创建的工程数据在 PLC 与计算机之间成批传送，包括读取、写入和校验。

（1）［PLC 读取］　　将 PLC 中的工程数据传送到计算机中。

（2）［PLC 写入］　　将计算机中的工程数据发送到 PLC 中。

（3）［PLC 校验］　　将当前打开的工程数据与 PLC 内的数据进行校验。

操作方法：执行［在线］-［PLC 读取］或［PLC 写入］或［PLC 校验］菜单，在"在线数据操作"对话框中设置程序、软元件和注释等对象的读取/写入/校验范围，然后点击确认按钮或按［Enter］键。

操作时应注意：计算机的 USB/RS232C 端口与 PLC 之间必须用指定的缆线及转换器连接；执行完［PLC 读取］后，PLC 模式将被改变成被设定的模式，现有的应用工程被读入的工程所替代；在执行［PLC 写入］时，PLC 应置为 STOP 状态，程序必须在 RAM 或 EEPROM 内存保护开关置为 OFF 的情况下写入。

2. 用户数据的传送

功能：对 ATA 卡/SD 存储卡/标准 ROM 进行 PLC 用户数据的写入/读取/删除。

操作方法：执行［在线］-［PLC 用户数据］-［写入］或［读取］或［删除］菜单，在"PLC 用户数据操作"对话框中选择对象存储器类型、用户数据文件，然后点击确认按钮或按［Enter］键。

操作时应注意：计算机的 USB/RS232C 端口与 PLC 之间必须用指定的缆线及转换器连接；PLC 的模式必须与计算机中设置的 PLC 模式一致。

3. PLC 存储器操作

功能：对 PLC 的存储器及存储卡进行格式化、清除及整理操作。

（1）［格式化］　对 PLC 的存储器及存储卡进行格式化处理。在初次使用 PLC 的存储器及存储卡时，以及将存储的数据全部删除时使用此功能。

（2）［清除］　将 PLC 的软元件存储器及存储卡中存储的文件寄存器的值置为"0"。

（3）［整理］　对 PLC 的程序存储器/标准 RAM 内及存储卡的数据进行整理，预留出连续的空余存储空间。

操作方法：执行［在线］-［PLC 存储器操作］-［PLC 存储器格式化］或［PLC 存储器清除］或［PLC 存储器整理］菜单，在出现的对话框中设置要操作的存储器、格式化类型及清除范围等，然后点击确认按钮或按［Enter］键。

操作时应注意：需将 PLC 置为 STOP 状态下才能进行操作。另外，特殊数据寄存器中的数据不能被清除。

六、调试操作

1. 当前值更改

功能：在监视画面中，对 PLC 的位软元件进行强制 ON/OFF，或对字软元件/缓冲存储器的当前值进行强制更改。

操作方法：执行［调试］-［当前值更改］菜单，在"更改当前值"窗口中设置软元件、数据类型及数值等项目，然后点击 ON 或 OFF 或设置按钮。

2. 模拟开始/停止

功能：在不与 PLC 相连接的情况下，通过虚拟 PLC 对顺控程序进行调试。

操作方法：执行［调试］-［模拟开始/停止］菜单，将显示 GX Simulator2 画面，可对虚拟 PLC 的运行状态进行 STOP/RUN 切换。在模拟过程中可进行梯形图监视、软元件监视、当前值更改及 PLC 诊断等操作。模拟结束时，应再次执行［调试］-［模拟开始/停止］菜单。

操作时应注意：执行模拟功能时，由于不支持 PLC 的部分指令、函数及软元件存储器，导致虚拟 PLC 的运算结果有可能与 PLC 的运算结果有所不同。因此，在使用模拟功能进行调试后，在投入实际运行之前需要连接 PLC 进行通常的调试。

七、选项操作

当执行［工具］-［选项］菜单时，将打开如图 8-5 所示的"选项"设置窗口，可对工程、程序编辑器、软元件注释编辑器和软元件存储器编辑器等项目的参数和功能进行设置。

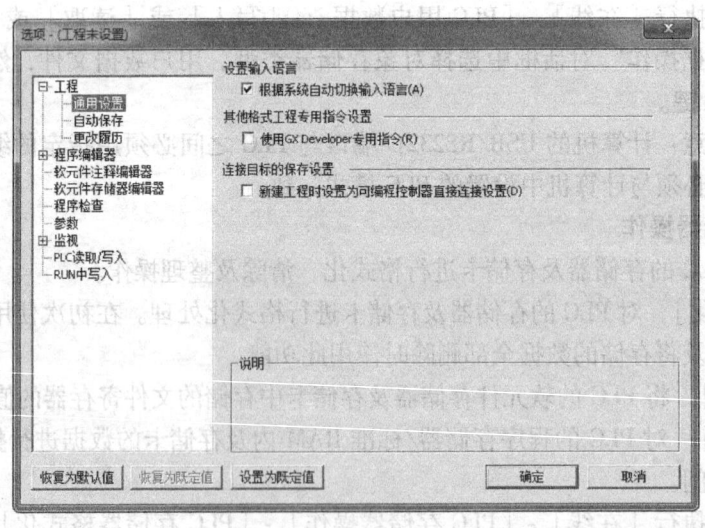

图 8-5　选项窗口

1. 工程设置

（1）通用设置

1）设置输入语言　选择在编辑梯形图/SFC 程序（声明、注解）或软元件注释时，是否自动根据系统切换输入语言。

2）连接目标的保存设置　选择是否将新建工程时的连接目标设为 PLC 直接连接设置（在以太网内置型 CPU 中为 USB 连接）。此设置需在设置后重新启动 GX Works2 后才有效。

（2）自动保存　选择在 PLC 写入完成后是否自动保存工程；选择在 PLC 的 RUN 状态下写入完成后是否自动保存工程；选择在更改 TC 设定值后，执行了 PLC 写入的情况下是否自动保存工程。

2. 程序编辑器设置

（1）所有编辑器　设置各程序、程序文件的软元件注释的参照/反映目标。

（2）梯形图/SFC　选择是否进行双线圈检查、是否在指令输入后继续输入标签注释或者软元件注释、是否在编辑线圈指令时在梯形图输入画面中显示注解、是否在指令输入时自动显示指令及是否在指令输入时自动显示可使用的指令一览作为输入候补选项。

（3）梯形图　设置梯形图显示格式、软元件注释显示格式；选择是否在梯形图编辑器中显示软元件注释、注解和声明；选择是否同时显示标签和软元件、是否将步梯形图（STL）指令以触点格式显示及是否在梯形图输入出错时显示指令帮助等内容。

3. PLC 读取/写入

选择是否在 PLC 读取/写入时保存文件选择状态、合并软元件注释与工程数据和自动关闭窗口后显示完成信息。

第二节　PLC 基本实验

一、定时器、计数器应用实验

1. 实验目的

1）通过实验了解和熟悉 PLC 的结构和外部接线方法。

2）了解和熟悉编程软件的使用方法。

3）掌握简单程序的写入、编辑、监视和模拟运行的方法，熟悉 PLC 的基本指令，掌握定时器和计数器的工作原理。

2. 实验装置

1）FX 系列 PLC1 台。

2）装有编程软件的计算机 1 台（附连接电缆）。

3）开关量输入电路板 1 块。

3. 实验内容

（1）PLC 外部接线　PLC 外部接线图如图 8-6 所示，用开关量输入电路板上的按钮或开关信号作为 PLC 的输入，PLC 输出可不接，直接通过 PLC 输出指示灯观察输出情况。

（2）程序的编辑、检查及修改　将 PLC 上的"RUN"开关拨到"STOP"位置，接通

PLC 的电源。利用编程软件将 PLC 用户程序存储器中的内容全部清除。

在编程软件上输入图 8-7a 对应的梯形图或指令表程序，完成后从第 0 步开始逐条检查程序；如发现错误，请修改正确后再执行程序转换，将输入的梯形图程序转换为可供 PLC 执行的代码程序。

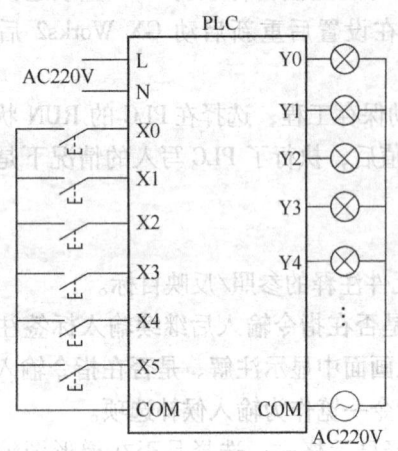

图 8-6 PLC 的外部接线图

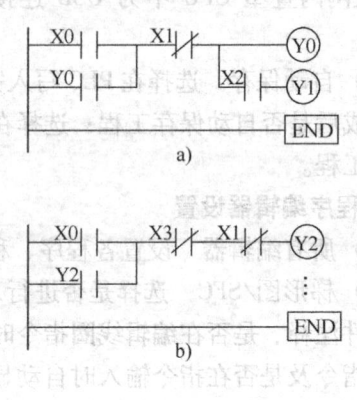

图 8-7 简单梯形图程序

(3) 程序的写入 将 PLC 的"RUN/STOP"开关拨到"STOP"位置，将转换成功的程序写入 PLC。断开实验板上的全部输入开关，将"RUN/STOP"开关拨到"RUN"位置，如果 PLC 的"ERROR"灯闪烁或常亮，则说明程序错误或 CPU 错误，请进行"PLC 诊断"，查看出错信息；如果 PLC 的"RUN"灯亮，则说明写入的程序没有出现指令代码异常等错误，PLC 开始进入运行状态。

(4) 程序模拟调试 按照表 8-2 所示操作 X0～X2 对应的钮子开关，通过 PLC 上的 LED 观察 Y0 和 Y1 的状态，并填入表中。表中 ∏ 表示开关接通后马上断开（模拟按钮的操作），0、1 分别表示开关断开和接通。

表 8-2 信号状态表

X0	X1	X2	Y0	Y1	X0	X1	X2	Y0	Y1
∏	0	0			0	0	1		
0	0	0			0	∏	0		

(5) 指令的读出、删除、插入和修改 将"RUN"开关拨到"STOP"位置，将图 8-7a 的梯形图程序改为如图 8-7b 所示的梯形图程序，按下述步骤进行操作。

1）删除指令 AND　X2 和 OUT　Y1。

2）在 ANI　X1 之前插入 ANI　X3。

3）将 OR　Y0 改为 OR　Y2，将 OUT　Y0 改为 OUT Y2。

完成上述操作后，检查修改后的程序是否与梯形图一致；不一致，则按梯形图改正。运行修改后的程序，检查程序是否能完成修改后的功能。

（6）清除已运行的程序，然后写入图 8-8 所示的定时器、计数器程序，检查无误后进行运行，并用编程软件完成以下监视工作：

1）改变 X0 和 X1 的状态，监视 M10 和 M11 的状态。

2）用 X1 控制 T1 的线圈，监视 T1 的当前值和触点的变化情况。

3）在下述情况下监视 C1 的当前值、触点和复位电路的变化情况：先接通 X2 对应的开关，并用 X3 对应的开关给 C1 提供计数脉冲；然后断开 X2 对应的开关，用 X3 对应的开关发出 8 个计数脉冲；最后重新接通 X2 对应的开关，记录上述各步观测到的现象。

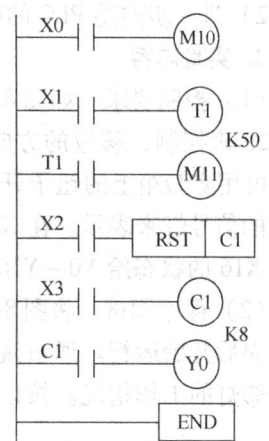

图 8-8　定时器、计数器梯形图程序

4. 实验报告内容

1）整理出模拟运行各程序及监视操作时所观察到的现象。

2）分析定时器 T1、计数器 C1 的工作原理及相应触点动作的时序。

二、主控指令的应用实验

1. 实验目的

1）通过实验熟悉堆栈指令与主控指令的应用；

2）进一步熟悉编程软件的编辑与调试。

2. 实验内容和步骤

（1）程序输入　将如图 8-9 所示为的梯形图程序输入 PLC，并检查程序。

（2）程序模拟调试　将 PLC 置成 RUN 状态，当 X0 闭合时，若 X1、X2、X3 和 X4 也都闭合，PLC 执行 MC 和 MCR 之间的程序，观察 Y0、M20 以及 T0 和 T1 的当前值变化；在 T0 和 T1 定时时间还未到之前将 X0 断开，观察 Y0、M20 以及 T0 和 T1 的当前值；然后再将 X0 接通，观察 Y0、M20 以及 T0 和 T1 的当前值变化。在 X0 接通和断开的情况下，分别断开 X1、X2、X3 和 X4，并观察 Y0、M20 以及 T0 和 T1 当前值的变化。

（3）修改程序并调试　将程序的 T0 改成计数器 C0，运行并观察现象。

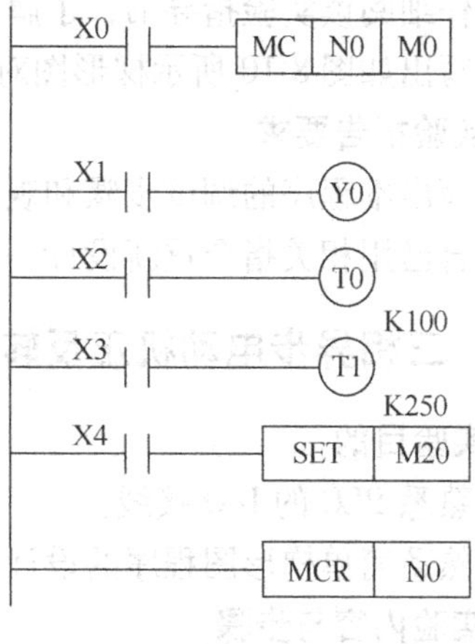

图 8-9　主控指令应用程序

3. 实验报告内容

1）写出实验观察的结果并分析。

2）总结主控指令、置位指令、定时器和计数器的功能和特点。

三、彩灯控制程序的编程实验

1. 实验目的
1) 进一步熟悉 FX 系列 PLC 的基本指令和功能指令；
2) 进一步熟悉 PLC 的程序设计和调试方法。

2. 实验内容

（1）控制要求　如图 8-10 所示为 16 位循环移位彩灯的控制梯形图程序，彩灯是否移位由 X20 来控制，移位的方向由 X21 来控制，其中 X0 ~ X21 可用实验箱上的钮子开关来模拟，Y0 ~ Y16 用实验箱上的信号灯来表示。在 X20 由 OFF 转到 ON 时，根据 X0 ~ X16 的状态给 Y0 ~ Y16 置初值。

（2）程序调试　将图 8-10 所示的程序写入 PLC，检查无误后开始运行。通过观测与 Y0 ~ Y17 对应的 LED，检查彩灯的工作情况。按以下步骤操作，检查程序是否正确。

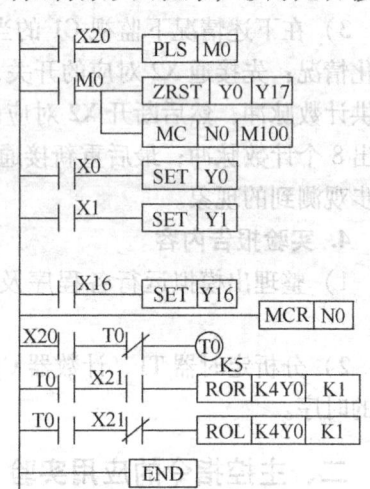

图 8-10　彩灯控制程序

1) 观察移位寄存器的循环移位功能是否正常，初始值是否与设定值相同。
2) 改变初始值设定开关 X0 ~ X16 的状态，断开关 X20，然后将它接通，观察是否在 X20 接通时，移位寄存器按新的初始值运行，其初始值是否符合新的设定值。
3) 改变 T0 的设定值，观察移位速率是否变化。
4) 改变 X21 的状态，观察能否改变移位的方向。

3. 预习要求
1) 仔细阅读实验指导书，了解移位寄存器的工作原理。
2) 写出如图 8-10 所示梯形图对应的指令表程序。

4. 实验报告要求
1) 写出本程序的调试步骤和观察结果。
2) 自己用相关指令重新设计一个彩灯控制程序。并上机调试、观测实验结果。

四、三相异步电动机正反转和丫-△降压起动程序的设计与调试

1. 实验目的
1) 熟悉 PLC 的 I/O 接线。
2) 熟悉简单梯形图程序的设计及运行调试方法。

2. 实验内容与步骤

（1）三相异步电动机正、反转控制
1) 画出三相异步电动机正反转控制的 PLC I/O 接线图。
2) 编写三相异步电动机正、反转控制程序，并将程序写入 PLC。
3) 根据 I/O 接线图接线。

4) 进行程序调试, 使结果符合控制要求。

(2) 三相异步电动机丫-△降压起动控制

1) 画出三相异步电动机丫-△降压起动控制的 PLC I/O 接线图。
2) 编写三相异步电动机丫-△降压起动控制程序, 并将程序写入 PLC。
3) 根据 I/O 接线图接线。
4) 进行程序调试, 使结果符合控制要求。

3. 实验要求

1) 预习三相异步电动机正反转控制和丫-△降压起动控制的基本原理与控制要求。
2) 实验报告中应该有调试前与调试后的程序以及输入/输出状态的时序图。

五、抢答器程序的设计与调试

1. 实验目的

1) 熟悉所用 PLC 的编程指令。
2) 练习独立编写 PLC 梯形图程序的方法。
3) 掌握编程软件的使用方法。

2. 实验内容与步骤

(1) 简单抢答器的程序设计与调试　参加智力竞赛的 A、B、C 三人的桌上各有一个抢答按钮, 分别为 SB1、SB2 和 SB3, 用三盏灯 HL1~HL3 显示他们的抢答信号。当主持人接通抢答允许开关 Q 后, 抢答开始。最先按下按钮的抢答者对应的灯亮, 与此同时应禁止另外两个抢答者, 指示灯在主持人断开开关 Q 后熄灭。

各外部输入/输出设备与 PLC I/O 端子的对应关系的如表 8-3 所示。

表 8-3　简单抢答器输入/输出对应表

输入/输出设备	PLC I/O	输入/输出设备	PLC I/O	输入/输出设备	PLC I/O
SB1	X0	Q	X3	HL3	Y2
SB2	X1	HL1	Y0		
SB3	X2	HL2	Y1		

将编制好的程序写入 PLC, 检查无误后运行该程序, 调试程序时应按以下各项逐一检查, 直到完全满足要求为止。

1) 开关 Q 没有接通时, 各按钮是否不能使对应的灯亮。
2) Q 接通时, 按某一个按钮是否能使对应的灯亮。
3) 某一灯亮后, 另外两个抢答者的灯是否不能被点亮。
4) 断开 Q, 是否能使已亮的灯熄灭。

(2) 复杂抢答器的程序设计与调试　抢答者分为三组, 儿童组 2 人, 他们的控制按钮为 SB11 和 SB12, 其中任何一个按钮被按下, 灯 HL1 都亮; 学生组 1 人, 用按钮 SB2 控制灯 HL2; 教授组 2 人, 当他们同时按下按钮 SB31 和 SB32 时灯 HL3 才会亮。主持人按下复位按钮 SB4, 亮的灯全部熄灭; 在主持人接通开关 Q 的 10 秒内, 如果参赛者按下按钮, 电磁开关接通, 使彩球摇动, Q 后停止摇动。输入/输出对应关系如表 8-4 所示。写出梯形图程序，将程序写入 PLC，运行和调试程序，直至满足要求为止。

表 8-4 复杂抢答器的输入/输出对应表

输入/输出设备	PLC I/O	输入/输出设备	PLC I/O	输入/输出设备	PLC I/O
SB11	X0	SB32	X4	HL2	Y1
SB12	X1	SB4	X5	HL3	Y2
SB2	X2	Q	X6	电磁开关	Y3
SB31	X3	HL1	Y0		

3. 实验要求

1）整理出运行调试后的抢答器梯形图程序，写出该程序的调试步骤和观测结果。

2）实验前应该根据要求预先设计好梯形图程序。

六、冲床顺序控制程序的设计与调试实验

1. 实验目的

1）掌握顺序控制程序设计中功能表图的设计方法。

2）进一步掌握 PLC 顺序控制程序的设计与调试方法。

2. 实验内容与要求

冲床控制系统运动示意图如图 8-11 所示。在初始状态时，机械手在最左边，X0 接通；冲头在最上面，X3 接通；机械手松开（Y0）断开。按下起动按钮 X4，Y0 接通，工件被夹紧并保持，2s 后，Y1 接通，机械手右行并碰到行程开关 X1，以后将顺序完成以下动作：冲头下行、冲头上行、机械手左行、机械手松开，系统最后返回初始状态。各限位开关提供的信号是相应步之间的转换条件。

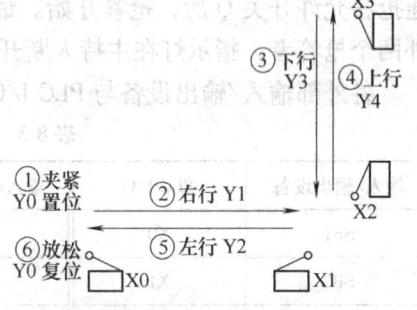

在预习时画出控制系统的功能表图，编制出相应的顺序控制梯形图。

调试时根据功能表图，用实验箱上的按钮或开关 图 8-11 冲床控制系统示意图
模拟各限位开关以提供转换条件，注意各开关接通后应马上断开。观察步的活动状态的进展是否符合功能表图的规定，某一步是活动步时该步应接通的负载是否接通，相应的转换条件满足时是否能转换到后续步。从初始步开始，直到完成一次工作循环，返回初始状态为止。

3. 预习要求

1）复习教材中有关功能表图和顺序控制程序的编程。

2）仔细阅读本实验指导书。

3）根据冲床的工作过程和控制要求画出系统的功能表图，设计出相应的梯形图。

4. 实验报告要求

1）写出程序调试过程中出现的故障现象、原因、排除方法及调试结果。

2）整理出调试后满足要求的功能表图和带注释的梯形图。

3）总结顺序控制程序的设计和调试方法。

4）画出 PLC 的 I/O 接线图。

七、复杂顺序控制系统程序的编制与调试

1. 实验目的

1）通过设计和调试复杂的顺序控制系统程序，熟悉复杂的顺序控制程序的设计和调试方法。

2）通过设计复杂的顺序控制系统的功能表图，熟悉和掌握选择序列的编程方法。

3）掌握复杂顺序控制程序的调试方法。

2. 实验内容

（1）控制要求　某专用钻床用来加工圆盘状零件上均匀分布的 6 个孔，操作人员放好工件后，按下起动按钮 X0，Y0 变为 ON，工件被夹紧，夹紧后压力继电器 X1 为 ON，Y1 和 Y3 使两个钻头同时开始工作，钻到由限位开关 X2 和 X4 设定的深度时，Y2 和 Y4 使两个钻头同时上行，升到由限位开关 X3 和 X5 设定的起始位置时停止上行。两个都到位后，Y5 使工件旋转 60°，旋转到位时，X6 为 ON，同时设定值为 3 的计数器 C0 的当前值加 1，旋转结束后，又开始钻第二对孔。3 对孔都钻完后，计数器的当前值等于设定值 3，Y6 使工件松开，松开到位时，限位开关 X7 为 ON，系统返回初始状态。系统的功能表图如图 8-12 所示。

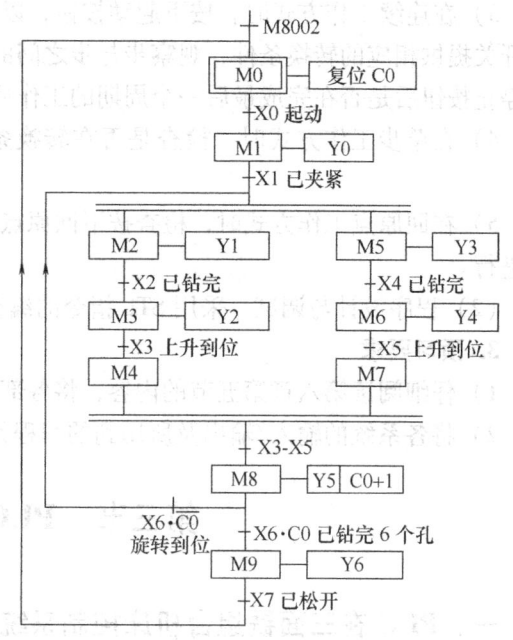

图 8-12　专用钻床的顺序功能表图

（2）程序的编制与调试　根据以上要求设计出相应的梯形图，将梯形图写入 PLC，检查无误后开始调试。调试时应注意以下问题。

1）检查旋转到位但是未到设定的循环次数时，系统是否能返回步 M2 和步 M5。

2）检查经过设定的循环次数后，系统是否能转换到步 M9 和返回初始步 M0。

3）检查选择序列的每一条支路的运行情况是否符合功能表图的要求。

4）注意并行序列中的步 M2 和 M5 是否同时变为活动步，步 M4 和 M7 是否同时变为不活动步。

3. 预习要求

仔细阅读本实验的内容，按要求设计出梯形图，写出相应的指令表。

4. 实验报告要求

1）写出程序调试过程中出现的故障现象、原因、排除方法和调试结果。

2）整理出调试后的梯形图程序。

3）整理出调试该程序的步骤。

八、具有多种工作方式的控制系统的编程与调试实验

1. 实验目的

1) 掌握具有多种工作方式的控制系统的 PLC 程序设计方法。

2) 熟练掌握具有多种工作方式的控制系统程序的调试方法。

2. 实验内容

(1) 程序调试　将第六章第五节机械手控制系统的各部分梯形图输入 PLC，逐条进行检查和核对，确认无误后开始调试。调试时应注意以下问题。

1) 检查在手动工作方式时，手动按钮是否能控制相应的输出动作，限位开关是否与输出动作有关，各联锁保护功能是否有用。

2) 在单周期工作方式时按顺序功能表图的要求，用钮子开关提供相应的转换条件，观察步与步之间的转换是否符合顺序功能图规定的顺序，在各步上是否输出规定的动作，工作完一个周期后是否能返回并停留在初始步。

3) 在连续工作方式时，按下起动按钮，以后按顺序功能表图的要求，用实验箱上的钮子开关提供相应的转换条件，观察步与步之间的转换是否正常，是否能多周期连续运行，按下停止按钮后是否在完成最后一个周期的工作后才停止工作。

4) 在单步工作方式时，检查是否在转换条件满足且按下起动按钮时才能转换到下一步。

5) 在回原点工作方式时，检查按下回原点起动按钮后，是否能按回原点的顺序功能表图进行。

(2) 程序设计与调试　采用 STL 指令的编程方式重新编写梯形图程序并加以调试。

3. 预习要求

1) 仔细阅读第六章第五节的内容，将各部分梯形图进行认真的分析。

2) 将各系统的输入/输出及所用到的编程元件分别列表，以便系统的调试。

第三节　PLC 综合实践

一、PLC 在三面铣组合机床控制系统中的应用

1. 实践目的

1) 进一步巩固本课程所学知识。

2) 掌握一般生产机械 PLC 控制系统的设计与调试方法。

3) 掌握一般生产机械电气线路的施工设计。

4) 培养查阅图书资料、工具书的能力。

5) 培养工程绘图、书写技术报告的能力。

2. 三面铣组合机床概述

三面铣组合机床是用来对 Z512W 型台式钻床主轴箱的 $\phi80$、$\phi90$ 孔端面及定位面进行铣销加工的一种自动加工设备。如图 8-13 所示为加工工件的示意图。

(1) 基本结构　机床主要由底座、床身、铣削动力头、液压动力滑台、液压站、工作

台和工件松紧油缸等组成。机床底座上安放有床身,床身上一头安装有液压动力滑台,工件及夹紧装置放于滑台上。床身的两边各安装有一台铣销头,上方有立铣头,液压站在机床附近。

(2) 加工过程 三面铣组合机床的加工过程如图 8-14 所示。操作者将要加工的零件放在工作台的夹具中,在其他准备工作就绪后,发出加工指令。工件夹紧后压力继电器动作,液压动力滑台(工作台)开始快进,到位转工进,同时起动左和右1铣头开始加工,加工到某一位置,立铣头开始加工,加工又过一定位置右1铣头停止,右2铣头开始加工,加工到终点三台电动机同时停止。待电动机完全停止后,滑台快退回原位,工件松开,一个自动工作循环结束。操作者取下加工好的工件,再放上未加工的零件,重新发出加工指令重复上述工作过程。

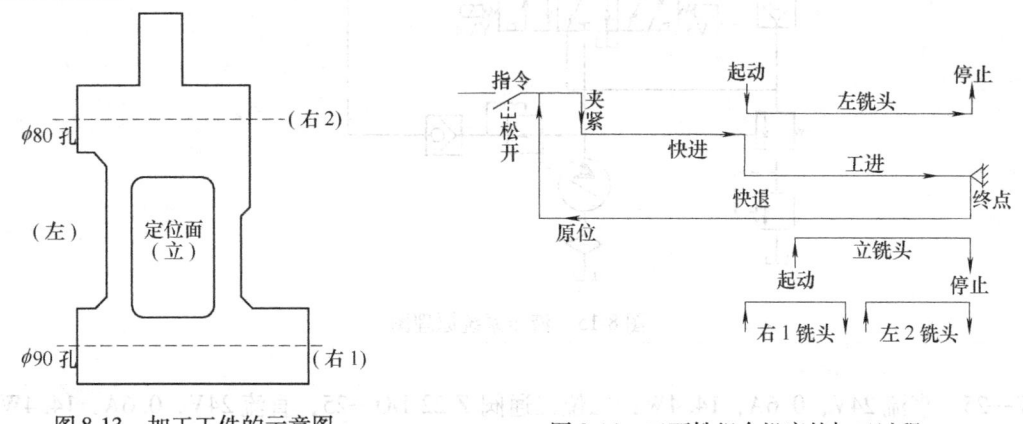

图 8-13 加工工件的示意图

图 8-14 三面铣组合机床的加工过程

(3) 液压系统 三面铣组合机床中液压动力滑台的运动和工件松紧是由液压系统实现的。如图 8-15 为液压系统的原理图,其液压元件动作情况如表 8-5 所示。

表 8-5 液压元件动作表

工序 \ 元件	YV1	YV2	YV3	YV4	YV5	BP1	BP2
原 位	-	(+)	-	-	-	-	-
夹 紧	+	-	-	-	-	-	+
快 进	(+)	-	+	-	-	-	+
工 进	(+)	-	+	-	-	+	-
死挡铁停留	(+)	-	+	-	+	+	-
快 退	(+)	-	-	+	-	-	-
松 开	-	+	-	-	-	-	-

(4) 主要电器参数 电动机、滑台、电磁阀参数如下:
1) 左、右2铣削头电动机。JO2—41—4,4.0kW,1440r/min,380V,8.4A;
2) 立、右1铣削头电动机。JO2—32—4,3.0kW,1430r/min,380V,6.5A;
3) 液压泵电动机。JO2—22—4,1.5kW,1410r/min,380V,3.49A;
4) 电磁阀。二位二通阀 Z22 DO—25,直流 24V,0.6A,14.4W;二位四通阀 Z 24

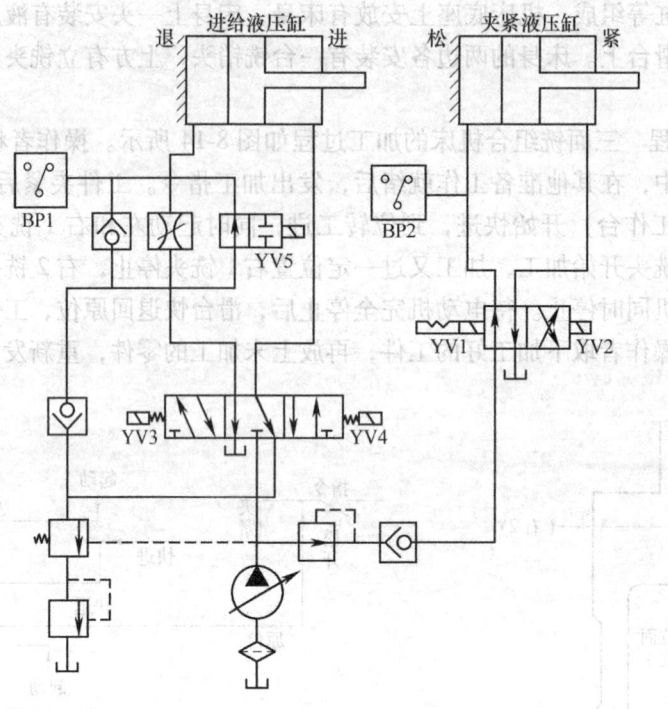

图 8-15 液压系统原理图

DW—25，直流 24V，0.6A，14.4W；二位二通阀 Z 22 DO—25，直流 24V，0.6A，14.4W。

3. 三面铣组合机床的控制要求

1) 有单循环自动工作、单铣头自动循环工作和点动三种工作方式。

2) 单循环自动工作过程如图 8-14 所示，油泵电机在自动加工一个循环后不停机。

3) 单铣头自动循环工作包括：左铣头单循环工作、右 1 铣头单循环工作、右 2 铣头单循环工作和立铣头单循环工作。单铣头自动循环工作时，要考虑各铣头的加工区间。

4) 点动工作包括：四台主轴电机均能点动对刀、滑台快速（快进、快退）点动调整和松紧油缸的调整（手动松开与手动夹紧）。

5) 五台电动机均为单向旋转。

6) 要求有电源、油泵工作、工件夹紧和加工等信号指示。

7) 要求有照明电路和必要的联锁环节与保护环节。

4. 实践任务及要求

1) 确定输入/输出设备，选择 PLC；制定合理的系统控制方案。

2) 绘制 PLC 外部接线图（含主电路、外部控制电路和 I/O 接线图等）。

3) 根据三面铣组合机床的控制要求，画出系统的功能表图。

4) 编制 PLC 梯形图程序并调试。

5) 正确计算选择电器元件，列出电器元件一览表。

6) 绘制电气接线图，接线并调试。

7) 整理技术资料，编写使用说明书。

二、PLC 在车镗专机控制系统中的应用

1. 车镗专机概述

车镗专机是用来对台式钻床的立柱进行镗孔加工，同时对孔的右端面进行车削加工的一种自动加工设备。加工工件如图 8-16 所示。

（1）车镗专机的基本组成　车镗专机的基本组成如图 8-17 所示。左、右机械动力头各有三台电动机（快速电动机、工速电动机和主轴电动机），液压站由一台电动机拖动。

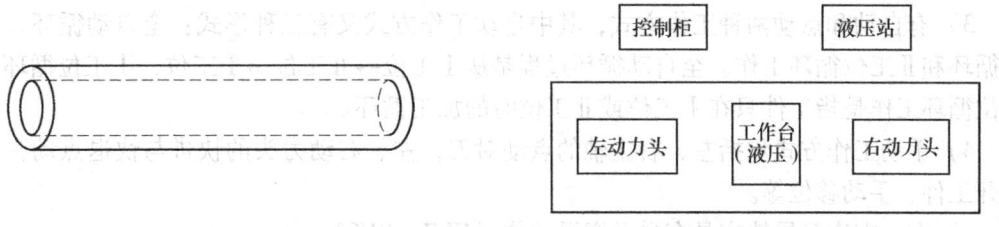

图 8-16　工件示意图　　　　图 8-17　车镗专机的基本组成示意图

（2）加工过程　加工过程如图 8-18 所示。操作者将要加工的工件放在工作台上的夹具中，在其他准备工作就绪后，发出加工指令（按下按钮）。工件自动夹紧，压力继电器动作，左、右动力头同时开始镗削加工。左动力头快进，工进至终点后，快退回原位；而右动力头快进、工进至终点后还应进行右端面的车削加工（车刀横进、横退）后才快退。当两动力头都退回原位，此时 I 工位的粗加工结束，工作台移到 II 工位，开始进行精镗加工。左、右动力头重新起动，快进，工进到终点延时后快退回原位，II 工位加工结束，工作台退到 I 工位，松开工件，一个自动工作循环结束。

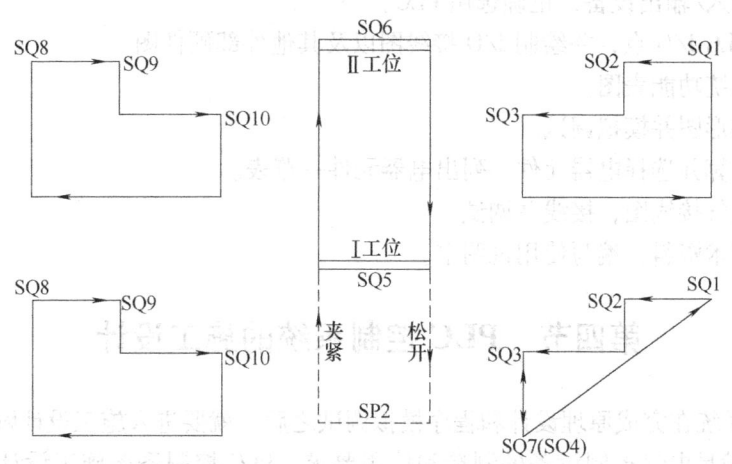

图 8-18　车镗专机的加工过程

（3）液压系统　车镗专机液压系统元件如表 8-6 所示。

2. 车镗专机的控制要求

1）本系统有七台电动机：油泵电动机、右主轴电动机、右快速电动机、右工速电动机、左主轴电动机、左快速电动机、左工速电动机。

表8-6 车镗专机液压系统元件表

YV1 +	卸荷	SP1 +	油压到信号
YV2 +（-）	工件松开（夹紧）	SP2 +	工件紧信号
YV3 +	向Ⅰ工位	YV5 +	横 进
YV4 +	向Ⅱ工位	YV6 +	横 退

注：表中"+"表示得电，"-"表示断电。

2）工作台有两个工位，由液压系统实现两工位的转换和加工工件的夹紧与松开。

3）有自动和点动两种工作方式，其中自动工作方式又有三种形式：全自动循环、Ⅰ工位循环和Ⅱ工位循环工作。全自动循环过程是从Ⅰ工位→Ⅱ工位→Ⅰ工位，Ⅰ工位循环、Ⅱ工位循环工作是指工件只在Ⅰ工位或Ⅱ工位时的加工循环。

4）手动工作方式包括左、右主轴的点动对刀，左、右动力头的快进与快退点动，手动松开工件、手动移位等。

5）左、右床身导轨应具有自动润滑功能（YV7、YV8）。

6）左、右快速电动机均采用电磁铁抱闸制动（YB1、YB2）。

7）油泵起动后，液压系统要有一定的压力缓冲，才允许开始工作，工作结束要卸荷。

8）具有电源、油泵工作、原位和工作指令等信号的指示。

9）具有照明和必要的联锁环节和保护环节。

说明：以上仅列一些基本要求，同学们在设计中可根据实际情况加以完善或改进，以达到最佳效果。

3. 实践任务与要求：

1）根据设备工艺要求，制定合理的控制方案。

2）确定输入/输出设备，正确选用 PLC。

3）分配 PLC I/O 点，并绘制 I/O 接线图以及其他外部硬件图。

4）绘制系统功能表图。

5）设计梯形图并模拟调试。

6）正确计算并选择电器元件，列出电器元件一览表。

7）绘制电气接线图，接线并调试。

8）整理技术资料，编写使用说明书。

第四节　PLC 控制系统的施工设计

PLC 控制系统在完成原理设计和程序模拟调试之后，就要进入施工设计阶段，施工设计的目的是为了满足电气控制设备的制造和使用要求。PLC 控制系统施工设计内容包括 PLC 与其他电器元件的布置、电气接线图的绘制和电气控制柜箱的设计等，它是 PLC 控制系统的非常关键的设计环节。

一、绘图原则

为了便于电气控制系统的设计、分析、安装、调整、使用和维修，需要将电气控制系统中各电气元件及其连接，用一定的图形表达出来。电气图的种类很多，不同种类电气图的表达方式和适用范围，国标 GB6988 系列已作了明确的规定和划分。对不同专业和不同场合，只要是按照同一用途绘制的电气图，不仅在表达方式上必须是统一的，而且在图的分类与属性上也应该一致。绘制电气线路时，一般应遵循以下原则。

1）表示导线、信号通路和连接线等的图线都应是交叉和折弯最少的直线。可以水平地布置，或者垂直地布置，也可以采用斜的交叉线。

2）电路或元件应按功能布置，并尽可能按其工作顺序排列，对因果次序清楚的简图，其布置顺序应该是从左到右和从上到下。

3）元器件和设备的可动部分通常应表示在非激励或不工作的状态或位置。

4）所有图形符号应符合 GB4728《电气图用图形符号》的规定。如果采用上述标准中未规定的图形符号时，必须加以说明。当 GB4728 给出几种形式时，选择符号应遵循这样的原则：尽可能采用优选形式；在满足需要的前提下，尽量采用最简单的形式；在同一图号的图中使用同一种形式。

5）同一电器元件的不同部分的线圈和触点均采用同一文字符号标明（文字符号的国标为 GB 7158—1987）。

二、电气布置图

电气布置图主要用来表明各种电气设备在机械设备上和电气控制柜中的实际安装位置，为电气控制设备的制造、安装和维修提供必要的资料。电气布置图包括电气设备布置图和电气元件布置图。

1. 电气设备布置图

在绘制电气设备布置图时，所有能见到的以及需表示清楚的电气设备均用粗实线绘制出简单的外形轮廓，其他设备的轮廓用双点划线表示。电气设备或元件的安装位置首先要根据生产机械的结构与要求，如电动机要和被拖动的机械部件在一起，行程开关应放在要取得信号的地方，操作元件要放在操纵台及悬挂操纵箱等操作方便的地方，一般 PLC 等电器元件应放在控制柜内。

电气设备布置图设计要使整个系统集中、紧凑，同时在场地允许条件下，对发热厉害、噪声振动大的电气部件，如电动机组，起动电阻箱等尽量放在离操作者较远的地方或隔离起来，对于多工位加工的大型设备，应考虑两地操作的可能。设计合理与否将影响到 PLC 控制系统工作的可靠性，并关系到电气系统的制造、装配质量，调试、操作及维护是否方便等。

2. 电器元件布置图

电器元件布置图是指在电气设备中电器元件的布置图，如控制柜（箱）或控制板的电器元件布置图、操纵台或悬挂操纵箱或操作面板的电器元件布置图等组成。在同一单元组件中，电器元件的布置应注意以下几个问题。

1）体积大和较重的电器元件应安装在电器板的下面，而发热元件应安装在电器板的上面。

2）强电弱电分开并注意屏蔽，防止外界干扰。

3）需要经常维护、检修和调整的电器元件安装位置不宜过高或过低。

4）电器元件的布置应考虑整齐、美观和对称。外形尺寸与结构类似的电器安放在一起，以利加工、安装和配线。

5）电器元件布置不宜过密，要留有一定的间距，若采用板前走线槽配线方式，应适当加大各排电器间距，以利布线和维护。

各电器元件的位置确定以后，便可绘制电器元件布置图。电器元件布置图是根据电器元件的外形绘制，并标出各元件间距尺寸。每个电器元件的安装尺寸及其公差范围，应严格按产品手册标准标注，作为底板加工依据，以保证各电器的顺利安装。

在电器元件布置图设计中，还要根据本部件进出线的数量和采用导线规格，选择进出线方式，并选用适当接线端子板或接插件，按一定顺序标上进出线的接线号。

三、电气接线图绘制

电气接线图是为电气设备和电器元件的安装配线和检查维修电气线路故障服务的，它是表示成套装置、设备或装置的内部、外部各种连接关系的一种简图。也可用接线表（以表格形式表示连接关系）来表示这种连接关系。接线图和接线表只是形式上的不同，可以单独使用，也可以组合使用，一般以接线图为主，接线表予以补充。以下主要介绍接线图。

电气接线图是根据电气原理图和电气布置图进行绘制。电气接线图的绘制应符合GB6988 中《接线图和接线表》的规定。在电气接线图中要表示出各电气设备的实际接线情况，标明各连线从何处引出，连向何处，即各线的走向，并标注出外部接线所需的数据。电气接线图一般包括单元接线图和互连接线图。

电气接线图应按以下要求绘制：

1）电气接线图中的电气元件按外形绘制（如正方形、矩形、圆形或它们的组合），并与布置图一致，偏差不要太大。器件内部导电部分（如触点、线圈等）按其图形符号绘制。

2）在接线图中各电器元件的文字符号、元件连接顺序、接线号都必须与原理图一致。接线号应符合 GB 4026—1983《电器接线端子的识别和用字母数字符号标志接线端子的通则》。

3）与电气原理图不同，在接线图中同一电器元件的各个部分（触头、线圈等）必须画在一起。

4）除大截面导线间，各单元的进出线都应经过接线端子板，不得直接进出。端子板上各接点按接线号顺序排列，并将动力线、交流控制线和直流控制线分类排列。

5）接线图中的连接导线与电缆一般应标出配线用的各种导线的型号，规格、截面积及颜色要求。

1. 单元接线图

单元接线图是表示电气单元内部各项目连接情况的图，通常不包括单元之间的外部连接，但可给出与之有关的互连接线图的图号。

单元接线图走线方式有板前走线及板后走线两种，一般采用板前走线，对于复杂单元一般是采用线槽走线。

单元接线图中的各电器元件之间接线关系有直接连线和间接标注两种表示方法。对于简单电气控制单元，电器元件数量较少，接线关系不复杂，可直接画出电器元件之间的连线；对于复杂单元，电器元件数量多，接线较复杂的情况，只要在各电器元件上标出接线号，不必画出各元件间连线。

单元接线图的绘制方法如下：

1）在单元接线图上，代表项目的简化外形和图形符号是按照一定规则布置的，这个规则就是大体按各个项目的相对位置进行布置，项目之间的距离不以实际距离为准，而是以连接线的复杂程度而定。

2）单元接线图的视图选择，应最能清晰地表示出各个项目的端子和布线情况。当一个视图不能清楚地表示多面布线时，可用多个视图。

3）项目间彼此叠成几层放置时，可把这些项目翻转或移动后画出视图，并加注说明。

4）对于 PLC、转换开关和组合开关之类的项目，它们本身具有多层接线端子，上层端子遮盖下层端子，这时可延长被遮盖的端子，以标明各层的接线关系。

2. 互连接线图

互连接线图是用于表示成套装置或设备内各个不同单元之间的连接情况，通常不包含所涉单元的内部连接，但可以给出与之有关的电路图或单元接线图的图号。互连接线图中各单元的视图应画在同一平面上，以便表示各单元之间的连接关系。

四、电气控制柜（箱）的设计

在电气控制比较简单时，控制电器可以附在生产机械内部，而在控制系统比较复杂，或生产环境及操作的需要时通常都带有单独的电气控制柜（箱），以利制造、使用和维护。电气控制柜（箱）可设计成立柜式、工作台式、手提式或悬挂式。在设计电气控制柜（箱）时主要应该考虑以下几个问题。

1）根据面板及箱内各电气部件的尺寸确定总体尺寸及结构方式。

2）结构紧凑外形美观，要与生产机械相匹配，应提出一定的装饰要求。

3）根据面板及箱内电气部件的安装尺寸，设计柜（箱）内安装支架，并标出安装孔或焊接安装螺栓尺寸，或注明采用装配方式。

4）从方便安装、调整及维修要求，设计其开门方式。

5）为利于箱内电器的通风散热，在箱体适当部位设计通风孔或通风槽。

6）为便于搬动，应设计合适的起吊勾、起吊孔、扶手架或箱体底部带活动轮。

根据以上要求，先勾画出箱体的外形草图，估算出各部分尺寸，然后按比例画出外形图，再从对称、美观和使用方便等方面考虑，进一步调整各尺寸比例。外形确定以后，再按上述要求进行各部分的结构设计，并注明加工要求。

附 录

附表 A FX 系列 PLC 功能指令一览表

分类	FNC NO.	指令助记符	功能说明	对应不同型号的 PLC					
				FX0N	FX1S	FX1N	FX2N FX2NC	FX3S	FX3U FX3UC
程序流程	00	CJ	条件跳转	✓	✓	✓	✓	✓	✓
	01	CALL	子程序调用	×	✓	✓	✓	✓	✓
	02	SRET	子程序返回	×	✓	✓	✓	✓	✓
	03	IRET	中断返回	✓	✓	✓	✓	✓	✓
	04	EI	开中断	✓	✓	✓	✓	✓	✓
	05	DI	关中断	✓	✓	✓	✓	✓	✓
	06	FEND	主程序结束	✓	✓	✓	✓	✓	✓
	07	WDT	监视定时器刷新	✓	✓	✓	✓	✓	✓
	08	FOR	循环的起点与次数	✓	✓	✓	✓	✓	✓
	09	NEXT	循环的终点	✓	✓	✓	✓	✓	✓
传送与比较	10	CMP	比较	✓	✓	✓	✓	✓	✓
	11	ZCP	区间比较	✓	✓	✓	✓	✓	✓
	12	MOV	传送	✓	✓	✓	✓	✓	✓
	13	SMOV	位传送	×	×	×	✓	✓	✓
	14	CML	取反传送	×	×	×	✓	✓	✓
	15	BMOV	成批传送	✓	✓	✓	✓	✓	✓
	16	FMOV	多点传送	×	×	✓	✓	✓	✓
	17	XCH	交换	×	×	×	✓	✓	✓
	18	BCD	二进制转换成 BCD 码	✓	✓	✓	✓	✓	✓
	19	BIN	BCD 码转换成二进制	✓	✓	✓	✓	✓	✓
算术与逻辑运算	20	ADD	二进制加法运算	✓	✓	✓	✓	✓	✓
	21	SUB	二进制减法运算	✓	✓	✓	✓	✓	✓
	22	MUL	二进制乘法运算	✓	✓	✓	✓	✓	✓
	23	DIV	二进制除法运算	✓	✓	✓	✓	✓	✓
	24	INC	二进制加1运算	✓	✓	✓	✓	✓	✓
	25	DEC	二进制减1运算	✓	✓	✓	✓	✓	✓

(续)

分类	FNC NO.	指令助记符	功能说明	对应不同型号的 PLC					
				FX0N	FX1S	FX1N	FX2N FX2NC	FX3S	FX3U FX3UC
算术与逻辑运算	26	WAND	字逻辑与	✓	✓	✓	✓	✓	✓
	27	WOR	字逻辑或	✓	✓	✓	✓	✓	✓
	28	WXOR	字逻辑异或	✓	✓	✓	✓	✓	✓
	29	NEG	求二进制补码	×	×	×	✓	✓	✓
循环与移位	30	ROR	循环右移	×	×	×	✓	✓	✓
	31	ROL	循环左移	×	×	×	✓	✓	✓
	32	RCR	带进位右移	×	×	×	✓	✓	✓
	33	RCL	带进位左移	×	×	×	✓	✓	✓
	34	SFTR	位右移	✓	✓	✓	✓	✓	✓
	35	SFTL	位左移	✓	✓	✓	✓	✓	✓
	36	WSFR	字右移	×	×	×	✓	✓	✓
	37	WSFL	字左移	×	×	×	✓	✓	✓
	38	SFWR	FIFO(先入先出)写入	×	✓	✓	✓	✓	✓
	39	SFRD	FIFO(先入先出)读出	×	×	×	✓	✓	✓
数据处理	40	ZRST	区间复位	✓	✓	✓	✓	✓	✓
	41	DECO	解码	✓	✓	✓	✓	✓	✓
	42	ENCO	编码	✓	✓	✓	✓	✓	✓
	43	SUM	统计ON位数	×	×	×	✓	✓	✓
	44	BON	查询位某状态	×	×	×	✓	✓	✓
	45	MEAN	求平均值	×	×	×	✓	✓	✓
	46	ANS	报警器置位	×	×	×	✓	✓	✓
	47	ANR	报警器复位	×	×	×	✓	✓	✓
	48	SQR	求平方根	×	×	×	✓	✓	✓
	49	FLT	整数与浮点数转换	×	×	×	✓	✓	✓
高速处理	50	REF	输入输出刷新	✓	✓	✓	✓	✓	✓
	51	REFF	输入滤波时间调整	×	×	×	✓	✓	✓
	52	MTR	矩阵输入	×	✓	✓	✓	✓	✓
	53	HSCS	比较置位(高速计数用)	✓	✓	✓	✓	✓	✓
	54	HSCR	比较复位(高速计数用)	✓	✓	✓	✓	✓	✓
	55	HSZ	区间比较(高速计数用)	×	×	×	✓	✓	✓
	56	SPD	脉冲密度	×	✓	✓	✓	✓	✓
	57	PLSY	指定频率脉冲输出	✓	✓	✓	✓	✓	✓
	58	PWM	脉宽调制输出	✓	✓	✓	✓	✓	✓
	59	PLSR	带加减速脉冲输出	×	✓	✓	✓	✓	✓

(续)

分类	FNC NO.	指令助记符	功能说明	对应不同型号的PLC					
				FX0N	FX1S	FX1N	FX2N FX2NC	FX3S	FX3U FX3UC
方便指令	60	IST	状态初始化	✓	✓	✓	✓	✓	✓
	61	SER	数据查找	×	×	×	✓	✓	✓
	62	ABSD	凸轮控制(绝对式)	×	✓	✓	✓	✓	✓
	63	INCD	凸轮控制(增量式)	×	✓	✓	✓	✓	✓
	64	TTMR	示教定时器	×	×	×	✓	×	✓
	65	STMR	特殊定时器	×	×	×	✓	✓	✓
	66	ALT	交替输出	✓	✓	✓	✓	✓	✓
	67	RAMP	斜波信号	✓	✓	✓	✓	✓	✓
	68	ROTC	旋转工作台控制	×	×	×	✓	×	✓
	69	SORT	列表数据排序	×	×	×	✓	×	✓
外部I/O设备	70	TKY	10键输入	×	×	×	✓	×	✓
	71	HKY	16键输入	×	×	×	✓	×	✓
	72	DSW	BCD数字开关输入	×	✓	✓	✓	✓	✓
	73	SEGD	七段码译码	×	×	×	✓	✓	✓
	74	SEGL	七段码分时显示	×	✓	✓	✓	✓	✓
	75	ARWS	方向开关	×	×	×	✓	×	✓
	76	ASC	ASCII码转换	×	×	×	✓	×	✓
	77	PR	ASCII码打印输出	×	×	×	✓	×	✓
	78	FROM	BFM读出	✓	×	✓	✓	✓	✓
	79	TO	BFM写入	✓	×	✓	✓	✓	✓
外围设备	80	RS	串行数据传送	✓	✓	✓	✓	✓	✓
	81	PRUN	八进制位传送(#)	×	✓	✓	✓	✓	✓
	82	ASCI	16进制数转换成ASCII码	✓	✓	✓	✓	✓	✓
	83	HEX	ASCII码转换成16进制数	✓	✓	✓	✓	✓	✓
	84	CCD	校验	✓	✓	✓	✓	✓	✓
	85	VRRD	电位器变量输入	×	✓	✓	✓	×	✓
	86	VRSC	电位器变量区间	×	✓	✓	✓	×	✓
	87	—	—						
	88	PID	PID运算	×	✓	✓	✓	✓	✓
	89	—	—						
程序流向2	100	—	—						
	101	—	—						
	102	ZPUSH	变址寄存器成批保存	×	×	×	×	✓	✓
	103	ZPOP	变址寄存器恢复	×	×	×	×	✓	✓
	104	—	—						

(续)

分类	FNC NO.	指令助记符	功能说明	对应不同型号的 PLC					
				FX0N	FX1S	FX1N	FX2N FX2NC	FX3S	FX3U FX3UC
浮点数运算	110	ECMP	二进制浮点数比较	×	×	×	✓	✓	✓
	111	EZCP	二进制浮点数区间比较	×	×	×	✓	✓	✓
	112	EMOVE	二进制浮点数数据传送	×	×	×	×	✓	✓
	116	ESTR	二进制浮点数→字符串	×	×	×	×	✓	✓
	117	EVAL	字符串→二进制浮点数	×	×	×	×	✓	✓
	118	EBCD	二进制浮点数→十进制浮点数	×	×	×	✓	✓	✓
	119	EBIN	十进制浮点数→二进制浮点数	×	×	×	✓	✓	✓
	120	EADD	二进制浮点数加法	×	×	×	✓	✓	✓
	121	EUSB	二进制浮点数减法	×	×	×	✓	✓	✓
	122	EMUL	二进制浮点数乘法	×	×	×	✓	✓	✓
	123	EDIV	二进制浮点数除法	×	×	×	✓	✓	✓
	124	EXP	二进制浮点数指数运算	×	×	×	×	✓	✓
	125	LOGE	二进制浮点数自然对数运算	×	×	×	×	✓	✓
	126	LOG10	二进制浮点数常用对数运算	×	×	×	×	✓	✓
	127	ESQR	二进制浮点数开平方	×	×	×	✓	✓	✓
	128	ENEG	二进制浮点数符号翻转	×	×	×	×	✓	✓
	129	INT	二进制浮点数→二进制整数	×	×	×	✓	✓	✓
	130	SIN	二进制浮点数 Sin 运算	×	×	×	✓	✓	✓
	131	COS	二进制浮点数 Cos 运算	×	×	×	✓	✓	✓
	132	TAN	二进制浮点数 Tan 运算	×	×	×	✓	✓	✓
	133	ASIN	二进制浮点数 SIN^{-1} 运算	×	×	×	×	✓	✓
	134	ACOS	二进制浮点数 COS^{-1} 运算	×	×	×	×	✓	✓
	135	ATAN	二进制浮点数 TAN^{-1} 运算	×	×	×	×	✓	✓
	136	RAD	二进制浮点数角度→弧度的转换	×	×	×	×	✓	✓
	137	DEG	二进制浮点数弧度→角度的转换	×	×	×	×	✓	✓
数据处理 2	140	WUSM	算出数据何合计值	×	×	×	×	✓	✓
	141	WTOB	字节单位的数据分离	×	×	×	×	✓	✓
	142	BTOW	字节单位的数据结合	×	×	×	×	✓	✓
	143	UNI	16 位数据的 4 位结合	×	×	×	×	✓	✓
	144	DIS	16 位数据的 4 位分离	×	×	×	×	✓	✓
	147	SWAP	高低字节交换	×	×	×	✓	✓	✓
	149	SORT2	数据排序 2	×	×	×	×	✓	✓
定位	150	DSZR	带 DOG 搜索的原点回位	×	×	×	×	✓	✓
	151	DVIT	中断定位	×	×	×	×	✓	✓

(续)

分类	FNC NO.	指令助记符	功能说明	对应不同型号的 PLC					
				FX0N	FX1S	FX1N	FX2N FX2NC	FX3S	FX3U FX3UC
定位	152	TBL	表格设定定位	×	×	×	×	✓	✓
	155	ABS	ABS 当前值读取	×	✓	✓	×	×	×
	156	ZRN	原点回归	×	✓	✓	×	×	×
	157	PLSY	可变速的脉冲输出	×	✓	✓	×	×	×
	158	DRVI	相对位置控制	×	✓	✓	×	×	×
	159	DRVA	绝对位置控制	×	✓	✓	×	×	×
时钟运算	160	TCMP	时钟数据比较	×	✓	✓	✓	✓	✓
	161	TZCP	时钟数据区间比较	×	✓	✓	✓	✓	✓
	162	TADD	时钟数据加法	×	✓	✓	✓	✓	✓
	163	TSUB	时钟数据减法	×	✓	✓	✓	✓	✓
	164	HTOS	时、分、秒数据的秒转换	×	×	×	×	✓	✓
	165	STOH	秒数据的(时、分、秒)转换	×	×	×	×	✓	✓
	166	TRD	时钟数据读出	×	✓	✓	✓	✓	✓
	167	TWR	时钟数据写入	×	✓	✓	✓	✓	✓
	169	HOUR	计时仪	×	✓	✓	✓	✓	✓
外围设备	170	GRY	二进制数→格雷码	×	×	×	✓	✓	✓
	171	GBIN	格雷码→二进制数	×	×	×	✓	✓	✓
	176	RD3A	模拟量模块(FX0N-3A)读出	✓	×	✓	✓	×	×
	177	WR3A	模拟量模块(FX0N-3A)写入	✓	×	✓	✓	×	×
其他指令	182	COMRD	读出软元件的注释数据	×	×	×	×	✓	✓
	184	RND	产生随机数	×	×	×	×	✓	✓
	186	DUTY	产生定时脉冲	×	×	×	×	✓	✓
	188	CRC	CRC 运算	×	×	×	×	✓	✓
	189	HCMOV	高数计数器的传送	×	×	×	×	✓	✓
数据块处理	192	BK+	数据块的加法运算	×	×	×	×	×	✓
	193	BK-	数据块的减法运算	×	×	×	×	×	✓
	194	BKCMP=	数据块的比较(S1)=(S2)	×	×	×	×	×	✓
	195	BKCMP>	数据块的比较(S1)>(S2)	×	×	×	×	×	✓
	196	BKCMP<	数据块的比较(S1)<(S2)	×	×	×	×	×	✓
	197	BKCMP<>	数据块的比较(S1)≠(S2)	×	×	×	×	×	✓
	198	BKCMP<=	数据块的比较(S1)<=(S2)	×	×	×	×	×	✓
	199	BKCMP>=	数据块的比较(S1)>=(S2)	×	×	×	×	×	✓
字符串控制	200	STR	BIN→字符串转换	×	×	×	×	×	✓
	201	VAL	字符串转换→BIN	×	×	×	×	×	✓
	202	S+	字符串的结合	×	×	×	×	×	✓

(续)

分类	FNC NO.	指令助记符	功能说明	对应不同型号的 PLC					
				FX0N	FX1S	FX1N	FX2N FX2NC	FX3S	FX3U FX3UC
字符串控制	203	LEN	检测出字符串的长度	×	×	×	×	✓	✓
	204	RIGHT	从字符串的右侧开始取出	×	×	×	×	✓	✓
	205	LEFT	从字符串的左侧开始取出	×	×	×	×	✓	✓
	206	MIDR	从字符串中的任意取出	×	×	×	×	✓	✓
	207	MIDW	字符串中的任意替换	×	×	×	×	✓	✓
	208	INSTR	字符串的检索	×	×	×	×	✓	✓
	209	SMOVE	字符串的传送	×	×	×	×	✓	✓
数据处理3	210	FDEL	数据表的数据删除	×	×	×	×	✓	✓
	211	FINS	数据表的数据插入	×	×	×	×	✓	✓
	212	POP	读取后入的数据(先入后出数据用)	×	×	×	×	✓	✓
	213	SFR	16位数据 n 位右移(带进位)	×	×	×	×	✓	✓
	214	SFL	16位数据 n 位左移(带进位)	×	×	×	×	✓	✓
触点比较	224	LD =	(S1)=(S2)时起始触点接通	×	✓	✓	✓	✓	✓
	225	LD >	(S1)>(S2)时起始触点接通	×	✓	✓	✓	✓	✓
	226	LD <	(S1)<(S2)时起始触点接通	×	✓	✓	✓	✓	✓
	228	LD < >	(S1)<>(S2)时起始触点接通	×	✓	✓	✓	✓	✓
	229	LD ≦	(S1)≦(S2)时起始触点接通	×	✓	✓	✓	✓	✓
	230	LD ≧	(S1)≧(S2)时起始触点接通	×	✓	✓	✓	✓	✓
	232	AND =	(S1)=(S2)时串联触点接通	×	✓	✓	✓	✓	✓
	233	AND >	(S1)>(S2)时串联触点接通	×	✓	✓	✓	✓	✓
	234	AND <	(S1)<(S2)时串联触点接通	×	✓	✓	✓	✓	✓
	236	AND < >	(S1)<>(S2)时串联触点接通	×	✓	✓	✓	✓	✓
	237	AND ≦	(S1)≦(S2)时串联触点接通	×	✓	✓	✓	✓	✓
	238	AND ≧	(S1)≧(S2)时串联触点接通	×	✓	✓	✓	✓	✓
	240	OR =	(S1)=(S2)时并联触点接通	×	✓	✓	✓	✓	✓
	241	OR >	(S1)>(S2)时并联触点接通	×	✓	✓	✓	✓	✓
	242	OR <	(S1)<(S2)时并联触点接通	×	✓	✓	✓	✓	✓
	244	OR < >	(S1)<>(S2)时并联触点接通	×	✓	✓	✓	✓	✓
	245	OR ≦	(S1)≦(S2)时并联触点接通	×	✓	✓	✓	✓	✓
	246	OR ≧	(S1)≧(S2)时并联触点接通	×	✓	✓	✓	✓	✓
数据表处理	256	LIMIT	上下限限位控制	×	×	×	×	✓	✓
	257	BAND	死区控制	×	×	×	×	✓	✓
	258	ZONE	区域控制	×	×	×	×	✓	✓

分类	FNC NO.	指令助记符	功能说明	对应不同型号的PLC				
				FX0N	FX1S	FX1N	FX2N FX2NC	FX3S	FX3U FX3UC
数据表处理	259	SCL	定坐标（不同点坐标数据）	×	×	×	×	✓	✓
	260	DABIN	十进制 ASCII→BIN 的转换	×	×	×	×	✓	✓
	261	BINDA	BIN→十进制 ASCII 的转换	×	×	×	×	✓	✓
外部设备通信	270	IVCK	变频器的运转监视	×	×	×	×	✓	✓
	271	IVDR	变频器的运行控制	×	×	×	×	✓	✓
	272	IVRD	变频器的参数读取	×	×	×	×	✓	✓
	273	IVWR	变频器的参数写入	×	×	×	×	✓	✓
	274	IVDWR	变频器的成批参数写入	×	×	×	×	×	✓
	275	IVMC	变频器的多个命令	×	×	×	×	✓	✓
	276	ADPRW	MODBUS 读出．写入	×	×	×	×	✓	✓
	278	RBFM	BFM 分割读出	×	×	×	×	✓	✓
	279	WBFM	BFM 分割写入	×	×	×	×	✓	✓
	280	HSCT	高速计数器的表格比较	×	×	×	×	✓	✓
扩展文件寄存器控制	290	LOADR	读出扩展文件寄存器	×	×	×	×	✓	✓
	291	SAVER	成批写入扩展文件寄存器	×	×	×	×	✓	✓
	292	INITR	扩展寄存器的初始化	×	×	×	×	✓	✓
	293	LOGR	登录到扩展寄存器	×	×	×	×	✓	✓
	294	RWER	扩展文件寄存器的读入．写出	×	×	×	×	✓	✓
	295	INITER	扩展文件寄存器的初始化	×	×	×	×	✓	✓
	296	—							
	297	—							
	298	—							
FX3U-CF-ADP用应用指令	300	FLCRT	文件的制作．确认	×	×	×	×	✓	✓
	301	FLDEL	文件的删除．CF 卡格式化	×	×	×	×	✓	✓
	302	FLWR	写入数据	×	×	×	×	✓	✓
	303	FLRD	读出数据	×	×	×	×	✓	✓
	304	FLCMD	对 FX3U-CF-ADP 的动作指示	×	×	×	×	✓	✓
	305	FLSTRD	对 FX3U-CF-ADP 的状态读出	×	×	×	×	✓	✓

附录 B　FX 系列 PLC 错误代码一览表

当 FX 系列 PLC 的程序发生错误时，保存入特殊数据寄存器 D8060~D8067 中的错误代码及其处理方法如下表所述。

区分	错误代码	错误内容	处理方法
I/O 构成错误 M8060（D8060）运行继续	例 1020	未实际安装的 I/O 起始元件地址号为"1020"的情况 1 = 输入 X（0 = 输入 Y） 020 = 元件地址号	对未被实际安装的输入继电器，输出继电器地址号进行编程。可编程序控制器将继续运行，但如果的确是程序错误，请对其进行修正
PC 硬件错误 M8061（D8061）运行停止	0000	无异常	
	6101	RAM 出错	
	6102	运算回路错误	请检查增设电缆的连接是否正确
	6103	I/O 总线错误（驱动 M8069 时）	
	6104	增设单元 24V 电压失电（M8069 ON 时）	
	6105	监视定时器出错	演算时间超出 D8000 的设定值。请检查程序
PC/PP 硬件通信出错 M8062（D8062）运行继续	0000	无异常	
	6201	奇偶校验错误，溢出错误，帧错误	
	6202	通信字符不良	请检查编程面板（PP）或编程用接口所连接的设备和可编程序控制器之间的连接是否正确
	6203	通信数据和数不一致	
	6204	数据格式不良	
	6205	指令不良	
并联链接通信出错 M8063（D8063）运行继续	0000	无异常	
	6301	奇偶校验错误，溢出错误，帧错误	
	6302	通信字符不良	
	6303	通信数据和数不一致	
	6304	数据格式不良	请检查双方可编程序控制器的电源是否处于 ON，或适配器和可编程序控制器之间的连接和链接适配器之间的连接是否正确
	6305	指令不良	
	6306	监视定时器超时	
	6307~6311	无	
	6312	并联链接字符错误	
	6313	并联链接和数错误	
	6314	并联链接格式错误	
参数出错 M8064（D8064）运行停止	0000	无异常	
	6401	程序和数不一致	
	6402	存储器容量设定不良	
	6403	保持区域设定不良	停止可编程序控制器的运行，利用参数模式设定正确数值
	6404	指令区域设定不良	
	6405	文件寄存器区域设定不良	
	6409	其他设定不良	

区分	错误代码	错误内容	处理方法
语法错误 M8065（D8065）运行停止	0000	无异常	
	6501	指令-元件符号-元件地址号的组合不良	
	6502	设定值前没有 OUT T, OUT C	
	6503	①在 OUT T, OUT C 后没有设定值 ②应用指令的操作数不足	
	6504	①标号重复 ②中断输入和高速计数器输入重复	检查编写程序时的各个指令的使用是否正确，发生错误时请在程序模式中修正指令
	6505	元件地址号范围溢出	
	6506	使用未定义指令	
	6507	标号（P）定义不良	
	6508	中断输入（I）定义不良	
	6509	其他	
	6510	MC 嵌套序号大小关系错误	
	6511	中断输入和高速计数器输入重复	
回路故障 M8066（D8066）运行停止	0000	无异常	
	6601	LD，LDI 的连续使用次数在 9 次以上	
	6602	①无 LD，LDI 指令。无线圈 LD，LDI 和 ANB，ORB 的关系不正确 ②STL，RET，MCR，P（指针），I（中断），EI，DI，SRET，IRET，FOR，NEXT，FEND，END 未与母线连接 ③遗忘 MPP	
	6603	MPS 的连续使用次数在 12 次以上	
	6604	MPS 和 MRD，MPP 的关系错误	
	6605	①STL 的连续使用次数在 9 次以上 ②在 STL 中有 MC，MCR，I（中断），SRET ③在 STL 外有 RET。无 RET	作为回路块整体的指令组合不正确或配对指令的关系不正确时会引起本故障。请在程序模式中修正指令，使其相互关系恢复正确
	6606	①无 P（指针），I（中断） ②无 SRET，IRET ③在主程序中有 I（中断），SRET，IRET ④在子程序和中断程序中有 STL，RET，MC，MCR	
	6607	①FOR 和 NEXT 的关系不正确。（嵌套在 6 重以上） ②在 FOR-NEXT 之间有 STL，RET，MC，MCR，IRET，SRET，FEND，END	

(续)

区分	错误代码	错误内容	处理方法
回路故障 M8066（D8066）运行停止	6608	①MC 和 MCR 之间的关系不正确 ②无 MCR　N0 ③MC～MCR 之间有 SRET, IRET, I（中断）	作为回路块整体的指令组合不正确或配对指令的关系不正确时会引起本故障。请在程序模式中修正指令，使其相互关系恢复正确
	6609	其他	
	6610	LD，LDI 的连续使用次数在 9 次以上	
	6611	相对于 LD，LDI 指令，ANB，ORB 指令的数量过多	
	6612	相对于 LD，LDI 指令，ANB，ORB 指令的数量少	
	6613	MPS 连续使用次数在 12 次以上	
	6614	遗忘 MPS	
	6615	遗忘 MPP	
	6616	MPS-MRD，MPP 之间的线圈遗漏或关系不良	
	6617	应该由母线开始的指令 STL，RET，MCR，P，I，DI，E，FOR，NEXT，SRET，IRET，FEND，END 未能与母线连接	
	6618	只能在主程序内使用的指令出现在主程序外的其他程序中。（中断，子程序）STL，MC，MCR	
	6619	在 FOR-NEXT 之间有无法使用的指令 STL，RET，MC，MCR，I，IRET	
	6620	FOR-NEXT 嵌套超出	
	6621	FOR-NEXT 数量关系不良	
	6622	无 NEXT 指令	
	6623	无 MC 指令	
	6624	无 MCR 指令	
	6625	STL 的连续使用次数在 9 次以上	
	6626	在 STL-RET 之间有无法使用的指令 MC，MCR，I，SRET，IRET	
	6627	无 RET 指令	
	6628	在主程序中无法使用的指令出现在主程序中 I，SRET，IRET	
	6629	无 P，I	
	6630	无 SRET，IRET 指令	
	6631	SRET 处于无法使用的位置	
	6632	FEND 处于无法使用的位置	

(续)

区分	错误代码	错误内容	处理方法
	0000	无异常	
	6701	①CJ，CALL 没有对象 ②在 END 指令后有标号 ③在 FOR~NEXT 之间和常规程序之间有单独的标号存在	
	6702	CALL 的嵌套程度在 6 次以上	在运算中有错误发生，请修改程序或检查应用指令的操作数的内容 即使没有发生语法或回路错误，仍然有下述原因导致运算错误 （例）T200Z 本身没有错误，但是作为运算结果 $Z=100$ 时其变为 T300，则产生元件地址号超出错误
	6703	中断的嵌套程度在 3 次以上	
	6704	FOR~NEXT 的嵌套程度在 6 次以上	
	6705	应用指令的操作数在对象元件之外	
	6706	应用指令的操作数的元件地址号范围和数值超出	
	6707	向未作文件寄存器的参数设定的寄存器进行了存取操作	
	6708	FROM/TO 指令错误	
	6709	其他（遗忘 IRET，SRET，FOR~NEXT 的关系不正确等）	
运算错误 M8067（D8067） 运行继续	6730	采样时间（T_S）在对象范围以外（$T_S<0$）	
	6732	输入滤波常数（a）在对象范围以外（$a<0$ 或 $100\leq a$）	
	6733	比例增益（K_P）在对象范围以外（$K_P<0$）	PID 运算停止
	6734	积分时间（T_I）在对象范围以外（$T_I<0$）	
	6735	微分增益（K_D）在对象范围以外（$K_D<0$ 或 $201\leq K_D$）	
	6736	微分时间（T_D）在对象范围以外（$T_D<0$）	
	6740	采样时间（T_S）≤运算周期	
	6742	测定值变化量溢出（$\Delta P_V<-32768$ 或 $32767<\Delta P_V$）	在控制参数的设定值和 PID 运算中发生数据错误。请检查参数的内容
	6743	偏差值溢出（$E_V<-32768$ 或 $32767<E_V$）	
	6744	积分计算值溢出（在 -32768~32767 范围以外）	将运算数据作为最大值继续运算
	6745	微分增益（K_P）溢出导致微分值溢出	
	6746	微分计算值溢出（在 -32768~32767 范围以外）	
	6747	PID 运算结果溢出（在 -32768 或 32767 范围以外）	

(续)

区分	错误代码	错误内容		处理方法
运算错误 M8067（D8067）运行继续	K6750	自动调谐结果不良	自动调谐结束	自动调谐开始时的测定值和目标值的差值在150以下或者自动调谐开始时的测定值和目标值的差值在1/3以上而结束。请在确认测定值和目标值后，再次执行自动调谐操作
	K6751	自动调谐动作方向不一致	自动调谐继续	由自动调谐开始时的测定值判断出的动作方向与自动调谐用输出的实际动作方向不一致。修正目标值、自动调谐输出值、测定值的关系后，再次执行自动调谐操作
	K6752	自动调谐动作不良	自动调谐结束	因自动调谐中的设定值上下变化，导致自动调谐无法正常动作。请将采样时间设置得比输出变化周期更长，或者设置更大的输入滤波常数 请在更改设定后，再次执行自动调谐操作

参 考 文 献

[1] 李建兴，等. PLC 技术与应用 [M]. 北京：机械工业出版社，2010.
[2] 李建兴. 可编程序控制器应用技术 [M]. 北京：机械工业出版社，2004.
[3] 邱公伟. 可编程序控制器网络通信及应用 [M]. 北京：清华大学出版社，2000.
[4] 李建兴. 可编程序控制器及其应用 [M]. 北京：机械工业出版社，1999.
[5] 李建兴，黄靖，陈炜，等. 电气控制技术 [M]. 北京：机械工业出版社，2006.
[6] 廖常初. 可编程序控制器的编程方法与工程应用 [M]. 重庆：重庆大学出版社，2001.
[7] 张振国，方承远. 工厂电气与 PLC 控制技术 [M]. 北京：机械工业出版社，2011.
[8] 潘永湘，杨延西，赵跃. 过程控制与自动化仪表 [M]. 北京：机械工业出版社，2007.
[9] MITSUBISHI ELECTRIC CORPORATION. GX Works2 软件手册，2011.
[10] MITSUBISHI ELECTRIC CORPORATION. FX2N 编程手册，2000.
[11] MITSUBISHI ELECTRIC CORPORATION. FX3U 编程手册，2012.
[12] MITSUBISHI ELECTRIC CORPORATION. FX 系列用户手册，2010.
[13] MITSUBISHI ELECTRIC CORPORATION. FX 系列编程手册，2010.
[14] MITSUBISHI ELECTRIC CORPORATION. CC-Link 用户手册，2008.
[15] OMRON. SYSMAC CP1E 可编程序控制器，2010.
[16] SIEMENS. SIMATIC S7—200 可编程序控制器，2011.